JN312801

ARM Cortex-M3
システム開発ガイド

最新アーキテクチャの理解からソフトウェア開発までを詳解

Joseph Yiu 著

宇賀神 孝, 長尾 和則 訳

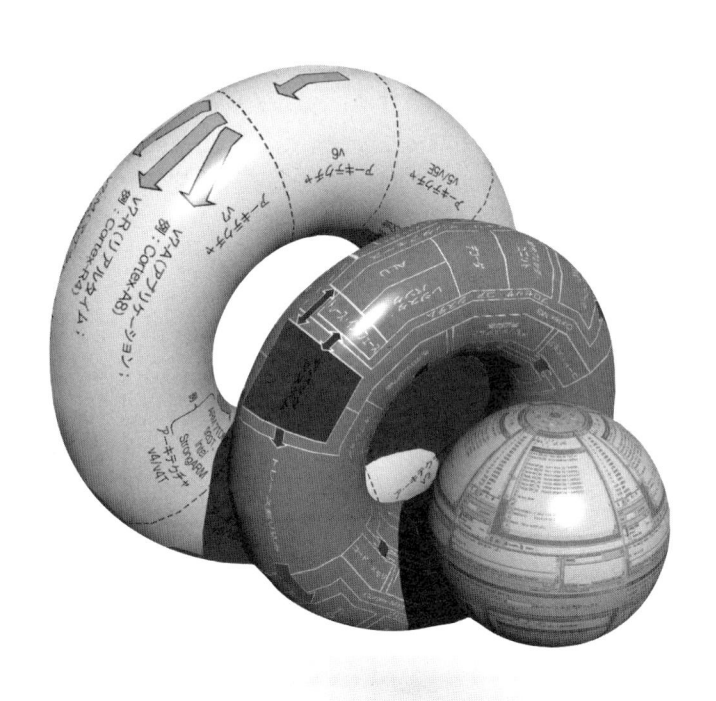

CQ出版社

訳者まえがき

　本書は，ARM Cortex-M3の入門とこれを応用したシステム開発の基本を容易に理解できるように意図して著され，プログラム例や開発環境の実際を含めた，コンパクトですがとてもパワフルな解説書です．

　Cortex-M3は，ARM社の最新アーキテクチャv7-Mに基づく32ビットRISCプロセッサ・コアであり，MはMicro-controller用途であることを示します．

　このCortex-M3は，組み込みマイクロコントローラ市場の主流が8ビット〜16ビットであるというこれまでの常識を覆しました．Cortex-M3には，小型・低消費電力かつローコストなマイクロプロセッサ・コアとしてのARMアーキテクチャの大幅な進展が見られます．この革新の内容は，システムとしての堅牢さと使いやすさの両方を備えており，本書の第1章に簡潔にまとめられています．

　訳者は，1970年代初頭に創生期の8ビット・マイクロプロセッサである8080を組み込んだキットを教材にしたセミナのインストラクタとしての経験を持ちますが，その当時は，このCortex-M3ほどの高性能とコスト・パフォーマンスを備える32ビット・マイクロプロセサが2005年に出現することなど夢にも思いませんでした．

　またCortex-M3に，JTAGデバッグ・ポートがシリアル・ワイヤとして採用されたことも特筆に値します．これは2009年現在，未だ審議中のIEEE Std.1149.7の機能の一部を先取りし，デバッグ・ポートとして従来の5本のJTAG制御ラインを2本のみで可能とするもので，LSIパッケージのピン数の削減，すなわちコストの低減に寄与します．

　IEEE1149.7が規格化されると，このJTAGシリアル・ワイヤ・インターフェースを経由して，JTAG（バウンダリ・スキャン）による実装配線テストまでも実現する可能性が生じます．これより，ローコスト・マイクロコントローラ組み込み機器／システム開発から量産・保守までのライフサイクル全般にわたって，製品の実装品質の向上に役立つことが期待されます．

　なお，日本語訳版の刊行に際して，原著者より追加の改定原稿を入手することができました．本書は，これを含めて翻訳を行いましたので，日本の組み込みエンジニアに世界中で一番早く最新版を提供する幸運を得ました．本書がCortex-M3の普及に大いなる力となることを祈願します．

　本書の日本語訳の機会を賜り，忍耐と寛容を持ってフォローしていただいたCQ出版社の山形孝雄氏，および本書の翻訳に関して協力いただいたアンドールシステムサポート（株）ARM認定トレーニングセンター，ならびにアロー・ユーイーシー・ジャパン（株）の各位に謝意を表します．

宇賀神 孝
2009年4月

本書に寄せて

　組み込みプログラマは，本質的に実にアイデアに富む人たちです．彼らは固定された設計を使い，独自の方法で実装することで，マイクロコントローラを使った素晴らしい製品を創り出します．彼らは絶えず，切り詰めたシステム・リソースの中で非常に効率的にCPU能力を搾り出そうとします．この錬金術に使われる材料はツールチェーン環境です．この環境は，ARM7TDMIプロセッサの設計を合理化し，単純化して，改善するためにARM自身のツールチェーン部門のエンジニアがCPU設計者と協力したチームで作りました．

　この組み合わせの成果であるARM Cortex-M3は，オリジナルのARMアーキテクチャにワクワクするような進展をもたらしました．Cortex-M3は，32ビットのARMアーキテクチャとThumb-2命令セットの最良の機能を融合し，さらにいくつかの新しい機能を追加しています．これらの変更にもかかわらず，Cortex-M3は，すべてのARMファンに容易に分かる単純化されたプログラマ・モデルを持ち続けています．

　　　　　　　　　　　　　　　　　Wayne Lyons（ARMエンベデッド・ソリューション・ディレクタ）

はじめに

本書は，ARMのCortex-M3プロセッサに関心のあるハードウェア・エンジニアおよびソフトウェア・エンジニアの方を対象にしています。*Cortex-M3 Technical Reference Manual*（TRM）と*ARMv7-M Architecture Application Level Reference Manual*には，すでにこの新しいプロセッサに関する多くの情報が提供されています。しかし，これらは詳細過ぎて，はじめての方の読み物としては難しいかもしれません。

本書は，プログラマ，組み込み製品設計者，システム・オン・チップ（SoC）技術者，エレクトロニクス愛好家，大学の研究者およびマイクロコントローラあるいはマイクロプロセッサにある程度の経験があり，Cortex-M3プロセッサを理解したい方のための，軽い読み物となるように意図されています。

このテキストは，新しいアーキテクチャへの入門，命令セットの概要，いくつかの命令の使用例，ハードウェアの特徴についての知識，および，このプロセッサの先進的なデバッグ・システムについての記述を含んでいます。

さらに，GNUツール・チェーンだけでなく，ARM純正ツールを使用してCortex-M3プロセッサのソフトウェア開発を行う場合の基本的なステップを含む応用例についても述べます。

本書はまた，プロセッサ間の相違やARM7TDMIからCortex-M3へのアプリケーション・ソフトウェアの移植についても記述しており，ARM7TDMIに精通しCoretex-M3プロセッサへ移行しようとしている技術者の方々も対象にしています。

謝辞

本書をレビューし，助言やフィードバックをしてくれた，以下の人たちに感謝いたします。
Alan Tringham, Dan Brook, David Brash, Haydn Povey, Gray Campbell, Kevin McDermott, Richard Earnshaw, Samin Ishtiaq, Shyam Sadasivan, Simon Axford, Simon Craske, Simon Smith, Stephen Theobald, Wayne Lyons

さらに，技術サポートしていただいたCodeSourcery，そしてもちろん，本書の出版へ向けてプロフェッショナルな仕事をしてくれたElsevierのスタッフに感謝します。

最後に，私に本書を書くことを勧めてくれたPeter ColeとIvan Yardleyに特に感謝します。

用語と省略形

略語	省略形の意味
ADK	AMBA Design Kit
AHB	Advanced High-Performance Bus
AHB-AP	AHB Access Port
AMBA	Advanced Microcontroller Bus Architecture
APB	Advanced Peripheral Bus
ARM ARM	ARM Architecture Reference Manual
ASIC	Application Specific Integrated Circuit
ATB	Advanced Trace Bus
BE8	Byte Invariant Big Endian Mode
CPI	Cycles Per Instruction
CPU	Central Processing Unit
DAP	Debug Access Port
DSP	Digital Signal Processor/Digital Signal Processing
DWT	Data WatchPoint and Trace
ETM	Embedded Trace Macrocell
FPB	Flash Patch and Breakpoint
FSR	Fault Status Register
HTM	CoreSight AHB Trace Macrocell
ICE	In-Circuit Emulator
IDE	Integrated Development Environment
IRQ	Interrupt Request (normally refers to external interrupts)
ISA	Instruction Set Architecture
ISR	Interrupt Service Routine
ITM	Instrumentation Trace Macrocell
JTAG	Joint Test Action Group (a standard of test/debug interfaces)

略語	省略形の意味
JTAG-DP	JTAG Debug Port
LR	Link Register
LSB	Least Significant Bit
LSU	Load/Store Unit
MCU	Microcontroller Unit
MMU	Memory Management Unit
MPU	Memory Protection Unit
MSB	Most Significant Bit
MSP	Main Stack Pointer
NMI	Nonmaskable Interrupt
NVIC	Nested Vectored Interrupt Controller
OS	Operating System
PC	Program Counter
PSP	Process Stack Pointer
PPB	Private Peripheral Bus
PSR	Program Status Register
SCS	System Control Space
SIMD	Single Instruction, Multiple Data
SP, MSP, PSP	Stack Pointer, Main Stack Pointer, Process Stack Pointer
SoC	System-on-a-Chip
SP	Stack Pointer
SW	Serial-Wire
SW-DP	Serial-Wire Debug Port
SWJ-DP	Serial-Wire JTAG Debug Port
SWV	Serial-Wire Viewer (an operation mode of TPIU)
TPA	Trace Port Analyzer
TPIU	Trace Port Interface Unit
TRM	Technical Reference Manual

表記上の規則

本書の中では，以下のような印刷上の規則を使用しました．

● 通常のアセンブリ・プログラム・コード
    MOV R0, R1 ;レジスタR1からレジスタR0にデータを移動．

● 一般化された文法中でのアセンブリ・コード．<>内部の項目は実際のレジスタ名に置き換える必要がある
    MRS <reg>, <special_reg> ;

● Cプログラム・コード
    for (i=0;i<3;i++) { func1(); }

● 擬似コード
    if (a > b) { ...

● 値
    1. 4'hCおよび0x123は両方とも16進記数法の値
    2. #3は項目番号3を示す(たとえば，IRQ#3はIRQ番号3を意味する)
    3. #immed12は12ビットの即値データを指す
    4. レジスタ・ビット
        一般的には，ビット位置に基づいたある値の一部を示すのに使われる．たとえば，ビット[15：12]はビット番号15〜ビット番号12を意味する

● レジスタ・アクセス・タイプ
    1. Rは読み出し専用
    2. Wは書き込み専用
    3. R/Wは読み書きアクセス可能
    4. R/Wcは読み出し可能でライト・アクセスによってクリアされる

参考資料

参考資料番号	ドキュメント
1	*Cortex-M3 Technical Reference Manual*（TRM） ARM ドキュメンテーション・ウェブサイトからダウンロード可能 www.arm.com/documentation/ARMProcessor_Core/index.html
2	*ARMv7-M Architecture Application Level Reference Manual* ARM ドキュメンテーション・ウェブサイトからダウンロード可能 www.arm.com/products/CPUs/ARM_Cortex-M3_v7.html
3	*CoreSight Technology System Design Guide* ARM ドキュメンテーション・ウェブサイトからダウンロード可能 www.arm.com/documentation/Trace_Debug/index.html
4	*AMBA Specification* ARM ドキュメンテーション・ウェブサイトからダウンロード可能 www.arm.com/products/solutions/AMBA_Spec.html
5	*AAPCS Procedure Call Standard for the ARM Architecture* ARM ドキュメンテーション・ウェブサイトからダウンロード可能 www.arm.com/pdfs/aapcs.pdf
6	*RVCT 3.0 Compiler and Library Guide* ARM ドキュメンテーション・ウェブサイトからダウンロード可能 www.arm.com/pdfs/DUI0205G_rvct_compiler_and_libraries_guide.pdf
7	*ARM Application Note 179:Cortex-M3 Embedded Software Development* ARM ドキュメンテーション・ウェブサイトからダウンロード可能 www.arm.com/documentation/Application_Notes/index.html

CONTENTS

訳者まえがき ··· 2
本書に寄せて ··· 3
はじめに ··· 4
謝辞 ··· 4
用語と省略形 ··· 5
表記上の規則 ··· 6
参考資料 ··· 7

第1章　イントロダクション　15

1.1　ARM Cortex-M3プロセッサとは何か ······················· 15
1.2　ARMとARMアーキテクチャの背景 ·························· 17
1.3　命令セットの開発 ·· 21
1.4　Thumb-2命令セット・アーキテクチャ (ISA) ················ 22
1.5　Cortex-M3プロセッサのアプリケーション ·················· 23
1.6　本書の構成 ··· 23
1.7　さらに知るには ··· 24

第2章　Cortex-M3の概要　25

2.1　Cortex-M3の基礎 ·· 25
2.2　レジスタ ··· 26
2.3　動作モード ··· 28
2.4　内蔵のネスト型ベクタ割り込みコントローラ ··············· 29
2.5　メモリ・マップ ··· 30
2.6　バス・インターフェース ································· 31
2.7　メモリ保護ユニット ····································· 32
2.8　命令セット ··· 32
2.9　割り込みと例外 ··· 34
2.10　特徴のまとめ ·· 36

第3章　Cortex-M3の基本　39

3.1　レジスタ ··· 39
3.2　特殊レジスタ ··· 43
3.3　動作モード ··· 46
3.4　例外と割り込み ··· 48
3.5　ベクタ・テーブル ······································· 49
3.6　スタック・メモリ操作 ··································· 49
3.7　リセット・シーケンス ··································· 53

第4章	**命令セット**		55
	4.1	アセンブリの基本	55
	4.2	命令リスト	58
	4.3	命令の解説	63
	4.4	Cortex-M3 にあるいくつかの便利な命令	79

第5章	**メモリ・システム**		87
	5.1	メモリ・システムの機能概要	87
	5.2	メモリ・マップ	87
	5.3	メモリ・アクセス属性	90
	5.4	デフォルトのメモリ・アクセス許可	91
	5.5	ビット-バンド操作	92
	5.6	アンアラインド転送	99
	5.7	排他アクセス	101
	5.8	エンディアン・モード	102

第6章	**Cortex-M3 の実装概要**		105
	6.1	パイプライン	105
	6.2	詳細なブロック図	107
	6.3	Cortex-M3 のバス・インターフェース	110
	6.4	Cortex-M3 のほかのインターフェース	111
	6.5	外部専用ペリフェラル・バス	111
	6.6	典型的な接続	113
	6.7	リセット信号	114

第7章	**例外処理**		115
	7.1	例外タイプ	115
	7.2	優先度の定義	116
	7.3	ベクタ・テーブル	122
	7.4	割り込み入力と保留動作	123
	7.5	フォールト例外	126
	7.6	SVC と PendSV	132

第8章	**NVIC と割り込み制御**		137
	8.1	NVIC の概要	137
	8.2	基礎的な割り込み構成	138
	8.3	割り込み許可と許可のクリア（イネーブル・セット・レジスタとイネーブル・クリア・レジスタ）	138
	8.4	割り込み保留と保留のクリア	139

8.5	割り込み設定の手順例	144
8.6	ソフトウェア割り込み	146
8.7	SysTick タイマ	146

第9章 割り込み動作 …… 149

9.1	割り込み/例外シーケンス	149
9.2	例外復帰	151
9.3	ネストした割り込み	152
9.4	テール・チェーン割り込み	153
9.5	後着	153
9.6	例外の戻り値の詳しい情報	154
9.7	割り込みレイテンシ	155
9.8	割り込みに関連したフォールト	156

第10章 Cortex-M3 のプログラミング …… 159

10.1	概要	159
10.2	アセンブリと C 言語間のインターフェース	161
10.3	典型的な開発フロー	161
10.4	最初のステップ	162
10.5	出力の生成	163
10.6	データ・メモリの使用	169
10.7	セマフォへの排他アクセスの使用	170
10.8	セマフォへのビット-バンドの使用	172
10.9	ビット・フィールド抽出とテーブル分岐を使う	173

第11章 例外プログラミング …… 175

11.1	割り込みを使う	175
11.2	例外/割り込みハンドラ	180
11.3	ソフトウェア割り込み	181
11.4	例外ハンドラを備えた例	182
11.5	SVC を使う	185
11.6	SVC の例：出力関数としての使用	186
11.7	C 言語で SVC を使う	189

第12章 高度なプログラミング機能とシステムの挙動 …… 193

12.1	二つの独立したスタックをもつシステムの起動	193
12.2	ダブル・ワード・スタック・アライメント	196
12.3	非ベース・レベルからのスレッド許可	197
12.4	性能の検討	200

	12.5	ロックアップ状況	201

第13章　メモリ保護ユニット　205

	13.1	概要	205
	13.2	MPUレジスタ	206
	13.3	MPUの設定	210
	13.4	典型的なセットアップ	216

第14章　そのほかのCortex-M3の機能　223

	14.1	SysTickタイマ	223
	14.2	電力管理	227
	14.3	マルチプロセッサ・コミュニケーション	229
	14.4	セルフ・リセット制御	233

第15章　デバッグ・アーキテクチャ　235

	15.1	デバッグ機能の概要	235
	15.2	CoreSightの概要	236
	15.3	デバッグ・モード	240
	15.4	デバッグ・イベント	243
	15.5	Cortex-M3のブレークポイント	244
	15.6	デバッグでのレジスタ内容へのアクセス	245
	15.7	コア・デバッグのそのほかの機能	246

第16章　デバッグ・コンポーネント　249

	16.1	イントロダクション	249
	16.2	トレース・コンポーネント：データ・ウォッチポイントおよびトレース	250
	16.3	トレース・コンポーネント：計装トレース・マクロセル	252
	16.4	トレース・コンポーネント：エンベデッド・トレース・マクロセル	253
	16.5	トレース・コンポーネント：トレース・ポート・インターフェース・ユニット	254
	16.6	フラッシュ・パッチとブレークポイント・ユニット	256
	16.7	AHBアクセス・ポート	256
	16.8	ROMテーブル	258

第17章　Cortex-M3で開発を始める　261

	17.1	Cortex-M3製品を選ぶ	261
	17.2	Cortex-M3リビジョン0とリビジョン1の違い	262
	17.3	Cortex-M3リビジョン1とリビジョン2の違い	264

		17.4	リビジョン2の利点と効果	266
		17.5	開発ツール	267

第18章 ARM7からCortex-M3へのアプリケーションの移植　269

	18.1	概要	269
	18.2	システムの特性	269
	18.3	アセンブリ言語ファイル	272
	18.4	Cプログラム・ファイル	274
	18.5	プリコンパイルされたオブジェクト・ファイル	275
	18.6	最適化	275

第19章 GNUツール・チェーンを使用してCortex-M3開発を始める　277

	19.1	背景	277
	19.2	GUNツール・チェーンの入手	277
	19.3	開発フロー	278
	19.4	例題	279
	19.5	特殊レジスタへのアクセス	292
	19.6	サポートされない命令の使用	292
	19.7	GNU Cコンパイラでのインライン・アセンブラ	292

第20章 KEIL RealViewマイクロコントローラ開発キットで開発を始める　295

	20.1	概要	295
	20.2	μVisionを使ってみる	296
	20.3	UART経由で"Hello World"メッセージを出力する	300
	20.4	ソフトウェアのテスト	304
	20.5	デバッガを使う	306
	20.6	命令セット・シミュレータ	309
	20.7	ベクタ・テーブルの修正	310
	20.8	割り込みを使ったストップウォッチの例	311

付録A Cortex-M3命令セット要約　319

	A.1	対応している16ビットThumb命令セット	319
	A.2	対応している32ビットThumb-2命令セット	322

付録B 16ビットThumb命令セットとアーキテクチャのバージョン　329

付録C	**Cortex-M3の例外 クイック・リファレンス**	331
	C.1　例外の種類と許可	331
	C.2　例外によりスタックに保存される内容	331

付録D	**NVICレジスタ・クイック・リファレンス**	333

付録E	**Cortex-M3 トラブル・シューティング・ガイド**	343
	E.1　概要	343
	E.2　フォールト・ハンドラの開発	344
	E.3　C言語によるスタックされたレジスタの値および	
	フォールト・ステータス・レジスタの報告	346
	E.4　フォールトの原因を理解する	348
	E.5　ほかに起こりえる問題	351

　　　索引 ……………………………………………………………… 353
　　　訳者略歴 ………………………………………………………… 359

Introduction

第1章

イントロダクション

この章では以下の項目を紹介します．
- ARM Cortex-M3プロセッサとは何か
- ARMとARMアーキテクチャの背景
- 命令セット開発
- Thumb-2命令セット・アーキテクチャ (ISA)
- Cortex-M3プロセッサのアプリケーション
- 本書の構成
- さらに知るには

1.1 ARM Cortex-M3プロセッサとは何か

　マイクロコントローラ市場は，2010年には年間200億個以上が出荷されると推定されるほどに巨大です．この市場では唖然とするほど多くのベンダ，デバイスおよびアーキテクチャが競争を繰り広げています．世界的に産業界の変わり続けるニーズが，より高性能なマイクロコントローラを求めています．たとえば，動作周波数や消費電力を増やさずに，より多くの仕事を処理するように要求されます．さらに，マイクロコントローラは，USB (Universal Serial Bus)，Ethernetあるいは無線通信によって接続される機会が増えているため，これらの通信チャネルと高度な周辺装置のサポートが必要な処理は増え続けています．同様に，より高度化するユーザ・インターフェース，マルチメディア機能，システム速度および機能の統合などによって，一般的なアプリケーションの複雑さも増しています．

　2006年にARMが発表した，Cortex世代の最初のプロセッサであるARM Cortex-M3は，主に32ビットのマイクロコントローラ市場をターゲットとして設計されました．Cortex-M3プロセッサは少ないゲート数で優れた性能をもち，以前はハイエンド・プロセッサでだけ利用できた多くの新しい機能があります．Cortex-M3は，32ビットの組み込みプロセッサ市場の必要条件に次の機能で応えます．

- 動作周波数や消費電力を増やさずに，より多くの処理を実行できる優れた性能
- 無線ネットワーク・アプリケーションを含む携帯製品向けに，特に重要なバッテリの寿命をより長くできる低消費電力性能

第1章　イントロダクション

▶ クリティカルなタスクと割り込みを，高速に，既知のサイクル数内で処理できることを保障するために強化された，決まった時間内で処理するリアルタイム処理能力
▶ きわめて小さなメモリ・フットプリントに納めるために，コード密度を改善
▶ 8ビットや16ビットから32ビットに移行するユーザの増加に対して，より簡単なプログラムとデバッグのしやすさを提供
▶ 32ビット・ベースのシステム・コストを，過去の8ビットと16ビット・デバイスのコストに近づけ，32ビット・マイクロコントローラの値段を初めて1USドル未満にすることを可能にした，廉価な価格
▶ 廉価版，あるいは無料のコンパイラから全機能を含んだ開発セットまで，多くの開発ツール・ベンダからの選択肢がある開発ツール

　Cortex-M3プロセッサ・ベースのマイクロコントローラは，ほかのアーキテクチャ・ベースのものとすでに真っ向から競合しています．システム設計者は，従来のデバイス・コストを下げるよりは，システム・コストを下げることをますます意識するようになってきました．そのため，メーカでは1チップに**機能を統合**する実装を進めています．それによって単一のより強力なデバイスが潜在的に三つあるいは四つの従来の8ビット・デバイスに取って代わる可能性があります．
　ほかのコスト削減策は，すべてのシステムでコード再利用の割り合いを向上することです．Cortex-M3プロセッサ・ベースのマイクロコントローラはC言語を使用して容易にプログラムすることができ，確立したアーキテクチャに基づいているので，アプリケーション・コードを簡単に移植して，再利用することができ，開発時間およびテストのコストを削減できます．
　Cortex-M3プロセッサは，業界標準の部品を使って組み立てられた最初のARMプロセッサでない点

Column　Cortex-M3プロセッサ対Cortex-M3ベースのMCU

　Cortex-M3プロセッサはマイクロコントローラ・チップの中央処理装置(CPU)です．さらに，多くのほかのコンポーネントがCortex-M3プロセッサ・ベースのマイクロコントローラには必要です．半導体メーカはCortex-M3プロセッサのライセンスを受けた後，メモリ，周辺回路，入出力(I/O)およびほかの機能を加えて，半導体設計にCortex-M3プロセッサを搭載することができます．異なるメーカから製品化されているCortex-M3プロセッサ・ベース・チップは，異なるメモリ容量，タイプ，周辺回路および機能をもつことになります．本書ではプロセッサ・コアのアーキテクチャに焦点を当てています．チップのほかの部分に関する詳細は，各半導体メーカの資料を参照してください．

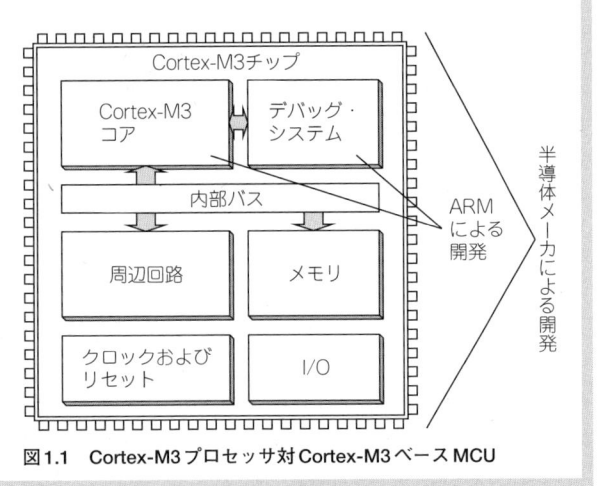

図1.1　Cortex-M3プロセッサ対Cortex-M3ベースMCU

は，強調しておく必要があります．従来からあるARM7プロセッサはこの市場では非常に成功していて，NXP（フィリップス），テキサス・インスツルメンツ，アトメル，OKI，およびほかの多くのベンダが32ビット・マイクロコントローラ・ユニット（MCU）を供給しています．ARM7は，歴史上もっとも広い分野で用いられている32ビットの組み込みプロセッサです．携帯電話から自動車まで，毎年，実にさまざまな電子製品に採用され，毎年10億個以上生産されています．

Cortex-M3プロセッサは，ARM7プロセッサの成功の上に，さらにプログラムやデバッグが簡単で，かつ，より高い処理能力を提供するように作られています．さらにCortex-M3プロセッサは，クリティカル・タスクに対するノンマスカブル割り込み，高度に確定的なネスト型ベクタ割り込み，アトミックなビット操作およびオプションのメモリ保護ユニットのような，マイクロコントローラ・アプリケーションに固有の要件を満たす多くの機能と技術が導入されています．これらの要因により，既存のARMプロセッサ・ユーザだけでなく，製品に32ビットMCUの使用を検討している多くの新規ユーザにもCortex-M3プロセッサは魅力的です．

1.2 ARMとARMアーキテクチャの背景

1.2.1 小史

ARMプロセッサとアーキテクチャ・バージョンのバリエーションを理解するために，少しだけARMの歴史を見ておきましょう．

ARMは，Apple Computer，Acorn Computer GroupおよびVLSI Technologyの合弁事業としてAdvanced RISC Machines Ltd.,という名前で1990年に設立されました．1991年には，ARM6プロセッサ・ファミリを開発し，VLSI Technologyが最初のライセンシーになりました．それ以降，Texas Instruments，NEC，シャープおよびST Microelectronicsを含む後続の企業がARMプロセッサの設計をライセンスし，携帯電話，コンピュータのハードディスク，PDA（Personal Digital Assistants），ホームエンターテイメント・システムおよび数多くのそのほかの民生製品などにARMプロセッサが採用されました．

今ではARMのパートナーは，毎年20億個以上のARMプロセッサを出荷しています．多くの半導体会社とは異なり，ARMは直接プロセッサを製造したり，チップを売ったりしません．その代わりに，ARMは多くの世界の主要半導体会社をはじめとするビジネス・パートナーにプロセッサ設計をライセンスします．ARMの廉価で電力効率の良いプロセッサ設計に基づいて，これらのパートナーはプロセッサ，マイクロコントローラおよびシステム・オン・チップを作製します．このビジネス・モデルは一般に知的財産（IP；Intellectual Property）ライセンスと呼ばれます．

プロセッサの設計に加えて，ARMはさらにシステム・レベルIPとさまざまなソフトウェアIPをライセンスします．これらの製品をサポートするために，ARMは，パートナが独自の製品を開発できるように，開発ツール，ハードウェアおよびソフトウェアの強力な製品群を開発しました．

1.2.2 アーキテクチャ・バージョン

ARMは新しいプロセッサとシステム・ブロックを，何年にもわたって開発し続けてきました．これらには，よく知られているARM7TDMIプロセッサや，最近ではスマートフォンのようなハイエンド・

アプリケーションで使用されるARM 1176TZ(F)-Sプロセッサもあります．長期にわたるプロセッサへの機能と拡張は，ARMアーキテクチャの一連のバージョンを生み出しました．アーキテクチャ・バージョンの番号は，プロセッサ名から独立していることに注意してください．たとえば，ARM7TDMIプロセッサは，ARMv4Tアーキテクチャ（TはThumb命令モードのサポートを意味する）に基づきます．

ARMv5Eアーキテクチャは，ARM926E-SとARM946E-Sを含むARM9Eプロセッサ・ファミリで導入されました．このアーキテクチャには，マルチメディア・アプリケーションのための「強化した」デジタル信号処理（DSP）命令を加えてあります．

ARM 11プロセッサ・ファミリの導入とともに，アーキテクチャはARMv6にまで拡張しました．このアーキテクチャの新しい機能としては，メモリ・システム仕様と単一命令複数データ（SIMD；Single Instruction Multi data）命令があります．ARMv6アーキテクチャに基づいたプロセッサはARM1136J(F)-S，ARM1156T2(F)-SおよびARM1176JZ(F)-Sです．

ARM11ファミリ導入後，最適化されたThumb-2命令セットのような新技術の多くが，ローコスト・マーケットであるマイクロコントローラや自動車部品にも同様に適用可能なことがわかってきました．アーキテクチャは，最下位のMCUから最高性能のアプリケーション・プロセッサにまで一貫している必要がある一方で，コストの厳しいマーケット用にリアルタイム性が高くて少ないゲート数のプロセッサ，ハイエンド・アプリケーション用には機能豊富で高性能なものというように，アプリケーションに最適に適合するプロセッサ/アーキテクチャを提供する必要があることもわかってきました．

過去数年にわたり，ARMはCPU開発を多様化することで，その製品ラインを拡張しています．結果としてアーキテクチャ・バージョン7すなわちv7が生まれました．このバージョンでは，アーキテクチャ設計は三つのプロファイルに分割されます．

▶ 高性能のオープン・アプリケーション・プラットホーム用に設計された**Aプロファイル**
▶ リアルタイム性能が求められるハイエンド組み込みシステムのために設計された**Rプロファイル**
▶ 組み込みマイクロコントローラ・タイプのシステムのために設計された**Mプロファイル**

これらのプロファイルをもう少し詳細に見ていきましょう．

▶ **Aプロファイル（ARMv7-A）**：Symbian，LinuxおよびWindows Embeddedなどのハイエンドの組み込みOSのような複雑なアプリケーションを実行することが求められ，最高の処理能力，メモリ管理ユニット（MMU）を備えた仮想記憶システム・サポート，およびオプションでJavaサポートやセキュアなプログラム実行環境を必要とするアプリケーション・プロセッサ．製品例としてはハイエンドの携帯電話や金融取引用の電子決済用ウォレットなど

▶ **Rプロファイル（ARMv7-R）**：ハイエンド・ブレーキ・システムとハードディスク・ドライブ・コントローラのように，高い処理能力と高い信頼性が不可欠で，応答時間の短さが重要であるような，よりハイエンドのリアルタイム[注1]アプリケーションを主なターゲットとしたリアルタイム高性能プロセッサ

▶ **Mプロファイル（ARMv7-M）**：リアルタイム制御システムを含む産業用制御アプリケーションと同

注1：一般的なプロセッサを使用して"リアルタイムの"システムになるかということは，常に大きな議論の的である．定義では，"リアルタイム"とは，システムが保証された期間内に応答を得ることができることを意味する．ARMプロセッサ・ベースのシステムでは，オペレーティング・システムの選択，割り込みレイテンシ，メモリ・レイテンシ，そのCPUがより優先度の高い割り込みを実行しているかどうかによって，この応答の可否が定まる．

様に，処理効率，コスト，消費電力，短い割り込みレイテンシおよび使用の容易さが重要な，廉価なアプリケーションをターゲットとするプロセッサ

Cortexプロセッサ・ファミリは，アーキテクチャv7で開発された最初の製品です．また，Cortex-M3プロセッサは，ARM v7-M（マイクロコントローラ製品用のアーキテクチャ仕様）と呼ばれるv7アーキテクチャの一つのプロファイルに基づいています．

本書はCortex-M3プロセッサにフォーカスしていますが，Cortex-M3は，単にARMv7アーキテクチャを使用するCortex製品ファミリのうちの一つです．ほかのCortexファミリ・プロセッサとしては，ARMv7-Aプロファイルに基づくCortex-A8（アプリケーション・プロセッサ）と，ARMv7-Rプロファイルに基づくCortex-R4（リアルタイム・プロセッサ）があります（図1.2）．

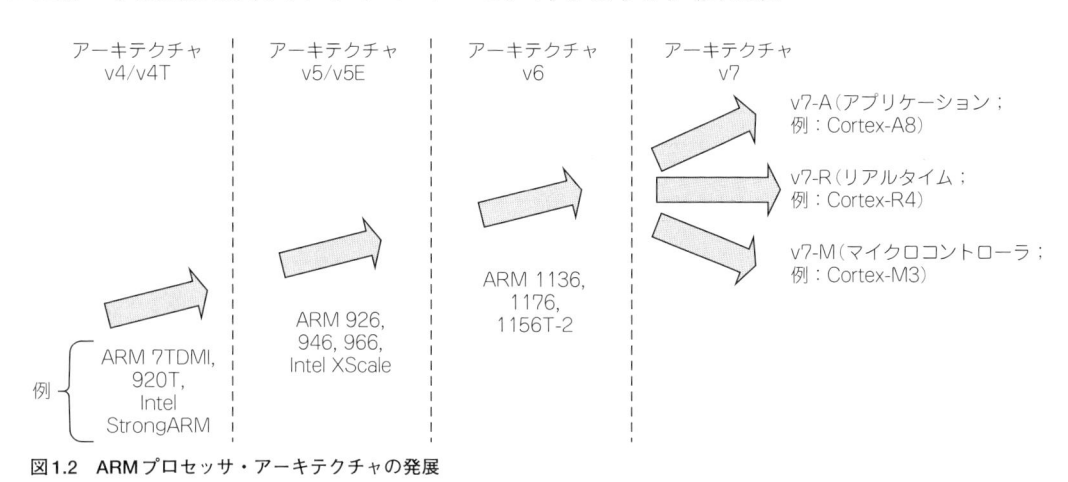

図1.2　ARMプロセッサ・アーキテクチャの発展

ARMv7Mアーキテクチャの詳細は，*The ARMv7-M Architecture Application Level Reference Manual* (Ref2)に記述してあります．このドキュメントは簡単な登録手続きをすればARMのWebサイト経由で入手することができます．ARMv7-Mアーキテクチャは以下の内容を含んでいます．

▶ プログラマ/モデル
▶ 命令セット
▶ メモリ・モデル
▶ デバッグ・アーキテクチャ

インターフェースの詳細とタイミングのようなプロセッサ固有の情報は*Cortex-M3 Technical Reference Manual*（TRM）(Ref1)に記述してあります．このマニュアルは，ARMのWebサイト上で自由にアクセスして見ることができます．Cortex-M3のTRMでは，サポートされる命令のリストのようにアーキテクチャ仕様書では取り扱われない多くの実装の詳細が述べられています．その理由は，ARMv7Mアーキテクチャ仕様書でカバーされている命令のうちのいくつかは，ARMv7Mデバイスではオプションだからです．

1.2.3　プロセッサの命名

従来より，ARMはプロセッサ名を体系的な番号付けで命名してきました．初期の頃（1990年代），プ

ロセッサの機能を示すためにサフィックスも使用しました．たとえば，ARM7TDMI プロセッサで，T は Thumb 命令サポートを示し，D は JTAG デバッギングを示し，M は高速乗算を示し，I は組み込み ICE モジュールを示します．のちに，これらの機能は将来の ARM プロセッサでは標準機構にするべきだというように決定されました．したがって，これらのサフィックスは，もはや新しいプロセッサ・ファミリ名に加えられません．代わりに，メモリ・インターフェース，キャッシュおよび密結合メモリ（TCM）に関するバリエーションが，新しいプロセッサ命名則になりました．

たとえば，キャッシュと MMU に TCM を備えた ARM プロセッサはサフィックス "26" あるいは "36" が与えられます．メモリ保護ユニット（MPU）を備えたプロセッサは，サフィックス "46"（たとえば ARM946E-S）を与えられます．さらに，論理合成可能[注2]（S）と Jazelle（J）技術を示すためにほかの接尾辞が付け加えられます．表1.1 にプロセッサ名の要約を示します．

表1.1 ARM プロセッサ名

プロセッサ名	アーキテクチャ・バージョン	メモリ管理機能	そのほかの特徴
ARM7TDMI	ARMv4T		
ARM7TDMI-S	ARMv4T		
ARM7EJ-S	ARMv5TEJ		DSP, Jazelle
ARM920T	ARMv4T	MMU	
ARM922T	ARMv4T	MMU	
ARM926EJ-S	ARMv5TEJ	MMU	DSP, Jazelle
ARM946E-S	ARMv5TE	MPU	DSP
ARM966E-S	ARMv5TE		DSP
ARM968E-S	ARMv5TE		DMA, DSP
ARM996HS	ARMv5TE	MPU（オプション）	DSP, 非同期設計
ARM1020E	ARMv5TE	MMU	DSP
ARM1022E	ARMv5TE	MMU	DSP
ARM1026EJ-S	ARMv5TEJ	MMU または MPU	DSP, Jazelle
ARM1136J(F)-S	ARMv6	MMU	DSP, Jazelle
ARM1176JZ(F)-S	ARMv6KZ	MMU + TrustZone	DSP, Jazelle
ARM11 MPCore	ARMv6K	MMU + マルチプロセッサ・キャッシュ・サポート	DSP, Jazelle
ARM1156T2(F)-S	ARMv6T2	MPU	DSP, Thumb-2
Cortex-M3	ARMv7-M	MPU（オプション）	NVIC
Cortex-R4	ARMv7-R	MPU	DSP
Cortex-R4F	ARMv7-R	MPU	DSP + 浮動小数点
Cortex-A8	ARMv7-A	MMU + TrustZone	DSP, Jazelle, NEON

ARM は，アーキテクチャ・バージョン 7 で，デコードする必要のある複雑な番号付け方式をやめ，プロセッサ・ファミリに一貫性のある名前に移行しました．Cortex がその最初のブランドです．プロセッサ間の互換性を示すのに加えて，このシステムは，アーキテクチャ・バージョンとプロセッサ・ファミリ番号間の混乱がありません．たとえば，ARM7TDMI は v7 プロセッサではなく，v4T アーキテクチャに基づいています．

注2：論理合成可能なコア・デザインは，Verilog HDL または VHDL のようなハードウェア記述言語（HDL）の形で提供され，論理合成ソフトウェアを使用して，デザイン・ネットリストに変換することができる．

1.3 命令セットの開発

ARMプロセッサが使用する命令セットの強化と拡張は，アーキテクチャを進化させる主要な推進力のうちの一つでした．

過去（ARM7TDMI以来），ARMプロセッサは二つの異なる命令セットがサポートされていました．32ビットのARM命令と16ビットのThumb命令です（**図1.3**）．プロセッサは，プログラム実行中にARM状態あるいはThumb状態の間で動的に命令セットのどちらか一つを使用するように切り替えることができます．Thumb命令セットは，ARM命令のサブセットしか提供しません．しかし，コード密度を高くでき，メモリ要求の厳しい製品で役立ちます．

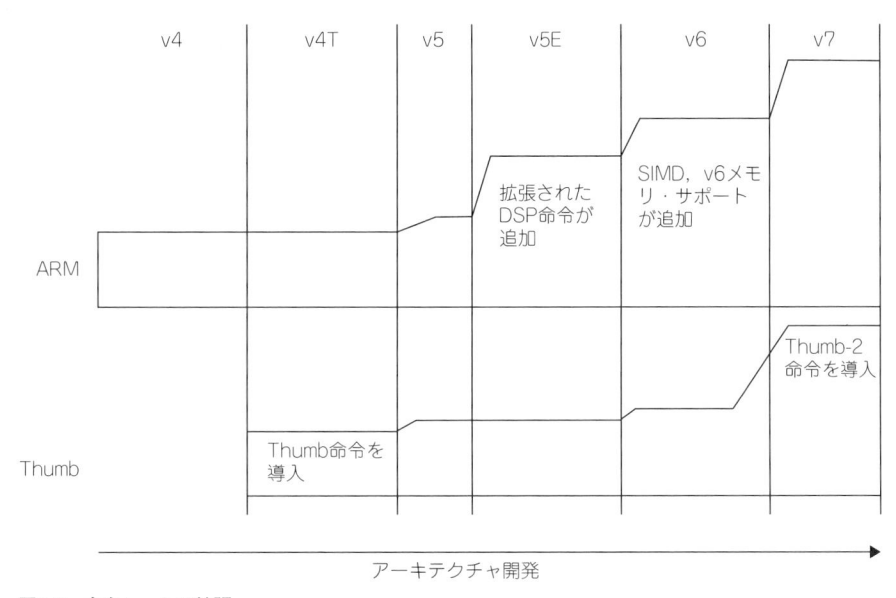

図1.3 命令セットの拡張

アーキテクチャ・バージョンが更新されるにつれて，ARM命令とThumb命令の両方にさらに命令が加えられました．**付録B**は，アーキテクチャ拡張間のThumb命令の変更内容を示してあります．2003年に，ARMはThumb-2命令セットを発表しました．これは，16ビットと32ビットの両方の命令を含む，Thumb命令の新しいスーパーセットです．

命令セットの詳細は，*ARM Architecture Reference Manual*（別名 ARM ARM）と呼ばれるドキュメント中で提供されています．このマニュアルは，ARMv5アーキテクチャ，ARMv6アーキテクチャおよびARMv7アーキテクチャ用に更新されています．ARMv7アーキテクチャについては，異なるプロファイルへそれぞれ成長しているので，仕様も別々のドキュメントに分割されています．Cortex-M3開発者用に，*ARM v7-M Architecture Application Level Reference Manual*（Ref2）で，必要な命令セットの詳細をすべてカバーしています．

1.4 Thumb-2命令セット・アーキテクチャ（ISA）

Thumb-2[注3] ISAは，使いやすさ，コード・サイズおよび性能の点で非常に効率的で強力な命令セットです．Thumb-2命令セットは，以前の16ビットのThumb命令セットのスーパーセットに，16ビット命令と32ビット命令が追加されています（**図1.4**）．Thumb-2命令セットは，より複雑な操作をThumb状態で実行可能にするので，ARM状態とThumb状態間の状態切り替えの数を減らし，効率を高めます．

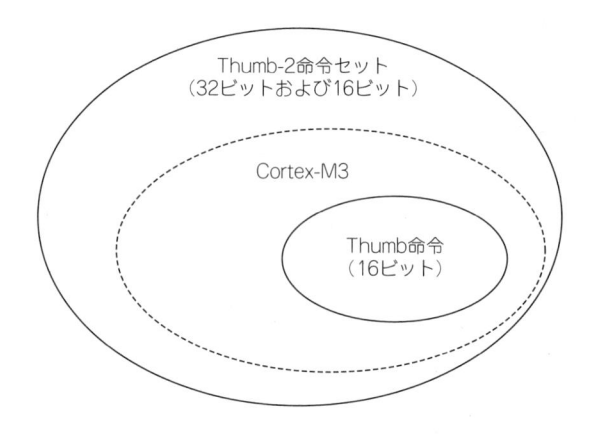

図1.4
Thumb-2命令セットとThumb命令セットの関係

マイクロコントローラはメモリ素子の容量は小さく，プロセッサのシリコン・サイズの縮小に力を入れているので，Cortex-M3はThumb-2（および従来のThumb）命令セットだけをサポートしています．従来のARMプロセッサではいくつかの動作にARM命令を使用しますが，Cortex-M3プロセッサはすべての動作にThumb-2命令セットを使用します．その結果，Cortex-M3プロセッサは従来のARMプロセッサと下位互換性がありません．すなわち，Cortex-M3プロセッサ上でARM7プロセッサ用のバイナリ・イメージを実行することはできません．しかし，Cortex-M3プロセッサは，ARM7ファミリ・プロセッサ上でサポートされているすべての16ビットThumb命令を含む，16ビットのThumb命令をほとんどすべて実行することができるので，アプリケーションの移植は容易です．

Thumb-2命令セット中の16ビットと32ビットの両方の命令をサポートしていることで，Thumb状態（16ビット命令）とARM状態（32ビット命令）間でプロセッサを切り替える必要はありません．たとえば，ARM7またはARM9のファミリ・プロセッサでは，複雑な計算あるいは多くの条件実行や性能が必要ならば，ARM状態に切り替える必要があります．一方，Cortex-M3プロセッサでは，32ビット命令と16ビット命令を混在できるので，状態を切り替えず，高いコード密度が得られ，余分な複雑さを招くことなく高性能が得られます．

Thumb-2命令セットはARMv7アーキテクチャの特筆すべき特徴です．ARM7ファミリ・プロセッサ（ARMv4Tアーキテクチャ）上でサポートされている命令と比較して，Cortex-M3プロセッサの命令セッ

注3：ThumbとThumb-2はARMの登録商標である．

トには多くの新しい機能があります．ARMプロセッサとしては初めて，ハードウェア除算命令が利用でき，またデータ処理性能を改善するためにCortex-M3プロセッサでは多くの乗算命令が利用できます．Cortex-M3プロセッサはさらにアンアラインド・データ・アクセスをサポートします（以前はハイエンド・プロセッサにおいてのみ利用可能な機能）．

1.5　Cortex-M3プロセッサのアプリケーション

　高性能と高いコード密度，小さなシリコン・サイズのおかげで，Cortex-M3プロセッサは広範なアプリケーションにおいて理想的なものになっています．

▶ ローコスト・マイクロコントローラ：Cortex-M3プロセッサは，玩具から電気器具のような家電製品に使用される，超低価格のマイクロコントローラ用途にぴったり．市場には多くのよく知られた8ビットおよび16ビット・マイクロコントローラ製品が出まわっており，激しい競争となっている．消費電力がより低く，高性能および使いやすさなどによって，組み込み開発者が32ビット・システムに移行し，ARMアーキテクチャで製品を開発できるようにする
▶ 自動車：もうひとつの理想的なCortex-M3プロセッサ用のアプリケーションは自動車産業．Cortex-M3プロセッサは高性能かつ高効率で割り込みの応答速度が速いので，リアルタイム・システムの中で使用できる．Cortex-M3は240までの外部ベクタ割り込みをサポートし，ネストした割り込みをサポートする割り込みコントローラを搭載し，オプションのメモリ保護ユニットをもつので，高度に統合されたコストに敏感な自動車アプリケーションにも最適
▶ データ通信：ビット・フィールド操作用のThumb-2命令とプロセッサの低消費電力と高性能が一体となって，Cortex-M3はBluetoothやZigBeeのような多くの通信アプリケーションにとって理想的
▶ 産業制御：産業用制御分野では，単純に応答の速さおよび信頼性が重要．Cortex-M3プロセッサの割り込み機能，割り込み処理の速さおよび向上した障害処理機能は，この領域でも強力な対象製品
▶ 家電：多くの家電製品では，一つまたは複数の高性能マイクロプロセッサが使用されている．Cortex-M3プロセッサは小さく，高効率で低消費電力であり，MPUが堅牢なメモリ保護を提供する一方で，複雑なソフトウェアを実行することができる

　すでに多くのCortex-M3プロセッサ・ベースの製品が市場に存在し，1USドルぐらいの低価格商品もあるので，ARMマイクロコントローラのコストは多くの8ビットのマイクロコントローラと同じかより低くなっています．

1.6　本書の構成

　本書は，Cortex-M3プロセッサの一般的な概要を述べています．以降の部分は次のセクションに分割されています．

　　第1章と第2章　　Cortex-M3の紹介および概要
　　第3章〜第6章　　Cortex-M3の基本
　　第7章〜第9章　　例外および割り込み
　　第10章と第11章　　Cortex-M3のプログラミング

第12章～第14章　　Cortex-M3のハードウェア機能
第15章と第16章　　Cortex-M3のデバッグ・サポート
第17章～第20章　　Cortex-M3でのアプリケーション開発
付録

1.7　さらに知るには

　本書は，Cortex-M3プロセッサのすべての技術的詳細を含んでいるわけではありません．Cortex-M3プロセッサに慣れていない人々のためのスタータ・ガイド，およびCortex-M3のプロセッサ・ベースのマイクロコントローラを使用する人々のための補足的な資料という位置付けです．Cortex-M3プロセッサについての詳細を知るには，次の資料がARM (www.arm.com) とARMパートナのWebサイトから入手可能で，大部分の必要な内容をカバーしているはずです．

- *Technical Reference Manual* (*TRM*) (Ref 1) は，プログラマ・モデル，メモリ・マップおよび命令タイミングを含むプロセッサに関する詳細情報を提供している
- *ARMv7-M Architecture Application Lebel Reference Manual* (Ref2) は，命令セットとメモリ・モデルに関する詳細情報を含んでいる
- Cortex-M3プロセッサ・ベースのマイクロコントローラ製品用のデータシートを参照；使用を予定しているCortex-M3プロセッサ・ベースの製品のデータシート入手にはメーカのWebサイトを参照
- 内部AMBAインターフェース・バス・プロトコルの詳細に関しては，AMBA仕様2.0 (Ref 4) を参照
- Cortex-M3のためのCプログラムのこつは，*ARM Application Note 179*にある：*Cortex-M3 Embedded Software Development* (Ref7)

　本書は，すでに組み込みプログラミングの知識と経験（できればARMプロセッサを使用した経験）がある程度ある方を対象としています．本全体や*TRM*を読むのに時間をあまりかけずに基本を学習したいマネージャまたは学生の場合，本書の第2章はCortex-M3プロセッサ上の要約を提供しているので役立つでしょう．

Cortex-M3の概要

Overview of the Cortex-M3

第2章

> この章では以下の項目を紹介します．
> - Cortex-M3の基礎
> - レジスタ
> - 動作モード
> - 内蔵のネスト型ベクタ割り込みコントローラ
> - メモリ・マップ
> - バス・インターフェース
> - メモリ保護ユニット
> - 命令セット
> - 割り込みと例外
> - 低消費電力と高いエネルギー効率
> - デバッグ・サポート
> - 特徴のまとめ

2.1 Cortex-M3の基礎

　Cortex-M3は32ビット・マイクロプロセッサです．32ビットのデータ・パス，32ビットのレジスタ・バンクおよび32ビットのメモリ・インターフェースがあります．プロセッサはハーバード・アーキテクチャを採用しており，命令バスとデータ・バスを別々にもっています．このアーキテクチャは，命令アクセスとデータ・アクセスを同時にすることができます．また，この結果，データ・アクセスは命令パイプラインに影響しないので，プロセッサの性能は向上します．この機能により，Cortex-M3は多種のバス・インターフェースをもち，それぞれが最適化された処理と，同時に動作する能力があります．しかし，命令バスとデータ・バスは同じメモリ空間（統合メモリ）を共有します．言い換えれば，個別のバス・インターフェースをもつからといって，8Gバイトのメモリ空間を個別にもてるわけではありません．

　多くのメモリを必要とする複雑なアプリケーションの場合，Cortex-M3プロセッサはオプションでMPUをもっているので，必要であれば外部キャッシュを使用できます．リトル・エンディアン・メモ

リ・システムとビッグ・エンディアン・メモリ・システムの両方をサポートしています．

Cortex-M3 プロセッサは固定の内部デバッグ回路を備えています．これらの回路は，ブレークポイントとウォッチポイントなどのデバッグ操作のサポート機能を提供します．

さらに，オプションの回路で，命令トレースやさまざまなタイプのデバッグ・インターフェースなどのデバッグ機能を提供します(図 2.1)．

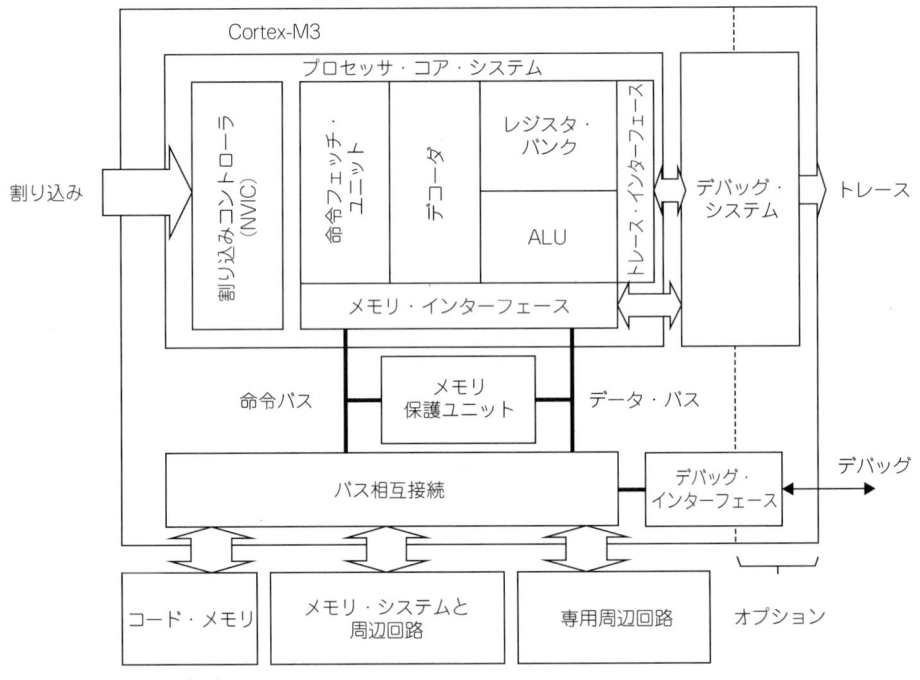

図 2.1 Cortex-M3 の概略

2.2 レジスタ

Cortex-M3 プロセッサにはレジスタ R0〜R15 があります．R13(スタック・ポインタ)はバンク・レジスタで，一度には片方のレジスタにだけアクセスできます(図 2.2)．

2.2.1 R0〜R12：汎用レジスタ

R0〜R12 はデータ操作用の 32 ビット汎用レジスタです．一部の 16 ビット Thumb 命令は，これらのレジスタのサブセット(下位レジスタ，R0〜R7)だけにアクセスできます．

2.2.2 R13：スタック・ポインタ

Cortex-M3 は R13 として二つのスタック・ポインタをもっています．一度には片方のレジスタにだけアクセスできます．

- メイン・スタック・ポインタ(MSP;Main Stack Pointer):デフォルト・スタック・ポインタ.OSカーネルと例外ハンドラによって使用される
- プロセス・スタック・ポインタ(PSP;Process Stack Pointer):ユーザ・アプリケーション・コードによって使用される

スタック・ポインタの最下位2ビットは常に0で,常にワード境界であることを意味します.

2.2.3 R14:リンク・レジスタ

サブルーチンが呼ばれたとき,復帰アドレスはリンク・レジスタに格納されます.

2.2.4 R15:プログラム・カウンタ

プログラム・カウンタは現在のプログラムのアドレスです.このレジスタはプログラムの流れを制御するために書き込むことができます.

レジスタ名	機能(およびバンク・レジスタ)
R0	汎用レジスタ
R1	汎用レジスタ
R2	汎用レジスタ
R3	汎用レジスタ
R4	汎用レジスタ
R5	汎用レジスタ
R6	汎用レジスタ
R7	汎用レジスタ ── 下位レジスタ
R8	汎用レジスタ
R9	汎用レジスタ
R10	汎用レジスタ
R11	汎用レジスタ
R12	汎用レジスタ ── 上位レジスタ
R13(MSP) / R13(PSP)	メイン・スタック・ポインタ(MSP),プロセス・スタック・ポインタ(PSP)
R14	リンク・レジスタ(LR)
R15	プログラム・カウンタ(PC)

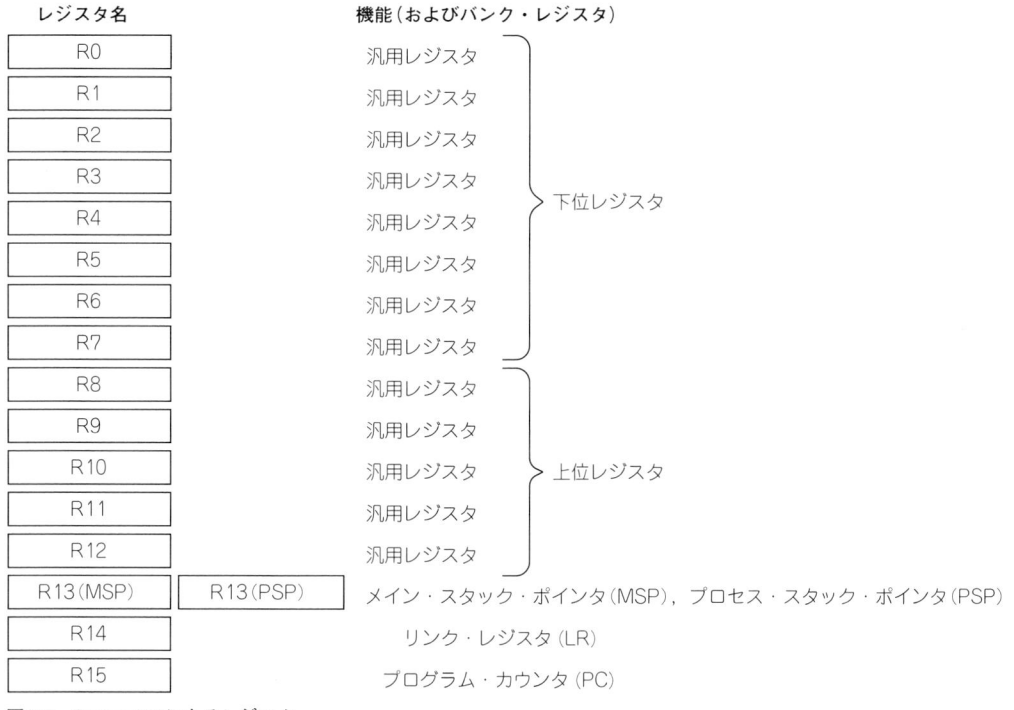

図2.2 Cortex-M3にあるレジスタ

2.2.5 特殊レジスタ

Cortex-M3プロセッサにはさらに多くの特殊レジスタがあります(図2.3).
- プログラム・ステータス・レジスタ(PSRs;Program Status Registers)
- 割り込みマスク・レジスタ(PRIMASK,FAULTMASK,BASEPRI)
- 制御レジスタ(CONTROL)

図2.3 Cortex-M3にある特殊レジスタ

レジスタ名	機能	
xPSR	プログラム・ステータス・レジスタ	特殊レジスタ
PRIMASK	割り込みマスク・レジスタ	
FAULTMASK		
BASEPRI		
CONTROL	制御レジスタ	

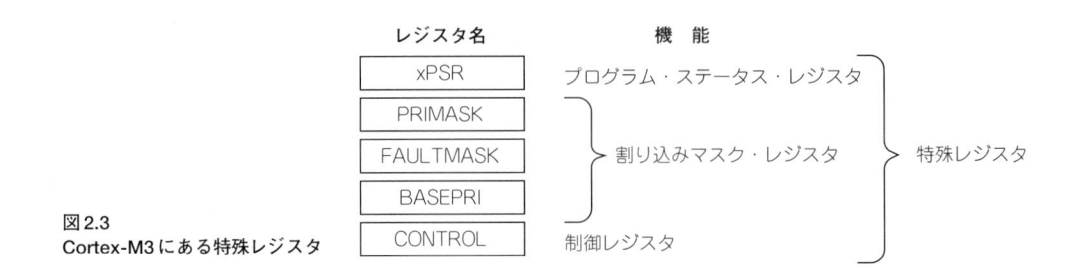

これらのレジスタは特殊機能があり，特殊命令によってのみアクセスできます．しかし，通常のデータ処理に使用することはできません(**表2.1**)．

第3章ではこれらのレジスタに関する多くの情報を紹介します．

表2.1 レジスタと機能

レジスタ	機能
xPSR	ALUフラグ(ゼロ・フラグ，キャリ・フラグ)，実行状態および現在実行している割り込みの番号を提供
PRIMASK	ノンマスカブル割り込み(NMI)とHardFault以外の割り込みをすべて禁止
FAULTMASK	NMI以外の割り込みをすべて禁止
BASEPRI	特定の優先度または優先度の低い割り込みをすべて禁止
CONTROL	特権状態とスタック・ポインタ選択を設定

2.3 動作モード

Cortex-M3プロセッサには二つの動作モードと二つの特権レベルがあります．**動作モード**(スレッド・モードとハンドラ・モード)は，プロセッサが通常のプログラムを実行しているか，割り込みハンドラまたはシステム例外のハンドラのような例外ハンドラを実行しているかどうかを決定します．**特権レベル**(特権レベルとユーザ・レベル)は，基本的なセキュリティ保護モデルを提供するとともに，重要な領域へのメモリ・アクセスを保護するためのメカニズムを提供します(**図2.4**)．

図2.4 Cortex-M3の動作モードと特権レベル

	特権	ユーザ
例外を実行しているとき	ハンドラ・モード	
メイン・プログラムを実行しているとき	スレッド・モード	スレッド・モード

プロセッサはメイン・プログラムを実行する際(スレッド・モード)は，特権状態または，ユーザ状態のどちらでも実行できます．それに対して，例外ハンドラは常に特権状態だけです．プロセッサはリセットから抜けた際にはスレッド・モードで特権アクセスが許可されます．特権状態でプログラムは，(MPUの設定により禁止されている場合を除いて)すべてのメモリとすべての対応している命令を使用できます．

ソフトウェアは特権アクセス・レベルにおいて，制御レジスタを使用してプログラムをユーザ・アクセス・レベルに切り替えられます．例外が発生した場合，プロセッサは常に特権状態に戻ります．また，

例外ハンドラを抜ける際に特権状態は元に戻ります．ユーザ・プログラムは，制御レジスタを書き換えることによって特権状態に戻すことはできません．ユーザ・アクセス・レベルからメイン・プログラムを特権アクセス・レベルに切り替えるには，例外ハンドラを経由して制御レジスタを書き換え，特権アクセス・レベルのスレッド・モードに戻します（**図2.5**）．

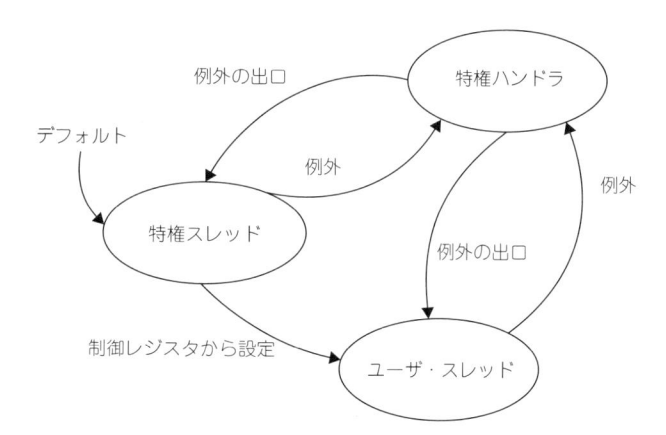

図2.5
可能な動作モードの遷移

特権レベルとユーザ・レベルに分けることにより，信頼できないプログラムからシステムを構成するレジスタがアクセスまたは変更されることを防ぐことで，システムの信頼性を改善します．また，MPUが利用できる場合には，特権レベルと組み合わせて使用することで，オペレーティング・システムのプログラムやデータなどが配置された重要な領域を保護することができます．

たとえば，特権アクセスは通常，OSのカーネルにより使用され，（MPUの設定で禁止されていない）すべてのメモリにアクセスできます．OSから起動されたユーザ・アプリケーションは，信頼できないユーザ・プログラムの欠陥が引き起こすクラッシュからシステムを保護するために，ユーザ・アクセス・レベルで実行することが適当です．

2.4　内蔵のネスト型ベクタ割り込みコントローラ

Cortex-M3プロセッサは，ネスト型ベクタ割り込みコントローラ（NVIC；Nested Vectored Interrupt Controller）と呼ばれる割り込みコントローラを搭載しています．NVICは，プロセッサ・コアに密接に接続され，多くの機能を提供します．
- ネストされた割り込みのサポート
- ベクタ割り込みのサポート
- 動的なプライオリティ変更のサポート
- 割り込みレイテンシの低減
- 割り込みマスク

2.4.1　ネストされた割り込みのサポート

NVICはネストした割り込みをサポートします．すべての外部割り込みと大部分のシステム例外は異

なる優先度レベルにプログラムできます．割り込みが発生した場合，NVICはこの割り込みの優先度を現在実行している優先順位と比較します．新しい割り込みの優先度が現在のレベルより高ければ，新しい割り込みに対して割り込みハンドラは現在実行中のタスクを置き換えます．

2.4.2 ベクタ割り込みのサポート

Cortex-M3プロセッサはベクタ割り込みがサポートされています．割り込みが受け付けられると，割り込み処理ルーチン(ISR；Interrupt Service Routine)の開始アドレスがメモリ中のベクタ・テーブルから特定されます．ISRの開始アドレスを決定し分岐するためにソフトウェアを書く必要はありません．したがって，割り込み要求を処理するための時間は少なくてすみます．

2.4.3 動的なプライオリティ変更のサポート

割り込みの優先順位は実行中にソフトウェアによって変更できます．割り込み処理ルーチンが完了するまで，実行している割り込みは，さらにアクティブにならないようにブロックされるので，優先度は予期しない再入のリスクなしで変更できます．

2.4.4 割り込み待ち時間の低減

Cortex-M3プロセッサは，さらに割り込み待ち時間を減らすために多くの先進的な機能をもっています．これらは，いくつかのレジスタ内容の自動保存/復元，あるISRから別の(153ページのテール・チェーン割り込みの議論を参照)ISRへの切り替えの遅延の削減，後着の割り込みの処理(153ページを参照)を含みます．

2.4.5 割り込みマスク

割り込みとシステム例外は，それらの優先順位に基づいてマスクされるか，割り込みマスク・レジスタBASEPRI，PRIMASKおよびFAULTMASKを使って完全にマスクされます．これらの割り込みレジスタは，タイム・クリティカルなタスクが割り込まれずに時間どおりに終了できることを確実にするために使用されます．

2.5 メモリ・マップ

Cortex-M3には定義済みのメモリ・マップがあります．これにより，割り込みコントローラやデバッグ・コンポーネントなどの内蔵のペリフェラルが，簡易なメモリ/アクセス命令によってアクセスできます．したがって，ほとんどのシステム機能はCプログラム・コードでアクセスできます．定義済みのメモリ・マップがあるので，Cortex-M3プロセッサがシステム・オン・チップ(SoC；System-on-a-chip)設計において速度と利用の容易さの点で，高度に最適化されることを可能にしています．

全体として，4Gバイトのメモリ空間は図2.6に示される範囲に分割することができます．

Cortex-M3はこのメモリの使用法に最適化した内部バス構造をもった設計になっています．さらに，これらの領域を違う使い方もできるような設計になっています．たとえば，データ・メモリは，今までどおりコード領域においておき，プログラム・コードは外部のRAM領域から実行することができます．

```
0xFFFFFFFF  ┌──────────────┐
            │ システム・レベル │  内蔵割り込みコントローラ(NVIC), MPUの
            │              │  制御レジスタおよびデバッグ・コンポーネ
0xE0000000  │              │  ントを含む専用ペリフェラル
0xDFFFFFFF  ├──────────────┤
            │              │
            │  外部デバイス  │  主として外部周辺機器として用いられる
            │              │
0xA0000000  │              │
0x9FFFFFFF  ├──────────────┤
            │              │
            │   外部RAM    │  主として外部メモリとして用いられる
            │              │
0x60000000  │              │
0x5FFFFFFF  ├──────────────┤
            │   周辺機器    │  主として周辺機器として用いられる
0x40000000  ├──────────────┤
0x3FFFFFFF  │    SRAM      │  主としてスタティックRAMとして用いられる
0x20000000  ├──────────────┤
0x1FFFFFFF  │              │  主としてプログラム・コードに使用され,
            │    コード     │  電源を入れた際の例外ベクタ・テーブルを
0x00000000  └──────────────┘  提供する
```

図2.6　Cortex-M3メモリ・マップ

システム・レベルのメモリ領域は割り込みコントローラとデバッグ・コンポーネントを含んでいます．これらのデバイスは決まったアドレスをもち，本書の第5章（メモリ・システム）で詳述しています．こうした周辺機器が固定されたアドレスをもつをことによって，異なるCortex-M3製品間でアプリケーションの移植がより容易になります．

2.6　バス・インターフェース

Cortex-M3プロセッサにはいくつかのバス・インターフェースがあります．これにより，Cortex-M3は命令フェッチとデータ・アクセスを同時に実行できます．メイン・バス・インターフェースは次のとおりです．

- ▶ コード・メモリ・バス
- ▶ システム・バス
- ▶ 専用ペリフェラル・バス

コード・メモリ領域へのアクセスは**コード・メモリ・バス**で実行されます．それは物理的に二つのバスからなり，一つは**I**コード，もう一つは**D**コードと呼ばれます．これらは命令実行速度が最高になるように命令フェッチ用に最適化されています．

システム・バスはメモリと周辺機器のアクセスに使用します．これは，SRAM，周辺機器，外部RAM，外部装置，およびシステム・レベル・メモリ領域の一部へのアクセスに使用します．

専用ペリフェラル・バスは，デバッグ・コンポーネントなどの専用周辺機器に対応するシステム・レベル・メモリの一部へのアクセスに使用します．

2.7 メモリ保護ユニット

Cortex-M3はオプションのメモリ保護ユニット，すなわちMPUをもっています．このユニットにより，特権的アクセスとユーザ・プログラム・アクセスにアクセス規則の設定が可能になります．アクセス規則に違反した場合，フォールト例外が発生し，フォールト例外ハンドラはその問題を解析して，可能ならば修正することができます．

MPUはさまざまな方法で使用することができます．一般的には，MPUはオペレーティング・システムによって設定され，特権コード（たとえばオペレーティング・システム・カーネル）によって使用するデータを信頼のおけないユーザ・プログラムから保護することができます．データを誤って消去してしまうことを防ぐため，メモリ領域を読み出し専用にするとか，あるいはマルチタスク・システムでの異なるタスク間のメモリ領域を分離するためにもMPUを使用することができます．全体として，組み込みシステムをより堅牢で，信頼できるようにするのに役立ちます．

MPU機能はオプションになっており，マイクロコントローラまたはSoCの設計の実装段階で決定します．MPUについてのより詳細な内容は，第13章を参照してください．

2.8 命令セット

Cortex-M3はThumb-2命令セットをサポートします．Cortex-M3は，高いコード密度と高性能を実現するために32ビット命令と16ビット命令を同時に使用できます．これは，Cortex-M3プロセッサのもっとも重要な機能の一つであり，柔軟かつ強力で，使用するのは容易です．

以前のARMプロセッサでは，CPUには32ビットのARM状態と16ビットのThumb状態の二つの動作状態がありました．ARM状態では，命令は32ビットで，非常に高いパフォーマンスを備える命令をすべて実行することができます．Thumb状態においては，命令は16ビットであり，はるかに高い命令コード密度になります．Thumb状態はARM命令のすべての機能性をもっているわけではなく，ある種の操作を完了するにはより多くの命令が必要です．

両方の恩恵を得るために，アプリケーションの多くはARMとThumbのコードをミックスして使います．

しかし，コードのミックスが必ずしも最良に働くとは限りません．状態間を切り替えるのに（実行時と命令空間の両方で）オーバヘッドがあります．また，ARMコードとThumbコードは，異なるファイル中で別々にコンパイルする必要があるかもしれません．これは，ソフトウェア開発を複雑にし，CPUコアから得られる最高の効率を損ないます（図2.7）．

Thumb-2命令セットの導入で，一つの動作状態中ですべての処理を扱うことができるようになりました．ARM-Thumb間で切り替える必要はありません．実際，Cortex-M3はARMコードをサポートしません．割り込みさえ，Thumb状態で処理されます（これまで，ARMコアはARM状態で割り込みハンドラに入っていた）．状態間を切り替える必要がないので，Cortex-M3プロセッサは従来のARMプロ

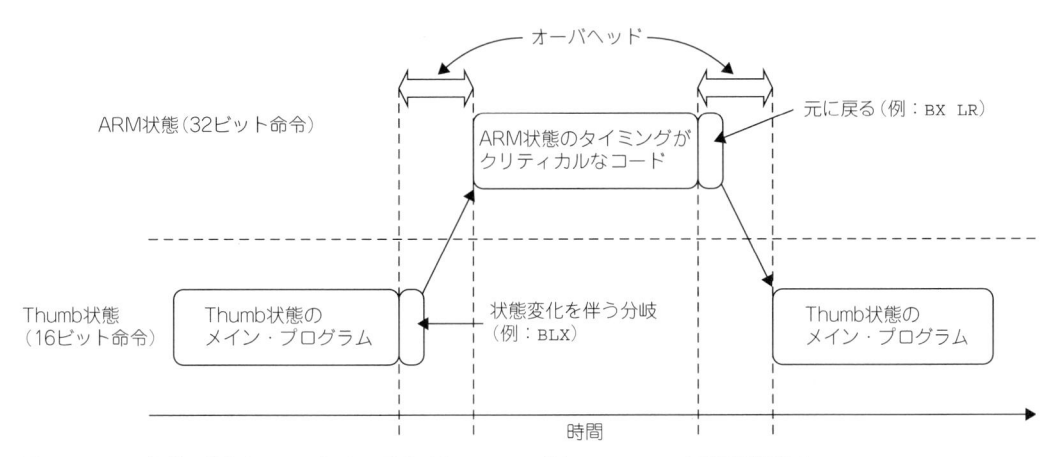

図2.7　ARM 7など，従来のARMプロセッサ中でのARMコードとThumbコード間の切り替え

セッサより多くの長所があります．
▶ 状態切り替えのオーバヘッドがないので，実行時間と命令空間の両方を省ける
▶ ARMコードとThumbコードのソース・ファイルを分ける必要がないので，ソフトウェア開発とメンテナンスがより簡単になる
▶ 最高の効率と性能を得るのにARMとThumb間のコード切り替えについて心配する必要がないので，そのためソフトウェアの記述が簡単になり，より簡単に最良の効率と性能が得られる

Cortex-M3プロセッサは多くの興味深い強力な命令をもっています．ここに，いくつか例を挙げます．
▶ UFBX, BFI, BFC：ビット・フィールド抽出，挿入およびクリア命令
▶ UDIV, SDIV：符号なしと符号付き除算命令
▶ SEV, WFE, WFI：イベント送出，イベント待ち，割り込み待ち．これらにより，プロセッサはマルチプロセッサ・システムでのタスク同期を扱い，スリープ・モードに入ることが可能になる
▶ MSR, MRS：特殊レジスタへのアクセス用

Cortex-M3プロセッサはThumb-2命令セットのみしかサポートしないので，ARMの既存のプログラム・コードはこの新しいアーキテクチャに移植する必要があります．ほとんどのCアプリケーションでは，Cortex-M3をサポートする新しいコンパイラを使用して，単に再コンパイルするだけです．いくつかのアセンブラ・コードでは，新しいアーキテクチャと新しい統一されたアセンブラ・フレームワークを利用するために修正して移植する必要があります．

Thumb-2命令セット中のすべての命令が，Cortex-M3に実装されているわけではないことに注意してください．*ARMv7-M Architecture Application Level Reference Manual*（Ref2）では，Thumb-2命令のサブセットのみを実装するように要求しています．たとえば，コプロセッサ命令はCortex-M3ではサポートされません（外部データ処理エンジンを加えることはできる）．また，SIMDはCortex-M3に実装されていません．さらに，いくつかのThumb命令がサポートされていません．たとえば，処理装置状態をThumbからARMまで切り替えるために使用されるイミディエート値付きのBLX，アーキテクチャv6で導入された，2，3のCPS命令，およびSETEND命令などです．サポートされている命令の完全な一覧に関しては，本書あるいは*Cortex-M3 Technical Reference Manual*（Ref1）の付録Aを参照してください．

2.9 割り込みと例外

　Cortex-M3プロセッサは，ARMv7Mアーキテクチャで導入された新しい例外モデルを実装しています．この例外モデルは従来のARM例外モデルと異なり，非常に効率的な例外処理を可能にしています．Cortex-M3には，多くのシステム例外と多くの外部IRQ（外部割り込み入力）があります．Cortex-M3にはFIQ（ARM7/9/10/11の高速割り込み）はありませんが，割り込み優先順位の取り扱いとネストした割り込みサポートが割り込みアーキテクチャに含まれるようになりました．したがって，システムがネストした割り込み（より最優先の割り込みは，より低い優先割り込みのハンドラに取って代わる），すなわち先取りをサポートするように設定するのは容易で，ちょうど従来のARMプロセッサ中でのFIQのように振る舞います．

　Cortex-M3の割り込み機能はNVICの中に実装されています．外部割り込みのサポートに加えて，Cortex-M3は，さらにシステム・フォールト処理などの多くの内部例外ソースをサポートします．その結果，表2.2に示すように，Cortex-M3には多くのあらかじめ定められた例外タイプがあります．

表2.2　Cortex-M3例外タイプ

例外番号	例外タイプ	優先度（プログラム可能な場合，デフォルトが0）	説　明
0	―	―	実行中の例外なし
1	リセット	－3（最上位）	リセット
2	NMI	－2	ノンマスカブル割り込み（外部からのNMI入力）
3	ハード・フォールト (Hard fault)	－1	すべてフォールト条件で，対応するフォールト・ハンドラが動作可能でない場合
4	メモリ管理フォールト (MemManage Fault)	プログラム可能	メモリ管理フォールト．MPU違反すなわち禁止されたアドレスへのアクセス
5	バス・フォールト (Bus Fault)	プログラム可能	バス・エラー（プリフェッチ・アボートあるいはデータ・アボート）
6	用法フォールト	プログラム可能	プログラム・エラーによる例外
7～10	予約	―	予約
11	SVCall	プログラム可能	システム・サービス呼び出し
12	デバッグ・モニタ (Debug monitor)	プログラム可能	デバッグ・モニタ（ブレークポイント，ウォッチポイントあるいは外部デバッグ要求）
13	予約	―	予約
14	PendSV	プログラム可能	システム・サービス用の保留可能な要求
15	SysTick	プログラム可能	システム・タイマの報知
16	IRQ #0	プログラム可能	外部割り込み #0
17	IRQ #1	プログラム可能	外部割り込み #1
…	…	…	…
255	IRQ #239	プログラム可能	外部割り込み #239

　外部割り込み入力の数は半導体メーカが決めています．外部割り込み入力は最大240本サポートすることができます．さらに，Cortex-M3はNMI割り込み入力をもちます．アサートされると，NMI割り込み処理ルーチンが無条件に実行されます．

2.9.1 低消費電力と高いエネルギー効率

　Cortex-M3プロセッサは，設計者に低消費電力であり高いエネルギー効率の製品を開発可能にするさまざまな機能を備えた設計となっています．まず始めに，スリープ・モードとディープ・スリープ・モードに対応しているので，さまざまなシステム設計の手法と連動し，アイドル期間中の消費電力を低減します．

　次に，少ないゲート数と設計技術によってプロセッサの回路が動作する部分を減らし，動的消費電力の削減を可能にします．さらにCortex-M3のコード密度が高いので，プログラム・サイズを削減します．同時に，短時間でタスクの処理を完了させて，プロセッサはすぐにスリープ・モードに戻ることができるので，消費電力を減らすことができます．結果として，Cortex-M3のエネルギー効率は多くの8ビットまたは16ビットのマイクロコントローラよりも優れています．

　また，Cortex-M3のリビジョン2から，ウェイクアップ割り込みコントローラ（WIC）と呼ばれる新機能が利用できます．この機能によってプロセッサ・コアの状態が保持され，割り込みを受けると直ちにアクティブな状態に戻ることができるので，プロセッサ全体の消費電力を下げることができます．

　これにより，以前は8ビットまたは16ビットのマイクロコンピュータでしか実装することができなかった，多くの超低消費電力アプリケーション向けの用途にもCortex-M3は適したものとなります．

2.9.2 デバッグ・サポート

　Cortex-M3プロセッサは，停止，ステップ実行，命令ブレークポイント，データ・ウォッチポイント，レジスタとメモリのアクセス，プロファイリング，トレースなどのプログラム実行制御を含む多くのデバッグ機能があります．

　Cortex-M3プロセッサのデバッグ・ハードウェアはCoreSightアーキテクチャに基づいています．従来のARMプロセッサと異なり，CPUコア自身にはJTAGインターフェースがありません．代わりに，デバッグ・インターフェース・モジュールはコアから分離され，デバッグ・アクセス・ポート（DAP；Debug Access Port）と呼ばれるバス・インターフェースが，コア・レベルで提供されています．このバス・インターフェースを経由して，外部デバッガはプロセッサが動作中でも，制御レジスタをアクセスしてハードウェアをデバッグし，同様にシステム・メモリもアクセスできます．このバス・インターフェースの制御はデバッグ・ポート（DP；Debug Port）デバイスによって行われます．現在利用可能なDPは，SWJ-DP（シリアル・ワイヤ・プロトコルと同様に従来のJTAGプロトコルもサポート）あるいはSW-DP（シリアル・ワイヤ・プロトコルのみをサポート）です．ARM CoreSight製品ファミリのJTAG-DPモジュールも使用できます．半導体メーカは，デバッグ・インターフェースを提供するために，これらのDPモジュールのうち一つを付けることを選択できます．

　半導体メーカは，さらに命令トレースができるようにエンベデッド・トレース・マクロセル（ETM；Embedded Trace Macrocell）を含めることができます．トレース情報はトレース・ポート・インターフェース・ユニット（TPIU；Trace Port Interface Unit）経由で出力され，デバッグ・ホスト（通常はPC）は外部のトレース収集ハードウェア経由で，実行された命令情報を収集することができます．

　Cortex-M3プロセッサ内では，多くのイベントがデバッグ動作をトリガするのに使われます．デバッグ・イベントは，ブレークポイント，ウォッチポイント，フォールト条件あるいは外部デバッグ要求入

力信号があります．デバッグ・イベントが起きると，Cortex-M3は停止モードに入るか，あるいはデバッグ・モニタ例外ハンドラを実行することができます．

　データ・ウォッチポイント機能は，Cortex-M3プロセッサ中のデータ・ウォッチポイント&トレース・ユニット（DWT；Data Watchpoint and Trace）によって提供されます．これは，プロセッサを止め（あるいはデバッグ・モニタ例外ルーチンをトリガする），データ・トレース情報を生成するために使用できます．データ・トレースが使用される場合，トレースされたデータは，TPIU経由で出力できます（CoreSightアーキテクチャでは，多数のトレース・デバイスは一つのトレース・ポートを共有できる）．

　これらの基礎的なデバッグ機能に加えて，Cortex-M3プロセッサはさらにフラッシュ・パッチ&ブレークポイント・ユニット（FPB；Flash Patch and Breakpoint）を備え，単純なブレークポイント機能や，命令アクセスをフラッシュから異なる位置のSRAMにリマップする機能を提供します．

　計装トレース・マクロセル（ITM；Instrumentation Trace Macrocell）は，開発者がデバッガへデータを出力する新しい方法を提供します．ITM中のレジスタにデータを書くことによって，デバッガはトレース・インターフェース経由でデータを集めて，それを表示または処理することができます．この方法は使いやすく，JTAG出力より高速です．

　これらのデバッグ・コンポーネントは，すべてCortex-M3のDAPインターフェース・バス経由，あるいはプロセッサ・コア上で動作しているプログラムによって制御され，トレース情報はすべてTPIUからアクセス可能です．

2.10 特徴のまとめ

　なぜCortex-M3プロセッサは画期的な製品なのか．Cortex-M3を使用する利点は何か．この利点と強みがこの節に要約されています．

2.10.1 高性能

- 乗算を含む多くの命令が1サイクルで処理される．さらに，Cortex-M3プロセッサはほとんどのマイクロコントローラ製品より性能が優れている
- 分離されているデータ・バスと命令バスは，データと命令の同時アクセスの実行を可能にする
- Thumb-2命令セットは，状態切り替えのオーバヘッドを過去のものにしている．ARM状態（32ビット）とThumb状態（16ビット）の間の切り替えに時間を費やす必要はない．したがって，命令サイクルとプログラム・サイズは削減される．この機能はソフトウェア開発を容易にし，より早く市場投入でき，コードの保守を容易にする
- Thumb-2命令セットは，プログラミングにさらなる柔軟性を提供する．多くのデータ操作は，より短いコードを使用してシンプルになった．これはまた，Cortex-M3がより高いコード密度と少ないメモリ要件をもっていることを意味する
- 命令フェッチは32ビット．二つまでの命令を1サイクルでフェッチできる．その結果，データ転送用に広い帯域幅を利用できる
- Cortex-M3の設計では，マイクロコントローラ製品が高いクロック周波数（現代の半導体製造工程では100MHz以上）で動作することを可能にする．ほかの多くのマイクロコントローラ製品と同じ周波

数で動作したとしても，Cortex-M3はより優れたクロック/命令比（CPI）になる．これにより，1MHz当たりではより多くの仕事ができ，電力消費を抑えて動作させるためには，より低い周波数で動作させられる

2.10.2 高度な割り込み処理機能

- 内蔵のネスト対応ベクタ割り込みコントローラ（NVIC；Nested Vectored Interrupt Controller）は240本までの外部割り込み入力をサポートする．どのIRQハンドラが対応しなければならないかを決めるのにソフトウェアを書く必要がないので，ベクタ割り込み機能は割り込み待ち時間を大幅に短縮する．さらに，ネストした割り込みをサポートするようにソフトウェア・コードを設定する必要はない
- Cortex-M3プロセッサは，割り込みの入り口で自動的にスタックにレジスタR0～R3，R12，LR，PSRおよびPCをプッシュし，割り込みの出口でそれらをポップする．これはIRQ処理の待ち時間を短縮し，割り込みハンドラを通常のCの関数で記述できるようにする（第8章で説明する）
- NVICが割り込みごとにプログラマブルな割り込み優先順位制御をするので，割り込みの設定は非常に柔軟である．最低八つの優先レベルがサポートされ，優先度は動的に変更できる
- 割り込みレイテンシは，後着割り込みの受け付けやテール・チェイン割り込みエントリを含む特別な最適化によって短縮されている
- 複数ロード（LDM），複数ストア（STM），PUSHおよびPOPを含む複数サイクルの操作のうちのいくつかは割り込み可能になった
- システムが完全にロックアップしていない限り，ノンマスカブル割り込み（NMI；Nonmaskable Interrupt）要求の受信で，NMIハンドラの即時実行が保証されている．NMIは多くの安全性が重要なアプリケーションにおいて非常に重要である

2.10.3 低消費電力

- Cortex-M3プロセッサはゲート数が少ないので低消費電力の設計に最適である
- Cortex-M3は省電力モード・サポート（SLEEPINGとSLEEPDEEP）がある．プロセッサは，割り込み待ち（WFI；Wait for Interrupt）あるいはイベント待ち（WFE；Wait for Event）命令を使用して，スリープ・モードに入ることができる．設計は，主要なブロックごとにクロックを別にしているので，プロセッサの大部分のクロック回路はスリープの間停止できる
- 完全スタティックで，同期型であり，合成可能な設計なので，プロセッサをどんな低電力あるいは標準的な半導体プロセス技術を使用しても容易に製造できる

2.10.4 システムの特徴

- システムはビット-バンド操作，バイト-不変ビッグ・エンディアン・モードおよびアンアラインド・データ・アクセス・サポートを提供している
- 高度なフォールト処理機能はさまざまな例外タイプとフォールト・ステータス・レジスタをもち，問題の特定を容易にしてくれる
- バンク化されたスタック・ポインタにより，カーネルとユーザ・プロセスのスタックは分離できる．

オプションのMPUで，Cortex-M3プロセッサは強固なソフトウェアと信頼できる製品を開発するのに十分なものになる

2.10.5 デバッグ・サポート

- JTAGあるいはシリアル・ワイヤ・デバッグ・インターフェースのサポート
- CoreSightデバッグ・ソリューションに基づき，コアが動作中でも，プロセッサ・ステータスあるいはメモリ内容をアクセスすることができる
- 内蔵の六つのブレークポイントと四つのウォッチポイントのサポート
- DWTを使用した命令トレースとデータ・トレース用のETMオプション
- フォールト・ステータス・レジスタ，新しいフォールト例外およびフラッシュ・パッチ操作を含む新しいデバッグ機能で，デバッグがより簡単にできる
- ITMは，テスト・コードからデバッグ情報を出力する使いやすい方法を提供
- DWTの内部のPCサンプラとカウンタはコード・プロファイリング情報を提供

第3章 Cortex-M3の基本

Cortex-M3 Basics

この章では以下の項目を紹介します．
- ▶ レジスタ
- ▶ 特殊レジスタ
- ▶ 動作モード
- ▶ 例外と割り込み
- ▶ ベクタ・テーブル
- ▶ スタック・メモリ操作
- ▶ リセット・シーケンス

3.1 レジスタ

今まで見てきたように，Cortex-M3プロセッサにはレジスタR0～R15といくつかの特殊レジスタがあります．R0～R12は汎用ですが，16ビットThumb命令のうちの多くはR0～R7（下位レジスタ）だけにアクセスできます．しかし，32ビットThumb-2命令はこれらのレジスタすべてにアクセスできます．特殊レジスタは定義済みの機能をもっており，特殊レジスタ・アクセス命令によってのみアクセスできます（図3.1）．

3.1.1 汎用レジスタR0～R7

R0～R7汎用レジスタは下位レジスタとも呼ばれます．すべての16ビットThumb命令とすべての32ビットThumb-2命令で，汎用レジスタR0～R7にアクセスすることができます．これらのレジスタはすべて32ビットで，リセット時の値は不定です．

3.1.2 汎用レジスタR8～R12

R8～R12レジスタも上位レジスタとも呼ばれます．すべてのThumb-2命令によってアクセスできますが，すべての16ビットのThumb命令でアクセスできるわけではありません．これらのレジスタはすべて32ビットで，リセット時の値は不定です．

レジスタ名	機能（およびバンク・レジスタ）	
R0	汎用レジスタ	
R1	汎用レジスタ	
R2	汎用レジスタ	
R3	汎用レジスタ	下位レジスタ
R4	汎用レジスタ	
R5	汎用レジスタ	
R6	汎用レジスタ	
R7	汎用レジスタ	
R8	汎用レジスタ	
R9	汎用レジスタ	
R10	汎用レジスタ	上位レジスタ
R11	汎用レジスタ	
R12	汎用レジスタ	
R13 (MSP) / R13 (PSP)	メイン・スタック・ポインタ(MSP)，プロセス・スタック・ポインタ(PSP)	
R14	リンク・レジスタ(LR)	
R15	プログラム・カウンタ(PC)	
xPSR	プログラム・ステータス・レジスタ	
PRIMASK		
FAULTMASK	割り込みマスク・レジスタ	特殊レジスタ
BASEPRI		
CONTROL	制御レジスタ	

図3.1 Cortex-M3のレジスタ

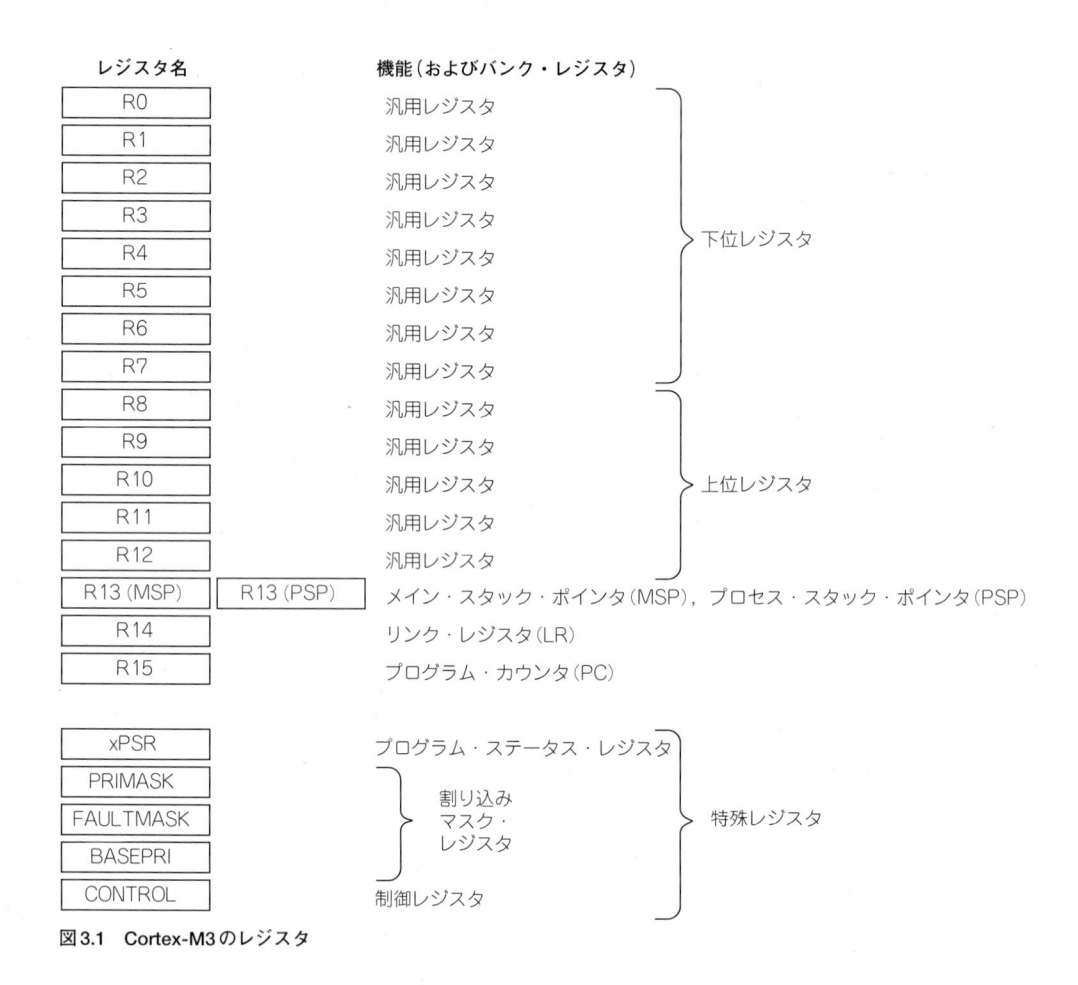

3.1.3　R13：スタック・ポインタ

　R13はスタック・ポインタです．Cortex-M3プロセッサには，スタック・ポインタが二つあります．二つあることで，二つのスタック領域を設定できるようになります．レジスタ名R13を使用する場合，現在のスタック・ポインタだけにアクセスできます．もう一つのR13をアクセスするときは，特殊命令MSRとMRSを使用します．二つのスタック・ポインタは以下のとおりです．

- メイン・スタック・ポインタ(MSP)：ARMの文書中では**SP_main**と表記される．これがデフォルトのスタック・ポインタである．OSカーネル，例外ハンドラおよびすべての特権的アクセスを要求するアプリケーション・コードで使用される
- プロセス・スタック・ポインタ(PSP)：ARMの文書中では**SP_process**と表記される．(例外ハンドラを実行する場合を除いて)ベース・レベル・アプリケーション・コードで使用される

　両方のスタック・ポインタを使用する必要はありません．シンプルなアプリケーションではMSPだけを使ってもかまいません．スタック・ポインタは，PUSHやPOPのようなスタック・メモリ処理のアクセスで使用されます．

Cortex-M3では，スタック・メモリにアクセスするための命令はPUSHとPOPです．アセンブリ言語の文法は，以下のとおり（各セミコロン［;］の後のテキストはコメント）です．

```
PUSH        {R0}  ; R13=R13-4, then Memory[R13] = R0
POP         {R0}  ; R0 = Memory[R13], then R13 = R13+4
```

Cortex-M3はフルディセンディング・スタックを使用しています（この話題の詳細は，本章のスタック・メモリ操作セクションで説明している）．したがって，新しいデータがスタックに保存されると，スタック・ポインタはディクリメントします．PUSHとPOPはサブルーチンの最初にレジスタの内容をスタック・メモリにセーブし，サブルーチンの終わりにスタックからレジスタへリストアするために通常使用されます．一つの命令で複数のレジスタのPUSHまたはPOPができます．

```
subroutine_1
        PUSH        {R0-R7, R12, R14}  ; Save registers
        …                              ; Do your processing
        POP         {R0-R7, R12, R14}  ; Restore registers
        BX          R14                ; Return to calling function
```

R13を使用する代わりに，プログラム・コードの中で**SP**（スタック・ポインタ）を使用できます．意味は同じです．プログラム・コードの中では，MSPとPSPの両方とも**R13/SP**と呼びます．また，特殊レジスタ・アクセス命令（MRS/MSR）を使用すれば，特定のスタック・ポインタにアクセスできます．

Column　スタックのPUSHとPOP

スタックはメモリ使用モデルの一種です．それは単にシステム・メモリの一部で，FILO（first-in/last-out buffer）として機能するように（プロセッサ内部の）ポインタ・レジスタを使います．スタックの一般的な使い方は，あるデータ処理の前にレジスタの内容を保存し，次に処理タスクが終わった後，スタックからそれらの内容を復元することです．

PUSHとPOPの操作を行う場合，一般にスタック・ポインタ（SP）と呼ばれるポインタ・レジスタは，次のスタック操作が前にスタックしたデータを破壊するのを防ぐために自動的に調節されます．スタック操作についての詳細は，本章の後半部分で提供されます．

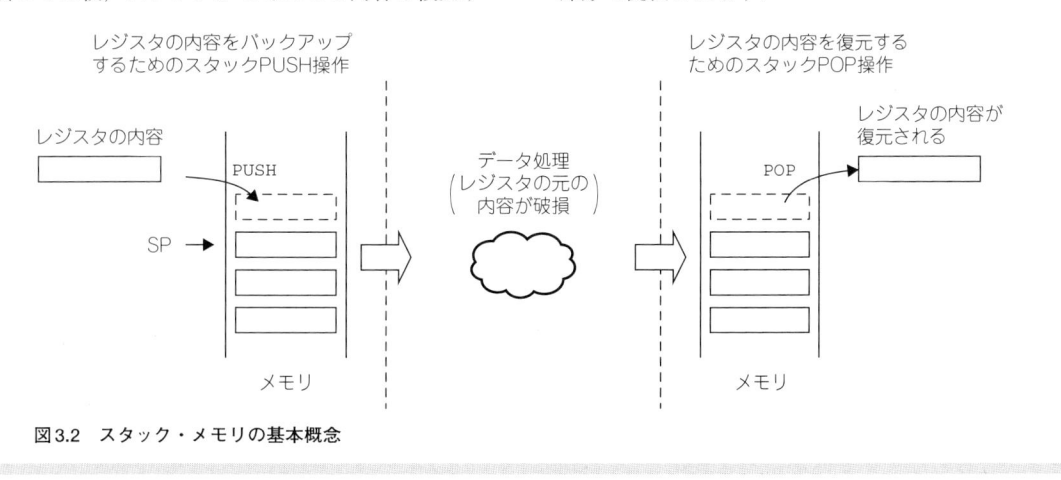

図3.2　スタック・メモリの基本概念

ARM の文書中の **SP_main** と呼ばれる MSP は，起動後のデフォルト・スタック・ポインタで，カーネル・コードと例外ハンドラで使用されます．ARM の文書中の **SP_process** と表記されている PSP は，通常スレッド・プロセスで使用します．

レジスタの PUSH と POP 操作は常にワードがそろっている（それらのアドレスは 0x0, 0x4, 0x8 でなければならない）ので，スタック・ポインタ R13 のビット 0 とビット 1 は 0 に固定され，常に 0（RAZ）として読まれます．

3.1.4　R14：リンク・レジスタ

R14 はリンク・レジスタ（LR）です．アセンブリ・プログラム中では，**R14** または **LR** と記述できます．LR はサブルーチンすなわち関数が呼ばれる際に，プログラム・カウンタに戻す値を格納するために使用されます．たとえば，BL（分枝とリンク）命令を使用している場合は次のとおりです．

```
main    ; Main program
        …
        BL function1 ; Call function1 using Branch with Link
                     ; instruction.
                     ; PC = function1 and
                     ; LR = the next instruction in main
        …
function1
        …            ; Program code for function 1
        BX  LR       ; Return
```

プログラム・カウンタのビット 0 が常に 0（命令は常にワードがそろっているか，またはハーフ・ワードがそろっているか）であるという事実にもかかわらず，LR ビット 0 は読み出し可能で書き込み可能です．これは，Thumb 命令セットでは，ビット 0 が ARM/Thumb 状態を示すためにしばしば使用されるからです．Cortex-M3 用の Thumb-2 プログラムが Thumb-2 命令セットをサポートするほかの ARM プロセッサで動作できるようにするため，この LSB は書き込み可能で読み出し可能です．

3.1.5　R15：プログラム・カウンタ

R15 はプログラム・カウンタです．アセンブラ・コード中では，R15 か PC のいずれかでアクセスできます．Cortex-M3 プロセッサのパイプラインの性質により，このレジスタを読んだとき，その値は実行している命令の位置と 4 異なることがわかります．たとえば，次のようになります．

```
0x1000  :    MOV   R0, PC  ; R0 = 0x1004
```

プログラム・カウンタに書き込むと分岐を引き起こします（しかし，リンク・レジスタは更新されない）．命令アドレスはハーフ・ワードでそろっていなければなればならないので，プログラム・カウンタの読み値の LSB（ビット 0）は常に 0 です．しかし，分岐では，PC に書き込むかブランチ命令を使用するかによって，ターゲット・アドレスの LSB は 1 にセットされる必要があります．なぜなら，それが Thumb 状態動作を示すために使用されるからです．ターゲット・アドレスの LSB が 0 である場合，ARM 状態に変わろうとしていることを意味し，Cortex-M3 ではフォールト例外になってしまいます．

3.2 特殊レジスタ

Cortex-M3プロセッサ中の特殊レジスタは，次のものを含んでいます．
- プログラム・ステータス・レジスタ（PSR）
- 割り込みマスク・レジスタ（PRIMASK，FAULTMASK および BASEPRI）
- 制御レジスタ（CONTROL）

特殊レジスタはMSRとMRS命令によってのみアクセスすることができます．それらにはメモリ・アドレスはありません．

```
MRS    <reg>, <special_reg>; Read special register
MSR    <special_reg>, <reg>; write to special register
```

3.2.1 プログラム・ステータス・レジスタ（PSR）

プログラム・ステータス・レジスタは，三つのステータス・レジスタに細分化されます．
- アプリケーションPSR（APSR）[注1]
- 割り込みPSR（IPSR）
- 実行PSR（EPSR）

三つのPSRは，特殊レジスタ・アクセス命令MSRとMRSを使用して，ともにあるいは別々にアクセスできます（**図3.3**）．それらが一緒にアクセスされる場合，コマンド名**xPSR**が使用されます（**図3.4**）．

	31	30	29	28	27	26:25	24	23:20	19:16	15:10	9	8	7	6	5	4:0
APSR	N	Z	C	V	Q											
IPSR												例外番号				
EPSR						ICI/IT	T			ICI/IT						

図3.3　Cortex-M3のプログラム・ステータス・レジスタ（PSR）

	31	30	29	28	27	26:25	24	23:20	19:16	15:10	9	8	7	6	5	4:0
xPSR	N	Z	C	V	Q	ICI/IT	T			ICI/IT		例外番号				

図3.4　Cortex-M3の組み合わされたプログラム・ステータス・レジスタ（xPSR）

MRS命令を使用して，プログラム・ステータス・レジスタを読むことができます．さらに，MSR命令を使用して，APSRを変更できます．しかし，EPSRとIPSRは読み出し専用です．例を次に示します．

```
MRS    r0, APSR   ; Read Flag state into R0
MRS    r0, IPSR   ; Read Exception/Interrupt state
```

注1：Cortex-M3の開発の最初のころは，APSRはフラグ・プログラム・ステータス・ワード（FPSR；Flags Program Status Word）と呼ばれていた．したがって，開発ツールのいくつかの初期のバージョンはAPSRの代わりにFPSRという名前を使用しているかもしれない．

```
MRS     r0, EPSR    ; Read Execution state
MSR     APSR, r0    ; Write Flag state
```

ARMアセンブラ中で，xPSR（三つのプログラム・ステータス・レジスタすべてを一つにまとめて）をアクセスする場合，シンボル **PSR** が使用されます．

```
MRS     r0, PSR     ; Read the combined program status word
MSR     PSR, r0     ; Write combined program state word
```

PSRの中のビット・フィールドの説明を**表3.1**に示します．

表3.1 Cortex-M3プログラム・ステータス・レジスタのビット・フィールド

ビット名	説　明
N	負
Z	ゼロ
C	キャリまたはボロー
V	オーバフロー
Q	スティッキ飽和フラグ
ICI/IT	中断可能で中断後から継続可能な命令(ICI)ビット，IF-THEN命令ステータス・ビット
T	Thumb状態，常に1．このビットをクリアしようとするとフォルト例外を引き起こすことになる
例外番号	プロセッサが操作している例外がどれであるかを示す

　これをARM7のカレント・プログラム・ステータス・レジスタ（CPSR；Current Program Status Register）と比較すると，ARM7の中で使用されていたいくつかのビット・フィールドがなくなっています．Cortex-M3にはARM-7で定義された動作モードがないので，モード（M）ビット・フィールドはなくなりました．Thumbビット（T）はビット24に移動しました．割り込みステータス（IとF）ビットは新しい割り込みマスク・レジスタ（PRIMASKs）に置き換わりました．PRIMASKはPSRとは分離しています．比較のために，**図3.5**に従来のARMプロセッサのCPSRを示します．

	31	30	29	28	27	26:25	24	23:20	19:16	15:10	9	8	7	6	5	4:0
ARM	N	Z	C	V	Q	IT	J	予約	GE[3:0]	IT	E	A	I	F	T	M[4:0]

図3.5　従来のARMプロセッサのカレント・プログラム・ステータス・レジスタ（CPSR）

3.2.2　PRIMASK，FAULTMASKおよびBASEPRIレジスタ

　PRIMASK，FAULTMASKおよびBASEPRIレジスタは，例外を無効にするために使用します（**表3.2**を参照）．

　PRIMASKおよびBASEPRIレジスタは，タイミングがクリティカルなタスクにおいて一時的に割り込みを無効にするのに役立ちます．タスクがクラッシュした場合に，OSは一時的にフォルト処理を無効にするためにFAULTMASKを使用できます．この例では，タスクがクラッシュするとき，多くの異なるフォルトが起こっているかもしれません．いったんコアがクラッシュの原因のクリア動作を始めると，クラッシュしたプロセスによって引き起こされたほかのフォルトによって割り込まれたくないでしょう．したがって，FAULTMASKは，OSカーネルにフォルト状態に対処する時間を与えます．

表3.2 Cortex-M3割り込みマスク・レジスタ

ビット名	説明
PRIMASK	1ビット・レジスタ．これがセットされていると，NMIとハードフォールト例外を許可する．ほかのすべての割り込みと例外がマスクされる．デフォルト値は0で，マスクがセットされていないことを意味する
FAULTMASK	1ビット・レジスタ．これがセットされていると，NMIだけを許可する．すべて割り込みとフォールトを扱う例外は無効になる．デフォルト値は0で，マスクがセットされていないことを意味する
BASEPRI	最大9ビットのレジスタ（優先順位のために実装されたビット幅に依存）．マスク優先順位を定義する．これがセットされていると，同じかあるいは下位レベル（より大きな優先順位の値）の割り込みをすべて無効にする．より優先順位の高い割り込みは今までどおり許可される．これが0にセットされている場合，マスク機能は無効になる（これがデフォルト）

PRIMASK，FAULTMASKおよびBASEPRIレジスタにアクセスするには，MRSとMSR命令を使用します．例を次に示します．

```
MRS    r0, BASEPRI    ; Read BASEPRI register into R0
MRS    r0, PRIMASK    ; Read PRIMASK register into R0
MRS    r0, FAULTMASK  ; Read FAULTMASK register into R0
MSR    BASEPRI, r0    ; Write R0 into BASEPRI register
MSR    PRIMASK, r0    ; Write R0 into PRIMASK register
MSR    FAULTMASK, r0  ; Write R0 into FAULTMASK register
```

PRIMASK，FAULTMASKおよびBASEPRIレジスタは，ユーザ・アクセス・レベルではセットできません．

3.2.3 制御レジスタ

制御レジスタは特権レベルとスタック・ポインタの選択を定義するために使用されます．表3.3に示すように，このレジスタは2ビットあります．

表3.3 Cortex-M3制御（CONTROL）レジスタ

ビット名	説明
CONTROL [1]	スタック状態： 1 = 代替スタックが使用される 0 = デフォルト・スタック（MSP）が使用される スレッドまたはベース・レベルにある場合，代替スタックはPSPとなる．ハンドラ・モード用の代替スタックはない．したがって，プロセッサがハンドラ・モードのとき，このビットはゼロでなければならない
CONTROL [0]	0 = スレッド・モードで特権 1 = スレッド・モードでユーザ状態 （スレッド・モードではなく）ハンドラ・モードの場合，プロセッサは特権モードで動作する

3.2.4 CONTROL [1]

Cortex-M3では，ハンドラ・モードでCONTROL [1] ビットは常に0です．しかし，スレッドまたはベース・レベルでは，0あるいは1のどちらもありえます．

コアがスレッド・モードで特権を与えられている場合に限り，このビットは書き込み可能です．ユーザ状態またはハンドラ・モードにおいては，このビットへの書き込みは許可されません．このレジスタ

に書き込むことのほか，このビットを変えるには，例外リターンのときにLRのビット2を変える方法があります．この話題は**第8章**の例外についての詳細が記述されているところで議論します．

3.2.5 CONTROL [0]

CONTROL [0] ビットは特権状態においてのみ書き込み可能です．いったん，ユーザ状態に入ると，特権状態に切り替わる唯一の方法は，割り込みをトリガして，例外ハンドラの中でこれを変更することです．制御レジスタをアクセスするには，MRSおよびMSR命令を使うことができます．

```
MRS    r0, CONTROL  ; Read CONTROL register into R0
MSR    CONTROL, r0  ; Write R0 into CONTROL register
```

3.3 動作モード

Cortex-M3プロセッサは，二つのモードと二つの特権レベルをサポートします（**図3.6**）．

	特権	ユーザ
例外を実行しているとき	ハンドラ・モード	
メイン・プログラムを実行しているとき	スレッド・モード	スレッド・モード

図3.6　Cortex-M3の動作モードと特権レベル

プロセッサがスレッド・モードで実行している場合，特権あるいはユーザ・レベルのいずれかです．しかし，ハンドラは特権レベルのみです．プロセッサはリセットの後，特権アクセス権をもつスレッド・モードになります．

ユーザ・アクセス・レベル（スレッド・モード）では，システム制御空間へのアクセス，すなわちSCSというコンフィギュレーション・レジスタ用やデバッグ・コンポーネント用のメモリ領域へのアクセスはブロックされます．さらに，特殊レジスタにアクセスする命令（APSRにアクセスする場合以外のMSRなど）は使用できません．ユーザ・アクセス・レベルで実行しているプログラムがSCSまたは特殊レジスタにアクセスしようとすると，フォールト例外が生じます．

特権アクセス・レベルのソフトウェアは制御レジスタを使用して，プログラムをユーザ・アクセス・レベルへ切り替えることができます．例外が発生すると，プロセッサは常に特権状態に移行し，例外ハンドラを出ると，発生前の状態に戻ります．ユーザ・プログラムは，制御レジスタに書き込みをしても特権状態へ直接には移行できません．スレッド・モードから特権アクセス・レベルにプロセッサを切り替えるためには，制御レジスタをプログラムする例外ハンドラを経由することが必要です（**図3.7**）．

特権とユーザ・アクセス・レベルのサポートは，より安全で堅固なアーキテクチャを提供します．たとえば，ユーザ・プログラムが正しく動作していないときでも，NVICの中の制御レジスタの値を壊すことはできません．さらに，MPUがある場合，特権プロセスが使用しているメモリ領域へのユーザ・プログラムのアクセスをブロックできます．

ユーザ・プログラムのスタック操作エラーによって引き起こされるシステム・クラッシュの可能性を回避するために，カーネル・スタック・メモリとユーザ・アプリケーション・スタック・メモリを分離

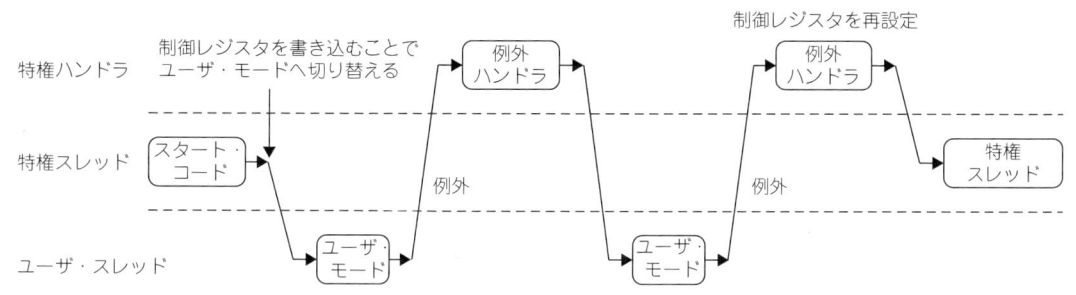

図3.7 制御レジスタのプログラムあるいは例外による動作モードの切り替え

できます．この構成では，ユーザ・プログラム（スレッド・モードで実行）はPSPを使用し，例外ハンドラはMSPを使用します．例外ハンドラの開始および終了でのスタック・ポインタの切り替えは自動です．本書の**第8章**で，この話題をより詳細に議論します．

プロセッサのモードとアクセス・レベルはコントロール・レジスタによって定義されます．コントロール・レジスタのビット0が0である場合，例外が起こるとプロセッサ・モードは切り替わります（**図3.8**）．

制御レジスタのビット0が1（ユーザ・アプリケーションを実行しているスレッド）である場合，例外が起こるとプロセッサ・モードとアクセス・レベルの両方が切り替わります（**図3.9**）．

制御レジスタのビット0は特権レベルでのみプログラム可能です．ユーザ・レベル・プログラムが特

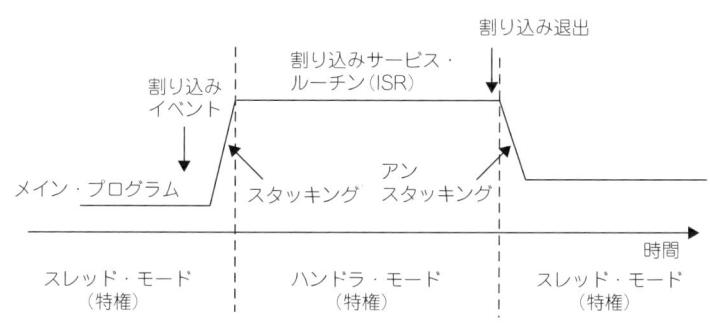

図3.8 割り込みでのプロセッサ・モード切り替え

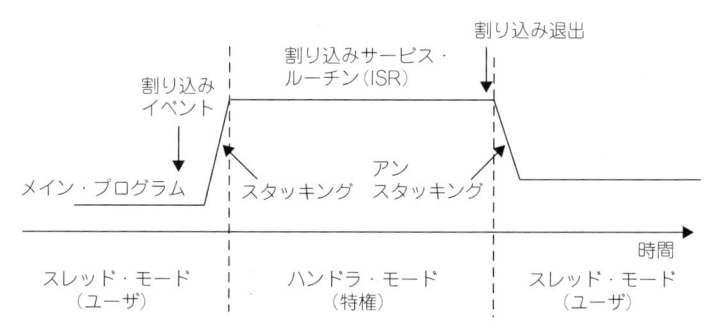

図3.9 割り込みでのプロセッサ・モードと特権レベルの切り替え

権状態に変わるためには，割り込みを起こして（たとえばSVC，すなわちシステム・サービス・コール），ハンドラ内でCONTROL［0］に書き込まなければなりません．

3.4 例外と割り込み

Cortex-M3では，あらかじめ決められた数のシステム例外と，一般に**IRQ**と呼ばれる多くの割り込みを含む多数の例外をサポートしています．Cortex-M3マイクロコントローラの割り込み入力の数は，個々の設計に依存します．システム・ティック・タイマ（System Tick Timer）を除くペリフェラルが生成する割り込みも，割り込み入力信号に接続されます．一般的な割り込み入力の数は16または32です．しかし，より多くのあるいはより少ない数の割り込み入力を備えたマイクロコントローラの設計があるかもしれません．

割り込み入力に加えて，さらにNMI入力信号があります．実際にNMIを使うかは，使用するマイクロコントローラまたは使用するSoC製品の設計に依存します．ほとんどの場合，NMIはウォッチドッグ・タイマあるいは電圧が一定レベルより降下した場合に，プロセッサに警告する電圧監視ブロックに接続できます．NMI信号はいつでもアクティブで，コアのリセット直後でも可能です．

Cortex-M3の例外のリストを**表3.4**に示します．多くのシステム例外は，さまざまなエラー条件でトリガされるフォールト処理例外です．さらに，エラー・ハンドラが例外の原因を決定できるように，NVICは多くのフォールト・ステータス・レジスタを備えています．

Cortex-M3の例外動作についての詳細は第7章～第9章で議論します．

表3.4 Cortex-M3の例外タイプ

例外番号	例外タイプ	優先度	機能
1	リセット	－3（最高）	リセット
2	NMI	－2	ノンマスカブル割り込み
3	ハード・フォールト（Hard fault）	－1	適切なフォールト・ハンドラが無効になっているか例外マスキングによりマスクされていることにより発生できない場合の，すべてのクラスのフォールト
4	メモリ管理フォールト（MemManage）	設定可能	メモリ管理フォールト．MPU違反または無効なアクセス（非実行可能領域からの割り込みフェッチなど）により生じる
5	バス・フォールト（BusFault）	設定可能	バス・システムから受信したエラー応答．命令プリフェッチ・アボートまたはデータ・アクセス・エラーにより生じる
6	用法フォールト（Usage fault）	設定可能	用法フォールト；よくある原因は無効な命令や不正な状態への遷移（Cortex-M3でARM状態へ変更することなど）を試みた場合
7～10	―	―	予約
11	SVCall（SVC）	設定可能	SVC命令経由のシステム・サービス呼び出し
12	デバッグモニタ（Debug monitor）	設定可能	デバッグ・モニタ
13	―	―	予約
14	PendSV	設定可能	システム・サービス用の保留可能な要求
15	SysTick	設定可能	システム・タイマの報知
16～255	IRQ	設定可能	外部割込み入力#0～239

3.5 ベクタ・テーブル

例外イベントがCortex-M3で発生し，プロセッサ・コアが受け付けると，対応する例外ハンドラが実行されます．例外ハンドラの開始アドレスを決定するために，ベクタ・テーブルのメカニズムが使用されます．**ベクタ・テーブル**は，それぞれ一つの例外タイプの開始アドレス・ワード・データの配列です．ベクタ・テーブルは再配置可能です．また，再配置はNVIC中の再配置レジスタによって制御されます．リセットの後，この再配置制御レジスタは0にリセットされます．したがって，ベクタ・テーブルはリセット後，アドレス0x0に位置します（表3.5）．

表3.5 リセットされた後のベクタ・テーブル定義

例外タイプ	アドレス・オフセット	例外ベクタ
18～255	0x48～0x3FF	IRQ #2～239
17	0x44	IRQ #1
16	0x40	IRQ #0
15	0x3C	SysTick
14	0x38	PendSV
13	0x34	予約
12	0x30	デバッグ・モニタ
11	0x2C	SVC
7～10	0x1C～0x28	予約
6	0x18	用法フォールト
5	0x14	バス・フォールト
4	0x10	メモリ管理フォールト
3	0x0C	ハード・フォールト
2	0x08	NMI
1	0x04	リセット
0	0x00	MSPの開始値

たとえば，リセットが例外タイプ1である場合，リセット・ベクタのアドレスは，1×4（各ワードは4バイト）なので，0x00000004になります．また，NMIベクタ（タイプ2）は2×4＝0x00000008に位置します．アドレス0x00000000はMSPの初期値のストアに使用されます．各例外ベクタのLSBは，例外がThumb状態で実行されることになっているかどうかを示します．Cortex-M3はThumb命令だけをサポートできるので，すべての例外ベクタのLSBは1にセットする必要があります．

3.6 スタック・メモリ操作

Cortex-M3では，通常のソフトウェア制御のスタックのPUSHとPOPに加えて，例外/割り込みハンドラの開始および終了で，スタックPUSHとPOP操作も自動的に実行されます．この節では，ソフトウェアのスタック操作を見ていきます（例外処理中のスタック操作は第9章で扱う）．

3.6.1 スタックの基本操作

一般に，スタック操作はスタック・ポインタ（SP）によって指定されたアドレスへのメモリ書き込み

または読み出し動作です．レジスタ中のデータはPUSH操作によってスタック・メモリへ保存され，あとでPOP操作によってレジスタに戻すことができます．複数データのPUSHが以前スタックしたデータを消さないように，スタック・ポインタはPUSHとPOP操作において自動的に調節されます．

スタックの機能は，処理タスクが終わった後，それらを回復することができるようにメモリにレジスタ内容を格納することです．通常の使い方では，各書き込み（PUSH）に対して，対応する読み出し（POP）が必要で，POP操作のアドレスはPUSH操作（図3.10）のアドレスと一致するはずです．PUSH/POP命令が使用される場合，スタック・ポインタは自動的にインクリメント/ディクリメントされます．

プログラム制御がメイン・プログラムに返る場合，R0～R2の内容は以前と同じです．PUSHとPOPの順序に注目してください．POPオーダはPUSHの逆でなければなりません．

これらの操作は，複数データのロードとストアができるPUSH命令とPOP命令のおかげで単純化する

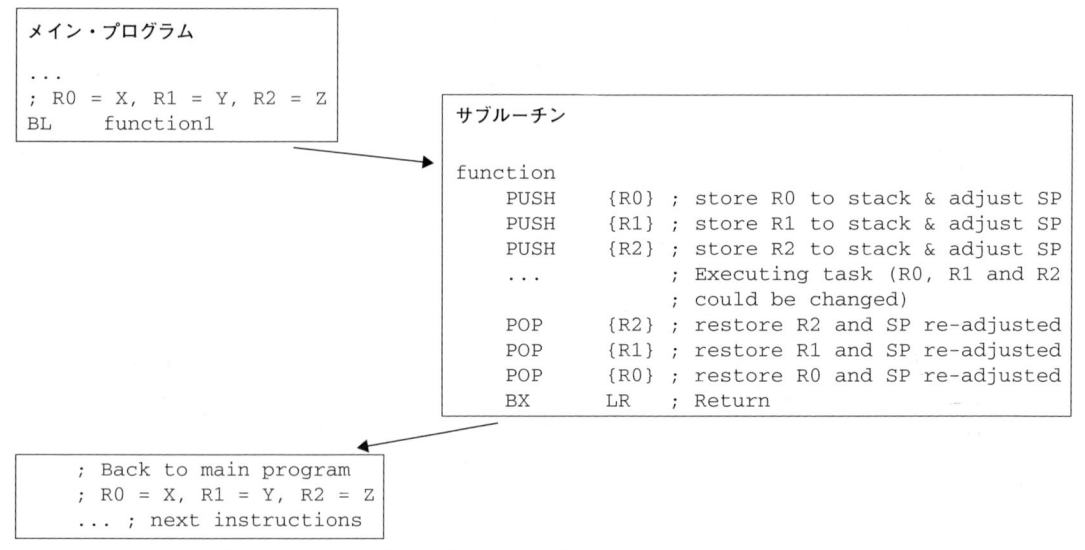

```
メイン・プログラム
...
; R0 = X, R1 = Y, R2 = Z
BL    function1
```

```
サブルーチン

function
    PUSH    {R0}    ; store R0 to stack & adjust SP
    PUSH    {R1}    ; store R1 to stack & adjust SP
    PUSH    {R2}    ; store R2 to stack & adjust SP
    ...             ; Executing task (R0, R1 and R2
                    ; could be changed)
    POP     {R2}    ; restore R2 and SP re-adjusted
    POP     {R1}    ; restore R1 and SP re-adjusted
    POP     {R0}    ; restore R0 and SP re-adjusted
    BX      LR      ; Return
```

```
; Back to main program
; R0 = X, R1 = Y, R2 = Z
... ; next instructions
```

図3.10 スタック操作の基本：各スタック操作における一つのレジスタ

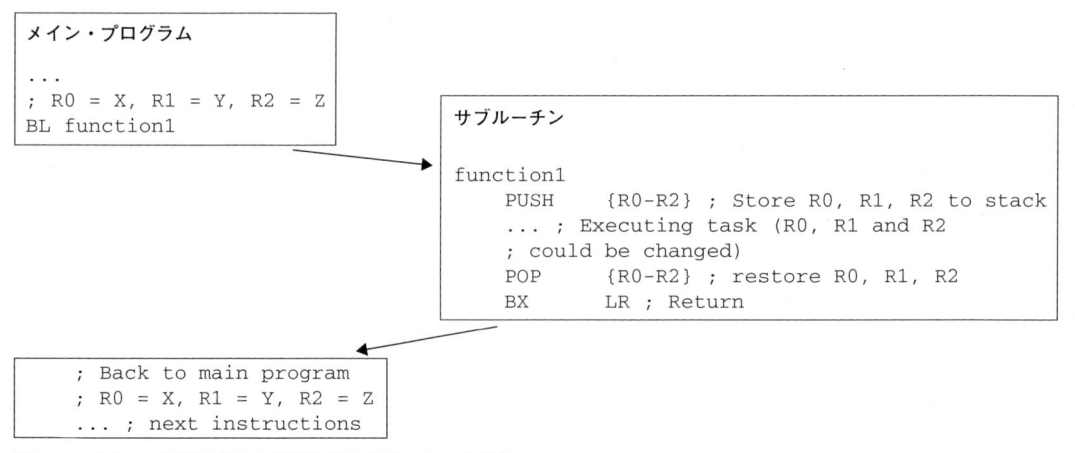

```
メイン・プログラム
...
; R0 = X, R1 = Y, R2 = Z
BL function1
```

```
サブルーチン

function1
    PUSH    {R0-R2} ; Store R0, R1, R2 to stack
    ... ; Executing task (R0, R1 and R2
    ; could be changed)
    POP     {R0-R2} ; restore R0, R1, R2
    BX      LR ; Return
```

```
; Back to main program
; R0 = X, R1 = Y, R2 = Z
... ; next instructions
```

図3.11 スタック操作の基本：複数レジスタのスタック操作

ことができます．この場合，レジスタPOPの順序は，プロセッサによって自動的に逆にされます（**図3.11**）．

さらに，POP操作とRETURNを組み合わせることができます．これはスタックにLRをPUSHし，サブルーチンの終わりでPCにPOPすることで行われます（**図3.12**）．

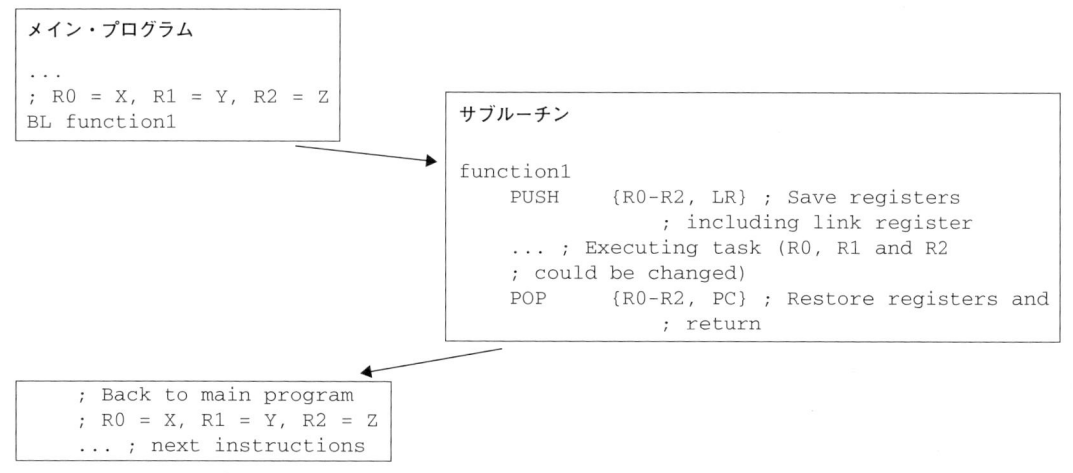

```
メイン・プログラム
...
; R0 = X, R1 = Y, R2 = Z
BL function1
```

```
サブルーチン
function1
    PUSH    {R0-R2, LR} ; Save registers
                        ; including link register
    ... ; Executing task (R0, R1 and R2
    ; could be changed)
    POP     {R0-R2, PC} ; Restore registers and
                        ; return
```

```
; Back to main program
; R0 = X, R1 = Y, R2 = Z
... ; next instructions
```

図3.12 スタック操作の基本：スタックPOPとRETURNの結合

3.6.2　Cortex-M3スタック実装

Cortex-M3はフルディセンディング・スタック（FD）操作モデルを使用します．スタック・ポインタ（SP）は，スタック・メモリにプッシュされた最後のデータを指していて，新しいPUSH操作の前にSPをディクリメントします．**図3.13**のPUSH{R0}命令の実行例を参照してください．

POP操作については，データはSPの指定する記憶場所から読まれ，次にスタック・ポインタがインクリメントされます．メモリの内容は不変ですが，次のPUSH操作が起こると上書きされます（**図3.14**）．

各PUSH/POPは4バイトのデータ転送なので（レジスタはそれぞれ1ワード，すなわち4バイト），SPは1回に四つディクリメント/インクリメントされ，二つ以上のレジスタがPUSHかPOPされる場合，4の倍数だけディクリメント/インクリメントされます．

Cortex-M3では，R13はSPとして定義されます．割り込みが起こるとき，多くのレジスタは自動的にPUSHされ，R13はこのスタック操作ではSPとして使用されます．同様に，割り込みハンドラを出ると

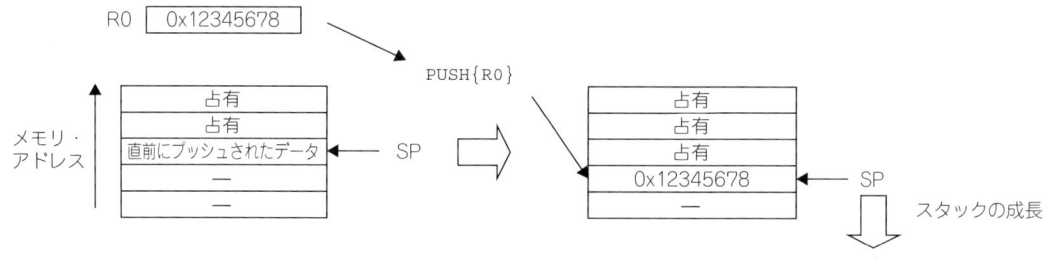

図3.13 Cortex-M3スタックPUSH実装

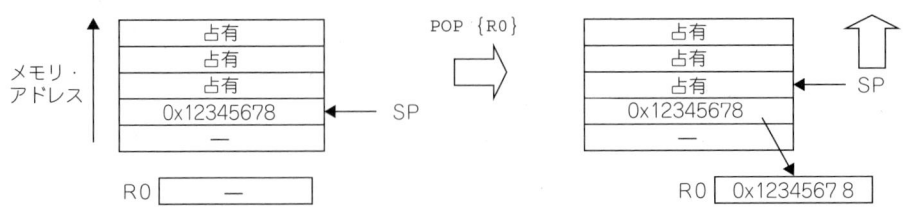

```
          占有
          占有                          占有
          占有          POP {R0}        占有
     0x12345678 ← SP    ⇒          0x12345678  ← SP
          —                           —

R0    —                         R0  0x1234567 8
```

図3.14 Cortex-M3スタックPOP実装

き，PUSHされたレジスタは自動的に復帰/POPされ，スタック・ポインタも調整されます．

3.6.3 Cortex-M3の二つのスタック・モデル

以前に言及したように，Cortex-M3には二つのスタック・ポインタがあり，メイン・スタック・ポインタ (MSP) およびプロセス・スタック・ポインタ (PSP) と呼ばれます．使用するSPレジスタは，制御レジスタのビット1 (以下のテキスト中のCONTROL [1]) によって制御されます．

CONTROL [1] が0である場合，MSPはスレッド・モードとハンドラ・モードの両方に使用されます．この構成では，メイン・プログラムと例外ハンドラは同じスタック・メモリ領域を共有します．これは起動後のデフォルト設定です．

制御レジスタのビット1が1である場合，PSPはスレッド・モード中で使用されます．この構成では，メイン・プログラムと例外ハンドラは別個のスタック・メモリ領域をもてます．これにより，ユーザ・アプリケーションにおけるスタック・エラーが，OS (ユーザ・アプリケーションはスレッド・モードでのみ動作し，OSカーネルはハンドラ・モードで実行すると仮定) の使用しているスタックの破壊を防ぐことができます (**図3.15**，**図3.16**)．

この状況では，自動スタッキング/アンスタッキングのメカニズムはPSPを使用するということに注意してください．一方，ハンドラ内部のスタック操作はMSPを使用します．

R13がどちらのスタック・ポインタを指しているかに関わらず，MSPとPSPに直接読み出し/書き込み操作を行う命令があります．特権レベルにおいてMRS命令とMSR命令を使用することで，MSPとPSPに直接アクセスできます．

```
    MRS    R0, MSP    ; Read Main Stack Pointer to R0
    MSR    MSP, R0    ; Write R0 to Main Stack Pointer
    MRS    R0, PSP    ; Read Process Stack Pointer to R0
```

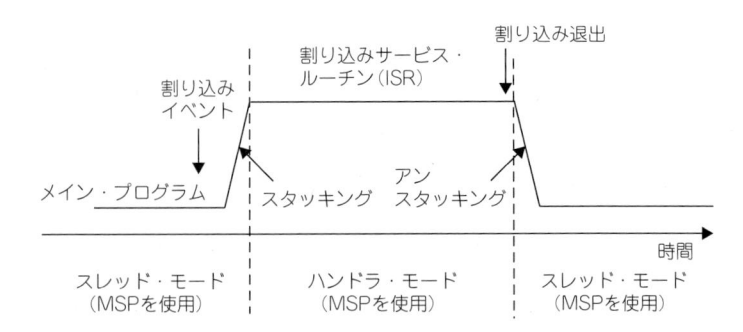

図3.15
Control [1] =0：スレッド・レベル，ハンドラいずれもメイン・スタックを使用

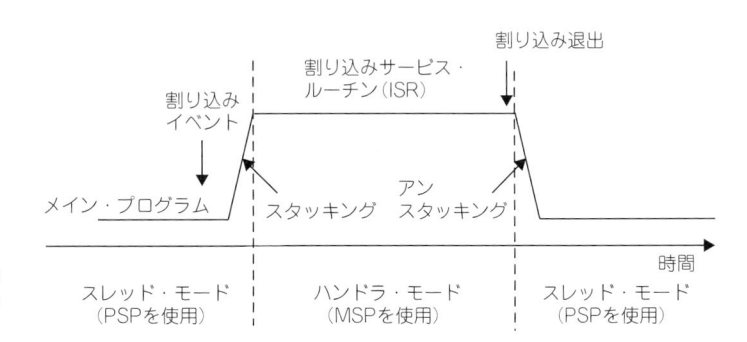

図3.16
Control [1] = 1：スレッド・レベルはプロセス・スタックを使用，ハンドラはメイン・スタックを使用

```
MSR     PSP, R0    ; Write R0 to Process Stack Pointer
```

MRS命令を使用してPSPの値を読み出すことによって，OSは，ユーザ・アプリケーションでスタックしたデータ（システム・サービス呼び出し，SVCの前のレジスタ内容など）を読み出すことができます．さらに，OSは，たとえばマルチタスク・システムでのコンテクスト・スイッチング中に，PSPポインタ値を変更できます．

3.7　リセット・シーケンス

プロセッサがリセットから抜けた後，メモリから2ワード読み出します（図3.17）．
▶ アドレス0x00000000：R13（スタック・ポインタ）の開始値
▶ アドレス0x00000004：リセット・ベクタ（プログラム実行の開始アドレス．Thumb状態を示すためLSBは1に設定する必要がある）

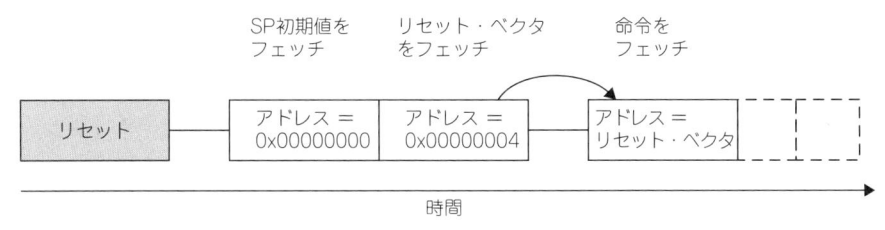

図3.17　リセット・シーケンス

これは従来のARMプロセッサの振る舞いと異なります．以前のARMプロセッサは，アドレス0x0から始まるプログラム・コードを実行しました．さらに，以前のARMデバイスのベクタ・テーブルは命令でした（例外ハンドラを別の位置に置けるように，そこに分岐命令を置かなければならなかった）．Cortex-M3では，MSPの初期値はそのメモリマップの最初に置かれ，ベクタ・アドレス値を格納したベクタ・テーブルが後に続きます（ベクタ・テーブルはあとでプログラム実行中に別の位置へ再配置することができる）．さらに，ベクタ・テーブルの内容は分岐命令ではなくアドレス値です．ベクタ・テーブル（例外タイプ1）中の最初の項目はリセット・ベクタで，それはリセットの後にプロセッサがフェッチする第2のデータです．

Cortex-M3のスタック操作はフルディセンディング・スタックなので（ストアの前にスタック・ポイ

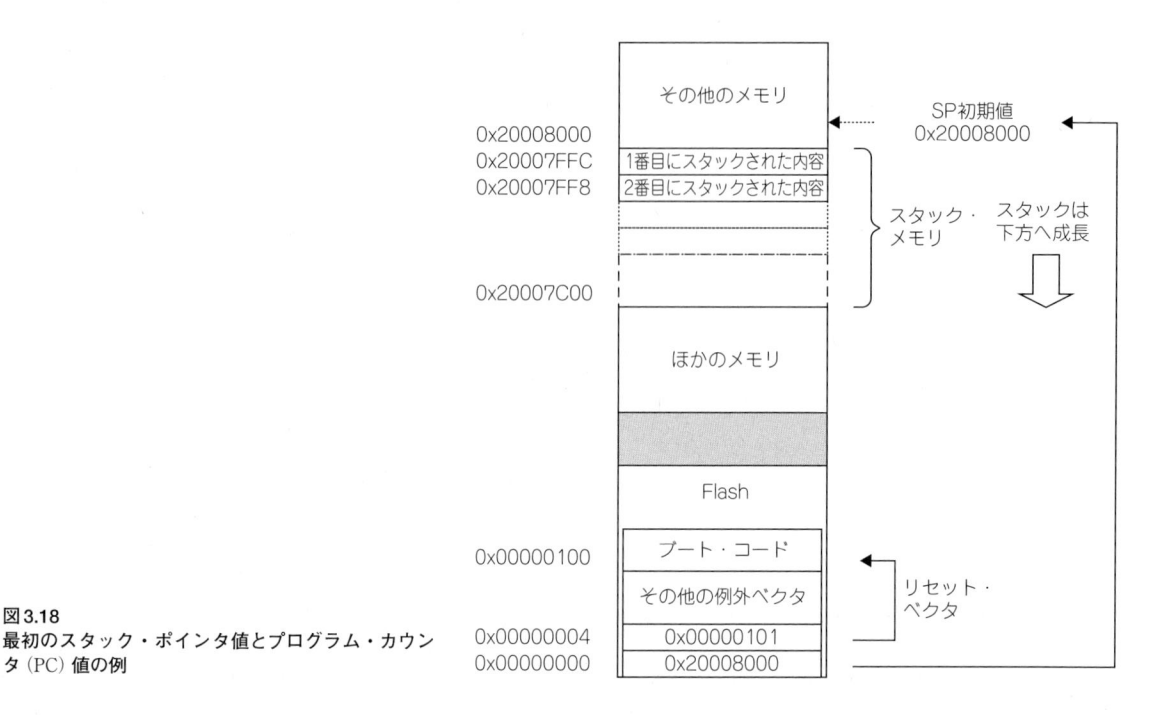

図3.18
最初のスタック・ポインタ値とプログラム・カウンタ (PC) 値の例

ンタをディクリメント），最初のスタック・ポインタ値はスタック領域の先頭の後ろの最初のメモリに設定される必要があります．たとえば，0x20007C00から0x20007FFF（1Kバイト）までのスタック・メモリ範囲をもっているなら，最初のスタック値は0x20008000にセットされる必要があります（**図3.18**）．

ベクタ・テーブルはSPの初期値の後に配置されます．最初のベクタ・アドレスはリセットのベクタ・アドレスです．Cortex-M3では，ベクタ・テーブル中のベクタ・アドレスは，Thumbコードであることを示すためにLSBを1にセットしなければならないことに注意してください．そのため，前の例はリセット・ベクタは0x101ですが，ブート・コードはアドレス0x100からスタートします．リセットのベクタ・アドレスをフェッチ後，Cortex-M3はリセット・ベクタ・アドレスからプログラムを実行開始し，通常動作を開始します．NMIのような例外のいくつかがリセット直後に起こるかもしれないので，スタック・ポインタを初期化しておくことが必要です．また，それらの例外のハンドラ用にスタック・メモリが必要な場合があります．

開始時のスタック・ポインタ値とリセット・ベクタを指定するには，ソフトウェア開発支援ツールによって異なる方法があるかもしれません．この話題についてのより多くの情報が必要ならば，開発ツールとともに提供されるプロジェクト例を見ることがもっともお勧めです．単純な例は，ARMツール用には本書の第10章と第20章，およびGNUツール・チェーンは第19章に記載しています．

第4章 命令セット

Instruction Sets

> この章では以下の項目を紹介します．
> ▶ アセンブリの基本
> ▶ 命令リスト
> ▶ 命令の解説
> ▶ Cortex-M3にあるいくつかの便利な命令

本章では，Cortex-M3の命令セットと多くの命令の使用例を見ていきます．さらに，本書の**付録A**にはサポートされている命令のクイック・リファレンスがあります．各命令の詳細に関しては，*ARM v7-M Architecture Application Level Reference Manual*（Ref2）を参照してしてください．

4.1 アセンブリの基本

ここで，本書中の以降のコード例を理解しやすくするために，ARMアセンブリの基礎的な文法を紹介します．本書中のほとんどのアセンブラ・コード例は，GNUツール・チェーンにフォーカスしている第19章を例外として，ARMアセンブラ・ツールに基づきます．

4.1.1 アセンブリ言語：基礎的な文法

アセンブラ・コードでは，以下の命令フォーマットが一般に使用されます．

```
label
        opcode operand1, operand2,... ; Comments
```

ラベルはオプションです．命令のアドレスを決定するのにラベルを使用できるように，命令のうちのいくつかはそれらの前にラベルをもっている場合があります．その後，オペコード（命令）に続いてオペランドがきます．通常，第1オペランドは操作のデスティネーションです．命令のオペランドの数は，命令のタイプに依存します．また，オペランドの文法フォーマットはさらに異なる場合があります．たとえば，イミディエート値のデータは，以下のように，通常**#number**形式になります．

```
    MOV R0, #0x12  ; Set R0 = 0x12 (hexadecimal)
    MOV R1, #'A'   ; Set R1 = ASCII character A
```

各セミコロン（;）の後のテキストはコメントです．これらのコメントはプログラム動作に影響しません．しかし，プログラムを理解するのに役立ちます．

EQUを使用して定数を定義でき，プログラム・コードの内部でそれらを使用できます．例を次に示します．

```
NVIC_IRQ_SETEN0 EQU 0xE000E100
NVIC_IRQ0_ENABLE EQU 0x1
    ...
    LDR R0,=NVIC_IRQ_SETEN0   ; LDR here is a pseudo instruction that
                              ; convert to a PC relative load by
                              ; assembler.
    MOV R1,#NVIC_IRQ0_ENABLE  ; Move immediate data to register
    STR R1, [R0]              ; Enable IRQ 0 by writing R1 to address
                              ; in R0
```

アセンブラが正確な命令を生成することができないとき，その命令の機械語を知っていれば，DCIを使って命令をコード化できます．

```
DCI 0xBE00 ; Breakpoint (BKPT 0), a 16-bit instruction
```

コード中に2進データを定義するにはDCB（文字のようなバイト・サイズの定数値用）とDCD（ワード・サイズの定数値用）を使用できます．

```
    LDR R3,=MY_NUMBER ; Get the memory address value of MY_NUMBER
    LDR R4,[R3]       ; Get the value code 0x12345678 in R4
    ...
    LDR R0,=HELLO_TXT ; Get the starting memory address of
                      ; HELLO_TXT
    BL PrintText      ; Call a function called PrintText to
                      ; display string
    ...
MY_NUMBER
    DCD 0x12345678
HELLO_TXT
    DCB "Hello¥n",0 ; null terminated string
```

アセンブラ文法は，どのアセンブラ・ツールを使用しているかに依存することに注意してください．ここでは，ARMアセンブラ・ツールの文法を紹介します．ほかのアセンブラの文法については，ツールとともに提供されるコード例から始めることをお勧めします．

4.1.2 アセンブリ言語：Suffixesの使用

ARMプロセッサのアセンブリ言語では，命令の後ろに表4.1で示した，サフィックスを付けて実行条件を指定します．

Cortex-M3で，実行条件を指定するサフィックス（以下，条件実行サフィックスと呼ぶ）は，分岐命

表4.1 命令に付けるサフィックス

サフィックス	説 明
S	APSR (flags) をアップデート；例：ADDS R0, R1 ; this will update APSR
EQ, NE, LT, GTなど	条件付実行；EQ = Equal, NE = Not Equal, LT = Less Than, GT= Greater Thanなど 例：BEQ <Label> ; Branch if equal

令に通常は使用されます．しかし，IF-THEN命令ブロックの内部では，ほかの命令も条件実行サフィックスを使用できます（この概念については本章の後半で紹介する）．また，この場合は，サフィックスSと条件実行サフィックスを同時に指定できます．後半で述べるように，15個の条件実行サフィックスが利用できます．

4.1.3 アセンブリ言語：統一アセンブラ言語

　Thumb-2命令セットから最高の結果を引き出すために，統一アセンブラ言語（UAL；Unified Assembler Language）が開発され，16ビットと32ビットの命令選択を可能にし，さらにARMコードとThumbコードの両方に同じ文法を使用することで両者間のアプリケーションのポーティングをより簡単にします（UALでは，Thumb命令の文法はARM命令のと同じになった）．

```
ADD   R0, R1      ; R0 = R0 + R1, using Traditional Thumb syntax
ADD   R0, R0, R1  ; Equivalent instruction using UAL syntax
```

従来のThumb命令の文法も今までどおり使用することができます．注意する必要があるのは，従来のThumb命令文法ではサフィックスSを使用しなくても，いくつかの命令がAPSRの中のフラグを変更するということです．しかし，UALの文法を使用する場合，命令がフラグを変更するかどうかはサフィックスSに依存します．例を次に示します．

```
AND   R0, R1       ; Traditional Thumb syntax
ANDS  R0, R0, R1  ; Equivalent UAL syntax (S suffix is added)
```

新しいThumb-2命令のサポートで，操作のうちのいくつかはThumb命令あるいはThumb-2命令のいずれでも扱うことができます．たとえば，R0 = R0 + 1は16ビットのThumb命令あるいは32ビットThumb-2の命令で実装することができます．UALでは，サフィックスを加えることにより，使用する命令を明示することができます．

```
ADDS   R0, #1  ; Use 16-bit Thumb instruction by default
               ; for smaller size
ADDS.N R0, #1  ; Use 16-bit Thumb instruction (N=Narrow)
ADDS.W R0, #1  ; Use 32-bit Thumb-2 instruction (W=wide)
```

サフィックス.W（wide）は32ビット命令を指定します．サフィックスが与えられない場合，アセンブリ・ツールがどちらか一方の命令を選ぶことができます．しかし通常，より小さなサイズが得られる16ビットThumbコードがデフォルトです．さらに，ツールのサポートによっては，16ビットのThumb命令を指定するためにサフィックス.N（Narrow）も使用できます．

　この文法はARMアセンブラ・ツール向けであることをもう一度記しておきます．ほかのアセンブラはわずかに異なる文法になっているかもしれません．サフィックスが与えられない場合，最小のコード・サイズになるようにアセンブラが命令を選ぶかもしれません．

第4章 命令セット

ほとんどの場合，アプリケーションはC言語で記述され，Cコンパイラはより小さなコード・サイズになるように，可能ならば16ビット命令を使用するでしょう．しかし，イミディエート・データがある範囲を超過する場合，あるいは32ビットThumb-2命令ならよりうまく扱うことができる場合，32ビット命令が使用されるでしょう．

32ビットThumb-2命令はハーフ・ワード境界が可能です．たとえば，32ビット命令はハーフ・ワード位置に配置できます．

```
0x1000 : LDR r0,[r1]      ; a 16-bit instructions (occupy 0x1000-0x1001)
0x1002 : RBIT.W r0        ; a 32-bit Thumb-2 instruction (occupy
                          ; 0x1002-0x1005)
```

ほとんどの16ビット命令は，R0～R7のレジスタだけにアクセスできます．32ビットThumb-2命令はこの制限がありません．しかし，いくつかの命令ではPC(R15)の使用は認められないかもしれません．この部分をより詳細に知るには，*ARM v7-M Architecture Application Level Reference Manual*（Ref2：セクションA4.6）を参照してください．

4.2 命令リスト

サポートされた命令を表4.2～表4.9に示します．各命令の詳細は，*ARM v7-M Architecture Application Level Reference Manual*（Ref2）にあります．付録Aの中にサポートされている命令セットの要約もあります．

表4.2 16ビット・データ処理命令

命令	機能
ADC	Add with carry. キャリを含む加算
ADD	Add. 加算
AND	Logical AND. 論理積
ASR	Arithmetic shift right. 算術右シフト
BIC	Bit clear. ビット・クリア（別の値の論理反転を伴う論理積の一つの値）
CMN	Compare negative. 負数を比較（一つのデータを別のデータや最新フラグの2の補数と比較）
CMP	Compare. 比較（二つのデータと最新フラグを比較）
CPY	Copy. コピー（アーキテクチャv6より使用可能．ある上位または下位レジスタから別の上位または下位レジスタへ移動）
EOR	Exclusive OR. 排他的論理和
LSL	Logical shift left. 算術左シフト
LSR	Logical shift right. 算術右シフト
MOV	Move. 移動（レジスタ間転送や即値データのロードに利用可能）
MUL	Multiply. 乗算
MVN	Move NOT. NOTを移動（論理反転値を取得）
NEG	Negate（2の補数値を取得）
ORR	Logical OR. 論理和
ROR	Rotate right. 右ローテート
SBC	Subtract with carry. 桁上げ減算
SUB	Subtract. 減算

表4.2 16ビット・データ処理命令（つづき）

命令	機能
TST	Test. テスト（論理積として使用．ZフラグはAND結果はストアされないが更新される）
REV	Reverse the byte order in a 32-bit register. 32ビット・レジスタでバイト順を反転（アーキテクチャv6より使用可能）
REVH	Reverse the byte order in each 16-bit half word of a 32-bit register. 32ビット・レジスタの各16ビット・ハーフ・ワードでバイト順を反転（アーキテクチャv6より使用可能）
REVSH	Reverse the byte order in the lower 16-bit half word of a 32-bit register and sign extends the result to 32-bits. 32ビット・レジスタの下位16ビット・ハーフ・ワードでバイト順を反転し，符号が結果を32ビットへ拡張（アーキテクチャv6より使用可能）
SXTB	Signed extended byte. 符号拡張バイト（アーキテクチャv6より使用可能）
SXTH	Signed extended half word. 符号拡張ハーフ・ワード（アーキテクチャv6より使用可能）
UXTB	Unsigned extended byte. 符号なし拡張バイト（アーキテクチャv6より使用可能）
UXTH	Unsigned extended half word. 符号なし拡張ハーフ・ワード（アーキテクチャv6より使用可能）

表4.3 16ビット分岐命令

命令	機能
B	Branch. 分岐
B<cond>	Conditional branch. 条件付き分岐
BL	Branch with link. リンクつき分岐，サブルーチンを呼び出し，LRに復帰アドレスをストア
BLX	Branch with link and change state. リンクつき分岐，状態（BLX<reg>のみ）[注1]を変更
CBZ	Compare and branch if zero. 0であれば比較し分岐（アーキテクチャv7）
CBNZ	Compare and branch if nonzero. 非0であれば比較し分岐（アーキテクチャv7）
IT	IF-THEN（アーキテクチャv7）

表4.4 16ビット・ロード命令とストア命令

命令	機能
LDR	Load word from memory to register. メモリからレジスタへワードをロード
LDRH	Load half word from memory to register. メモリからレジスタへハーフ・ワードをロード
LDRB	Load byte from memory to register. メモリからレジスタへバイトをロード
LDRSH	Load half word from memory, sign extend it, and put it in register. メモリからハーフ・ワードをロードし，符号拡張，その後レジスタへ配置
LDRSB	Load byte from memory, sign extend it, and put it in register. メモリからバイトをロードし，符号拡張，その後レジスタへ配置
STR	Store word from register to memory. レジスタからメモリへワードをストア
STRH	Store half word from register to memory. レジスタからメモリへハーフ・ワードをストア
STRB	Store byte from register to memory. レジスタからメモリへバイトをストア
LDMIA	Load multiple increment after. ポスト・インクリメントで複数ロード
STMIA	Store multiple increment after. ポスト・インクリメントで複数ストア
PUSH	Push multiple registers. 複数レジスタをプッシュ
POP	Pop multiple registers. 複数レジスタをポップ

注1：イミディエート値を使用するBLXは，Cortex-M3ではサポートされないARM状態へ変化しようとするので，サポートされていない．ARM状態へ変化するためにBLX<reg>の使用を試みると，同じくフォールト例外をもたらすことになる．

第4章　命令セット

表4.5　そのほかの16ビット命令

命令	機能
SVC	System service call．システム・サービス呼び出し
BKPT	Breakpoint．ブレークポイント．デバッグが許可されると，デバッグ・モード(停止)へ入る，またはデバッグ・モニタ例外が許可されると，デバッグ例外が呼び出される．そうでない場合はフォールト例外が呼び出される
NOP	No operation．無操作
CPSIE	PRIMASK（CPSIE i）/FAULTMASK（CPSIE f）（レジスタを0に設定）を有効にする
CPSID	PRIMASK（CPSID i）/FAULTMASK（CPSID f）（レジスタを1に設定）を無効にする

表4.6　32ビット・データ処理命令

命令	機能
ADC	Add with carry．キャリを含む加算
ADD	Add．加算
ADDW	Add wide．（Add wide）12ビットのイミディエートを加算
AND	Logical AND．論理積
ASR	Arithmetic shift right．算術右シフト
BIC	Bit clear．ビット・クリア(ある値と別の値の論理反転で論理積)
BFC	Bit field clear．ビット・フィールド・クリア
BFI	Bit field insert．ビット・フィールド挿入
CMN	Compare negative．補数と比較(一つのデータと別データの2の補数を比較しフラグを更新)
CMP	Compare．比較(二つのデータを比較しフラグを更新)
CLZ	Count lead zero．先行ゼロをカウント
EOR	Exclusive OR．排他的論理和
LSL	Logical shift left．論理左シフト
LSR	Logical shift right．論理右シフト
MLA	Multiply accumulate．乗累算
MLS	Multiply and subtract．乗算と減算
MOV	Move．移動
MOVW	Move wide．（move wide）16ビット即値をレジスタへ書き込む
MOVT	Move top．（move top）イミディエート値を転送先レジスタの上位ハーフ・ワードへ書き込む
MVN	Move negative．負数を移動
MUL	Multiply．乗算
ORR	Logical OR．論理和
ORN	Logical OR NOT．NOTの論理和
RBIT	Reverse bit．ビットの順序を反転
REV	Byte reserve word．ワード中のバイト順を反転
REVH/REV16	Byte reverse packed half word．各ハーフ・ワード中のバイト順をそれぞれ反転
REVSH	Byte reverse signed half word．下位ハーフ・ワードのバイト順を反転して，符号拡張
ROR	Rotate right register．レジスタを右ローテート
RSB	Reverse subtract．逆減算
RRX	Rotate right extended．拡張右ローテート
SBFX	Signed bit field extract．符号付きビット・フィールドを抽出
SDIV	Signed divide．符号付き除算
SMLAL	Signed multiply accumulate long．符号付きlong乗累算
SMULL	Signed multiply long．符号付きlong乗算
SSAT	Signed saturate．符号付き飽和
SBC	Subtract with carry．キャリを減算
SUB	Subtract．減算

表4.6 32ビット・データ処理命令（つづき）

命令	機能
SUBW	Subtract wide．（Substract Wide）12ビットのイミディエート値を減算
SXTB	Sign extend byte．符号拡張バイト
TEQ	Test equivalent．等価テスト（排他的論理和を実行しフラグを更新するが，汎用レジスタは更新しない）
TST	Test．テスト（論理積を実行しZフラグを更新するが，汎用レジスタは更新しない）
UBFX	Unsigned bit field extract．符号なしビット・フィールド拡張
UDIV	Unsigned divide．符号なし除算
UMLAL	Unsigned multiply accumulate long．符号なしlong乗累算
UMULL	Unsigned multiply long．符号なしlong乗算
USAT	Unsigned saturate．符号なし飽和
UXTB	Unsigned extend byte．符号なし拡張バイト
UXTH	Unsigned extend half word．符号なし拡張ハーフ・ワード

表4.7 32ビット・ロード命令とストア命令

命令	機能
LDR	Load word data from memory to register．メモリからレジスタへワード・データをロード
LDRB	Load byte data from memory to registe．メモリからレジスタへバイト・データをロード
LDRH	Load half word data from memory to register．メモリからレジスタへハーフ・ワード・データをロード
LDRSB	Load byte data from memory, sign extend it, and put it to register．メモリからバイト・データをロードして符号拡張し，その後レジスタに入れる
LDRSH	Load half word data from memory, sign extend it, and put it to register．メモリからハーフ・ワード・データをロードして符号拡張し，その後レジスタに入れる
LDM	Load multiple data from memory to registers．メモリからレジスタへ複数データをロード
LDRD	Load double word data from memory to registers．メモリからレジスタへダブル・ワード・データをロード
STR	Store word to memory．ワード・データをメモリへストア
STRB	Store byte data to memory．バイト・データをメモリへストア
STRH	Store half word data to memory．ハーフ・ワードデータをメモリへストア
STM	Store multiple words from registers to memory．複数ワードをレジスタからメモリへストア
STRD	Store double word data from registers to memory．ダブル・ワードデータをレジスタからメモリへストア
PUSH	Push multiple registers．複数レジスタをプッシュ
POP	Pop multiple registers．複数レジスタをポップ

表4.8 32ビット分岐命令

命令	機能
B	Branch．分岐
BL	Branch and link．リンク付き分岐
TBB	Table branch byte．テーブル分岐バイト．符号バイトのオフセット・テーブルを使用する前方分岐
TBH	Table branch half word．テーブル分岐ハーフ・ワード．ハーフ・ワードのオフセット・テーブルを使用する前方分岐

表4.9 ほかの32ビット命令

命令	機能
LDREX	Exclusive load word．排他的ロード・ワード
LDREXH	Exclusive load half word．排他的ロード・ハーフ・ワード
LDREXB	Exclusive load byte．排他的ロード・バイト
STREX	Exclusive store word．排他的ストア・ワード
STREXH	Exclusive store half word．排他的ストア・ハーフ・ワード

表4.9 ほかの32ビット命令(つづき)

命令	機能
STREXB	Exclusive store byte. 排他的ストア・バイト
CLREX	Clear the local exclusive access record of local processor. ローカル・プロセッサのローカル排他アクセス・レコードをクリア
MRS	Move special register to general-purpose register. 特殊レジスタを汎用レジスタへ移動
MSR	Move to special register from general-purpose register. 汎用レジスタから特殊レジスタへ移動
NOP	No operation. 無操作
SEV	Send event. イベント送信
WFE	Sleep and wake for event. スリープおよびイベント待ち
WFI	Sleep and wake for interrupt. スリープおよび割り込み待ち
ISB	Instruction synchronization barrier. 命令同期化バリア
DSB	Data synchronization barrier. データ同期化バリア
DMB	Data memory barrier. データ・メモリ・バリア

4.2.1 サポートされていない命令

多くのThumb命令がCortex-M3でサポートされていません.それらを表4.10に示します.

表4.10 従来のARMプロセッサでサポートされていないThumb命令

サポートされていない命令	機能
BLX label	リンク付き分岐および状態遷移.イミディエート・データを伴う形式では,BLXは常にARM状態へ変化する.Cortex-M3はARM状態をサポートしていないので,ARM状態へ切り替わろうとするこのような命令は,**用法フォールト**と呼ばれる例外フォールトをもたらすことになる
SETEND	このアーキテクチャv6に導入されたThumb命令は,ランタイム中にエンディアン構成へ切り替わる.Cortex-M3は動的エンディアンをサポートしていないので,SETEND命令の使用は結果的にフォールト例外をもたらす

ARM v7-M Architecture Application Level Reference Manual にリストされている多くの命令が,Cortex-M3ではサポートされていません.ARM v7-MアーキテクチャではThumb-2コプロセッサ命令がありますが,Cortex-M3プロセッサはコプロセッサをサポートしていません.したがって,表4.11に示すコプロセッサ命令の実行は,フォールト例外(NVICの中のNOCPフラグを1にセットする用法例外)になります.

表4.11 サポートされないコプロセッサ命令

サポートされていない命令	機能
MCR	Move to coprocessor from ARM processor. ARMレジスタからコプロセッサへ移動
MCR2	Move to coprocessor from ARM processor. ARMレジスタからコプロセッサへ移動
MCRR	Move to coprocessor from two ARM register. 二つのARMレジスタからコプロセッサへ移動
MRC	Move to ARM register from coprocessor. コプロセッサからARMレジスタへ移動
MRC2	Move to ARM register from coprocessor. コプロセッサからARMレジスタへ移動
MRRC	Move to two ARM registers from coprocessor. コプロセッサから二つのARMレジスタへ移動
LDC	Load coprocessor. コプロセッサへロード.メモリ・データを連続メモリ・アドレスからコプロセッサへロード
STC	Store coprocessor. コプロセッサからストア.データをコプロセッサから連続メモリ・アドレスへストア

プロセス状態変更命令（CPS）のうちのいくつかも Cortex-M3 ではサポートされていません（**表 4.12** を参照）．これは PSR の定義が変わったからです．したがって，ARM アーキテクチャ v6 に定義されたいくつかのビットは，Cortex-M3 において利用できません．

表 4.12 サポートされていないプロセス状態変更命令（CP）

サポートされていない命令	機　能
CPS<IE|ID>.W A	Cortex-M3 には A ビットはない
CPS.W #mode	Cortex-M3 PSR にはモード・ビットはない

さらに，**表 4.13** に示されるヒント命令は Cortex-M3 では NOP として振る舞います．

表 4.13 サポートされていないヒント命令

サポートされていない命令	機　能
DBG	デバッグおよびトレース・システムへのヒント命令
PLD	Preload data. プリロード・データ．キャッシュ・メモリ用ヒント命令．しかし Cortex-M3 プロセッサにキャッシュはないので，この命令は NOP として機能する
PLI	Preload instruction. プリロード命令．キャッシュ・メモリ用ヒント命令．しかし Cortex-M3 プロセッサにキャッシュはないので，この命令は NOP として機能する
YIELD	マルチスレッディング・ソフトウェアを使って，タスクは処理中であるとハードウェアへ示すことを可能にするヒント命令．このタスクは，システム・パフォーマンス全体を改善するためにスワップ・アウトが可能

ほかのすべての未定義命令は，実行されると，用法フォールト例外を発生させます．

4.3 命令の解説

ここで，ARM アセンブラ・コード用に一般に用いられている文法のうちのいくつかを紹介します．いくつかの命令は，バレルシフタのようなさまざまなオプションをもちます．これらは，本章で完全にはカバーされていません．

4.3.1 アセンブリ言語：データの移動

プロセッサのもっとも基本的な機能のうちの一つはデータ転送です．Cortex-M3 では，データ転送は次のタイプのうちの一つです．
- レジスタ間のデータの移動
- メモリとレジスタ間のデータの移動
- 特殊レジスタとレジスタ間のデータの移動
- イミディエート・データをレジスタへ移動

レジスタ間のデータ移動命令は MOV（move）です．たとえば，レジスタ R3～R8 にデータを移動させる例を次に示します．

```
MOV R8, R3
```

MVN（move negative）と呼ばれる別の命令を使用して，オリジナル・データの"1 の補数"を作ること

もできます．

メモリをアクセスする基本命令はロードとストアです．ロード(LDR)はメモリからレジスタにデータを転送し，ストア(STR)はレジスタからメモリにデータを転送します．**表4.14**に概説するように，転送のデータ・サイズはバイト，ハーフ・ワード，ワードおよびダブル・ワードの場合があります．

表4.14 一般に使われるメモリ・アクセス命令

例 題	説 明
LDRB Rd, [Rn, #offset]	Rn + オフセットのメモリ・アドレスからバイトをロード
LDRH Rd, [Rn, #offset]	Rn + オフセットのメモリ・アドレスからハーフ・ワードをロード
LDR Rd, [Rn, #offset]	Rn + オフセットのメモリ・アドレスからワードをロード
LDRD Rd1,Rd2, [Rn, #offset]	Rn + オフセットのメモリ・アドレスからダブル・ワードをロード
STRB Rd, [Rn, #offset]	Rn + オフセットのメモリ・アドレスへバイトをストア
STRH Rd, [Rn, #offset]	Rn + オフセットのメモリ・アドレスへハーフワードをストア
STR Rd, [Rn, #offset]	Rn + オフセットのメモリ・アドレスへワードをストア
STRD Rd1,Rd2, [Rn, #offset]	Rn + オフセットのメモリ・アドレスへダブル・ワードをストア

複数のロードとストア動作は，**表4.15**に概説するように，LDM(複数ロード)とSTM(複数ストア)と呼ばれる単一命令へまとめることができます．

表4.15 複数のメモリ・アクセス命令

例 題	説 明
LDMIA Rd!,<reg list>	**Rd**で指定されるメモリ・アドレスから複数のワードを読み出す．各転送はポスト・インクリメント(IA)アドレス(16ビットThumb命令)
STMIA Rd!,<reg list>	**Rd**で指定されるメモリ・アドレスへ複数のワードをストア．各転送のポスト・インクリメント(IA)アドレス(16ビットThumb命令)
LDMIA.W Rd(!),<reg list>	**Rd**で指定されるメモリ・アドレスから複数のワードを読み出す．各読み出しのポスト・インクリメント(.Wは，それが32ビットThumb-2命令であることを意味している)
LDMDB.W Rd(!),<reg list>	**Rd**で指定されるメモリ・アドレスから複数のワードを読み出す．各読み出しのプリデクリメント(DB)(.Wは，それが32ビットThumb-2命令であることを意味している)
STMIA.W Rd(!),<reg list>	**Rd**で指定されるメモリ・アドレスへ複数のワードを書き込む．各読み出しのポスト・インクリメント(.Wは，それが32ビットThumb-2命令であることを意味している)
STMDB.W Rd(!),<reg list>	**Rd**で指定されるメモリ・アドレスへ複数のワードを書き込む．各読み出しのプリデクリメント(.Wは，それが32ビットThumb-2命令であることを意味している)

命令中の感嘆符(!)は，その命令が完了した後，レジスタ**Rd**が更新されるべきかどうかを指定します．たとえば，R8が0x8000と等しい場合を次に示します．

```
    STMIA.W  R8!, {R0-R3}  ; R8 changed to 0x8010 after store
                           ; (increment by 4 words)
    STMIA.W  R8 , {R0-R3}  ; R8 unchanged after store
```

ARMプロセッサは，さらにプリインデックスとポスト・インデックス付きのメモリ・アクセスをサポートします．プリインデックスについては，メモリ・アドレスを保持するレジスタが調整されます．その後，更新されたアドレスで転送が起こります．例を次に示します．

```
LDR.W  R0,[R1, #offset]! ; Read memory[R1+offset], with R1
                         ; update to R1+offset
```

！の使用はベース・レジスタR1の更新を示します．！はオプションです．これがないと，単なるオフセット付きのベース・アドレスからの通常のメモリ転送の命令になります．プリインデックスのメモリ・アクセス命令は，さまざまな転送サイズのロード命令とストア命令を含みます（**表4.16**を参照）．

表4.16 プリインデックス・メモリ・アクセス命令の例

例　題	説　明
LDR.W　Rd,[Rn, #offset]! LDRB.W　Rd,[Rn, #offset]! LDRH.W　Rd,[Rn, #offset]! LDRD.W　Rd1,Rd2,[Rn, #offset]!	プリインデックスがさまざまなサイズに対する命令をロード（ワード，バイト，ハーフ・ワードおよびダブル・ワード）
LDRSB.W Rd,[Rn, #offset]! LDRSH.W Rd,[Rn, #offset]!	プリインデックスが符号拡張とともにさまざまなサイズに対する命令をロード（バイト，ハーフ・ワード）
STR.W　Rd,[Rn, #offset]! STRB.W　Rd,[Rn, #offset]! STRH.W　Rd,[Rn, #offset]! STRD.W　Rd1,Rd2,[Rn, #offset]!	プリインデックスがさまざまなサイズに対する命令をストア（ワード，バイト，ハーフ・ワードおよびダブル・ワード）

ポスト・インデックス・メモリ・アクセス命令はレジスタによって指定されたベース・アドレスを使用して転送を実行し，その後そのアドレス・レジスタを更新します．例を次に示します．

```
LDR.W R0,[R1], #offset ; Read memory[R1], with R1
                       ; updated to R1+offset
```

ポスト・インデックス命令を使用する場合，！記号を使用する必要はありません．なぜなら，すべてのポスト・インデックス命令はベース・アドレス・レジスタを更新し，プリインデックスでは，ベース・アドレス・レジスタを更新するべきかどうかを決められるからです．

プリインデックスと同様に，ポスト・インデックス・メモリ・アクセス命令は異なる転送サイズで利用可能です（**表4.17**を参照）．

表4.17 ポスト・インデックス・メモリ・アクセス命令の例

例　題	説　明
LDR.W　　Rd,[Rn], #offset LDRB.W　 Rd,[Rn], #offset LDRH.W　 Rd,[Rn], #offset LDRD.W　 Rd1,Rd2,[Rn], #offset	ポスト・インデックスがさまざまなサイズに対する命令をロード（ワード，バイト，ハーフ・ワードおよびダブル・ワード）
LDRSB.W Rd,[Rn], #offset LDRSH.W Rd,[Rn], #offset	ポスト・インデックスが符号拡張とともにさまざまなサイズに対する命令をロード（バイト，ハーフ・ワード）
STR.W　　Rd,[Rn], #offset STRB.W　 Rd,[Rn], #offset STRH.W　 Rd,[Rn], #offset STRD.W　 Rd1,Rd2,[Rn], #offset	ポスト・インデックスがさまざまなサイズに対する命令をストア（ワード，バイト，ハーフ・ワードおよびダブル・ワード）

そのほかの二つのタイプのメモリ操作は，スタックPUSHとスタックPOPです．例を次に示します．

```
PUSH {R0, R4-R7, R9}  ; Push R0, R4, R5, R6, R7, R9 into
                      ; stack memory
POP  {R2,R3}          ; Pop R2 and R3 from stack
```

通常，PUSH命令は，同じレジスタ・リストを備えた対応するPOP命令があります．しかし，これは必ずしも同じレジスタ・リストである必要はありません．たとえば，よくある例外は，POP命令が関数のリターンとして使用されるときです．

```
PUSH {R0-R3, LR}  ; Save register contents at beginning of
                  ; subroutine
....              ; Processing
POP  {R0-R3, PC}  ; restore registers and return
```

この場合では，LRレジスタをポップして戻し，LRの中のアドレスへ分岐する代わりに，プログラム・カウンタに直接アドレス値をポップします．

第3章で述べたように，Cortex-M3には多くの特殊レジスタがあります．これらのレジスタにアクセスするためには，MRS命令とMSR命令を使用します．例を次に示します．

```
MRS R0, PSR       ; Read Processor status word into R0
MSR CONTROL, R1   ; Write value of R1 into control register
```

APSRをアクセスしないかぎり，特権モードでのみほかの特殊レジスタをアクセスするのにMSRまたはMRSを使用することができます．

イミディエート・データをレジスタへ移動することはよくあります．たとえば，周辺装置のレジスタにアクセスしたい場合，あるレジスタにそのアドレス値を前もって入れる必要があります．小さな値（8ビット以下）については，MOV（move）を使用できます．例を次に示します．

```
MOV R0, #0x12 ; Set R0 to 0x12
```

大きな値（8ビット以上）については，Thumb-2 MOV命令を使用する必要があるかもしれません．例を次に示します．

```
MOVW.W  R0,#0x789A ; Set R0 to 0x789A
```

あるいは，値が32ビットである場合，上部と下半分をセットするのに二つの命令を使用できます．

```
MOVW.W  R0,#0x789A ; Set R0 lower half to 0x789A
MOVT.W  R0,#0x3456 ; Set R0 upper half to 0x3456. Now
                   ; R0=0x3456789A
```

あるいは，さらにLDR（ARMアセンブラの中で提供される擬似命令）も使用できます．例を次に示します．

```
LDR  R0, =0x3456789A
```

これは実際のアセンブラ命令ではありません．しかし，ARMアセンブラは，必要なデータを生成するためにこの命令をPC相対ロード命令に変換します．32ビットのイミディエート・データを生成するには，MOVW.WとMOVT.Wの組み合わせよりはLDRの使用が推奨されます．なぜなら，より可読性が高まり，もし同じイミディエートが同じプログラムのいくつかの場所で再利用されるなら，アセンブラは使用メモリをより削減できる可能性があります．

4.3.2 LDRとADR擬似命令

LDRとADR擬似命令の両方は，レジスタをあるプログラム・アドレス値にセットするのに使用できます．これらは異なる文法と振る舞いをします．LDRでは，そのアドレスがプログラム・アドレス値なら

ば，アセンブラは自動的にLSBを1にセットします．例を次に示します．

```
    LDR   R0, =address1 ; R0 set to 0x4001
    ...
address1
0x4000: MOV R0, R1 ; address1 contains program code
    ...
```

LDR命令がR1レジスタに0x4001を入れています．LSBは，それがThumbコードであることを示すために1にセットされます．**address1**がデータ・アドレスならば，LSBは変更されません．例を次に示します．

```
    LDR R0, =address1 ; R0 set to 0x4000
    ...
address1
0x4000: DCD 0x0 ; address1 contains data
```

ADRでは，LSBを自動的にセットせずに，レジスタにプログラム・コードのアドレス値をロードすることができます．例を次に示します．

```
    ADR R0, address1
    ...
address1
0x4000: MOV R0, R1 ; address1 contains program code
    ...
```

そのADR命令で0x4000を得ます．等号(=)がADRステートメントにはないことに注意してください．

LDRはプログラム・コードにデータを入れることによりイミディエート・データを得て，レジスタにデータを入れるためにPCの相対的ロードを使用します．ADRは，命令に加算または減算をすることで（たとえば，現在のPC値に基づいて），イミディエート値を生成しようとします．その結果，ADRを使用してあらゆるイミディエート値を作成することはできません．また，ターゲット・アドレスのラベルは狭い範囲になければなりません．しかし，ADRの使用はLDRと比較して，より小さなコード・サイズを生成できます．

4.3.3 アセンブリ言語：データ処理

Cortex-M3はデータ処理用にさまざまな命令を提供します．ここでは少数の基本的なものを紹介します．多くのデータ演算命令には複数命令フォーマットがあります．たとえば，ADD命令は，二つのレジスタ間，あるいは一つのレジスタとイミディエート・データ間で演算できます．

```
    ADD    R0, R1     ; R0 = R0+R1
    ADD    R0, #0x12  ; R0 = R0 + 0x12
    ADD.W R0, R1, R2  ; R0 = R1+R2
```

これらはすべてADD命令ですが，それらは異なる文法とバイナリ・コードです．

16ビットThumbコードが使用された場合，ADD命令はPSRのフラグを変更します．しかし，32ビットThumb-2コードはフラグを変更するか，あるいはそれを変えずにおくことができます．次の操作がフ

第4章　命令セット

ラグに依存する場合，二つの異なる操作を区別するために，サフィックス S を使用する必要があります．

```
ADD.W  R0, R1, R2 ; Flag unchanged
ADDS.W R0, R1, R2 ; Flag change
```

ADD 命令に加えて，Cortex-M3 がサポートしている算術機能には，SUB（引き算），MUL（乗算）および UDIV/SDIV（符号なし/符号付き除算）があります．表4.18 に，もっとも一般に用いられている算術命令のうちのいくつかを示します．

表4.18　算術命令の例

命令		操作
`ADD Rd, Rn, Rm`	`; Rd = Rn + Rm`	加算
`ADD Rd, Rm`	`; Rd = Rd + Rm`	
`ADD Rd, #immed`	`; Rd = Rd + #immed`	
`ADC Rd, Rn, Rm`	`; Rd = Rn + Rm + carry`	キャリを含む加算
`ADC Rd, Rm`	`; Rd = Rd + Rm + carry`	
`ADC Rd, #immed`	`; Rd = Rd + #immed + ; carry`	
`ADDW Rd, Rn,#immed`	`; Rd = Rn + #immed`	12ビット・イミディエートとレジスタを加算
`SUB Rd, Rn, Rm`	`; Rd = Rn - Rm`	減算を反転
`SUB Rd, #immed`	`; Rd = Rd - #immed`	乗算
`SUB Rd, Rn,#immed`	`; Rd = Rn - #immed`	
`SBC Rd, Rm`	`; Rd = Rd - Rm _ ; not (carry flag)`	ボロー（キャリ）を含む減算
`SBC.W Rd, Rn, #immed`	`; Rd = Rn _ #immed - ; not (carry flag)`	
`SBC.W Rd, Rn, Rm`	`; Rd = Rn _ Rm _ ; not (carry flag)`	
`RSB.W Rd, Rn, #immed`	`; Rd = #immed _Rn`	逆減算
`RSB.W Rd, Rn, Rm`	`; Rd = Rm - Rn`	
`MUL Rd, Rm`	`; Rd = Rd * Rm`	乗算
`MUL.W Rd, Rn, Rm`	`; Rd = Rn * Rm`	
`UDIV Rd, Rn, Rm`	`; Rd = Rn /Rm`	符号なしおよび符号付き除算
`SDIV Rd, Rn, Rm`	`; Rd = Rn /Rm`	

Cortex-M3 はさらに，32ビット乗算命令と64ビットの結果を得られる積和命令をサポートします．これらの命令は符号付きまたは符号なしの値をサポートします（表4.19）．

表4.19
32ビットの乗算命令

命令	操作

`SMULL RdLo, RdHi, Rn, Rm`
`;{RdHi,RdLo} = Rn * Rm`
`SMLAL RdLo, RdHi, Rn, Rm`
`;{RdHi,RdLo} += Rn * Rm`
	符号付きの32ビット値の乗算命令

`UMULL RdLo, RdHi, Rn, Rm`
`;{RdHi,RdLo} = Rn * Rm`
`UMLAL RdLo, RdHi, Rn, Rm`
`;{RdHi,RdLo} += Rn * Rm`
	符号なしの32ビット値の乗算命令

データ処理命令のもう一つのグループは，AND，ORR（or），シフトとローテート機能のような論理演算命令です．表4.20 にもっとも一般に用いられている論理命令のうちのいくつかを示します．

表4.20 論理演算命令

命　　令	操　作

`AND Rd, Rn            ; Rd = Rd & Rn`
`AND.W Rd, Rn,#immed  ; Rd = Rn & #immed`
`AND.W Rd, Rn, Rm     ; Rd = Rn & Rd`
	ビット単位でAND

`ORR Rd, Rn ; Rd = Rd	Rn` `ORR.W Rd, Rn,#immed ; Rd = Rn	#immed` `ORR.W Rd, Rn, Rm ; Rd = Rn	Rd`	ビット単位でOR

`BIC Rd, Rn            ; Rd = Rd & (~Rn)`
`BIC.W Rd, Rn,#immed  ; Rd = Rn & (~#immed)`
`BIC.W Rd, Rn, Rm     ; Rd = Rn & (~Rd)`
	ビット・クリア

`ORN.W Rd, Rn,#immed ; Rd = Rn	(~#immed)` `ORN.W Rd, Rn, Rm ; Rd = Rn	(~Rd)`	ビット単位でOR NOT

`EOR Rd, Rn            ; Rd = Rd ^ Rn`
`EOR.W Rd, Rn,#immed  ; Rd = Rn ^ #immed`
`EOR.W Rd, Rn, Rm     ; Rd = Rn ^ Rd`
	ビット単位で排他的論理和

Cortex-M3にはローテート命令とシフト命令があります．いくつかの場合に，ローテート命令は，ほかの操作（たとえばロード/ストア命令のためのメモリ・アドレス・オフセット計算の中で）と組み合わせることができます．ローテート/シフト演算に，表4.21に示す命令が提供されます．

表4.21 シフト命令とローテート命令

命　　令	操　作

`ASR Rd, Rn,#immed  ; Rd = Rn >> immed`
`ASR Rd, Rn         ; Rd = Rd >> Rn`
`ASR.W Rd, Rn, Rm   ; Rd = Rn >> Rm`
	算術右シフト

`LSL Rd, Rn,#immed  ; Rd = Rn << immed`
`LSL Rd, Rn         ; Rd = Rd << Rn`
`LSL.W Rd, Rn, Rm   ; Rd = Rn << Rm`
	論理左シフト

`LSR Rd, Rn,#immed  ; Rd = Rn >> immed`
`LSR Rd, Rn         ; Rd = Rd >> Rn`
`LSR.W Rd, Rn, Rm   ; Rd = Rn >> Rm`
	論理右シフト

`ROR Rd, Rn         ; Rd rot by Rn` `ROR.W Rd, Rn, Rm   ; Rd = Rn rot by Rm`	右ローテート
`RRX.W Rd, Rn       ; {C, Rd} = {Rn, C}`	右ローテート拡張

サフィックスSが使用される場合（16ビットThumbコードは常にキャリ・フラグを更新），シフト命令とローテート命令もキャリ・フラグを更新できます．図4.1を参照してください．

シフト操作あるいはローテート操作がレジスタの位置を複数ビット分シフトする場合，キャリ・フラグCの値はレジスタからの最後のビットになります．

> **Column　右ローテートがあるのに，なぜ左ローテートはないか？**
>
> 左ローテート操作は，異なるローテート・オフセットの右回転操作で置き換えることができます．たとえば，4ビット左ローテート操作は28ビット右ローテート操作で書くことができ，同じ結果を得られて実行時間は同じです．

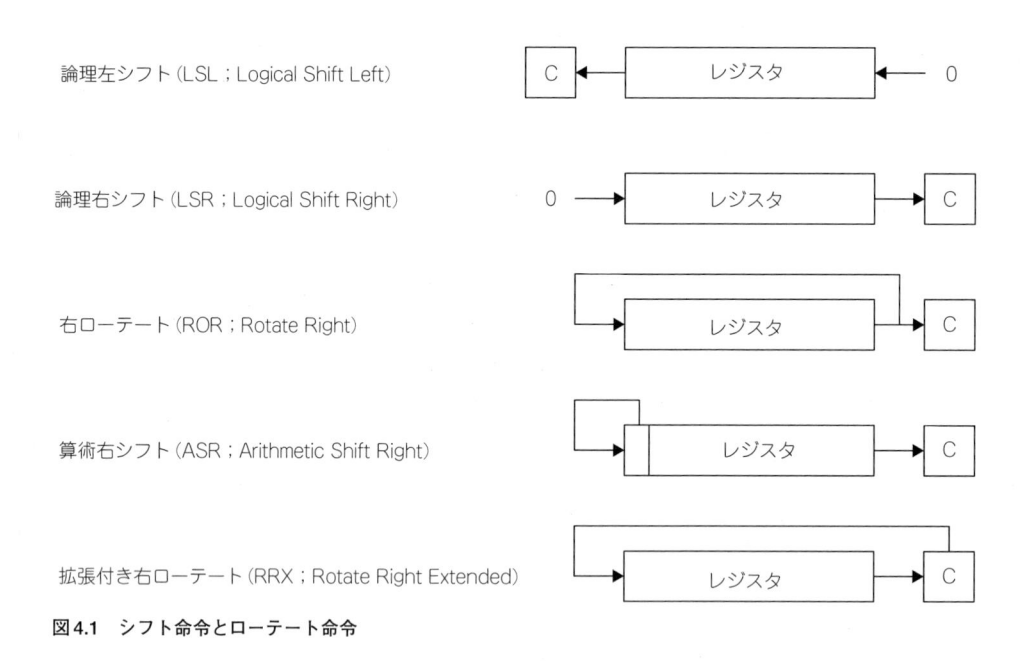

論理左シフト（LSL；Logical Shift Left）　C ← レジスタ ← 0

論理右シフト（LSR；Logical Shift Right）　0 → レジスタ → C

右ローテート（ROR；Rotate Right）　レジスタ → C

算術右シフト（ASR；Arithmetic Shift Right）　レジスタ → C

拡張付き右ローテート（RRX；Rotate Right Extended）　レジスタ → C

図 4.1　シフト命令とローテート命令

　バイトまたはハーフ・ワードからワードの符号付きデータへの転換については，Cortex-M3 は，**表 4.22** に示す二つの命令を提供します．

表 4.22　符号拡張命令

命　　令	操　　作
SXTB.W Rd, Rm ; Rd = signext(Rn[7:0])	バイト・データをワードへ符号拡張
SXTH.W Rd, Rm ; Rd = signext(Rn[15:0])	ハーフ・ワード・データをワードへ符号拡張

　データ処理命令のもう一つのグループは，レジスタ中のデータ・バイトを逆にするのに使用します（**表 4.23**）．これらの命令は，リトル・エンディアンとビッグ・エンディアンのデータ間の変換に通常使用します（**図 4.2**）．

表 4.23　データ逆順命令

命　　令	操　　作
REV.W Rd, Rn ; Rd = rev(Rn)	ワード中のバイト順を反転
REV16.W Rd, Rn ; Rd = rev16(Rn)	各ハーフ・ワード中のバイト順を反転
REVSH.W Rd, Rn ; Rd = revsh(Rn)	下位ハーフ・ワードのバイト順を反転して，結果を符号拡張

　データ処理命令の最後のグループはビット・フィールド処理用です．それらは，**表 4.24** に示す命令を含んでいます．これらの命令の例は本章の後半で紹介します．

4.3.4　アセンブリ言語：呼び出しと無条件分岐

　もっとも基礎的な分岐命令は次のとおりです．

```
                               ビット       ビット       ビット       ビット
                              [31:24]     [23:16]     [15:8]      [7:0]
        REV.W                 ┌─────┐    ┌─────┐    ┌─────┐    ┌─────┐
  (Reverse bytes in word;     │     │    │     │    │     │    │     │
   ワード内のバイト順を反転)     └─────┘    └─────┘    └─────┘    └─────┘
                              ┌─────┐    ┌─────┐    ┌─────┐    ┌─────┐
                              │     │    │     │    │     │    │     │
                              └─────┘    └─────┘    └─────┘    └─────┘

       REV16.W                ┌─────┐    ┌─────┐    ┌─────┐    ┌─────┐
 (Reverse bytes in half word; │     │    │     │    │     │    │     │
  各ハーフ・ワード内のバイト順を反転) └─────┘    └─────┘    └─────┘    └─────┘
                              ┌─────┐    ┌─────┐    ┌─────┐    ┌─────┐
                              │     │    │     │    │     │    │     │
                              └─────┘    └─────┘    └─────┘    └─────┘

       REVSH.W
(Reverse bytes in bottom half word                  ┌─────┐    ┌─────┐
  and sign extend results;                          │     │    │     │
   下位ハーフ・ワードにあるバイト順を                  └─────┘    └─────┘
    反転し結果を符号拡張)
                              ┌──────────────────┐  ┌─────┐    ┌─────┐
                              │     符号拡張      │◀─│     │    │     │
                              └──────────────────┘  └─────┘    └─────┘
```

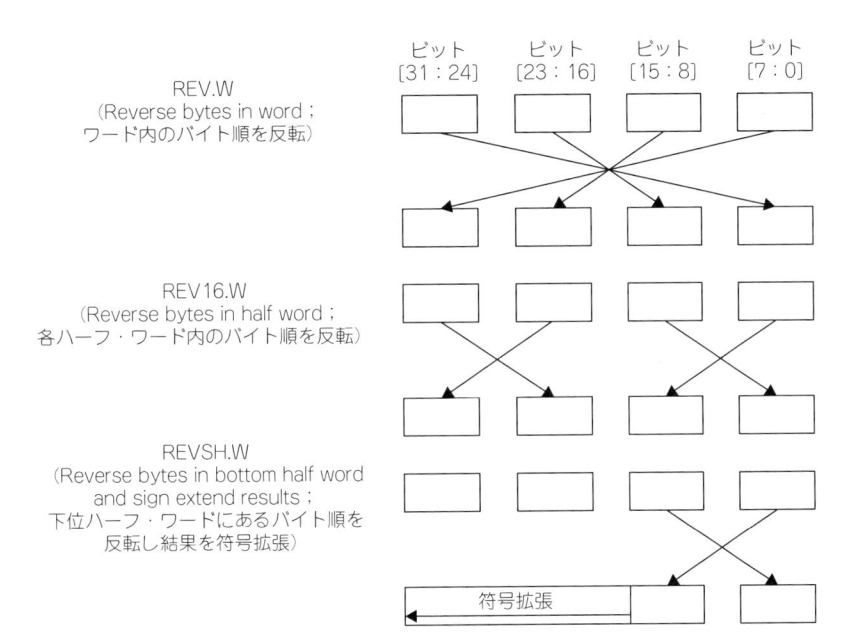

図4.2　反転操作

表4.24　ビット・フィールド処理と操作命令

命令	操作
`BFC.W Rd, #<lsb>, #<width>`	レジスタ内のビット・フィールドをクリア
`BFI.W Rd, Rn, #<lsb>, #<width>`	ビット・フィールドをレジスタへ挿入
`CLZ.W Rd, Rn`	先行ゼロをカウント
`RBIT.W Rd, Rn`	レジスタのビット順を反転
`SBFX.W Rd, Rn, #<lsb>, #<width>`	ソースからビット・フィールドをコピーし，符号拡張
`UBFX.W Rd, Rn, #<lsb>, #<width>`	ソース・レジスタからビット・フィールドをコピー

```
    B   label   ; Branch to a labeled address
    BX  reg     ; Branch to an address specified by a register
```

BX命令では，レジスタに格納されている値のLSBは，プロセッサの次の状態（Thumb/ARM）を決定します．Cortex-M3では，常にThumb状態であるので，このビットは1にセットされている必要があります．それが0であると，プロセッサをARM状態へ切り替えようとしているので，プログラムは用法フォールト例外を引き起します．

関数をコールするには，分岐とリンク命令を使用する必要があります．

```
    BL  label   ; Branch to a labeled address and save return
                ; address in LR
    BLX reg     ; Branch to an address specified by a register and
                ; save return
                ; address in LR.
```

これらの命令では，復帰アドレスはリンク・レジスタ（LR）に格納され，プログラム制御を呼び出しプロセスに返すBX LRを使用して関数を終了することができます．しかし，BLXを使用する場合，レジ

スタのLSBを確実に1にします．そうでなければ，それはARM状態に切り替えようとしているので，プロセッサはフォールト例外を生成します．

さらに，MOV命令とLDR命令を使用して，分岐操作を行うことができます．例を次に示します．

```
MOV R15, R0      ; Branch to an address inside R0
LDR R15, [R0]    ; Branch to an address in memory location
                 ; specifi ed by R0
POP {R15}        ; Do a stack pop operation, and change the
                 ; program counter value
                 ; to the result value.
```

分岐を実行するのにこれらの方法を使用する場合も，新しいプログラム・カウンタ値のLSBが0x1であることを確かめる必要があります．そうでなければ，Cortex-M3で許可されていないプロセッサのARMモードへの切り替えをしようとするので，用法フォールト例外が生成されるでしょう．

4.3.5 アセンブリ言語：決定と条件分岐

ARMプロセッサのほとんどの条件分岐は，分岐を実行するべきかどうか判断するためにアプリケーション・プログラム・ステータス・レジスタ（APSR）の中のフラグを使用します．APSRでは，五つのフラグ・ビットがあります．それらのうちの四つは分岐の決定に使用されます（**表4.25**を参照）．

Qフラグと呼ばれる別のフラグ・ビットがビット[27]にあります．それは飽和演算操作向けで，条件分岐に使用されません．

四つのフラグ（N，Z，CおよびV）の組み合わせで，15の分岐条件が定義されます（**表4.26**を参照）．これらの条件を使用すると，分岐命令は以下のように書くことができます．例を次に示します．

Column　サブルーチンを呼び出す必要がある場合はLRを保存

BL命令は，LRレジスタの現在の内容を破壊します．したがって，プログラム・コードが後でLRレジスタを必要とする場合，BLを使用する前に，LRを保存する必要があります．一般的な方法は，サブルーチンの最初でスタックにLRをプッシュすることです．たとえば，

```
main
   ...
   BL functionA
   ...
functionA
   PUSH {LR}      ; Save LR content to
                                  stack
   ...
   BL functionB
   ...
   POP {PC}       ; Use stacked LR
              content to return to main
functionB
   PUSH {LR}
   ...
   POP {PC}       ; Use stacked LR
          content to return to functionA
```

さらに，呼び出すサブルーチンがCの関数である場合，R0～R3とR12の値が後の段階で必要な場合，これらの内容を保存する必要があるかもしれません．AAPCS（Ref5）によれば，これらのレジスタの内容はC関数によって変更される可能性があります．

表4.25
条件分岐に使用することができるAPSRの中のフラグ・ビット

フラグ	PSRビット	説 明
N	31	Negative flag. ネガティブ・フラグ（前の操作結果が負の値になる）
Z	30	Zero. ゼロ（前の操作結果が値ゼロを返す）
C	29	Carry. キャリ（前の操作がキャリ・アウトまたはボローを返す）
V	28	Overflow. オーバフロー（前の操作がオーバーフローをもたらす）

表4.26 分岐条件またはほかの条件操作

記 号	状 態	フラグ
EQ	Equal. 等しい	Zセット
NE	Not equal. 等しくない	Zクリア
CS/HS	Carry set/unsigned higher or same. キャリ・セット／大きいか等しい（符号なし）	Cセット
CC/LO	Carry clear/unsigned lower. キャリ・クリア／小さい（符号なし）	Cクリア
MI	Minus/negative. マイナス/負	Nセット
PL	Plus/positive or zero. プラス/正または0	Nクリア
VS	Overflow. オーバフロー	Vセット
VC	No overflow. オーバフローなし	Vクリア
HI	Unsigned higher. 大きい（符号なし）	CセットおよびZクリア
LS	Unsigned lower or same. 小さいか等しい（符号なし）	CクリアまたはZセット
GE	Signed greater than or equal. 大きいか等しい（符号付き）	NセットおよびVセット，またはNクリアおよびVクリア（N == V）
LT	Signed less than. 小さい（符号付き）	NセットおよびVクリア，またはNクリアおよびVセット（N != V）
GT	Signed greater than. 大きい（符号付き）	Zクリアおよび，NセットおよびVセットまたはNクリアおよびVセットのどちらか（Z == 0, N == V）
LE	Signed less than or equal. 小さいか等しい（符号付き）	Zセットまたは，NセットとVクリア，またはNクリアとVセット（Z == 1またはN != V）
AL	Always. 無条件（条件なし）	―

Column　ARMプロセッサのフラグ

　しばしば，データ処理命令は，PSRレジスタの中のフラグを変更します．フラグは分岐決定に使用されるかもしれませんし，あるいは，次の命令の入力の一部になる場合もあります．ARMプロセッサは通常少なくとも**Z**, **N**, **C**および**V**フラグを含んでいて，データ処理命令の実行によって更新されます．

▶ Z（ゼロ）フラグ：命令の結果が0の場合，あるいは二つのデータの比較が等しい結果を返す場合，このフラグがセットされる

▶ N（ネガティブ）フラグ：命令の結果が負数（ビット31が1）である場合，このフラグがセットされる

▶ C（キャリ）フラグ：このフラグは符号なしデータ処理向け．たとえば，加算（ADD）の中で，オーバーフローが生じるとセットされる．減算（SUB）中でボローが生じなかったときセットされる（ボローはキャリの反転）

▶ V（オーバフロー）フラグ：このフラグは符号付きデータ処理用．たとえば，加算（ADD）の中で，二つの正の値が加算されて負の値になった場合，または二つの負の値が加算されて正の値になった場合である

　これらのフラグは，シフト命令とローテート命令とともに使用するとさらに特別な結果になります．詳細に関しては*ARM v7-M Architecture Application Level Reference Manual*（Ref2）を参照してください．

```
    BEQ label  ; Branch to address 'label' if Z flag is set
```
分岐先がさらに離れている場合，Thumb-2 バージョンも使用できます．例を次に示します．
```
    BEQ.W label  ; Branch to address 'label' if Z fl ag is set
```
定義された分岐条件は，IF-THEN-ELSE 構造でも使用することができます．例を次に示します．
```
  CMP R0, R1    ; Compare R0 and R1
   ITTEE GT     ; If R0 > R1 Then (first 2 statements execute
                ; if true,
                ; other 2 statements execute if false)
  MOVGT R2, R0  ; R2 = R0
  MOVGT R3, R1  ; R3 = R1
  MOVLE R2, R0  ; Else R2 = R1
  MOVLE R3, R1  ; R3 = R0
```
PSR フラグは下記よる影響を受ける場合があります．

▶ 16 ビットの ALU 命令
▶ サフィックス S を備えた 32 ビット（Thumb-2）ALU 命令；たとえば ADDS.W
▶ 比較（たとえば CMP）とテスト（たとえば TST, TEQ）
▶ APSR/PSR に直接書き込む

ほとんどの 16 ビット Thumb 算術命令は **N**，**Z**，**C** および **V** フラグに影響します．32 ビット Thumb-2 命令では，ALU 操作はフラグ変更もできるし，変更しないこともできます．例を次に示します．
```
  ADDS.W  R0, R1, R2  ; This 32-bit Thumb-2 instruction updates flag
  ADD.W   R0, R1, R2  ; This 32-bit Thumb-2 instruction does not
                      ; update flag
  ADDS    R0, R1      ; This 16-bit Thumb instruction update flag
  ADD     R0, #0x1    ; This 16-bit Thumb instruction update flag
```
Thumb と Thumb-2 の間で ALU 命令を変更する場合，注意が必要です．命令にサフィックス S がないと，Thumb 命令はフラグを更新するかもしれませんが，Thumb-2 命令は更新しません．したがって，異なる結果になる場合があります．コードが異なるツールで確実に動作するようにするには，条件分岐のような条件付きの操作でフラグを更新する必要がある場合，常にサフィックス S を使用するべきです．

CMP（Compare）命令は二つの値を引き算し，フラグを更新します（ちょうど SUBS のように）．しかし，結果はどのレジスタにも格納されません．CMP は以下のフォーマットがあります．
```
  CMP R0, R1      ; Calculate R0 - R1 and update flag
  CMP R0, #0x12   ; Calculate R0 - 0x12 and update flag
```
同様の命令は CMN（Compare Negative）です．一つ目の値を二番目の値の負数（2 の補数）と比較します．フラグは更新されます．しかし，結果はどのレジスタにも格納されません．
```
  CMN R0, R1      ; Calculate R0 - (-R1) and update flag
  CMN R0, #0x12   ; Calculate R0 - (-0x12) and update flag
```
TST（Test）命令は AND 命令に似ています．それは，二つの値を AND してフラグを更新します．しかし，結果はどのレジスタにも格納されません．CMP 同様に，二つの入力フォーマットがあります．

```
TST R0, R1     ; Calculate R0 and R1 and update flag
TST R0, #0x12  ; Calculate R0 and 0x12 and update flag
```

4.3.6 アセンブリ言語：比較と条件分岐の結合

ARMアーキテクチャv7-Mでは，簡単な0比較および条件分岐操作を提供するように，二つの新しい命令がCortex-M3に備えられました．これらは，CBZ（比較してゼロなら分岐）とCBNZ（比較してゼロでなければ分岐）です．

比較および分岐命令は前方分岐のみをサポートします．例を次に示します．

```
i = 5;
while (i != 0 ){
func1(); ; call a function
i--;
}
```

これを下記のとおりコンパイルできます．

```
        MOV  R0, #5          ; Set loop counter
loop1   CBZ  R0, loop1exit   ; if loop counter = 0 then exit the loop
        BL   func1           ; call a function
        SUB  R0, #1          ; loop counter decrement
        B    loop1           ; next loop
loop1exit
```

4.3.7 アセンブリ言語：IT命令を使用する条件分岐

IT（IF-THEN）ブロックは小さな条件コードを扱うのに非常に役立ちます．プログラム・フローに変更がないので，分岐ペナルティを回避できます．最大四つの条件付きで実行される命令を提供できます．

IT命令ブロックでは，最初の行はIT命令でなければならなくて，ここで実行の選択を指定し，チェックする条件がそれに続きます．ITコマンドの後の最初のステートメントはTRUE-THEN-EXECUTEでなければなりません．それは常に**ITxxx**として記述され，**T**はTHENを意味し，**E**はELSEを意味します．第2番目〜第4番目のステートメントは，THEN (true) あるいは ELSE (false) のいずれかになります．

```
    IT<x><y><z> <cond>                  ; IT instruction (<x>, <y>,
                                        ; <z> can be T or E)
    instr1<cond>            <operands>  ; 1st instruction (<cond>
                                        ; must be same as IT)
    instr2<cond or not cond> <operands> ; 2nd instruction (can be
                                        ; <cond> or <!cond>
    instr3<cond or not cond> <operands> ; 3rd instruction (can be
                                        ; <cond> or <!cond>
    instr4<cond or not cond> <operands> ; 4th instruction (can be
                                        ; <cond> or <!cond>
```

<cond>が'偽'の場合にステートメントが実行されることになっていれば，その命令のサフィックスは逆の条件でなければなりません．たとえば，EQの反対はNEです．GTの反対はLEです．次のコードが，簡単な条件実行の例を示します．

```
if (R1<R2) then
    R2=R2-R1
    R2=R2/2
else
    R1=R1-R2
    R1=R1/2
```

アセンブリでは，

```
        CMP     R1, R2    ; If R1 < R2 (less then)
        ITTEE   LT        ; then execute instruction 1 and 2
                          ; (indicated by T)
                          ; else execute instruction 3 and 4
                          ; (indicated by E)
        SUBLT.W R2,R1     ; 1st instruction
        LSRLT.W R2,#1     ; 2nd instruction
        SUBGE.W R1,R2     ; 3rd instruction (notice the GE is
                          ; opposite of LT)
        LSRGE.W R1,#1     ; 4th instruction
```

　条件付きで実行された命令を四つより少なくもつこともできます．最小は1です．IT命令中の**T**と**E**の数が，ITの後の条件付きで実行される命令の数と一致することを確かめる必要があります．

　IT命令ブロック中で例外が生じると，そのブロックの実行状態は，スタックされたPSR (IT/ICIビット・フィールド中に) に格納されます．したがって，例外ハンドラが完了し，ITブロックが再開する場合，ブロック中の命令の残りは実行を正確に継続できます．ITブロックの内部で複数サイクルの命令（たとえば複数ロードと複数ストア）を使用する場合には，実行中に例外が起こる場合，例外が受け付けられる前に，命令全体が終了していなければなりません．

4.3.8　アセンブリ言語：命令バリアとメモリ・バリア命令

　Cortex-M3は複数のバリア命令をサポートします．メモリ・システムがますます複雑になるので，これらの命令が必要となります．メモリ・バリア命令が使用されないと，いくつかの場合，競合状態が生じるかもしれません．

　たとえば，ハードウェア・レジスタによってメモリ・マップを切り替えることができる場合，メモリ切り替えレジスタに書き込んだ後DSB命令を使用するべきです．そうでなければ，メモリ切り替えレジスタへの書き込みがバッファされて完了に数サイクルかかる場合，次の命令が切り替え途中のメモリ領域を直ちにアクセスすると，そのアクセスは古いメモリ・マップを使用することになります．いくつかの場合で，メモリ切り替えとメモリ・アクセスが同時に起こる場合，無効なアクセスになってしまうかもしれません．この場合DSBを使用すると，新しい命令が実行される前にメモリ・マップ切り替えレジ

スタへの書き込みが完了することを確実にします．

Cortex-M3には三つのバリア命令があります．
- DMB
- DSB
- ISB

これらの命令を**表4.27**に示します．

表4.27　バリア命令

命　令	説　　明
DMB	データ・メモリ・バリア．新しいメモリ・アクセスが実行される前に，すべてのメモリ・アクセスが完了していることが保証される
DSB	データ同期化バリア．次の命令が実行される前に，すべてのメモリ・アクセスが完了していることが保証される
ISB	命令同期化バリア．パイプラインをフラッシュし，新しい命令の実行前にこれまでの命令が完了することが保証される

デュアルポート・メモリ上でデータ書き込みの直後に読み出しを行う場合，もしそのメモリ書き込みがバッファされるなら，読み出しで最新の値が得らることを保証するのにDMB命令が使えます．

DSBとISB命令は自己書き換えコードでは重要になります．たとえば，プログラムがそれ自身のプログラム・コードを変更する場合，次に実行される命令は最新のプログラムに基づくべきです．しかし，プロセッサはパイプライン動作をするので，変更された場所にあった命令はすでにフェッチされてしまっているかもしれません．DSBそして次にISBを使うことで，修正されたプログラム・コードをフェッチすることを確実にできます．

メモリ・バリアに関する詳細は，*ARM v7-M Architecture Application Level Reference Manual*（Ref2）にあります．

4.3.9　アセンブリ言語：飽和演算

Cortex-M3は，符号付きと符号なしの飽和演算を提供する命令を二つサポートしています．SSATとUSAT（それぞれ符号付きデータ型用と符号なしデータ型用）飽和命令は，信号処理で一般に使用されます．たとえば信号増幅です．入力信号を増幅する場合，出力が許可された出力範囲より大きくなる可能性があります．MSBを単に取り去るだけの調節では，オーバフローした結果は信号波形を完全に変形してしまいます（**図4.3**）．

飽和演算では，信号のひずみを防ぐことはできません．しかし，少なくとも信号の波形中のひずみ量は大幅に減少します．

SSAT命令とUSAT命令の文法は，本節と**表4.28**に概説します．
- Rn：入力値
- シフト：飽和の前の入力値のためのシフト演算．オプション，**#LSL N**あるいは**#ASR N**であり得る
- Immed：飽和が実行されるビット位置
- Rd：デスティネーション・レジスタ

デスティネーション・レジスタに加えて，APSRレジスタ中のQビットも結果によって影響をうける

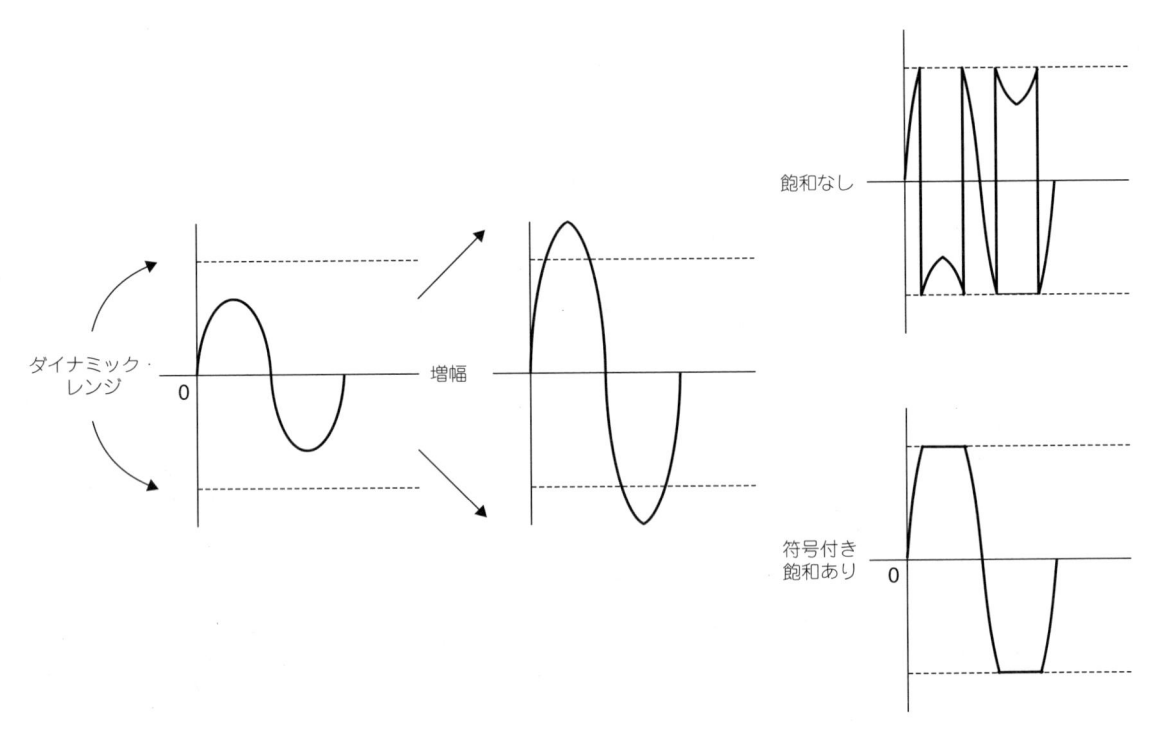

図4.3 符号付き飽和演算

表4.28 飽和命令

命令	説明
SSAT.W <Rd>, #<immed>, <Rn>, {,<shift>}	符号付きの値に対する飽和
USAT.W <Rd>, #<immed>, <Rn>, {,<shift>}	符号付き値を符号なしの値に飽和

可能性があります．演算中に飽和が起こると，Qフラグがセットされます．また，APSRレジスタへの書き込みによってクリアできます（**表4.29**）．たとえば，32ビットの符号付きの値が16ビットの符号付きの値へ飽和されることになっている場合，次の命令を使用できます．

```
SSAT.W R1, #16, R0
```

表4.29 符号付き飽和結果の例

入力 (R0)	出力 (R1)	Qビット
0x00020000	0x00007FFF	セット
0x00008000	0x00007FFF	セット
0x00007FFF	0x00007FFF	変化なし
0x00000000	0x00000000	変化なし
0xFFFF8000	0xFFFF8000	変化なし
0xFFFF8001	0xFFFF8000	セット
0xFFFE0000	0xFFFF8000	セット

同様に，32ビットの符号付きの値が16ビットの符号なしの値に飽和されることになる場合，次の命令を使用できます．

```
USAT.W R1, #16, R0
```
これは，図4.4に示す特性をもつ飽和機能を提供します．

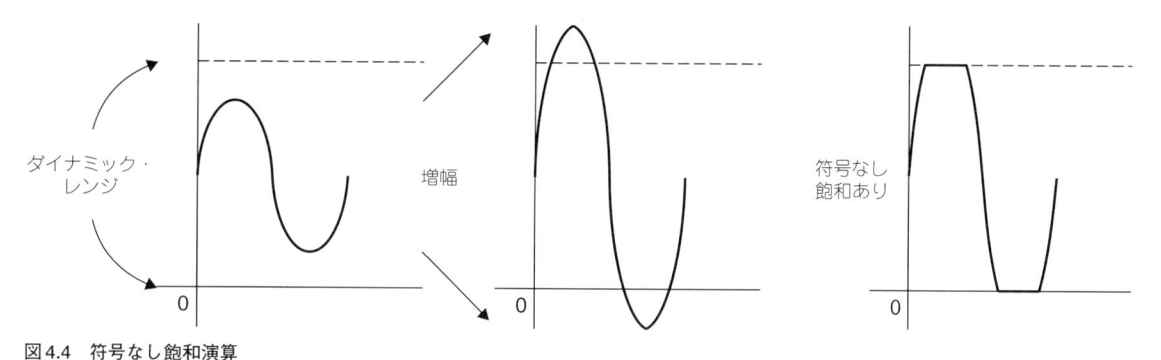

図4.4 符号なし飽和演算

前の16ビット飽和命令の例については，表4.30に示すような出力値を観測できます．

表4.30 符号なし飽和結果の例

入力 (R0)	出力 (R1)	Qビット
0x00020000	0x0000FFFF	セット
0x00008000	0x00008000	セット
0x00007FFF	0x00007FFF	変化なし
0x00000000	0x00000000	変化なし
0xFFFF8000	0x00000000	セット
0xFFFF8001	0x00000000	セット
0xFFFFFFFF	0x00000000	セット

飽和命令はデータ型変換にも使用できます．たとえば，それらは32ビット整数値を16ビット整数値に変換するために使用できます．しかし，Cコンパイラはこれらの命令を直接使用することができないかもしれません．したがって，データ変換のためのアセンブラ関数（あるいは組み込み/インライン・アセンブラ・コード）が必要になる場合があります．

4.4 Cortex-M3にあるいくつかの便利な命令

ここではアーキテクチャv7とv6のいくつかの有用なThumb-2命令を紹介します．

4.4.1 MSRとMRS

これらの二つの命令は，Cortex-M3中の特殊レジスタへのアクセスを提供します．これらの命令の文法を示します．

```
MRS <Rn>, <SReg>  ; Move from Special Register
MSR <SReg>, <Rn>  ; Write to Special Register
```

ここで<SReg>は表4.31に示すオプションのうちの一つです．

表4.31 MRSとMSR命令用の特殊レジスタ名

記号	説明
IPSR	Interrupt status register. 割り込みステータス・レジスタ
EPSR	Execution status register. 実行ステータス・レジスタ（ゼロとして読み出される）
APSR[注2]	前の命令からのフラグ
IEPSR	A composite of IPSR and EPSR. IPSRとEPSRの組み合わせ
IAPSR	A composite of IPSR and APSR. IPSRとAPSRの組み合わせ
EAPSR	A composite of EPSR and APSR. EPSRとAPSRの組み合わせ
PSR	A composite of APSR, EPSR and IPSR. APSR，EPSRおよびIPSRの組み合わせ
MSP	Main stack pointer. メイン・スタック・ポインタ
PSP	Process stack pointer. プロセス・スタック・ポインタ
PRIMASK	Normal exception mask register. 構成可能な例外のマスク・レジスタ
BASEPRI	Normal exception priority mask register. 構成可能な例外の優先度マスク・レジスタ
BASEPRI_MAX	BASEPRIと同様．書き込みには条件がある（新しい優先度レベルは前のレベルより高くなる必要がある）
FAULTMASK	Fault exception mask register. フォールト例外マスク・レジスタ（また構成可能な例外を禁止）
CONTROL	Control register. 制御レジスタ

たとえば，次のコードはプロセス・スタック・ポインタを設定するために使用することができます．

```
LDR R0,=0x20008000 ; new value for Process Stack Pointer (PSP)
MSR PSP, R0
```

APSRのアクセスをしない限り，MRSおよびMSR命令は特権モードにおいてのみ使用できます．そうでなければ，この操作は無視され，返される読み出しデータ（MRSが使用される場合）は0です．

4.4.2 IF-THEN

IF-THEN（IT）命令では，後続の命令（ITブロックと呼ばれる）が四つまで条件付きで実行されるようになります．IT命令は表4.32のフォーマットの何れかです．

表4.32 実行可能なIT命令構文

ITブロックにある条件付き命令の番号	IT構文		説明
1	IT	<cond>	<cond>が真の場合，次にある命令を実行する．さまざまな条件に関しては，表4.26を参照
2	IT<x>	<cond>	<x>はT(true)またはE(else)になることが可能． 例：ITT <cond> <cond>が真の場合，次にある二つの命令を実行する． ITE <cond> <cond>が真の場合は次にある命令を実行し，<cond>が偽の場合は次の次の命令を実行する
3	IT<x><y>	<cond>	次にある三つの命令を条件付きで実行する．<x>，<y>はT(true)またはE(else)になることが可能
4	IT<x><y><z>	<cond>	次にある四つの命令を条件付で実行する．<x>，<y>および<z>はT(true)またはE(else)になることが可能

注2：古いARM Cortex-M3ドキュメントでは，APSRはFPSRと呼ばれている．Cortex-M3開発の初期段階で開発された古いソフトウェア開発支援ツールを使用しているならば，アセンブラ・コード中でレジスタ名FPSRを使用する必要があるかもしれない．

IT命令に続く次の1～4の条件付き命令は条件付きサフィックスを適合するか，ITブロック条件（"T"および"E"シーケンスの使用状況に準ずる）と対照にならなければなりません．IT命令の例は75ページ—"アセンブリ言語：IT命令を使用する条件分岐"—のサンプル・コードですでに紹介しています．

IT命令の直接使用から離れて考えてみると，IT命令はアセンブラで書かれたアプリケーション・コードをARM7TDMIからCortex-M3へ移植する際にも役立ちます．ARMアセンブラ（KEIL RealViewマイクロコントローラ開発キットを含む）を使用する際や，また条件付き実行命令がIT命令を伴わないアセンブリ・コードで使用されている場合，アセンブラは要求されるIT命令を自動的に挿入することができます．例を表4.33に示します．

この機能により，多くの既存アセンブリ・コードを修正することなくCortex-M3で再利用することができます．

表4.33
ARMアセンブラによるIT命令の自動挿入

元のアセンブラ・コード	作成されたオブジェクト・ファイルからの逆アセンブリ・コード

...
CMP   R1, #2
ADDEQ   R0, R1, #1
...
	...
	CMP R1, #2
	IT EQ
	ADDEQ R0, R1, #1
	...

4.4.3　CBZとCBNZ

CBZ命令およびCBNZ命令はレジスタをゼロと比較し，その後レジスタがCBZに対してゼロである場合，または結果がゼロでない（CBNZ）場合に条件付きで分岐を行います．分岐はフォワードのみ行うことができるので，フラグ（APSR）がこれらの命令による影響を受けることはありません．単純なループに対するCBZの使用例は，75ページの"アセンブリ言語：比較と条件分岐の結合"ですでに記載しています．

CBZNの使用法は，レジスタがゼロでない場合に分岐されるところを除けば，CBZに似ています．例を次に示します．

```
x = strchr(email_address_string, '@');
if (x == 0) { // x is 0 if @ is not in the email_address_string
    show_error_message();
    exit();
}
```

これは以下のようにコンパイルされます．

```
        ...
        BL      strchr                  ; strchr result return in r0
        CBNZ    r0, email_looks_valid   ; branch if result is not zero
        BL      show_error_message
        BL      exit
email_looks_valid
        ...
```

4.4.4　SDIVとUDIV

符号付きと符号なしの除算命令用の文法は次のとおりです．

```
SDIV.W <Rd>, <Rn>, <Rm>
UDIV.W <Rd>, <Rn>, <Rm>
```

結果はRd = Rn/Rmです．例を次に示します．

```
LDR    R0,=300 ; Decimal 300
MOV    R1,#5
UDIV.W R2, R0, R1
```

これで，R2に結果の60（0x3C）を得ます．

ゼロ除算が生じた場合，フォールト例外（用法フォールト）が起こるように，NVIC構成制御レジスタ中のDIVBYZEROビットを設定することができます．そうでなければ，ゼロ除算が起こると，**<Rd>**は0になります．

4.4.5　REV, REVHおよびREVSH

REVは，一つのデータ・ワード中のバイト順を反転します．また，REVHは，一つのハーフ・ワード中のバイト順を反転します．たとえば，R0が0x12345678で，下記を実行する場合，

```
REV  R1, R0
REVH R2, R0
```

R1は0x78563412になります．また，R2は0x34127856になります．REVとREVHは，ビッグ・エンディアンとリトル・エンディアンの間のデータを変換するのに特に役立ちます．

REVSHは，下位ハーフ・ワードのみを処理して結果を符号拡張する以外はREVHに似ています．たとえば，R0が0x33448899で，下記を実行する場合，

```
REVSH R1, R0
```

R1は0xFFFF9988になるでしょう．

4.4.6　RBIT

RBIT命令は，一つのデータ・ワードのビット順を反転します．文法は次のとおりです．

```
RBIT.W <Rd>, <Rn>
```

この命令はデータ通信のシリアル・ビット・ストリームを処理するのに非常に役立ちます．たとえば，R1が0xB4E10C23（2進値1011_0100_1110_0001_0000_1100_0010_0011）で，実行すると，

```
RBIT.W R0, R1
```

R0は0xC430872D（2進値1100_0100_0011_0000_1000_0111_0010_1101）になります．

4.4.7　SXTB, SXTH, UXTBおよびUXTH

SXTB, SXTH, UXTBおよびUXTHの四つの命令は，バイトまたはハーフ・ワードのデータをワードへ拡張します．命令の文法は以下のとおりです．

```
SXTB <Rd>, <Rn>
```

```
SXTH <Rd>, <Rn>
UXTB <Rd>, <Rn>
UXTH <Rd>, <Rn>
```

SXTB/SXTHについては，データはRnのビット[7]/ビット[15]を使用して符号拡張されます．UXTBとUXTHでは，値は32ビットまで0拡張されます．たとえば，R0が0x55AA8765である場合を次に示します．

```
SXTB R1, R0  ; R1 = 0x00000065
SXTH R1, R0  ; R1 = 0xFFFF8765
UXTB R1, R0  ; R1 = 0x00000065
UXTH R1, R0  ; R1 = 0x00008765
```

4.4.8 BFCとBFI

BFC (Bit Field Clear) は，レジスタの任意の位置にある1〜31の隣接ビットをクリアします．命令の構文は次のとおりです．

```
BFC.W <Rd>, <#lsb>, <#width>
```

例を次に示します．

```
LDR    R0,=0x1234FFFF
BFC.W R0, #4, #8
```

これはR0=0x1234F00Fになります．

BFI (Bit Field Insert) は，1〜31のビット (#width) をあるレジスタからもう一つのレジスタの任意の位置 (#lsb) へコピーします．構文は次のとおりです．

```
BFI.W <Rd>, <Rn>, <#lsb>, <#width>
```

例を次に示します．

```
LDR    R0,=0x12345678
LDR    R1,=0x3355AACC
BFI.W R1, R0, #8, #16 ; Insert R0[15:0] to R1[23:8]
```

これはR1=0x335678CCになります．

4.4.9 UBFXとSBFX

UBFXとSBFXは符号なしと符号付きビット・フィールド抽出命令です．命令の文法は次のとおりです．

```
UBFX.W <Rd>, <Rn>, <#lsb>, <#width>
SBFX.W <Rd>, <Rn>, <#lsb>, <#width>
```

UBFXは，あるレジスタの任意の幅 (#widthによって指定された) で任意の位置 (#lsbによって指定された) から始まるからビット・フィールドを抽出し，0拡張してデスティネーション・レジスタに入れます．例を次に示します．

```
LDR    R0,=0x5678ABCD
UBFX.W R1, R0, #4, #8
```

これはR1=0x000000BCになります.

同様に,SBFXはビット・フィールドを抽出しますが,符号拡張してからデスティネーション・レジスタに入れます.例を次に示します.

```
LDR     R0,=0x5678ABCD
SBFX.W  R1, R0, #4, #8
```

これはR1=0xFFFFFFBCになります.

4.4.10 LDRDとSTRD

LDRDとSTRDの二命令は,二つのレジスタから2ワード転送します.命令の文法は次のとおりです.

```
LDRD.W <Rxf>, <Rxf2> ,[Rn, #+/-offset]{!} ; Pre-indexed
LDRD.W <Rxf>, <Rxf2> ,[Rn], #+/-offset    ; Post-indexed
STRD.W <Rxf>, <Rxf2> ,[Rn, #+/-offset]{!} ; Pre-indexed
STRD.W <Rxf>, <Rxf2> ,[Rn], #+/-offset    ; Post-indexed
```

Rxfは第1ディスティネーション/ソース・レジスタ,**Rxf2**は第2ディスティネーション/ソース・レジスタです.たとえば,次のコードは,R0とR1の中へメモリ・アドレス0x1000にある64ビットの値を読み込みます.

```
LDR      R2,=0x1000
LDRD.W R0, R1, [R2] ; This will gives R0 = memory[0x1000],
                    ; R1 = memory[0x1004]
```

同様に,メモリに64ビットの値を格納するためにSTRDを使用できます.次の例において,プリインデックス・アドレッシング・モードが使用されます.

```
LDR      R2,=0x1000 ; Base address
STRD.W R0, R1, [R2, #0x20] ; This will gives memory[0x1020] = R0,
                           ; memory[0x1024] = R1
```

4.4.11 TBBとTBH

TBB (Table Branch Byte) とTBH (Table Branch Halfword) は分岐テーブルの実装のためにあります.TBB命令は,バイト・サイズ・オフセットの分岐テーブルを使用します.また,TBHは,ハーフ・ワード・オフセットの分岐テーブルを使用します.プログラム・カウンタのビット0は常に0なので,PCに加えられる前に,分岐テーブル中の値を2倍します.さらに,PC値が現在の命令アドレス+4なので,TBBの分岐範囲は $(2 \times 255) + 4 = 514$ です.また,TBHの分岐範囲は $(2 \times 65535) + 4 = 131074$ です.TBBとTBHの両方は前方分岐のみをサポートします.TBBはこの一般的な文法をもっています.

```
TBB.W [Rn, Rm]
```

Rnがベース・メモリ・オフセット,**Rm**は分岐テーブル・インデックスです.TBB用の分岐テーブル項目はRn + Rmにあります.RnのかわりにPCを使用したとすると,図4.5に示すような操作になります.

TBH命令については,分岐テーブル項目のメモリ位置がRn + 2 × Rmにあり,また最大の分岐オフセットがより大きい以外は,プロセスは類似しています.ふたたび,図4.6に示すように,RnがPCに

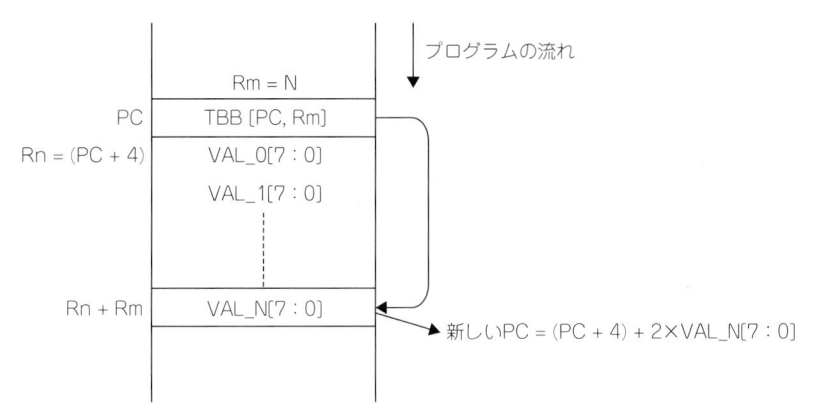

4.4 Cortex-M3にあるいくつかの便利な命令

```
                Rm = N              ↓ プログラムの流れ
    PC       TBB [PC, Rm]
Rn = (PC + 4)  VAL_0[7:0]
               VAL_1[7:0]
                   ⋮
  Rn + Rm    VAL_N[7:0]  ←
                           新しいPC = (PC + 4) + 2×VAL_N[7:0]
```

図4.5　TBB操作

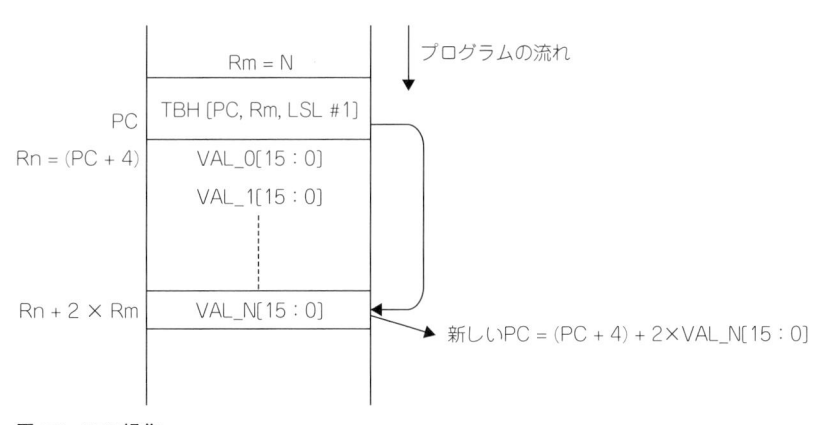

```
                Rm = N              ↓ プログラムの流れ
    PC     TBH [PC, Rm, LSL #1]
Rn = (PC + 4)  VAL_0[15:0]
               VAL_1[15:0]
                    ⋮
 Rn + 2 × Rm   VAL_N[15:0]  ←
                           新しいPC = (PC + 4) + 2×VAL_N[15:0]
```

図4.6　TBH操作

セットされているとします.

　テーブル分岐命令の**Rn**がR15にセットされると，**Rn**のために使用される値はプロセッサのパイプラインのためにPC + 4になります．これらの二つの命令は，Cコンパイラがスイッチ（ケース）ステートメントのためのコードを生成するのに使用できる可能性があります．分岐テーブル中の値が現在のプログラム・カウンタ相対なので，アセンブラ中で分岐テーブルの内容を手動でコード化するのは簡単ではありません．なぜなら，アセンブリ/コンパイル時にアドレス・オフセット値を決定することができないかもしれないからです．分岐先が別個のプログラム・コード・ファイルにある場合，特にそうです．TBB/TBH分岐テーブルの内容を計算するためのコーディング文法は，開発ツールに依存します．ARMアセンブラ（**armasm**）では，TBB分岐テーブルは次の方法で作成することができます．

```
        TBB.W [pc, r0]  ; when executing this instruction, PC equal
                        ; branchtable
branchtable
        DCB ((dest0 - branchtable)/2)  ; Note that DCB is used because
```

```
                                   ; the value is 8-bit
        DCB ((dest1 - branchtable)/2)
        DCB ((dest2 - branchtable)/2)
        DCB ((dest3 - branchtable)/2)
dest0
        ... ; Execute if r0 = 0
dest1
        ... ; Execute if r0 = 1
dest2
        ... ; Execute if r0 = 2
dest3
        ... ; Execute if r0 = 3
```

TBB命令が実行される時，現在のPC値は，分岐テーブルとしてラベルが付けられたアドレスにあります（プロセッサ中のパイプラインのために）．同様に，TBH命令については，次のように使用できます．

```
        TBH.W [pc, r0, LSL #1]
branchtable
        DCI ((dest0 - branchtable)/2) ; Note that DCI is used because
                                   ; the value is 16-bit
        DCI ((dest1 - branchtable)/2)
        DCI ((dest2 - branchtable)/2)
        DCI ((dest3 - branchtable)/2)
dest0
        ... ; Execute if r0 = 0
dest1
        ... ; Execute if r0 = 1
dest2
        ... ; Execute if r0 = 2
dest3
        ... ; Execute if r0 = 3
```

Memory Systems

第5章

メモリ・システム

この章では以下の項目を紹介します．
- メモリ・システムの機能概要
- メモリ・マップ
- メモリ・アクセス属性
- デフォルトのメモリ・アクセス許可
- ビット-バンド操作
- アンアラインド転送
- 排他アクセス
- エンディアン・モード

5.1　メモリ・システムの機能概要

　Cortex-M3プロセッサは従来のARMプロセッサとは異なるメモリ・アーキテクチャをもちます．まず，あるメモリの場所がアクセスされた場合，どのバス・インターフェースが使用されるかを指定する定義済みのメモリ・マップがあります．この機能により，異なるデバイスをアクセスする場合にアクセス動作が最適になるようにプロセッサを設計できます．

　Cortex-M3のメモリ・システムのもう一つの機能はビット-バンド・サポートです．これはメモリまたはペリフェラル中のビット・データにアトミックな操作を提供します．ビット-バンド操作は特別なメモリ領域でのみサポートされます．この機能は，本章の後半でより詳細に取り上げます．

　Cortex-M3メモリ・システムはさらにアンアラインド転送（Unalined transfer）と排他アクセスをサポートします．これらの機能はv7-Mアーキテクチャの一部です．最後に，Cortex-M3はリトル・エンディアン・メモリ構成とビッグ・エンディアン・メモリ構成の両方をサポートします．

5.2　メモリ・マップ

　Cortex-M3プロセッサには決められたメモリ・マップがあります（図5.1）．これにより，あるCortex-

M3製品から別の製品へソフトウェアを移植するのが容易になります．たとえば，NVICとMPUのような前のセクションで述べたコンポーネントは，すべてのCortex-M3製品中で同じメモリ位置にあります．しかし，製造メーカがCortex-M3ベースの製品をほかのものと差別化できるように，メモリ・マップの定義には大きな柔軟性があります．

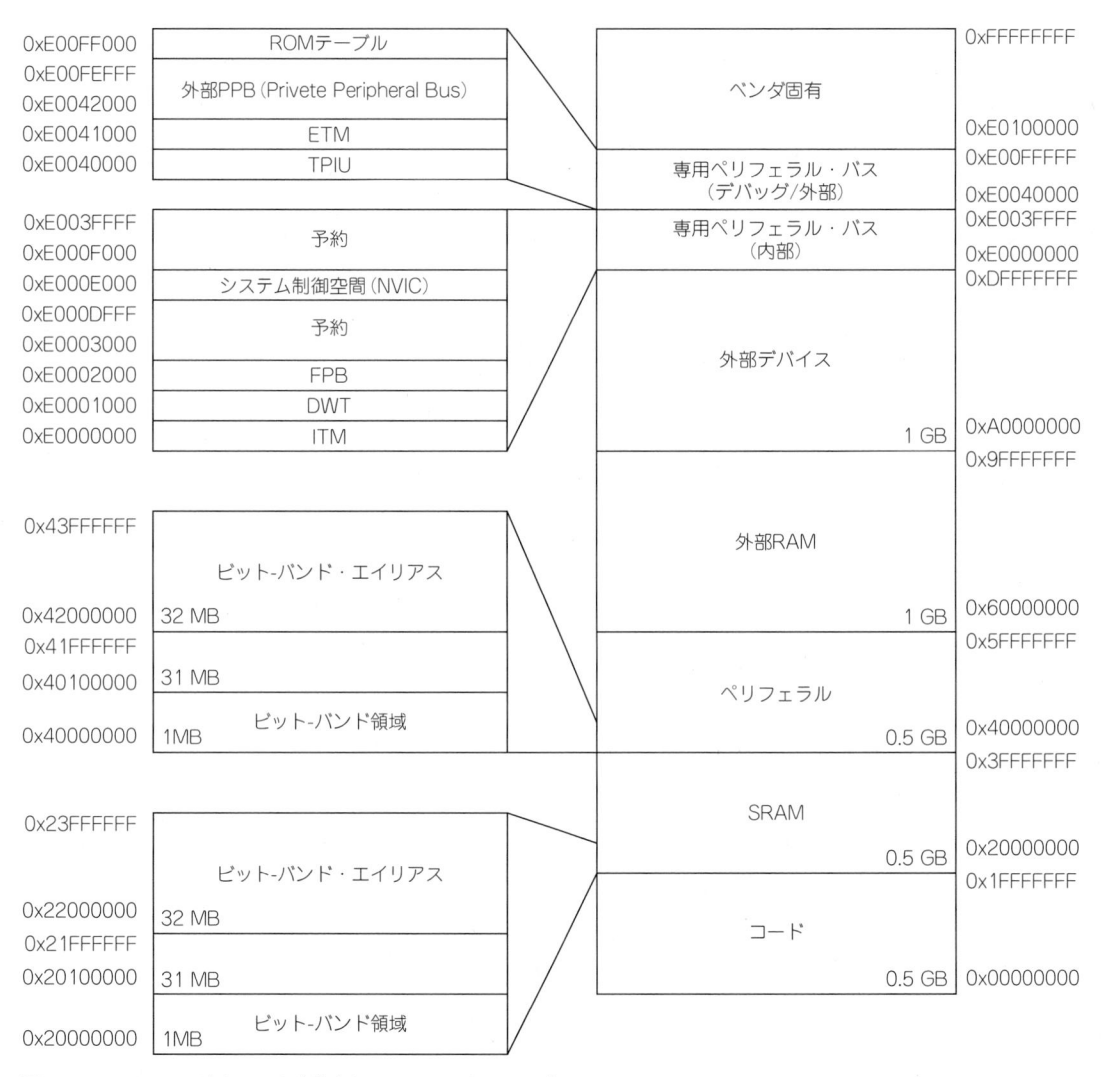

図5.1 Cortex-M3であらかじめ定義されているメモリ・マップ

メモリ配置のうちのいくつかはデバッグ・コンポーネントのような専用の周辺装置に割り付けられています．それらは専用の周辺メモリ領域に位置します．これらのデバッグ・コンポーネントは次のものを含んでいます．

▶ フェッチ・パッチとブレークポイント・ユニット（FPB；Fetch Patch and BreakPoint Unit）
▶ データ・ウォッチポイントとトレース・ユニット（DWT；Data WatchPoint and Trace Unit）

- 計装トレース・マクロセル（ITM；Instrumentation Trace Macrocell）
- エンベデッド・トレース・マクロセル（ETM；Embedded Trace Macrocell）
- トレース・ポート・インターフェース・ユニット（TPIU；Trace Port Interface Unit）
- ROMテーブル

　これらのコンポーネントの詳細は，デバッグ機能についての章で議論します．

　Cortex-M3プロセッサには合計4Gバイトのアドレス空間があります．プログラム・コードは，コード領域，SRAM領域あるいは外部RAM領域に置くことができます．しかし，コード領域にプログラム・コードを置くのがベストです．なぜなら，この構成では，命令フェッチとデータ・アクセスが二つの別個のバス・インターフェース上で同時に実行されるからです．

　SRAMのメモリ領域は内部SRAMの接続のためにあります．この領域へのアクセスはシステム・インターフェース・バスによって行われます．この領域では，32Mバイトの範囲はビット-バンド・エイリアスとして定義されています．32Mバイトのビット-バンド・エイリアス・メモリ内では，それぞれのワード・アドレスは1Mバイトのビット-バンド領域の一つのビットで表しています．このメモリ範囲へのデータ・ライト・アクセスは，プログラムがメモリ中の個々のデータ・ビットをセット/クリアできるように，ビット-バンド領域へのアトミック（atomic）なREAD-MODIFY-WRITE操作に変換されます．ビット-バンド操作はデータ・アクセスにだけ適用され，命令フェッチには適用されません．ビット-バンド領域にブール情報（シングル・ビット）を置くことによって，1ワード中に複数のブール・データを含むことができ，ビット-バンド・エイリアスを使って個々にアクセスできるので，ソフトウェア中でREAD-MODIFY-WRITEの処理をせずにメモリ空間を節約することができます．ビット-バンド・エイリアスについての詳細は本章の後半で紹介します．

　もう一つの0.5Gバイト・ブロックのアドレス領域は，オンチップ・ペリフェラルに割り当てられています．SRAM領域と同様に，この領域もビット-バンド・エイリアスをサポートし，システム・バス・インターフェース経由でアクセスします．しかし，この領域での命令実行は許可されません．ペリフェラルのビット-バンド・サポートで，ペリフェラルの制御やステータス・ビットをアクセスしたり変更したりすることが簡単になり，ペリフェラルの制御プログラミングが簡単になります．

　1Gバイトのメモリ空間2スロットが外部RAMと外部デバイスに割り付けられています．二つの間の違いは，外部デバイス領域のプログラム実行が許可されないということです．また，キャッシュ動作にもいくつかの違いがあります．

　メモリの最後の0.5Gバイトは，システム・レベル・コンポーネント，内部専用ペリフェラル・バス，外部専用ペリフェラル・バスおよびベンダ固有のシステム・ペリフェラル用です．専用ペリフェラル・バスには次の二つの基本要素があります．

- Cortex-M3内部AHBペリフェラルだけのためのAHB専用ペリフェラル・バス．これはNVIC，FPB，DWTおよびITMを含んでいる
- 外部ペリフェラル（Cortex-M3プロセッサの外部）と同様にCortex-M3内部APBデバイス用のAPB専用ペリフェラル・バス．Cortex-M3は，APBインターフェース経由でチップ・ベンダがこのAPB専用ペリフェラル・バス上に追加のオンチップAPBペリフェラルを加えることを可能にしている

　NVICはシステム制御空間（SCS；System Control Space）と呼ばれるメモリ領域に位置します．割り込み制御機能に加えて，この領域は，さらにSysTick，MPU，およびコード・デバッグ制御用の制御

```
0xFFFFFFFF ┐
           │ システム・
           │ レベル            0xE00FFFFF        専用ペリフェラル・        システム
0xE00FFFFF ┤                                    バス                    制御空間
0xE0000000 ┘                   0xE0040000   ┌─────────┐             ┌─────────┐
                                            │ 外部PPB │  0xE000EFFF │ NVIC,   │
                               0xE003FFFF   ├─────────┤             │ CPU ID, │
                                            │ 内部PPB │             │ SYSTICK,│
                                            │         │             │ MPU,    │
                               0xE0000000   └─────────┘  0xE000E000 │ コア・デバッグ│
                                                                    │ など     │
                                                                    └─────────┘
```

図5.2 システム制御空間

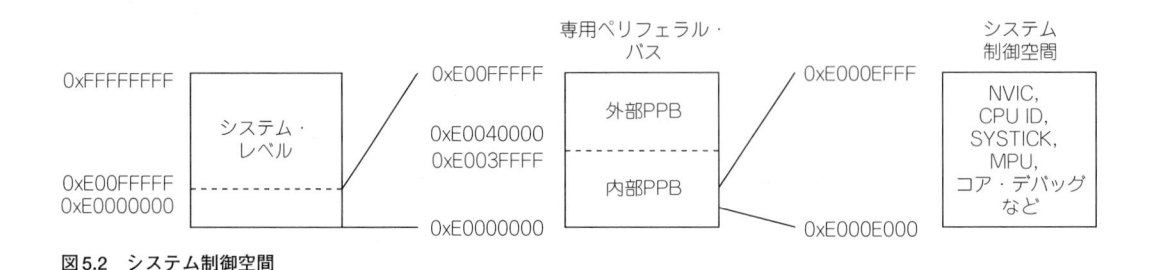

レジスタがあります（図5.2）．

残る未使用のベンダ固有のメモリ領域は，システム・バス・インターフェース経由でアクセスすることができます．しかし，この領域の命令実行は許可されません．

Cortex-M3プロセッサは，さらにオプションのMPUが提供されます．半導体メーカは，製品にMPUを入れるかどうかを決めることができます．

メモリ・マップ中で示したものは単なるテンプレートです．個々の半導体ベンダは，ROM，RAMおよびペリフェラルのメモリの実際の位置とサイズの詳細なメモリ・マップを提供します．

5.3 メモリ・アクセス属性

メモリ・マップは，各メモリ領域に何が含まれているか示します．どのメモリ・ブロックやデバイスがアクセスされるかをデコードするのに加えて，メモリ・マップは，さらにアクセスする際のメモリ属性を定義します．Cortex-M3プロセッサにあるメモリ属性は以下のとおりです．

- ▶ バッファ可（Bufferable）：プロセッサが続く命令の実行を継続できるように，メモリへの書き込みはライト・バッファにより，遅延が許される
- ▶ キャッシュ可（Cacheable）：メモリ読み出しから得られたデータは，メモリ・キャッシュにコピーすることができる．これにより，次回はキャッシュより得られた値によりプログラムの実行スピードを上げることができる
- ▶ 実行可（Executable）：プロセッサはフェッチおよびプログラム・コードの実行をこのメモリ領域から行うことができる
- ▶ 共有可（Sharable）：このメモリ領域のデータは複数のバス・マスタにより共有が可能．メモリ・システムが，共有メモリ内の異なるバス・マスタ間にあるデータの一貫性を確認する必要がある

MPUがある場合，デフォルトのメモリ属性設定は上書きでき，デフォルトとは異なるように領域を変更できます．Cortex-M3プロセッサにはキャッシュ・メモリやキャッシュ・コントローラがないにもかかわらず，外部キャッシュを加えることができます．また，半導体メーカによって使用するメモリ・コントローラしだいで，キャッシュ属性は，オンチップ・メモリと外部メモリ用のメモリ・コントローラの動作に影響を与えるかもしれません．

- ▶ コード・メモリ領域（0x00000000-0x1FFFFFFF）：この領域は実行可能．また，キャッシュ属性はWT（Write Through）．この領域にもデータ・メモリを置くことができる．データの操作がこの領

域に対して実行された場合には，データ・バス・インターフェース経由で行われる．この領域での書き込みはバッファ可

- SRAMメモリ領域（0x20000000-0x3FFFFFFF）：この領域はオンチップRAM用を意図している．書き込みはバッファされ，キャッシュ属性はWB-WA（Write Back，Write Allocated）．この領域は実行可．したがって，ここにプログラム・コードをコピーして，それを実行することができる
- ペリフェラル領域（0x40000000-0x5FFFFFFF）：この領域はペリフェラル用に意図されている．アクセスはキャッシュ不可．この領域の命令コードは実行することができない（Cortex-M3 TRMのようなARMが出している文書中ではXNすなわちExecute Never）
- 外部のRAM領域（0x60000000-0x7FFFFFFF）：この領域はオンチップまたは外部メモリを意図している．アクセスはキャッシュ可（WB-WA）．また，この領域ではコードを実行することができる
- 外部RAM領域（0x80000000-0x9FFFFFFF）：この領域はオンチップまたは外部メモリ用に意図されている．アクセスはキャッシュ可（WT；Write Through）．また，この領域でコードを実行することができる
- 外部デバイス（0xA0000000-0xBFFFFFFF）：この領域は，順序/バッファ不可アクセスを必要とする外部装置および（または）共有メモリ用に意図されている．ここもまた実行不可領域である
- 外部デバイス（0xC0000000-0xDFFFFFFF）：この領域は，順序/バッファ不可アクセスを必要とする外部装置および（または）共有メモリ用に意図されている．ここもまた実行不可領域
- システム領域（0xE0000000-0xFFFFFFFF）：この領域は専用ペリフェラルとベンダ固有のデバイス向け．ここは実行不可領域．専用ペリフェラル・バス・メモリ領域については，アクセスは強く規定されている（キャッシュ不可，バッファ不可）．ベンダ固有のメモリ領域に対しては，アクセスはバッファ可でキャッシュ不可

Cortex-M3のリビジョン1から，エクスポート先が外部メモリ・システムであるコード領域のメモリ属性は，キャッシュ可かつバッファ不可に固定されています．これはMPU構成によっても変更できません．この変更はプロセッサ外にあるメモリ・システムの動作にだけ影響を及ぼします．コード領域への書き込み転送に，プロセッサのライト・バッファを引き続き利用することはできます．

5.4　デフォルトのメモリ・アクセス許可

Cortex-M3メモリ・マップにはメモリ・アクセス許可のためのデフォルトの構成があります．これはNVICのようなシステム制御メモリ空間をユーザ・プログラムがアクセスしないようにします．デフォルトのメモリ・アクセス許可は以下の場合に使用します．

- MPUがない
- MPUがあるが無効

MPUがあり，許可されているなら，ユーザ・アクセスを許可するかどうかはMPU設定中のアクセス権で決定します．

デフォルトのメモリ・アクセス許可を**表5.1**に示します．

ユーザ・アクセスがブロックされると，フォールト例外が直ちに起こります．

表5.1 デフォルトのメモリ・アクセス許可

メモリ領域	アドレス	ユーザ・プログラム内のアクセス
ベンダ固有	0xE0100000～0xFFFFFFFF	完全アクセス
ROMテーブル	0xE00FF000～0xE00FFFFF	ブロック．ユーザ・アクセスがバス・フォールトを引き起こす
外部PPB	0xE0042000～0xE00FEFFF	ブロック．ユーザ・アクセスがバス・フォールトを引き起こす
ETM	0xE0041000～0xE0041FFF	ブロック．ユーザ・アクセスがバス・フォールトを引き起こす
TPIU	0xE0040000～0xE0040FFF	ブロック．ユーザ・アクセスがバス・フォールトを引き起こす
内部PPB	0xE000F000～0xE003FFFF	ブロック．ユーザ・アクセスがバス・フォールトを引き起こす
NVIC	0xE000E000～0xE000EFFF	ブロック．ユーザ・アクセスがバス・フォールトを引き起こす．ただしユーザ・アクセスを許可するように，プログラム可能なソフトウェア・トリガを除く
FPB	0xE0002000～0xE0003FFF	ブロック．ユーザ・アクセスがバス・フォールトを引き起こす
DWT	0xE0001000～0xE0001FFF	ブロック．ユーザ・アクセスがバス・フォールトを引き起こす
ITM	0xE0000000～0xE0000FFF	読み出し許可．ユーザ・アクセス可能なスティムラス・ポートを除き，書き込みは無視される
外部デバイス	0xA0000000～0xDFFFFFFF	完全アクセス
外部RAM	0x60000000～0x9FFFFFFF	完全アクセス
ペリフェラル	0x40000000～0x5FFFFFFF	完全アクセス
SRAM	0x20000000～0x3FFFFFFF	完全アクセス
コード	0x00000000～0x1FFFFFFF	完全アクセス

5.5 ビット-バンド操作

ビット-バンド操作のサポートにより，単一のロード/ストア操作で，（特定の）1ビットのみのアクセス（読み書き）ができます．Cortex-M3では，**ビット-バンド領域**と呼ばれる，二つのあらかじめ定められたメモリ領域でサポートします．それらのうちの一つはSRAM領域の最初の1Mバイトに位置し，他方はペリフェラル領域の最初の1Mバイトに位置します．これら二つのメモリ領域は通常メモリのようにアクセスすることができます．さらに**ビット-バンド・エイリアス**と呼ばれる別個のメモリ領域経由でアクセスすることができます．ビット-バンド・エイリアス・アドレスが使用されると，各ワード・アド

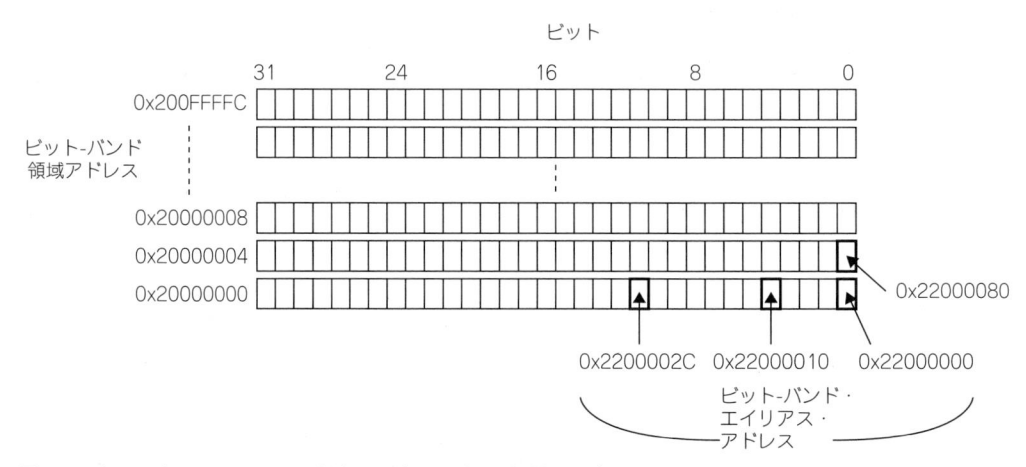

図5.3 ビット-バンド・エイリアス経由でのビット-バンド領域へのビット・アクセス

レスの最下位桁 (LSB) で個々のビットを別々にアクセスすることができます (図 5.3).

たとえば，アドレス 0x20000000 のワード・データ中のビット 2 をセットするのに，データを読み，ビットをセットし，結果を書き戻す三つの命令を使用する代わりに，この操作を一つの命令で行うことができます (図 5.4).

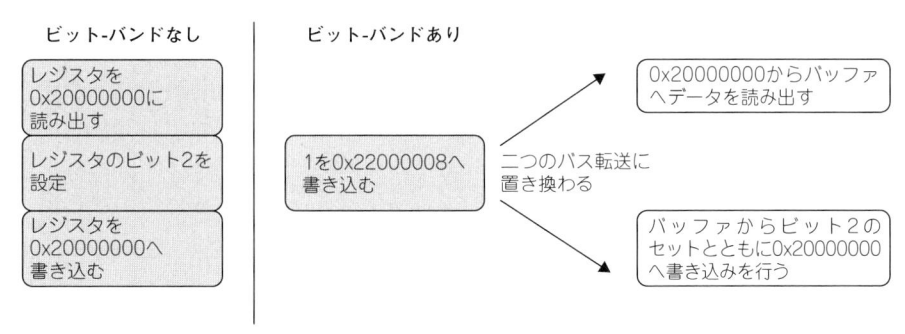

図 5.4 ビット-バンド・エイリアスへの書き込み

これらの二つのケースのためのアセンブラの手順は，図 5.5 のようになります．

同様に，あるメモリ領域にあるビットを読む必要がある場合，ビット-バンド・サポートでアプリケーション・コードを単純化することができます．たとえば，アドレス 0x20000000 のビット 2 を決める必要があるときは，図 5.6 に示した手順を使用します．

```
               ビット-バンドなし                            ビット-バンドあり

LDR    R0,=0x20000000 ; Setup address      LDR    R0,=0x22000008 ; Setup address
LDR    R1, [R0]       ; Read               MOV    R1, #1         ; Setup data
ORR.W  R1, #0x4       ; Modify bit         STR    R1, [R0]       ; Write
STR    R1, [R0]       ; Write back result
```

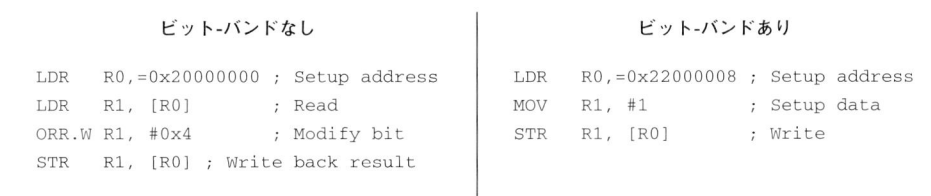

図 5.5 ビット-バンドありおよびバンドなしでビットを書き込むアセンブラ・シーケンス例

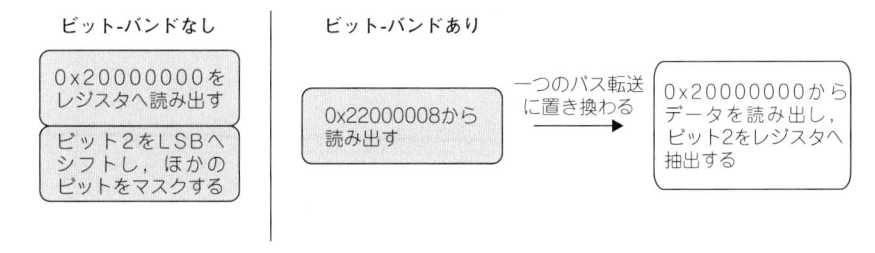

図 5.6 ビット-バンド・エイリアスからの読み込み

これらの二つのケースのためのアセンブラ手順は，図 5.7 のようになります．

ビット-バンド操作は新しい考えではありません．実際，同様の機能は 30 年以上前から 8051 のような 8 ビットのマイクロコントローラに存在しました．Cortex-M3 はビット演算のための特殊命令はありませんが，これらの領域へのデータ・アクセスが自動的にビット-バンド操作に変換されるように，特殊メモリ領域が定義されています．

ビット-バンドなし	ビット-バンドあり

`LDR     R0,=0x20000000 ; Setup address`
`LDR     R1, [R0]       ; Read`
`UBFX.W R1,R1, #2, #1  ; Extract bit[2]`
	`LDR     R0,=0x22000008 ; Setup address`
	`LDR     R1, [R0]       ; Read`

図5.7 ビット-バンド・エイリアスからの読み込み

Cortex-M3ではビット-バンド・メモリ・アドレスの説明のために次の用語を使用します．

▶ ビット-バンド領域：これはビット-バンド操作をサポートするメモリ・アドレス領域
▶ ビット-バンド・エイリアス：ビット-バンド・エイリアスへのアクセスは，ビット-バンド領域へのアクセス（ビット-バンド操作）になる（注：メモリ・リマッピングが行われる）

ビット-バンド領域内では，ビット-バンド・エイリアス・アドレス範囲内の32ワードのLSBによってそれぞれのワードが表されます．実際に起こるのは，ビット-バンド・エイリアス・アドレスがアクセスされると，そのアドレスがビット-バンド・アドレスへリマッピングされます．読み出し動作では，ワードが読み込まれ，選ばれたビット位置が返されるデータのLSBへシフトされます．書き込み動作では，書き込まれるビット・データが指定のビット位置までシフトされ，READ-MODIFY-WRITEが行われます．

ビット-バンド操作用のメモリ領域は二つあります．

▶ 0x20000000-0x200FFFFF（SRAM，1Mビット）
▶ 0x40000000-0x400FFFFF（ペリフェラル，1Mビット）

SRAMメモリ領域のビット-バンド・エイリアスのリマッピングを**表5.2**に示します．

表5.2 SRAM領域にあるビット-バンド・アドレスのリマッピング

ビット-バンド領域	エイリアスと同等
0x20000000 bit [0]	0x22000000 bit [0]
0x20000000 bit [1]	0x22000004 bit [0]
0x20000000 bit [2]	0x22000008 bit [0]
…	…
0x20000000 bit [31]	0x2200007C bit [0]
0x20000004 bit [0]	0x22000080 bit [0]
…	
0x20000004 bit [31]	0x220000FC bit [0]
…	
0x200FFFFC bit [31]	0x23FFFFFC bit [0]

同じく**表5.3**にあるように，ペリフェラル・メモリ領域のビット-バンド領域もビット-バンド・エイリアス・アドレスを経由してアクセスできます．

簡単な例を紹介します．

1. アドレス0x20000000に数値0x3355AACCをセットする
2. アドレス0x22000008を読み出す．この読み出しアクセスは，0x20000000へのリード・アクセスへリマップされる．返り値は1（0x3355AACCのビット[2]）
3. 0x0を0x22000008へ書き込む．このライト・アクセスは0x20000000へのREAD-MODIFY-WRITEにリマップされる．値0x3355AACCがメモリから読み出されるが，ビット2はクリアされる．また，

表5.3
ペリフェラル・メモリ領域にあるビット-バンド・アドレスのリマッピング

ビット-バンド領域	エイリアスと同等
0x40000000 bit[0]	0x42000000 bit[0]
0x40000000 bit[1]	0x42000004 bit[0]
0x40000000 bit[2]	0x42000008 bit[0]
…	…
0x40000000 bit[31]	0x4200007C bit[0]
0x40000004 bit[0]	0x42000080 bit[0]
…	…
0x40000004 bit[31]	0x420000FC bit[0]
…	…
0x400FFFFC bit[31]	0x43FFFFFC bit[0]

0x3355AAC8の結果がアドレス0x20000000に書き戻される

4. その後0x20000000を読む．それは0x3355AAC8（ビット[2]はクリアされている）の返り値を与える

ビット-バンド・エイリアス・アドレスをアクセスする場合，データ中のLSBだけ（ビット[0]）が使用されます．さらに，ビット-バンドへのアクセスがアンアラインドであってはなりません．アンアラインド・アクセスがビット-バンド・エイリアス・アドレス範囲で実行された場合，結果は予測不能です．

5.5.1 ビット-バンド操作の利点

ビット-バンド操作はどのように使うのでしょうか．例として，シリアル・デバイスへのシリアル・データ転送を汎用入出力（GPIO）ポートに実装することができます．シリアル・データとクロック信号へのアクセスを分離できるので，アプリケーション・コードは容易に実装できます．

ビット-バンド操作は分岐判断を単純化するためにも使用できます．たとえば，ペリフェラル中のあるステータス・レジスタの一つのビットに基づいて，分岐が実行されるのは次のような場合です．

▶ レジスタ全体の読み出し
▶ 不要なビットのマスク
▶ 比較と分岐

操作を以下のように単純化できます．

▶ ビット-バンド・エイリアス（0または1を得る）からのステータス・ビットの読み出し
▶ 比較と分岐

少数の命令でより速いビット演算をすることに加えて，Cortex-M3の中のビット-バンド機能は，リソースが複数のプロセスによって共有されている状況にとっても不可欠です．ビット-バンド操作のもっ

Column ビット-バンド対ビット-バンギング

Cortex-M3では，この機能がビット・アクセスを提供する特殊メモリ・バンド（領域）であることを示すために，ビット-バンド（**bit-band**）という用語を使用します．ビット-バング（**bit-bang**）は一般に，シリアル通信機能を提供するためにソフトウェア制御の下でI/Oピンを駆動することを指します．Cortex-M3のビット-バンド機能は，ビット-バンギングの実装に使用できますが，これらの二つの用語の定義は異なります．

とも重要な利点あるいは特性の一つは，それが**アトミック**（atomic）であるということです．言いかえれば，そのREAD-MODIFY-WRITEシーケンスはほかのバス動作によって中断されません．たとえば，この振る舞いなしで，ソフトウェアでREAD-MODIFY-WRITEシーケンスを使用すると，次の問題が生じる場合があります．ビット0をメイン・プログラムで，ビット1を割り込みハンドラで使用する単純な出力ポートを考えます．ソフトウェアでのREAD-MODIFY-WRITE操作は，図5.8に示すような，データ衝突を引き起こす場合があります．

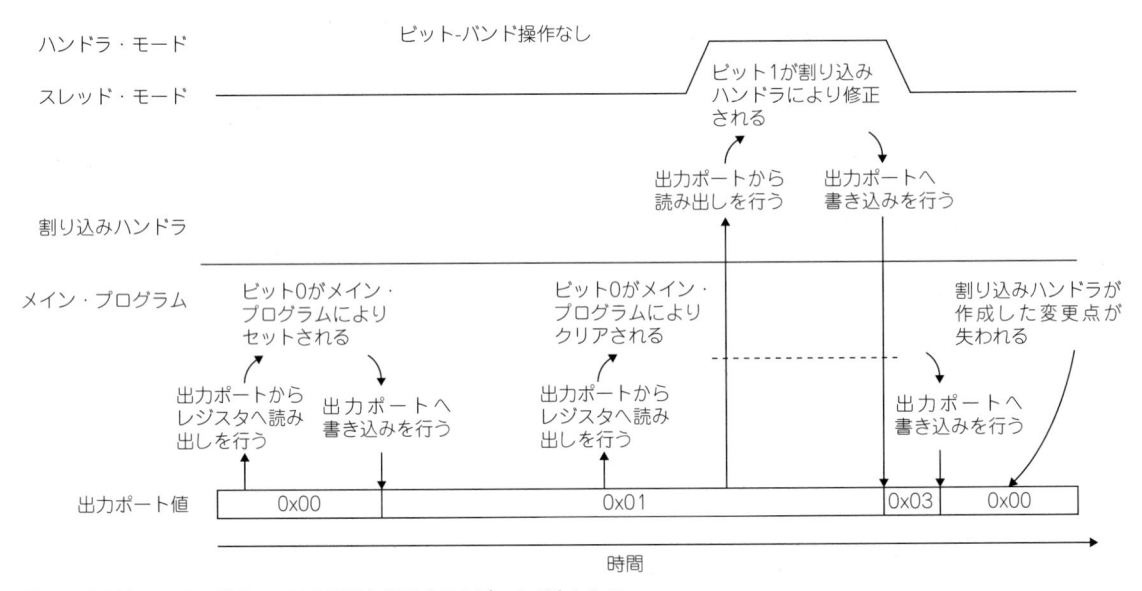

図5.8 例外ハンドラが共有メモリの位置を修正するとデータが失われる

Cortex-M3のビット-バンド機能では，READ-MODIFY-WRITEがハードウェア・レベルで実行され，（二つの転送は引き離すことができない）アトミックなので，この種の競合状態を回避することができ，割り込みがそれらの間で起こることはありません（図5.9）．

同様の問題はマルチタスク・システムでも見ることができます．たとえば，出力ポートのビット0がプロセスAによって使用され，ビット1がプロセスBによって使用される場合，ソフトウェア・ベースのREAD-MODIFY-WRITEではデータ衝突が生じる場合があります（図5.10）．

ここでもビット-バンド機能なら，データ衝突が生じないように各タスクからのビット・アクセスが分離されることを保証することができます［図5.11（p.98）］．

入出力機能に加えて，ビット-バンド機能はSRAM領域にブール・データを格納したり取り扱うことができます．たとえば，複数のブール変数をメモリ空間の節約のために一つのメモリ領域にまとめることができますが，アクセスがビット-バンド・エイリアス・アドレス範囲で実行される場合，各ビットへのアクセスは完全に分離されます．

ビット-バンド対応デバイスを設計するSoC設計者は，そのデバイスのメモリ・アドレスをビット-バンド・メモリ内に配置すべきです．また，ロック転送が行われるとき，書き込み可能なレジスタ内容がバスによる場合以外は変更されないことを保証するために，AHBインターフェースからのロック信号

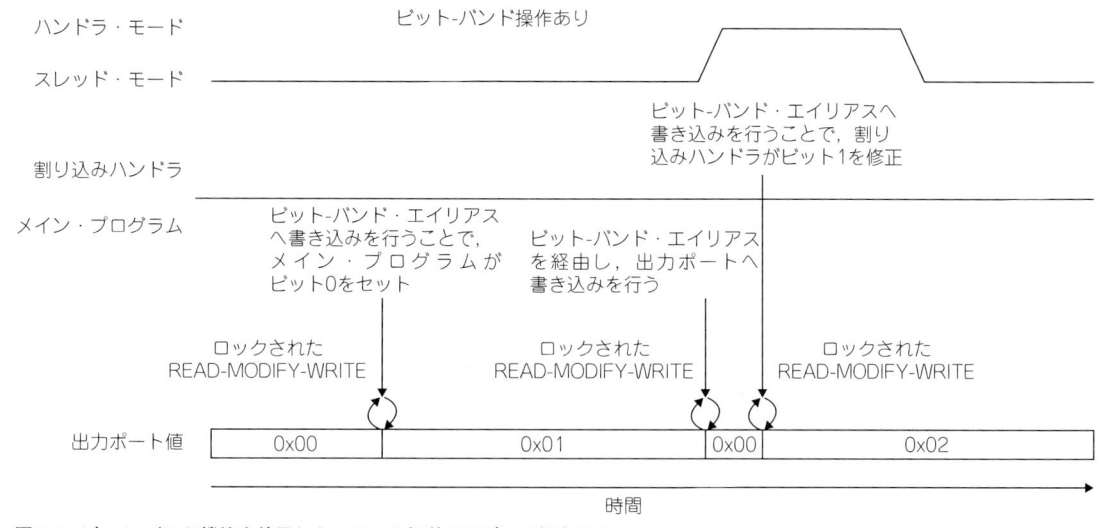

図5.9 ビット-バンド機能を使用した，ロック転送でのデータ損失防止

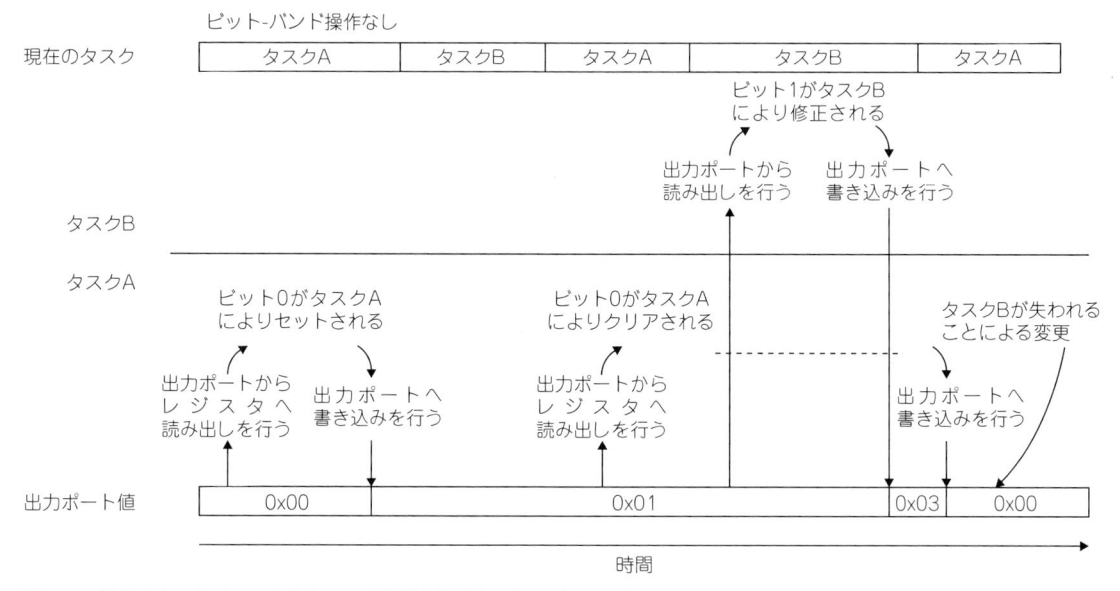

図5.10 異なるタスクが一つの共有メモリ位置を変更すると，データが失われる

(HMASTLOCK) をチェックする必要があります．

5.5.2 異なるデータ・サイズのビット-バンド操作

　ビット-バンド操作はワード転送に限定されていません．バイト転送，ハーフ・ワード転送も同様に実行することができます．たとえば，バイト・アクセス命令 (LDRB/STRB) がビット-バンド・エイリアス・アドレス範囲のアクセスに使用される場合，生成されるそのビット-バンド領域へのアクセスはバイト・サイズです．同じことはハーフ・ワード転送 (LDRH/STRH) にも当てはまります．ビット-バンド・

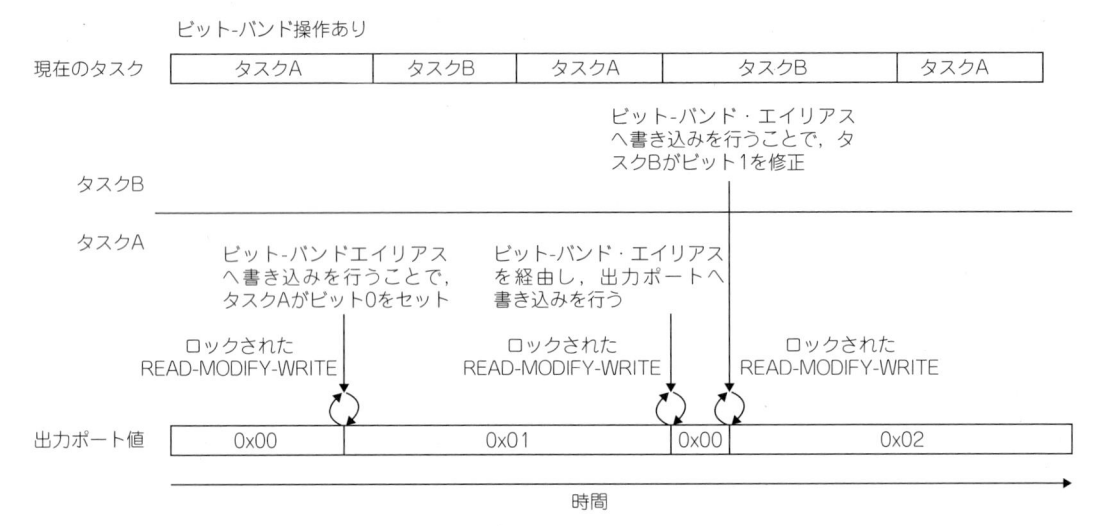

図5.11 ビット-バンド機能を使用したロック転送でのデータ損失防止

エイリアス・アドレスへの非ワード転送を使う場合でも，そのアドレス値はワードで合わせる必要があります．

5.5.3 Cプログラムでのビット-バンド操作

Cコンパイラにビット-バンド操作のための特有のサポートはありません．たとえば，Cコンパイラは，二つの異なるアドレスを使用して，同じメモリにアクセスすることができるかどうかわかりません．また，ビット-バンド・エイリアスへのアクセスがメモリ位置のLSBにしかアクセスしないかどうかわかりません．Cでビット-バンド機能を使用するもっとも単純な方法は，あるメモリ位置のアドレスとビット-バンド・エイリアスを別々に宣言することです．例を次に示します．

```
#define   DEVICE_REG0         ((volatile unsigned long *) (0x40000000))
#define   DEVICE_REG0_BIT0    ((volatile unsigned long *) (0x42000000))
#define   DEVICE_REG0_BIT1    ((volatile unsigned long *) (0x42000004))
   ...
   *DEVICE_REG0 = 0xAB;   // Accessing the hardware register by normal
                          // address
   ...
   *DEVICE_REG0 = *DEVICE_REG0 | 0x2; // Setting bit 1 without using
                                      // bitband feature
   ...
   *DEVICE_REG0_BIT1 = 0x1;   // Setting bit 1 using bitband feature
                              // via the bit band alias address
```

ビット-バンド・エイリアスにアクセスしやすくするCマクロを開発することも可能です．たとえば，ビット-バンド・アドレスとビット番号をビット-バンド・エイリアス・アドレスに変換するためのマク

ロを設定でき，そのアドレスをポインタとして使って，そのメモリ位置をアクセスする別のマクロを設定することもできます．

```c
// Convert bit band address and bit number into bit band alias address
#define BITBAND(addr,bitnum) ((addr & 0xF0000000)+0x2000000+((addr &
   0xFFFFF)<<5)+(bitnum <<2))
// Convert the address as a pointer
#define MEM_ADDR(addr) *((volatile unsigned long *) (addr))
```

前の例に基づいて，以下のようにコードを書き直します．

```c
#define DEVICE_REG0 0x40000000
#define BITBAND(addr,bitnum) ((addr & 0xF0000000)+0x02000000+((addr &
   0xFFFFF)<<5)_(bitnum<<2))
#define MEM_ADDR(addr) *((volatile unsigned long *) (addr))
    …
    MEM_ADDR(DEVICE_REG0) = 0xAB; // Accessing the hardware
                                  // register by normal address
    …
    // Setting bit 1 without using bitband feature
    MEM_ADDR(DEVICE_REG0) = MEM_ADDR(DEVICE_REG0) | 0x2;

    …
    // Setting bit 1 with using bitband feature
    MEM_ADDR(BITBAND(DEVICE_REG0,1)) = 0x1;
```

ビット-バンド機能が使用される場合，アクセスされる変数は**volatile**として宣言する必要があります．Cコンパイラは，二つの異なるアドレスで同じデータにアクセスできるかどうかわかりません．したがって，プロセッサの内部にあるデータのローカル・コピーの代わりに変数がアクセスされるごとに，記憶場所がアクセスされることを保証するために，volatile属性が使用されます．*ARM Application Note* 179 (Ref7) の中にARM RealViewコンパイラ・ツール3.0を使用して，Cマクロでのビット-バンド・アクセスの例があります．

5.6　アンアラインド転送

Cortex-M3は，単一のアクセスでのアンアラインド転送をサポートします．データ・メモリ・アクセスはアラインドまたはアンアラインドと定義することができます．従来から，(ARM7/ARM9/ARM10などの) ARMプロセッサはアラインド転送だけを許可しています．これは，メモリ・アクセスにおいて，ワード転送はビット[1]とビット[0]が0のアドレスをもっていなければならず，ハーフ・ワード転送はアドレス・ビット[0]が0のアドレスをもっていなければならないことを意味します．たとえば，ワード・データは0x1000または0x1004に置けますが，0x1001, 0x1002あるいは0x1003に置くことはできません．ハーフ・ワード・データについては，アドレスは0x1000または0x1002になり，0x1001で

ありません．

アンアラインド転送はどのようなものでしょうか．図5.12～図5.16にいくつかの例を示します．

メモリ構成が32ビット幅（4バイト）だとすると，アンアラインド転送は，図5.12～図5.14に示すように，アドレスが4の倍数ではないような任意のワード・サイズのリード/ライトになります．また，転送がハーフ・ワード・サイズの場合，図5.15と図5.16のように，アドレスは2の倍数ではありません．

	バイト3	バイト2	バイト1	バイト0
アドレスN+4				[31:24]
アドレスN	[23:16]	[15:8]	[7:0]	

図5.12　アンアラインド転送例1

	バイト3	バイト2	バイト1	バイト0
アドレスN+4			[31:24]	[23:16]
アドレスN	[15:8]	[7:0]		

図5.13　アンアラインド転送例2

	バイト3	バイト2	バイト1	バイト0
アドレスN+4		[31:24]	[23:16]	[15:8]
アドレスN	[7:0]			

図5.14　アンアラインド転送例3

	バイト3	バイト2	バイト1	バイト0
アドレスN+4				
アドレスN		[15:8]	[7:0]	

図5.15　アンアラインド転送例4

	バイト3	バイト2	バイト1	バイト0
アドレスN+4				[15:8]
アドレスN	[7:0]			

図5.16　アンアラインド転送例5

Cortex-M3ではすべてのバイト・サイズ転送は最小のアドレス単位が1バイトであるので，アラインドです．

Cortex-M3では，アンアラインド転送は，（LDR，LDRH，STRおよびSTRH命令などの）通常のメモリ・アクセス中でサポートされます．これにはいくつかの制限があります．

▶ アンアラインド転送は複数ロード/ストア命令においてサポートされない
▶ スタック操作（PUSH/POP）はアラインドでなければならない
▶ （LDREXまたはSTREXなどの）排他アクセスはアラインドでなければならない．そうでないとフォールト例外（用法フォールト）が発生する

▶ アンアラインド転送はビット-バンド操作でサポートされない．そのような動作の試行の結果は予測不能である

　アンアラインド転送が使用される場合，実際それらはプロセッサのバス・インターフェース・ユニットによって，複数のアラインド転送に変換されます．この変換は透過的であり，これについてアプリケーション・プログラマは気にする必要はありません．しかし，アンアラインド転送が起こる場合，それは個別の転送に分解されます．また，その結果，それは単一のデータ・アクセスと比較してより多くのクロック・サイクルがかかり，高性能が必要な場合は望ましくないかもしれません．最良の性能を得るためには，データが適切にそろうようにするのは意味があります．

　さらに，アンアラインド転送が起こると例外が起きるように，NVICを設定することもできます．これは，NVIC（0xE000ED14）中の設定制御レジスタ（Configuration Control Register）でUNALIGN_TRP（アンアラインド・トラップ）ビットをセットすることにより行われます．このようにして，アンアラインド転送が起こると，Cortex-M3は用法フォールト例外を生成します．これは，ソフトウェア開発中にアプリケーションがアンアラインド転送を生成するかどうかテストするのに役立ちます．

5.7　排他アクセス

　Cortex-M3は，ARM7TDMIのような従来のARMプロセッサでセマフォ操作に使用されていたSWP命令（swap）をもっていないことがわかると思います．これは今，排他アクセス操作と置き換えられています．排他アクセスは，アーキテクチャv6（たとえばARM1136）で最初にサポートされました．

　セマフォは，一般にアプリケーションに共有リソースを割り付けるために使用されます．リソースが一つのプロセスによって使用されている場合，それはそのプロセスにロックされ，ロックが解かれるまで，別のプロセスで使用できません．セマフォを設定するには，共有リソースが，あるプロセスによってロックされているかどうか示すために，あるメモリ位置がロック・フラグとして定義されます．プロセスすなわちアプリケーションがリソースを使用したい場合，最初にリソースがロックされているかどうかチェックする必要があります．それが使用されていない場合，資源が今ロックされていることを示すために，ロック・フラグをセットできます．従来のARMプロセッサでは，ロック・フラグへのアクセスはSWP命令によって実行されます．それは，ロック・フラグがアトミックにリード/ライトできるようにして，同時に二つのプロセスによって資源がロックされるのを防ぎます．

　新しいARMプロセッサでは，リード/ライト・アクセスは分離されたバスで実行できます．そのような状況では，SWP命令はもはやアトミックなメモリ・アクセスを作るために使用できません．なぜなら一つのロック転送シーケンス中のリードとライトが同じバス上でなければならないからです．したがって，ロック転送は，排他アクセスと置き換えられます．排除アクセス操作の概念は非常に単純ですが，SWPとは異なります．それは，別のバス・マスタあるいは同じプロセッサ上で実行する別のプロセスによって，同じセマフォ用のメモリ位置をアクセスできるようにします（図5.17）．

　もしメモリ・デバイスが排他リードと排他ライトの間に別のバス・マスタによってアクセスされていれば，排他アクセス・モニタは，プロセッサが排他ライトを試みるときに，排他の失敗をバス・システム経由でフラグを立てて知らせます．これは排他ライトの戻りステータスを1にします．マルチプロセッサの設計のように，複数のバス・マスタを備えたシステムで排他アクセスをモニタするには，追加のモ

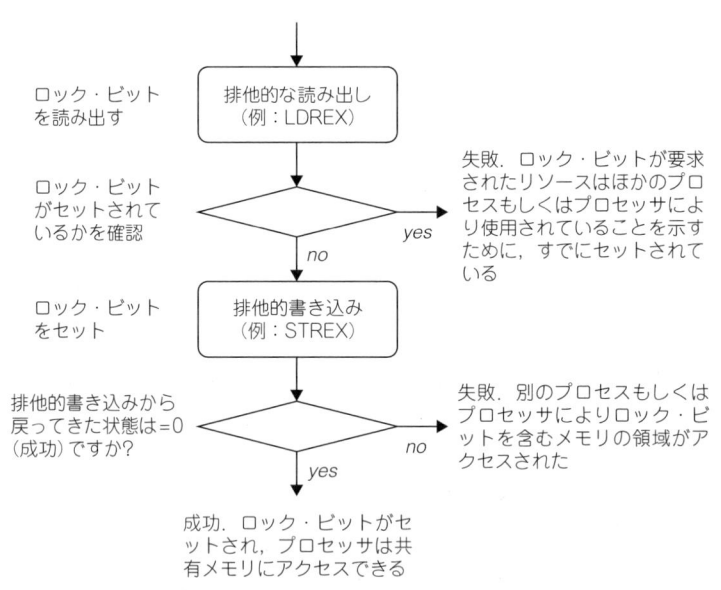

```
                    ┌─────────────┐
                    │ 排他的な読み出し │
 ロック・ビット        │ (例：LDREX)   │
 を読み出す           └──────┬──────┘
                           ▼
 ロック・ビット         ◇─────────→ 失敗．ロック・ビットが要求
 がセットされて       ／       yes   されたリソースはほかのプロ
 いるかを確認        ◇              セスもしくはプロセッサによ
                    │              り使用されていることを示す
                    │ no           ために，すでにセットされて
                    ▼              いる
 ロック・ビット       ┌─────────────┐
 をセット           │ 排他的書き込み │
                    │ (例：STREX)   │
                    └──────┬──────┘
                           ▼
 排他的書き込みから    ◇─────────→ 失敗．別のプロセスもしくは
 戻ってきた状態は=0  ／       no    プロセッサによりロック・ビ
 (成功) ですか？     ◇              ットを含むメモリの領域がア
                    │              クセスされた
                    │ yes
                    ▼
                 成功．ロック・ビットがセ
                 ットされ，プロセッサは共
                 有メモリにアクセスできる
```

図5.17 セマフォで排他アクセスを使用

ニタ・ハードウェアが必要となり，またプロセッサ・バス・インターフェース上の排他アクセス信号へ接続する必要があります．Cortex-M3プロセッサでは，排他アクセス信号をDコード・バス（EXREQDとEXRESPDと呼ばれる）およびシステム・バス（EXREQSとEXRESPS）で利用できます．命令フェッチ用のIコード・バスには排除アクセス信号がありません．

Cortex-M3の排除アクセス命令はLDREX（ワード），LDREXB（バイト），LDREXH（ハーフ・ワード），STREX（ワード），STREXB（バイト）およびSTREXH（ハーフ・ワード）があります．簡単な文法例は次のとおりです．

    LDREX <Rxf>, [Rn, #offset]
    STREX <Rd>, <Rxf> ,[Rn, #offset]

ここで**Rd**は，排他ライト（0 = 成功，1 = 失敗）の戻りステータスです．排他アクセスのための例題コードは第10章にあります．

排他アクセスが使用されるとき，MPUがその領域をバッファ可と定義したとしても，Cortex-M3のバス・インターフェース内部のライト・バッファはバイパスされます．これは，物理メモリに関するセマフォ情報がバス・マスタ間で常に最新で一貫性があることを保証します．マルチプロセッサ・システムでCortex-M3を使用するSoC設計者は，排他転送が起きるとき，メモリ・システムがデータの一貫性を強制することを保証する必要があります．

5.8 エンディアン・モード

Cortex-M3はリトル・エンディアン・モードとビッグ・エンディアン・モードの両方をサポートします．しかし，サポートされるメモリ・タイプは，さらにマイクロコントローラの残りの部分の設計に依存します（バス接続，メモリ・コントローラ，ペリフェラルなど）．ソフトウェアを開発する前にマイク

ロコントローラのデータシートを詳細にチェックするようにしてください．ほとんどの場合，Cortex-M3ベースのマイクロコントローラはリトル・エンディアンです（**表5.4**，**表5.5**）．

表5.4　Cortex-M3リトル・エンディアン──メモリ・ビュー

アドレス	ビット31～24	ビット23～16	ビット15～8	ビット7～0
0x1003～0x1000	バイト - 0x1003	バイト - 0x1002	バイト - 0x1001	バイト - 0x1000
0x1007～0x1004	バイト - 0x1007	バイト - 0x1006	バイト - 0x1005	バイト - 0x1004
…				

表5.5　Cortex-M3リトル・エンディアン──異なるデータ・サイズに対するさまざまなデータ・レイアウト

アドレス，サイズ	ビット31～24	ビット23～16	ビット15～8	ビット7～0
0x1000，ワード	Data[31:24]	Data[23:16]	Data[15:8]	Data[7:0]
0x1000，ハーフ・ワード	−	−	Data[15:8]	Data[7:0]
0x1002，ハーフ・ワード	Data[15:8]	Data[7:0]	−	−
0x1000，バイト	−	−	−	Data[7:0]
0x1001，バイト	−	−	Data[7:0]	−
0x1002，バイト	−	Data[7:0]	−	−
0x1003，バイト	Data[7:0]	−	−	−

　リトル・エンディアン・モードでは，メモリ・ビュー上のデータ・バイト・レーンの位置がAHBインターフェース上のデータ・バイト・レーンと同じになります．

　ビッグ・エンディアン・モードでは，メモリ・ビューにスワップ済みバイト・レーンがあります（**表5.6**）．

表5.6　Cortex-M3ビッグ・エンディアンのメモリ配置

アドレス	ビット31～24	ビット23～16	ビット15～8	ビット7～0
0x1003～0x1000	バイト - 0x1000	バイト - 0x1001	バイト - 0x1002	バイト - 0x1003
0x1007～0x1004	バイト - 0x1004	バイト - 0x1005	バイト - 0x1006	バイト - 0x1007
…				

　Cortex-M3の中のビッグ・エンディアンの定義はARM7とは異なります．ARM7TDMIでは，ビッグ・エンディアン方式は**ワード不変(invariant)ビッグ・エンディアン**と呼ばれ，ARMドキュメントでは"BE-32"方式となっています．しかしCortex-M3では，ビッグ・エンディアン方式は**バイト不変ビッグ・エンディアン**と呼ばれ，ARMドキュメントでは"BE-8"方式となります．バイト不変ビッグ・エンディアンはARMアーキテクチャv6とv7でサポートされます．**表5.7**にバイト不変ビッグ・エンディア

表5.7　Cortex-M3（バイト不変ビッグ・エンディアン）──異なるデータ・サイズに対するさまざまなデータ・レイアウト

アドレス，サイズ	ビット31～24	ビット23～16	ビット15～8	ビット7～0
0x1000，ワード	Data[7:0]	Data[15:8]	Data[23:16]	Data[31:24]
0x1000，ハーフ・ワード	Data[7:0]	Data[15:8]	−	−
0x1002，ハーフ・ワード	−	−	Data[7:0]	Data[15:8]
0x1000，バイト	Data[7:0]	−	−	−
0x1001，バイト	−	Data[7:0]	−	−
0x1002，バイト	−	−	Data[7:0]	−
0x1003，バイト	−	−	−	Data[7:0]

ン方式でさまざまなデータ・サイズのデータ・レイアウトを示します.

　バイト不変ビッグ・エンディアン・モードにおけるAHBバス上のデータ転送は，リトル・エンディアンでの同じデータ・バイト・レーンを使用するので注意してください．しかし，ハーフ・ワードまたはワード・データ内にあるデータ・バイトは逆順になります（**表5.8**）．

表5.8　Cortex-M3（バイト不変ビッグ・エンディアン）——AHBバス上のデータ

アドレス，サイズ	ビット31〜24	ビット23〜16	ビット15〜8	ビット7〜0
0x1000, ワード	Data [7：0]	Data [15：8]	Data [23：16]	Data [31：24]
0x1000, ハーフ・ワード	−	−	Data [7：0]	Data [15：8]
0x1002, ハーフ・ワード	Data [7：0]	Data [15：8]	−	−
0x1000, バイト	−	−	−	Data [7：0]
0x1001, バイト	−	−	Data [7：0]	−
0x1002, バイト	−	Data [7：0]	−	−
0x1003, バイト	Data [7：0]	−	−	−

　この動作は，ビッグ・エンディアン・モードで動作する場合，異なるバス・レーン構成をもつARM7TDMIとは異なります．ARM7TDMIにおけるワード不変ビッグ・エンディアンのデータ・バイト・レーンの使用法を**表5.9**に示します．

表5.9　ARM7TDMI（ワード不変ビッグ・エンディアン）——AHBバス上のデータ

アドレス，サイズ	ビット31〜24	ビット23〜16	ビット15〜8	ビット7〜0
0x1000, ワード	Data [7：0]	Data [15：8]	Data [23：16]	Data [31：24]
0x1000, ハーフ・ワード	Data [7：0]	Data [15：8]	−	−
0x1002, ハーフ・ワード	−	−	Data [7：0]	Data [15：8]
0x1000, バイト	Data [7：0]	−	−	−
0x1001, バイト	−	Data [7：0]	−	−
0x1002, バイト	−	−	Data [7：0]	−
0x1003, バイト	−	−	−	Data [7：0]

　Cortex-M3では，エンディアン・モードはプロセッサ上の入力信号によって決まり，プロセッサがリセットから出るときにサンプリングされます．エンディアン・モードは後で変更することができません（動的なエンディアン切り替えはない．また，SETEND命令はサポートされない）．システム制御空間（NVICなど）や専用ペリフェラル・バス（たとえばデバッグ・コンポーネント），さらに外部専用ペリフェラル・バスのメモリ領域（0xE0000000〜0xE00FFFFFまでのメモリ範囲は常にリトル・エンディアン）にあるデータ・アクセスと同様に，命令フェッチは常にリトル・エンディアンにあります．

　SoCもしくはマイクロコントローラがビッグ・エンディアンをサポートしない，または使用しているペリフェラルのうちの一つあるいはいくつかがビッグ・エンディアン・データを含んでいた場合，Cortex-M3にある命令のうちのいくつかを使用すると，リトル・エンディアンとビッグ・エンディアンの間を容易にデータ変換することができます．たとえばREVやREVHは，この種の変換に非常に役立ちます．

Cortex-M3の実装概要

Cortex-M3 Implementation Overview

第6章

この章では以下の項目を紹介します．
- パイプライン
- 詳細なブロック図
- Cortex-M3のバス・インターフェース
- Cortex-M3のほかのインターフェース
- 外部専用ペリフェラル・バス
- 典型的な接続
- リセット信号

6.1 パイプライン

　Cortex-M3プロセッサには3段のパイプライン・ステージがあります．パイプライン・ステージは命令フェッチ，命令デコードおよび命令実行です（**図6.1**）．

命令N	フェッチ	デコード	実行			
命令N+1		フェッチ	デコード	実行		
命令N+2			フェッチ	デコード	実行	
命令N+3				フェッチ	デコード	実行

図6.1 Cortex-M3の中の三つのパイプライン・ステージ

　メモリにアクセスするとき，バス・インターフェースのパイプライン動作のために，四つのステージがあると主張する人がいるかもしれません．しかし，このステージはプロセッサの外部なので，プロセッサ自体には三つのステージしかありません．

　ほとんどの16ビット命令でプログラム実行する場合，プロセッサがすべてのサイクルで命令フェッチをするわけではないことがわかります．これは，プロセッサが1回で二つまでの16ビット命令（もしく

は一つの32ビット命令）をフェッチするからです．したがって，一つの命令がフェッチされた後，次の命令はすでにプロセッサ内部にあります．この場合，プロセッサ・バス・インターフェースは，その後の命令を取って来ようとするでしょう．あるいは，バッファがフルの場合，バス・インターフェースはアイドルでもかまいません．命令のうちのいくつかは，実行するのに複数サイクルかかります．この場合，パイプラインは停止します．

分岐命令を実行する際に，パイプラインはフラッシュされます．プロセッサはふたたびパイプラインを満たすのに，分岐先から命令をフェッチする必要があります．しかし，Cortex-M3プロセッサはv7-Mアーキテクチャの多くの命令をサポートしているので，短距離の分岐のうちのいくつかは，それらを条件実行コードに置き替えることで，回避できます[注1]．

プロセッサのパイプラインの特性およびプログラムがThumbコードと互換性をもつようにするために，命令実行中にプログラム・カウンタが読まれる場合，読み取り値は命令のアドレスに4を加えたものになります．16ビットのThumb命令と32ビットのThumb-2命令の組み合わせとは無関係に，このオフセットは定数です．これは，Thumb命令とThumb-2命令の一貫性を確保します．

プロセッサ・コアの命令プリフェッチ・ユニット内には，命令バッファがあります（図6.2）．このバッファにより，追加の命令が必要となる前に待ち行列にさせておくことができます．このバッファは，命令シーケンスがワードでそろっていない32ビットThumb-2命令を含んでいる場合に，パイプラインが失速するのを防ぎます．しかし，このバッファはパイプラインに余分なステージを加えないので，分岐ペナルティを増やしません．

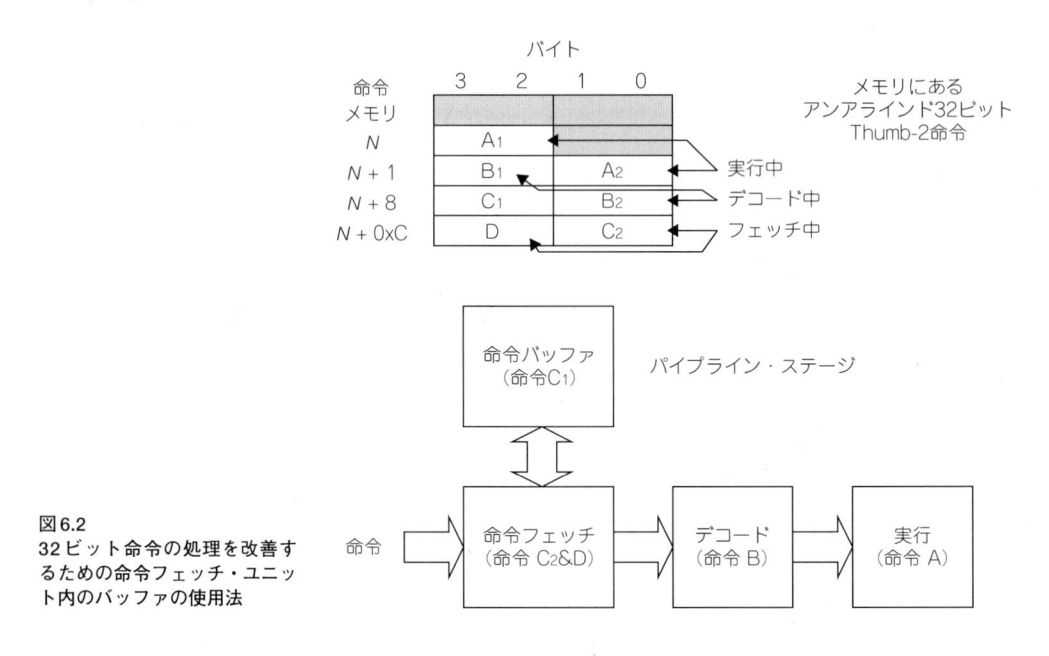

図6.2 32ビット命令の処理を改善するための命令フェッチ・ユニット内のバッファの使用法

注1：詳細に関しては，第4章の「IF‐THEN命令」節を参照．

6.2 詳細なブロック図

Cortex-M3プロセッサは，プロセッサ・コアだけでなく，デバッグ・サポート・コンポーネントと同様にシステム管理用の多くのコンポーネントを搭載しています．これらのコンポーネントはAHB（Advanced High-Performance Bus）およびAPB（Advanced Peripheral Bus）を利用して，互いにリンクされています．AHBとAPBはAMBA（Advanced Microcontroller Bus Architecture）規格（Ref 4）の一部です（**図6.3**）．

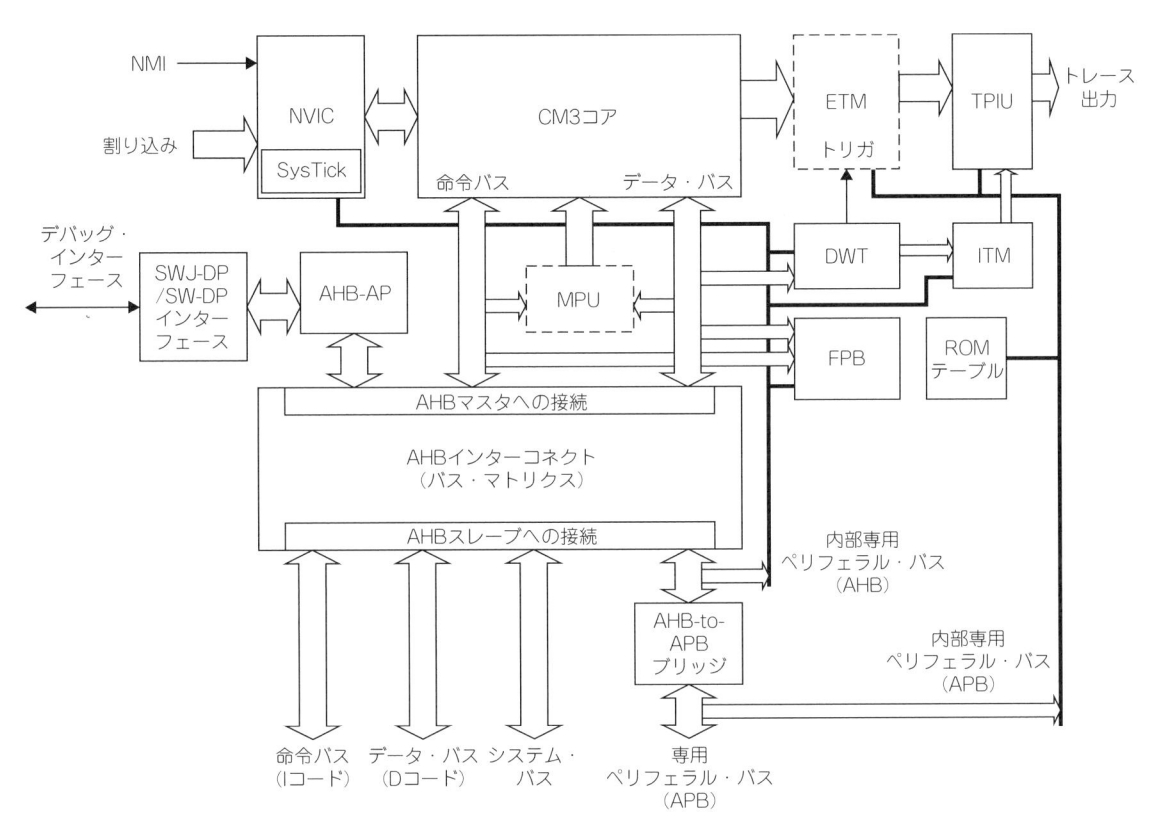

図6.3 Cortex-M3プロセッサ・システム・ブロック図

MPUブロックとETMブロックは，実装時にマイクロコントローラ・システムに含めることができるオプション・ブロックです．

多くの新しいコンポーネントがこの図に示されています（**表6.1**）．

Cortex-M3プロセッサはプロセッサ・サブシステムとして発表されました．CPUコアはそれ自身，割り込みコントローラ（NVIC）とさまざまなデバッグ・ロジック・ブロックと緊密に接続されています．

▶ CM3コア：Cortex-M3コアはレジスタ，ALU，データ・パスおよびバス・インターフェースを備えている

第6章 Cortex-M3の実装概要

- ネスト型ベクタ割り込みコントローラ：NVIC (Nested Vectored Interrupt Controller) は内蔵の割り込みコントローラである．割り込みの数は半導体メーカによってカスタマイズされている．NVICは，CPUコアに緊密に接続され，多くのシステム制御レジスタを含んでいる．それはネストした割り込み操作をサポートする．これは，Cortex-M3では，ネストした割り込み操作がとてもシンプルであることを意味する．さらに，ベクタ割り込み機能を備えているので，割り込みが発生した場合，どの割り込みが生じたかの決定に共有のハンドラを使用せずに，対応する割り込みハンドラ・ルーチンに直接入ることができるようになっている

表6.1 ブロック図に使われる略語と定義

名　前	説　明
CM3コア	Cortex-M3プロセッサの中央処理コア
NVIC	ネスト型ベクタ割り込みコントローラ
SysTickタイマ	オペレーティング・システムが使用できるシンプルなタイマ
MPU	メモリ保護ユニット（オプション）
CM3バス・マトリクス	内部AHB相互接続
AHB to APB	AHBをAPBに変換するバス・ブリッジ
SW-DP/SWJ-DPインタフェース	シリアル・ワイヤ/シリアル・ワイヤJTAGデバッグ・ポート (DP) インターフェース．シリアル・ワイヤ・プロトコルあるいは従来のJTAGプロトコル (for SWJ-DP) のいずれかを使用して実装されたデバッグ・インターフェース接続
AHB-AP	AHBアクセス・ポート．シリアル・ワイヤ/SWJインターフェースからコマンドをAHB転送に変換する
ETM	エンベデッド・トレース・マクロセル．デバッグ用命令トレースを扱うモジュール（オプション）
DWT	データ・ウォッチポイントとトレース・ユニット．デバッグのためのデータ・ウォッチポイント機能を扱うモジュール
ITM	計装トレース・マクロセル
TPIU	トレース・ポート・インターフェース・ユニット．外部トレース・キャプチャ・ハードウェアにデバッグ・データを送信するインターフェース・ブロック
FPB	フラッシュ・パッチとブレークポイント・ユニット
ROMテーブル	構成情報を格納する小さなルックアップ・テーブル

- SysTickタイマ：システム・ティック (SysTick) タイマは，一定の時間間隔で割り込みを生成するのに使用する基本的なカウント・ダウン・タイマで，システムがスリープ・モードでも使える．OSのシステム・タイマ・コードを変更する必要がないので，Cortex-M3デバイス間でOSをポーティングするのが非常に容易になる．SysTickタイマはNVICの一部として実装されている
- メモリ保護ユニット：MPU (Memory Protection Unit) ブロックはオプション．これは，Cortex-M3のバージョンによってMPUをもっているものとそうでないものがある．MPUが搭載されている場合，たとえばメモリ領域を読み出し専用にするとか，ユーザ・アプリケーションが特権アプリケーション・データにアクセスするのを防ぐことなどでメモリ内容を保護できる
- バス・マトリクス：バス・マトリクスはCortex-M3内部バス・システムの中心部分である．両方のバス・マスタが同じメモリ領域にアクセスしようとしないかぎり，転送が異なるバスで同時に起こることを可能にしているのは，AHB相互接続ネットワークである．バス・マトリクスは，さらにビット単位の操作（ビット-バンド）やライト・バッファなどの付加的なデータ転送管理も提供する
- AHB to APB：AHBからAPBへのバス・ブリッジは，Cortex-M3プロセッサ中の専用周辺バスへ

デバッグ・コンポーネントのような多くのAPBデバイスを接続するのに使用される．さらに，Cortex-M3では，半導体メーカがこのAPBバスを使用して，外部の専用ペリフェラル・バスに追加のAPBデバイスを付けられるようになっている

　ブロック図中の残りのコンポーネントはデバッグのサポートのためにあり，通常はアプリケーション・コードで使用されません．

- SW-DP/SWJ-DP：シリアル・ワイヤ・デバッグ・ポート (SW-DP) /シリアル・ワイヤJTAGデバッグ・ポート (SWJ-DP) は，AHBアクセス・ポート (AHB-AP) とともに動作して，外部デバッガがデバッグ動作を制御するために，AHB転送を生成できるようにする．Cortex-M3のプロセッサ・コア内部にJTAGスキャン・チェーンはない．ほとんどのデバッグ機能はAHBアクセスを経由してNVICレジスタによって制御される．SWJ-DPはシリアル・ワイヤ・プロトコルとJTAGプロトコルの両方をサポートする．しかし，SW-DPはシリアル・ワイヤ・プロトコルだけをサポートできる

- AHB-AP：AHBアクセス・ポートは，少数のレジスタ経由でCortex-M3メモリ全体へのアクセスができる．このブロックは，デバッグ・アクセス・ポート (DAP；Debug Access Port) と呼ばれる一般的なデバッグ・インターフェース経由でSW-DP/SWJ-DPによって制御される．デバッグ機能を実行するために，外部のデバッグ・ハードウェアは，必要なAHB転送を生成するためにSWDP/SWJ-DP経由でAHB-APをアクセスする必要がある

- エンベデッド・トレース・マクロセル：ETM (Embedded Trace Macrocell) は命令トレース用のオプションのコンポーネント．したがって，いくつかのCortex-M3製品はリアルタイムの命令トレース能力をもたないものもある．トレース情報はTPIUによってトレース・ポートへ出力される．ETM制御レジスタはメモリ・マップされていて，DAP経由でデバッガによって制御できる

- データ・ウォッチポイントとトレース：DWT (Data Watchpoint and Trace) は，データ・ウォッチポイントの設定を可能にする．データ・アドレスまたはデータ値の一致が見つかった場合，デバッガをアクティブにするか，データ・トレース情報を生成するか，あるいはETMをアクティブにするウォッチポイント・イベントを生成するのにこの一致ヒット・イベントを使うことができる

- 計装トレース・マクロセル：ITM (Insrtumentation Trace Macrocell) はいくつかの方法で使用することができる．TPIUへ情報を出力するために，ソフトウェアがこのモジュールに直接書き込むことができる．あるいは，トレース・データ・ストリームに出力するために，ITM経由でデータ・トレース・パケットを生成するのにDWT一致イベントを使用することができる

- トレース・ポート・インターフェース・ユニット：TPIU (Trace Port Interface Unit) はトレース・ポート・アナライザのような外部トレース・ハードウェアと接続するために使用される．Cortex-M3内部で，トレース情報はアドバンスト・トレース・バス (ATB) パケットとしてフォーマットされる．また，TPIUは，データが外部装置でキャプチャできるようにするためデータを再フォーマットする

- FPB：FPB (Flash Patch and Breakpoint) はフラッシュ・パッチとブレーク・ポイント機能を提供するために使用される．フラッシュ・パッチは，CPUによる命令アクセスがあるアドレスと一致する場合，異なる値がフェッチできるように，異なる位置へアドレスをリマッピングできることを意味する．あるいは，一致したアドレスがブレークポイント・イベントを起こすのに使用することもできる．フラッシュ・パッチ機能は，FPBをプログラム制御の変更に使用しないかぎり正常な状況では使用することができないデバイスへの，診断プログラム・コードの追加のような試験に非常に役

立つ
▶ ROMテーブル：小さなROMテーブルが提供されている．これは単に，さまざまなシステム機器やデバッグ・コンポーネント用のメモリ・マップ情報を提供する小さなルックアップ・テーブルである．デバッグ・システムは，デバッグ・コンポーネントのメモリ・アドレスを特定するためにこの表を使用する．ほとんどの場合，メモリ・マップはCortex-M3 TRMの中で文書化されているように，標準メモリ位置に固定されているべきである．しかし，デバッグ・コンポーネントのうちのいくつかはオプションで，追加のコンポーネントを加えることができるので，個々の半導体メーカはチップのデバッグ機能をカスタマイズしたいでしょう．この場合，デバッグ・ソフトウェアが正確なメモリ・マップを決定し，利用可能なデバッグ・コンポーネントのタイプを検知できるように，ROMテーブルをカスタマイズする必要がある

6.3　Cortex-M3のバス・インターフェース

　Cortex-M3プロセッサを使用して，SoC製品を設計していないかぎり，ここで記述したバス・インターフェース信号に直接にかかわることはありません．通常，半導体メーカは，すべてのメモリ・ブロックとペリフェラルをバス信号につなぎます．また，半導体メーカがバスにバス・ブリッジを接続し，外部バス・システムがオフチップで接続できるようにすることもまれにあります．Cortex-M3プロセッサのバス・インターフェースはAHB-LiteとAPBプロトコルに基づきます．これらはAMBA仕様（Ref4）で文書化されています．

6.3.1　I-Codeバス

　I-Codeバスは，0x00000000～0x1FFFFFFFのメモリ領域の命令フェッチのためのAHB-Liteバス・プロトコルに基づいた32ビットのバスです．命令フェッチはThumb命令でさえワード・サイズで行われます．したがって，実行中に，CPUコアは一度に二つまでのThumb命令をフェッチできます．

6.3.2　D-Codeバス

　D-CodeバスはAHB-Liteバス・プロトコルに基づいた32ビットのバスです．0x00000000～0x1FFFFFFFまでのメモリ領域でデータ・アクセスに使用します．Cortex-M3プロセッサはアンラインド転送をサポートしますが，このバス上でアンラインド転送が起きることはないでしょう．なぜなら，プロセッサ・コア上のバス・インターフェースがアンラインド転送をアラインド転送に変換するからです．したがって，このバスに接続されるデバイス（たとえばメモリ）は，単にAHB-Lite（AMBA 2.0）のアラインド転送のみをサポートする必要があります．

6.3.3　システム・バス

　システム・バスはAHB-Liteバス・プロトコルに基づいた32ビットのバスです．0x20000000～0xDFFFFFFFと0xE0100000～0xFFFFFFFFまでのメモリ領域で命令フェッチとデータ・アクセスに使用されます．D-Codeバスにつながっているので，すべての転送はアラインドです．

6.3.4 外部専用ペリフェラル・バス

外部専用ペリフェラル・バス（外部PPB）はAPBバス・プロトコルに基づいた32ビットのバスです．これは0xE00400000～0xE00FFFFFのメモリ領域で専用の周辺のアクセスを意図しています．しかし，このAPBメモリの一部分がTPIU，ETMおよびROMテーブルのためにすでに使用されているので，このバスでさらにペリフェラルを付けるために使用できるメモリ領域は，0xE0042000～0xE00FF000だけです．このバス上の転送はワード・アラインだけです．

6.3.5 デバッグ・アクセス・ポート・バス

デバッグ・アクセス・ポート（DAP）バス・インターフェースは，APB仕様の拡張バージョンに基づいた32ビットのバスです．これは，SWJ-DPあるいはSW-DPのようなデバッグ・インターフェース・ブロックを付けるためにあります．このバスをほかの目的に使用してはいけません．このインターフェースについての詳細情報は，第15章「デバッグ・アーキテクチャ」，あるいはARMドキュメント *CoreSight Technology Syatem Design Guide* （Ref3）にあります．

6.4 Cortex-M3のほかのインターフェース

バス・インターフェースとは別に，Cortex-M3プロセッサにはさまざまな目的のための多くのインターフェースがあります．これらの信号は，ほとんどSoCのさまざまな部分に接続されるか，あるいは未使用なので，シリコン・チップのピンに現われることはほぼありません．信号の詳細は *Cortex-M3 Technical Reference Manual* （TRM）（Ref 1）にあります．表6.2に，それらのうちのいくつかの簡単な要約を掲載します．

6.5 外部専用ペリフェラル・バス

Cortex-M3プロセッサには外部専用ペリフェラル・バス（PPB）インターフェースがあります．外部PPBインターフェースは，AMBA仕様2.0中のアドバンスト・ペリフェラル・バス（APB）プロトコルに基づきます．それは，共有されるべきでないデバッグ・コンポーネントのようなシステム・デバイス用に意図されています．CoreSightデバイスをサポートするために，このインターフェースは，PADDR31と呼ばれる追加の信号を含んでいます．この信号は，転送元を示します．この信号が0である場合，それは転送がCortex-M3上で動作しているソフトウェアから生成されていることを意味します．この信号が1である場合，転送がデバッグ・ハードウェアにより生成されていることを意味します．この信号に基づいて，デバッガだけが使用できるように，ペリフェラルを設計することができます．あるいは，ソフトウェアが使用する場合，機能のうちのいくつかだけを許可できます．

ペリフェラル・バスと同じように，このバスも一般的な使用は意図しません．チップ設計者がこのバスに一般的なペリフェラルを接続するのを止めるものは何もありませんが，特権的アクセス・レベル管理により，後にプログラムで問題になると気づくかもしれません．たとえばユーザ状態中でデバイスをプログラムするとか，MPUが使用されている場合にほかのメモリ領域からデバイスを分離するとかで

第 6 章　Cortex-M3 の実装概要

表6.2　さまざまなインターフェース信号

信号グループ	機　能
マルチプロセッサ通信（TXEV, RXEV）	マルチプロセッサ間のシンプルなタスク同期化信号
スリープ信号（SLEEPING, SLEEPDEEP）	電力管理のためのスリープ・ステータス
割り込みステータス信号（ETMINTNUM, ETMINTSTATE, CURRPRI）	ETM操作とデバッグ使用のための割り込み動作のステータス
リセット要求（SYSRESETREQ）	NVICからのリセット要求出力
Lockup[注2]と停止ステータス（LOCKUP, HALTED）	プロセッサ・コアがロックアップ状態（ハード・フォールト・ハンドラあるいはNMIハンドラ内でのエラー条件によって引き起こされた）あるいは停止状態（デバッグ操作）に入ったことを示す
エンディアン入力（ENDIAN）	コアがリセットされたとき，Cortex-M3のエンディアンをセットする
ETMインターフェース	命令トレース用にエンベデッド・トレース・マクロセル（ETM）へ接続
ITMのATBインターフェース	アドバンスト・トレース・バス（ATB）は，トレース・データ転送用ARMのCoreSightデバッグ・アーキテクチャのバス・プロトコル．ここでこのインターフェースは，トレース・ポート・インターフェース・ユニット（TPIU）へ接続されているCortex-M3の計装トレース・マクロセル（ITM）から，トレース・データ出力を提供する

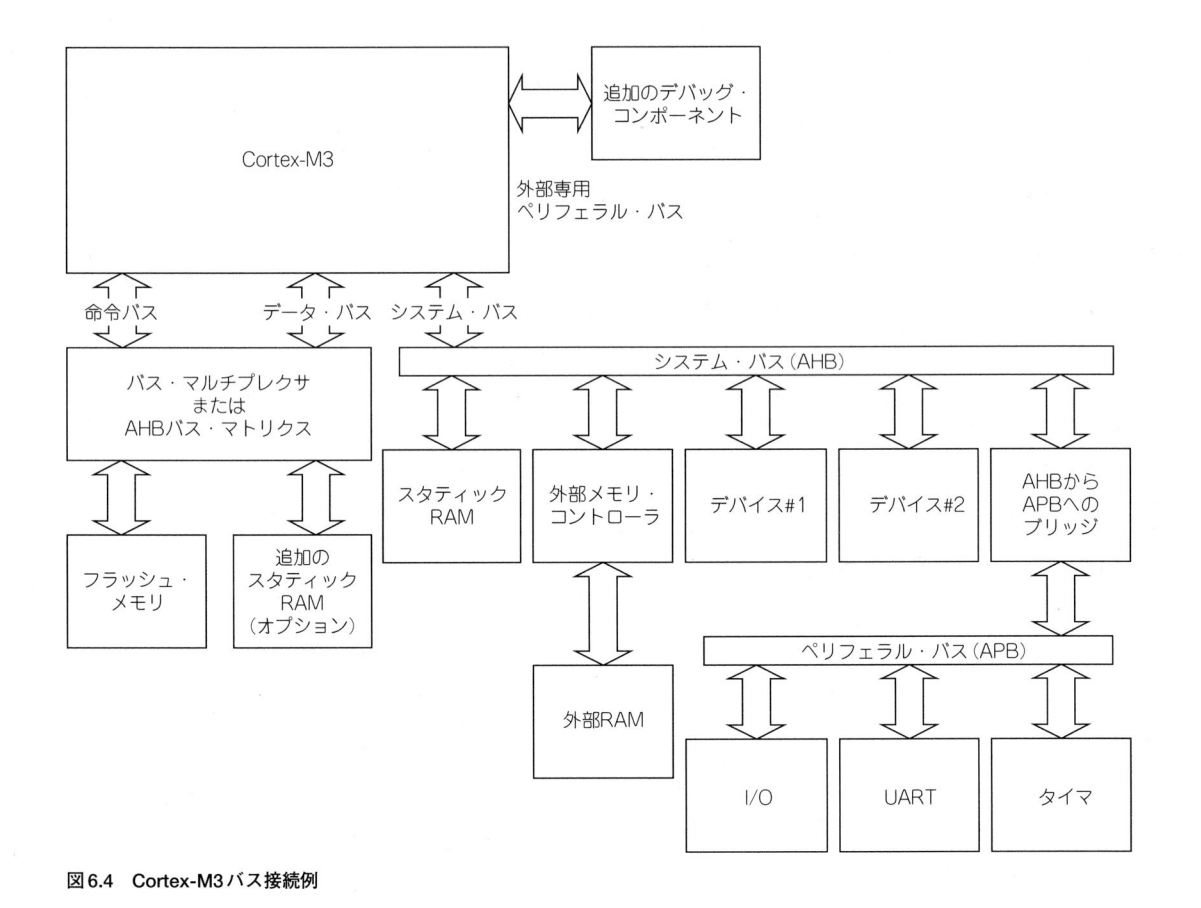

図6.4　Cortex-M3バス接続例

注2：ロックアップについてのより多くの情報は，第12章に記載．

す．

　外部PPBはアンアラインド・アクセスをサポートしません．バスのデータ幅が32ビットで，APBベースなので，このメモリ領域用のペリフェラルを設計している場合，ペリフェラル中のレジスタ・アドレスがすべてワード・アラインドであることを確かめることが必要です．さらに，この領域のデバイスをアクセスするソフトウェアを書く場合，すべてのアクセスがワード・サイズであることを確認しておくことを勧めます．PPBアクセスは常にリトル・エンディアンです．

6.6　典型的な接続

　Cortex-M3プロセッサ上には多くのバス・インターフェースがあるので，メモリやペリフェラルのようなほかのデバイスをどのように接続するかを調べるのはややこしいと感じるかもしれません．図6.4に単純化した例を示します．

　コード・メモリ領域は，命令バス（命令フェッチがある場合）とデータ・バス（データ・アクセスがある場合）からアクセスできるので，バス・マトリクス[注3]あるいは，AHBバス・マルチプレクサと呼ばれるAHBバス・スイッチが必要です．バス・マトリクスで，フラッシュ・メモリと追加のSRAM（もし実装されていれば）はどちらかのバス・インターフェースでアクセスできます．バス・マトリクスはARMが提供しているAMBA開発キット（ADK；AMBA Development Kit）[注4]が利用可能です．データ・バスと命令バスの両方が同じメモリ・デバイスに同時にアクセスしようとしている場合，最高の性能を得るために，データ・バス・アクセスはより高いプライオリティを与えられます．

　AHBバス・マトリクスを使用すると，命令バスとデータ・バスが異なるメモリ・デバイスに同時に（たとえばフェッチからの命令フェッチと，追加SRAMからデータを読み出しているデータ・バス）アクセスしている場合，転送は同時に行うことができます．しかし，バス・マルチプレクサを使用すると，転送は同時に起きませんが，回路サイズはより小さくなります．しかし，一般のCortex-M3マイクロコントローラの設計はシステム・バスにSRAMを接続して使用します．

　メインのSRAMブロックはSRAMメモリ・アドレス領域を使用して，システム・バス・インターフェース経由で接続します．これで，データ・アクセスが命令アクセスと同時に行えるようになります．さらに，ビット-バンド機能の使用によりブール・データ型の設定が可能です．

　いくつかのマイクロコントローラには外部メモリ・インターフェースがあります．AHBにオフチップのメモリ・デバイスを直接接続できないので，外部メモリ・コントローラが必要です．外部メモリ・コントローラは，Cortex-M3のシステム・バスに接続できます．追加のAHBデバイスも，容易にバス・マトリクスなしでシステム・バスに接続できます．

　シンプルなペリフェラルはAHBからAPBへのブリッジを通してCortex-M3に接続できます．これによって，ペリフェラル用によりシンプルなバス・プロトコルのAPBを使用できます．

　図6.4に示す図は非常にシンプルな例です．チップ設計者は異なるバス接続設計を選ぶでしょう．

注3：ここで要求されるバス・マトリクスは，図6.3にあるCortex-M3内部の内部バス・マトリクスとは異なる．Cortex-M3の内部バス・マトリクスは特別に設計されたもので，通常のADKバージョンと異なる．内部バス・マトリクスには一般のAHBスイッチを利用できない．

注4：ADKは，VHDL/Verilog HDLのAMBAコンポーネントとシステム例を集めたもの．

ソフトウェア/ファームウェア開発は，単にメモリ・マップがわかれば十分です．

バス・マトリクス，AHBからAPBへのバス・ブリッジ，メモリ・コントローラ，I/Oインターフェース，タイマおよびUARTのような図中に示したデザイン・ブロックはすべて，ARMと多くのIPプロバイダから入手できます．マイクロコントローラは異なるプロバイダのペリフェラルをもつ場合があるので，Cortex-M3システム用ソフトウェアを開発する場合には，正確なプログラマ・モデル用にそのマイクロコントローラのデータシートを入手する必要があります．

6.7 リセット信号

Cortex-M3マイクロコントローラまたはSoC上のリセット回路の設計は，実装に依存します．*Cortex-M3 Technical Reference Manual*（Ref1）では，いくつかのリセット信号が記載されています．しかし，実装されたCortex-M3チップはおそらくわずか1本あるいは2本のリセット信号しかもたないでしょう．また，残りはチップ・ベンダによって設計されたリセット・ジェネレータによって内部的に生成されるでしょう（Cortex-M3ベースのマイクロコントローラを正しくリセットする方法については，メーカのデータシートの指示を参照）．Cortex-M3プロセッサ・レベルでは，表6.3のリセット信号があります（図6.5）．

表6.3 Cortex-M3の上のさまざまなリセット・タイプ

リセット信号	説明
パワーオン・リセット（PORESETn）	デバイスの電源が入ったとき，アサートする必要があるリセット．プロセッサ・コアとデバッグ・システムの両方をリセットする
システム・リセット（SYSRESETn）	システム・リセット．プロセッサ・コア，NVIC（デバッグ制御が登録する以外）およびMPUに影響する．しかしデバッグ・システムには影響しない
テスト・リセット（nTRST）	デバッグ・システムのためのリセット

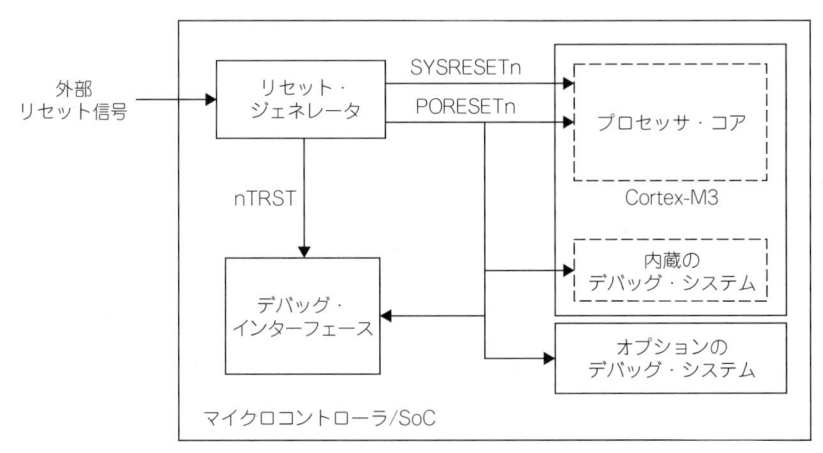

図6.5 標準的なCortex-M3マイクロコントローラ内での内部リセット信号の生成

Exceptions

第7章

例外処理

> この章では以下の項目を紹介します．
> ▶ 例外タイプ
> ▶ 優先度の定義
> ▶ ベクタ・テーブル
> ▶ 割り込み入力と保留動作
> ▶ フォールト例外
> ▶ SVCとPendSV

7.1　例外タイプ

　Cortex-M3には，多くのシステム例外と外部割り込みをサポートする機能を含んだ例外アーキテクチャがあります．例外処理は，システム例外として番号1～番号15を，外部割り込み入力用に番号16以上を使います．ほとんどの例外処理はプログラムできる優先度をもちますが，いくつかのものは優先度が固定です．

　Cortex-M3チップは，異なる数の外部割り込み入力（1～240）と，異なる数の優先度レベルをもつことができます．これは，チップ設計者が異なったニーズに対して，CortexM3の設計ソース・コードを構成できるようにしたからです．

　表7.1に示すように，例外番号1～例外番号15はシステム例外（例外番号0はない）です．例外番号16以上の例外は外部割り込み入力です（表7.2）．

　現在実行している例外番号の値は，特殊レジスタIPSR，あるいはNVICの割り込み制御ステータス・レジスタ（Interrupt Control State Register，VECTACTIVEフィールド）で示されます．

　ここで，割り込み番号（たとえば割り込み#0）はCortex-M3のNVICへの割り込み入力を指しています．実際のマイクロコントローラ製品すなわちSoCでは，外部割り込み入力ピン番号は，NVICの割り込み入力番号と一致しないかもしれません．たとえば，最初のうちのいくつかの割り込みは内部ペリフェラルに割り当てられます．外部割り込みピンはその後のいくつかの割り込み入力に割り当てることができます．したがって，割り込みの番号付けを決定するには半導体メーカのデータシートを参照する

第7章 例外処理

表7.1 システム例外一覧

例外番号	例外タイプ	優先度	説明
1	リセット	−3（最上位）	リセット
2	NMI	−2	ノンマスカブル割り込み（外部NMI入力）
3	ハード・フォールト	−1	対応するフォールト・ハンドラが有効でない場合は，すべてのフォールト状態
4	MemManageフォールト	プログラマブル	メモリ管理フォールト．MPU違反あるいは違法な位置へのアクセス
5	バス・フォールト	プログラマブル	バス・エラー．AHBインターフェースがバス・スレーブからエラー応答を受け取った場合に発生（それが命令フェッチならプリフェッチ・アボートを，データ・アクセスである場合はデータ・アボートを呼び出す）
6	用法フォールト	プログラマブル	プログラム・エラーあるいはコプロセッサにアクセスしようとしたことによる例外（Cortex-M3はコプロセッサのサポートは行わない）
7〜10	予約	NA	−
11	SVCall	プログラマブル	システム・サービス呼び出し（またはスーパバイザ・コール）
12	デバッグ・モニタ	プログラマブル	デバッグ・モニタ（ブレークポイント，ウォッチポイントあるいは外部デバッグ要求）
13	予約	NA	−
14	PendSV	プログラマブル	システム・サービス用の保留可能な要求
15	SysTick	プログラマブル	システム・タイマ

表7.2 外部割り込みのリスト

例外番号	例外タイプ	優先度
16	外部割り込み #0	プログラマブル
17	外部割り込み #1	プログラマブル
…	…	…
255	外部割り込み #239	プログラマブル

必要があります．

　許可された例外が発生したが，直ちに実行することができない場合（たとえば，より優先度の高い割り込みの処理ルーチンが実行中とか，割り込みマスク・レジスタがセットされている場合），その例外は保留されます（いくつかのフォールト例外を除く[注1]）．これは，例外を実行できるようになるまでレジスタ（保留ステータス）が例外要求を保持することを意味します．これは従来のARMプロセッサとは異なります．以前は，（IRQ/FIQのような）割り込みを生成するデバイスは，目的を果たすまで，割り込み要求を保持しなければなりませんでした．現在は，NVICの保留レジスタで，割り込み要求元がその要求信号を持続しなくても，発生している割り込みは処理されます．

7.2　優先度の定義

　Cortex-M3では，例外を実行できるかどうか，いつ実行できるかなどは，例外の優先度によって影響される場合があります．より優先順位の高い（優先度レベルの数値が小さい）例外は，より優先順位の

注1：例外保留時の振る舞いには少数の例外がある．あるフォールトが起きたが，より最優先のハンドラが実行しているので，対応するフォールト・ハンドラを直ちに実行することができない場合，ハード・フォールト・ハンドラ（最高位優先度のフォールト・ハンドラ）が代わりに実行されるかもしれない．この話題については，後で本章のフォールト例外のところで詳細に取り扱う．全詳細は Cortex-M3 Technical Reference Manual と ARM v7-M Architecture Application Level Reference Manual にある．

低い(優先度レベルの数値が大きい)例外を横取りできます.これがネストした例外/割り込みのシナリオです.例外(リセット,NMI,ハード・フォールト)のうちのいくつかは固定の優先度レベルをもちます.それらはほかの例外より高い優先度であることを示す負の数です.ほかの例外はプログラマブルな優先度レベルをもちます.

Cortex-M3は固定の最高位の優先度レベルの割り込みを三つと,256レベルまでのプログラマブルな優先度(最高128の横取りレベル)をもつ割り込みをサポートしています.しかし,ほとんどのCortex-M3チップがサポートするレベル(たとえば8,16,32など)は少数です.Cortex-M3チップすなわちSoCを設計する場合,設計者は,必要なレベル数が得られるようにカスタマイズできます.レベルの削減は優先度構成レジスタのLSB部分をカットすることで実現します.

たとえば,設計の中で3ビットだけの優先度レベルしか取れない場合,優先度レベル構成レジスタは図7.1のようになります.

ビット7	ビット6	ビット5	ビット4	ビット3	ビット2	ビット1	ビット0
実装済み			未実装,0として読み出される				

図7.1 3ビット実装での優先度レベル・レジスタ

ビット4からビット0が実装されないので,それらは常に0として読み出されます.また,これらのビットへの書き込みは無視されます.この設定では,0x00(最高優先順位),0x20,0x40,0x60,0x80,0xA0,0xC0および0xE0(最低優先順位)の優先度レベルをもつことができます.

同様に,4ビットの優先度レベルで実装されると,優先度レベル構成レジスタは図7.2のようになります.

ビット7	ビット6	ビット5	ビット4	ビット3	ビット2	ビット1	ビット0
実装済み				未実装,0として読み出される			

図7.2 4ビット実装での優先度レベル・レジスタ

より多くのビットを実装すれば,より多くの優先度レベルが利用可能になります.しかし,より多くの優先度ビットを実装するとゲート数と電力消費が増えます.Cortex-M3では,実装される優先度レジスタ幅の最少値は3ビット(8レベル)です(図7.3).

MSBの代わりにレジスタのLSBを削除する理由は,Cortex-M3デバイスから別のCortex-M3デバイスにソフトウェアをポーティングするのを簡単にするためです.このように,4ビットの優先度構成レジスタのデバイス用に書かれたプログラムは,3ビットの優先度構成レジスタのデバイス上で実行できる可能性があります.LSBの代わりにMSBを削減してしまうと,Cortex-M3チップから別のCortex-M3チップにアプリケーションをポーティングする場合,優先度が反転してしまうかもしれません.たとえば,あるアプリケーションがIRQ#0に優先度レベル0x05を使い,IRQ#1に優先度レベル0x03を使用する場合,IRQ#1はより高い優先度をもつべきです.しかし,MSBビット2が削除されたら,IRQ#0は0x01レベルになり,IRQ#1より高い優先順位をもってしまいます.

第7章 例外処理

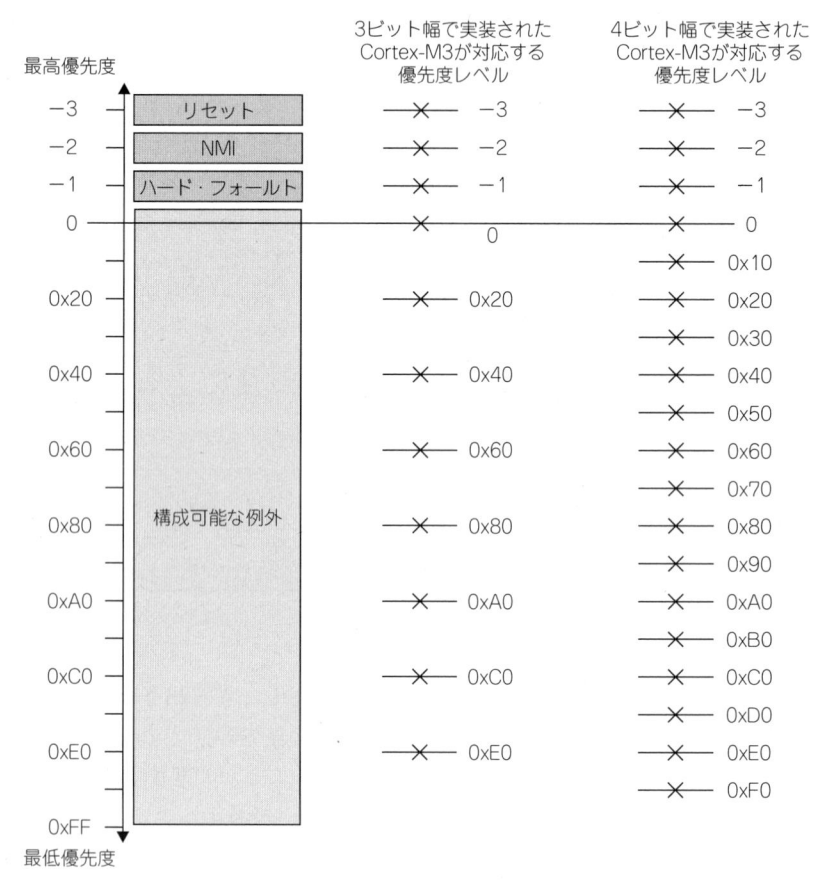

図7.3 3ビットあるいは4ビットの優先度幅で利用可能な優先度レベル

3ビット，5ビットおよび8ビットの優先順位レジスタを備えたデバイスで利用可能な例外優先度レベルの例を，**表7.3**に示します．

優先度レベル構成レジスタが幅8ビットである場合，読者は，なぜ128の横取りレベルしかないのか不思議かもしれません．これは8ビットのレジスタがさらに二つの部分に分割されるからです．それは，

表7.3 3ビット，5ビットおよび8ビットの優先度レベル・レジスタを備えたデバイスで利用可能な優先度レベル

優先度レベル	例外タイプ	3ビット優先度構成レジスタを備えたデバイス	5ビット優先度構成レジスタを備えたデバイス	8ビット優先度構成レジスタを備えたデバイス
−3（最上位）	リセット	−3	−3	−3
−2	NMI	−2	−2	−2
−1	ハード・フォールト	−1	−1	−1
0, 1, … 0xFF	プログラム可能な優先度レベルをともなう例外	0x00 0x20 … 0xE0	0x00 0x08 … 0xF8	0x00, 0x01 0x02, 0x03 … 0xFE, 0xFF

横取り優先度と**サブ優先度**です(**表7.4**).

優先度グループ(NVIC中のアプリケーション割り込みとリセット制御レジスタの一部,**表7.5**)と呼ばれるNVICの構成レジスタを使用すると,プログラマブルな優先度レベルを備えた各例外の優先度レベル構成レジスタは二つの部分に分割されます.上半分(左のビット)は横取り優先度で,下半分(右のビット)はサブ優先度です(**表7.4**).

横取り優先度レベルは,プロセッサがすでに別の割り込みハンドラを実行している場合に割り込みを起こすことができるかどうかを定義します.同じ横取り優先度レベルを備えた二つの例外が同時に発生した場合に限り,**サブ優先度レベル**値が使用されます.この場合,より高いサブ優先度(より低い値)を備えた例外が先に処理されます.

優先度グルーピングの結果,横取り優先度の最大幅は7なので,したがって,128レベルになります.優先度グループが7にセットされると,あるプログラマブルな優先度レベルをもったすべての例外は同じレベルであり,それぞれ−1,−2,−3の優先度をもつハード・フォールト,NMI,リセットが横取りする可能性を除いては,これらの例外の間で横取りは起きません.

有効な横取り優先度レベルとサブ優先度レベルを決定する場合,次の要因を考慮に入れなければなりません.

表7.4 異なる優先度グループ設定の中のある優先度レベル・レジスタ中の横取り優先度フィールドとサブ優先度フィールドの定義

優先度グループ	横取り優先度フィールド	サブ優先度フィールド
0	ビット[7:1]	ビット[0]
1	ビット[7:2]	ビット[1:0]
2	ビット[7:3]	ビット[2:0]
3	ビット[7:4]	ビット[3:0]
4	ビット[7:5]	ビット[4:0]
5	ビット[7:6]	ビット[5:0]
6	ビット[7]	ビット[6:0]
7	なし	ビット[7:0]

表7.5 アプリケーション割り込みとリセット制御レジスタ(アドレス0xE000ED0C)

ビット	名前	タイプ	リセット値	説明
31:16	VECTKEY	読み出し/書き込み	−	アクセス・キー.このレジスタを書き込むためには,0x05FAをこのフィールドへ書き込まれなければならない.そうでない場合,書き込みが無視される.上位のハーフ・ワードを読み出した値は0xFA05になる
15	ENDIANNESS	読み出し	−	データ用のエンディアン形式を示す.1はビッグ・エンディアン用(BE8),0はリトル・エンディアン用.リセット後にのみ変更が可能
10:8	PRIGROUP	読み出し/書き込み	0	優先度グループ
2	SYSRESETREQ	書き込み	−	チップ制御回路にリセットを生成を要求する
1	VECTCLRACTIVE	書き込み	−	例外に対するアクティブ状態の情報すべてを消去.通常はシステムがシステム・エラー(リセットがより安全)から復帰できるようにするため,デバッグまたはOSで使用される
0	VECTRESET	書き込み	−	Cortex-M3プロセッサをリセット(デバッグ回路を除く),ただしプロセッサ外の回路はリセットしない

▶ 実装された優先度レベル構成レジスタ
▶ 優先度グループ設定

　たとえば，構成レジスタの幅が3（ビット7～ビット5が利用可能）で，優先度グループが5にセットされると，4レベルの横取り優先度レベル（ビット7～ビット6）をもつことができます．また，各横取りレベル内に，2レベルのサブ優先度（ビット5）があります．

　図7.4で示すような設定で利用可能な優先度レベルを図7.5に示します．同じ設計で，優先度グループが0x1にセットされた場合は，八つの横取り優先度レベルがあるだけで，各横取りレベル内に，さらなるサブ優先度レベルはありません（横取り優先度のビット［1：0］は常に0）．優先度レベル構成レジス

ビット7	ビット6	ビット5	ビット4	ビット3	ビット2	ビット1	ビット0
横取り優先度		サブ優先度					

図7.4　優先度グループを5にセットされた3ビットの優先度レベル・レジスタにある優先度フィールドの定義

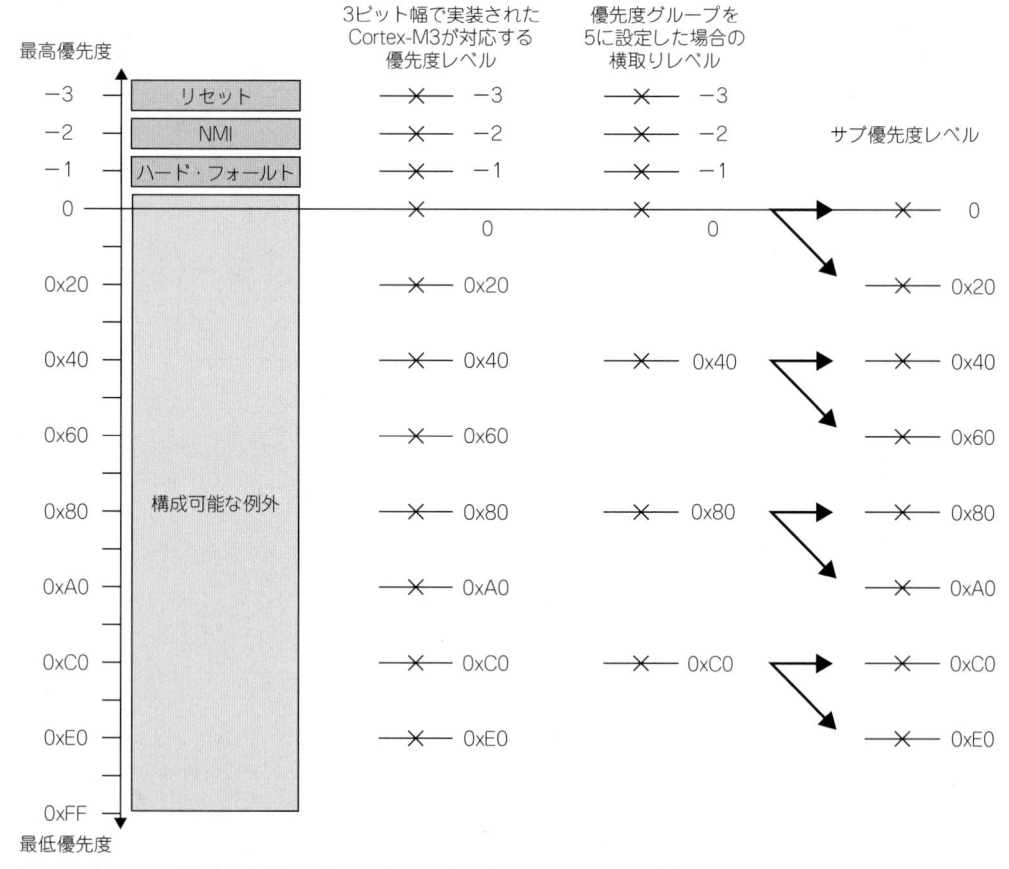

図7.5　3ビットの優先度幅と優先度グループを5に設定することで有効な優先度レベル

タの定義を図7.6に示します．また，利用可能な優先度レベルを図7.7に示します．

Cortex-M3デバイスが優先度レベル構成レジスタで8ビットすべて実装している場合，優先度グループ設定に0を使用しても，もつことができる横取りレベルの最大値は128です．優先度フィールド定義を図7.8に示します．

二つの割り込みが同時に，まったく同じ横取り優先度レベルとサブ優先度レベルでアサートされる場合，小さな例外番号をもった割り込みがより高い優先度をもちます（IRQ#0はIRQ#1より高い優先度となる）．

割り込みの優先度レベルの予期しない変更を防ぐために，アプリケーション割り込みとリセット制御レジスタ（アドレス0xE000ED0C）に書き込む場合は注意してください．ほとんどの場合，優先度グルー

ビット7	ビット6	ビット5	ビット4	ビット3	ビット2	ビット1	ビット0
横取り優先度[5：3]			横取り優先度ビット[2：0]（常に0）			サブ優先度（常に0）	

図7.6　優先度グループを1にセットした8ビットの優先度レベル・レジスタにある優先度フィールドの定義

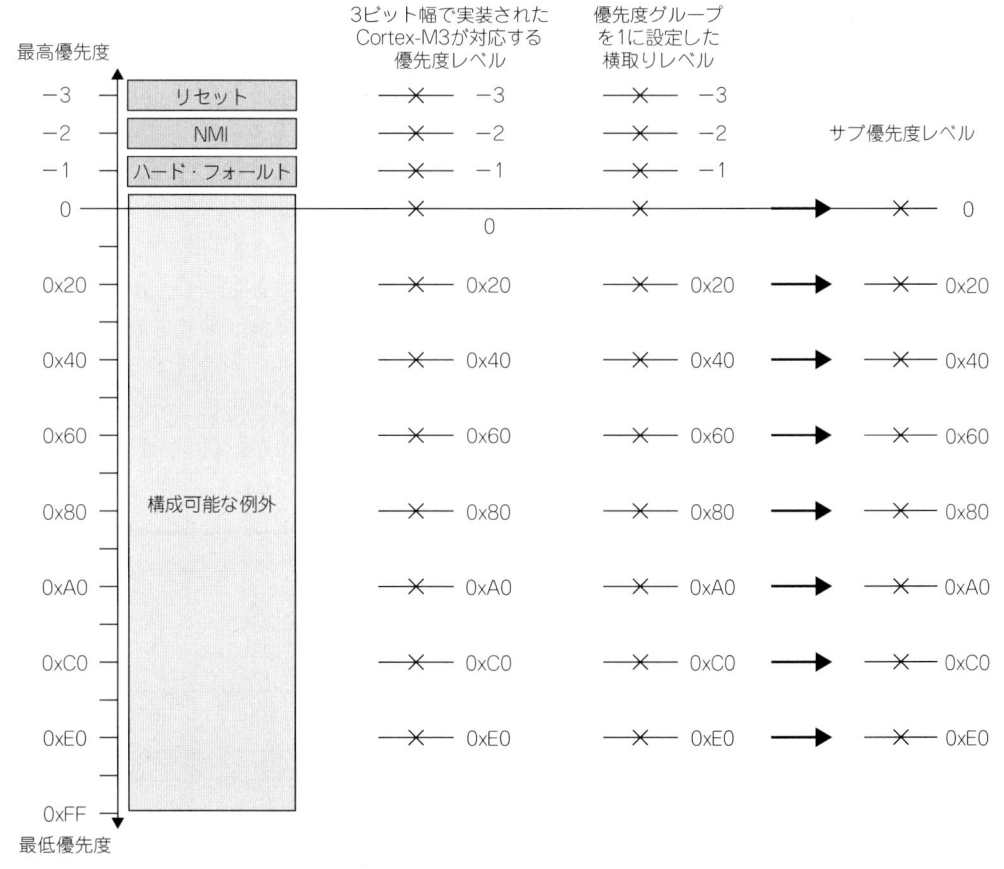

図7.7　3ビットの優先度幅と優先度グループを1に設定することで有効な優先度レベル

ビット7	ビット6	ビット5	ビット4	ビット3	ビット2	ビット1	ビット0
横取り優先度							サブ優先度

図7.8 優先度グループを0にセットした8ビットの優先度レベル・レジスタにある優先度フィールドの定義

プを構成した後，リセットを生成する以外このレジスタを使用する必要はありません（**表7.5**）．

7.3 ベクタ・テーブル

例外が起き，さらにCortex-M3によって処理されている場合，プロセッサは例外ハンドラの開始アドレスを見つける必要があります．この情報はベクタ・テーブルに格納されます．デフォルトでは，ベクタ・テーブルはアドレス0から始まり，ベクタ・アドレスは例外番号を4倍したアドレスの順に配置されます（表7.6）．

表7.6 パワーアップ後の例外ベクタ・テーブル

アドレス	例外番号	値（ワード・サイズ）
0x00000000	–	MSPの初期値
0x00000004	1	リセット・ベクタ（プログラム・カウンタ初期値）
0x00000008	2	NMIハンドラ開始アドレス
0x0000000C	3	ハード・フォールト・ハンドラ開始アドレス
…	…	他のハンドラ開始アドレス

0x0番地はブート・コードのはずなので，通常，フラッシュ・メモリかROMデバイスになります．また，値は実行時に変更することができません．しかし，ベクタ・テーブルは，RAMがあるコードかRAM領域中の他のメモリ位置に再配置することができるので，実行中にハンドラを変更することができます．これは，**ベクタ・テーブル・オフセット・レジスタ**（アドレス0xE000ED08）と呼ばれるNVICのレジスタをセットすることで行います．アドレス・オフセットは2の累乗でかつ，ベクタ・テーブル・サイズにアラインされている必要があります．たとえば，32本のIRQ入力があれば，例外の総数は32＋16（システム例外）＝48です．その次に大きな2の累乗まで拡張すると，64になります．それに4を掛けると256（0x100）になります．したがって，ベクタ・テーブル・オフセットは0x0，0x100，0x200などにプログラムすることができます．ベクタ・テーブル・オフセット・レジスタは，表7.7に示す項目を含んでいます．

表7.7 ベクタ・テーブル・オフセット・レジスタ（アドレス 0xE000ED08）

ビット	名前	タイプ	リセット値	説明
29	TBLBASE	読み出し/書き込み	0	テーブル・ベースはコード（0）またはRAM（1）にある
28：7	TBLOFF	読み出し/書き込み	0	コード領域またはRAM領域からのテーブル・オフセット値

例外ハンドラを動的に変更したいアプリケーションでは，最初のブート・イメージには，（少なくとも）次のものが必要です．

- メイン・スタック・ポインタの初期値
- リセット・ベクタ
- NMIベクタ
- ハード・フォールト・ベクタ

ブート・プロセスの中で潜在的にNMIとハード・フォールトが生じる可能性があるので，これらは必要です．ほかの例外は許可されるまで発生しません．

ブート・プロセスが完了するとき，新しいベクタ・テーブルとしてSRAMの一部を定義し，ベクタ・テーブルを新しい書き込み可能なものに再配置できます．

7.4 割り込み入力と保留動作

この節では，IRQ入力の振る舞いと保留の動作について説明します（図7.9）．このことは以下の違いを除き，NMI入力にも当てはまります．NMIはコアがすでにNMIハンドラを実行している，デバッガによって停止されている，もしくは，ある重大なシステム・エラーによりロックアップしている場合でない限り，直ちに実行されます．

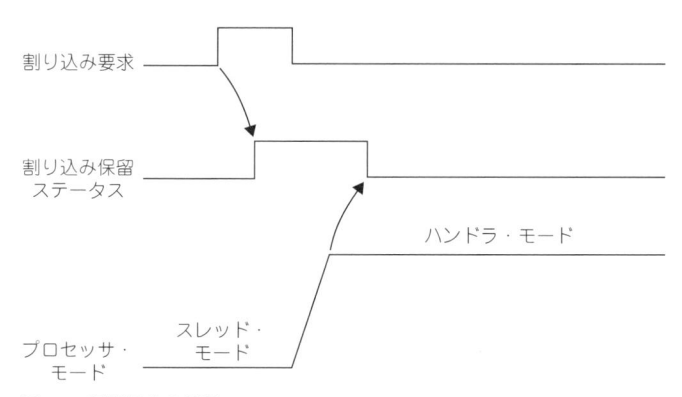

図7.9 割り込みの保留

割り込み入力がアサートされると，割り込みは保留されます．つまり，プロセッサが要求の処理を待っている状態であることを意味します．もし割り込み原因が割り込みを持続しなくても，優先度が認められれば保留された割り込みステータスは割り込みハンドラを引き起こし，実行されます．いったん割り込みハンドラの実行が始まると，保留中のステータスは自動的にクリアされます．これを図7.9に示します．

しかし，プロセッサが保留された割り込みに応答し始める前に，保留ステータスがクリアされた場合（たとえばPRIMASK/FAULTMASKが1にセットされる間に保留ステータス・レジスタがクリア），割り込みは取り消すことができます（図7.10）．割り込みの保留ステータスはNVICにアクセスすることができ，書き込み可能です．したがって，保留している割り込みをクリアでき，ソフトウェアを使用して保留レジスタをセットすることで新しい割り込みを保留できます．

プロセッサがある割り込みを実行し始める場合，その割り込みがアクティブになり，その保留ビット

第7章 例外処理

は自動的にクリアされます（**図7.11**）．ある割り込みがアクティブな場合，その割り込み処理ルーチンが割り込みリターン（**例外の出口**と呼ばれ，第9章で議論する）で終了するまで，ふたたび同じ割り込みを処理することができません．その後，アクティブ・ステータスがクリアされ，保留ステータスが1である場合，その割り込みを再び処理できます．割り込み処理ルーチンの終了前に割り込みを再保留することもできます．

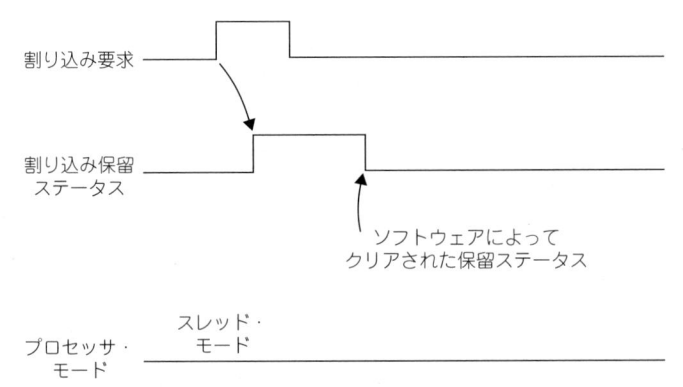

図7.10 プロセッサが処理を開始する前に行う割り込み保留のクリア

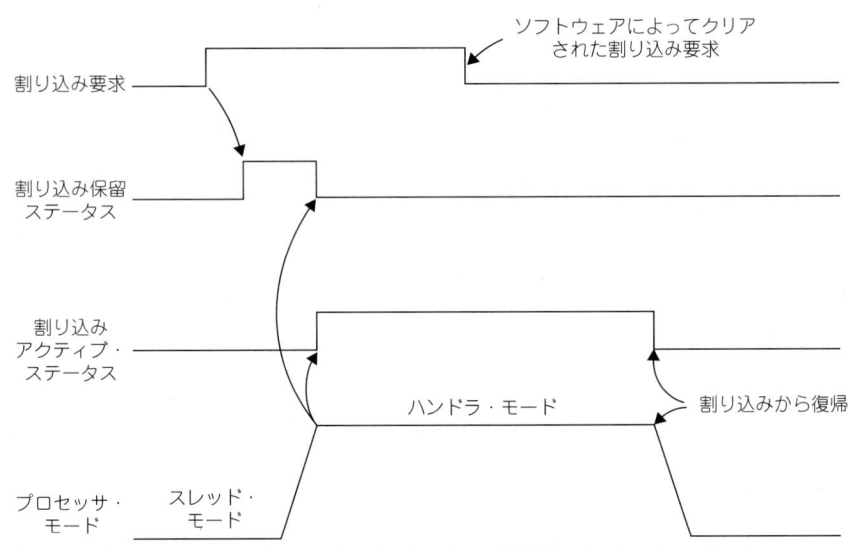

図7.11 プロセッサがハンドラ・モードに入るとともに，割り込みアクティブ・ステータスをセット

もしある割り込み原因が割り込み要求信号をアクティブに保持し続ければ，**図7.12**に示すように割り込み処理ルーチンの終わりで割り込みはふたたび保留されます．これは従来のARM7TDMIと同様です．

プロセッサが処理を始める前に，割り込みのパルスが数回入力されると，**図7.13**に示すように一つの割り込み要求として扱われます．

割り込みが持続せず，次に割り込み処理ルーチン中でパルス入力されると，**図7.14**に示すように，再

び保留されます．

　割り込みが無効になっていても，割り込みの保留が起きる可能性があります．後で割り込み許可がセットされると，保留された割り込みは割り込みシーケンスを起動できます．そのため，割り込みを許可する前に，保留レジスタがセットされているかどうかチェックすることは有用といえます．割り込みの原因は以前にアクティブにされていて，割り込み保留ステータスをセットしたかもしれません．必要ならば，割り込みを許可する前に，割り込み保留ステータスをクリアすることができます．

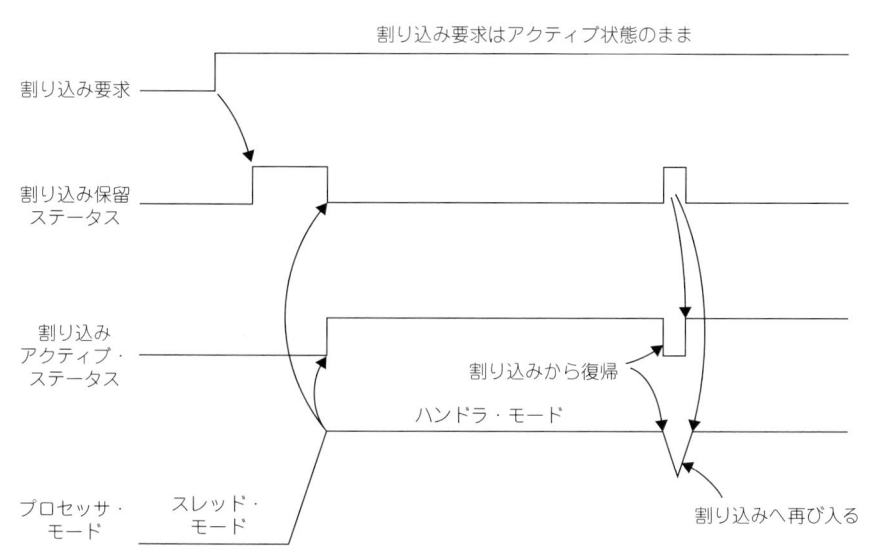

図7.12　連続的な割り込み要求による割り込み終了後の再保留

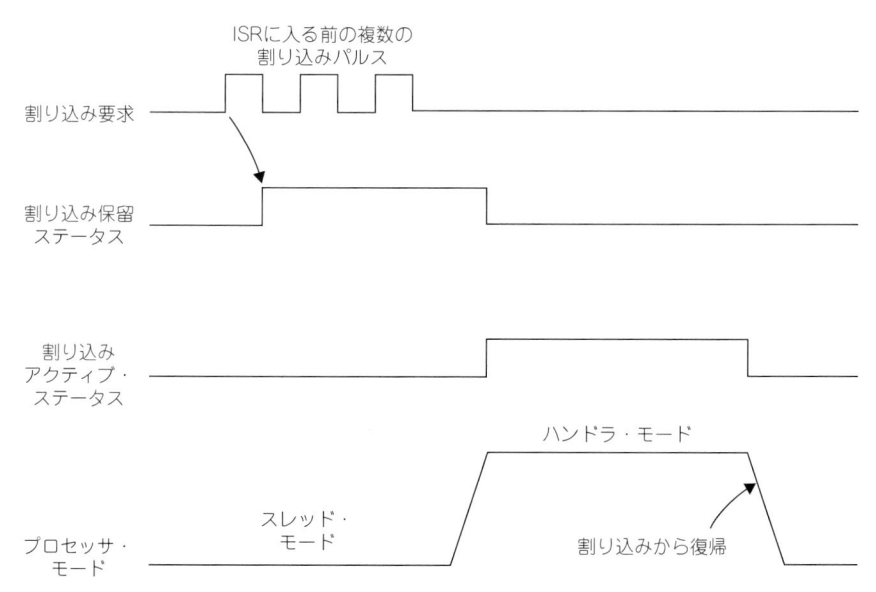

図7.13　ハンドラの前の複数パルスでも割り込み保留は一度限り

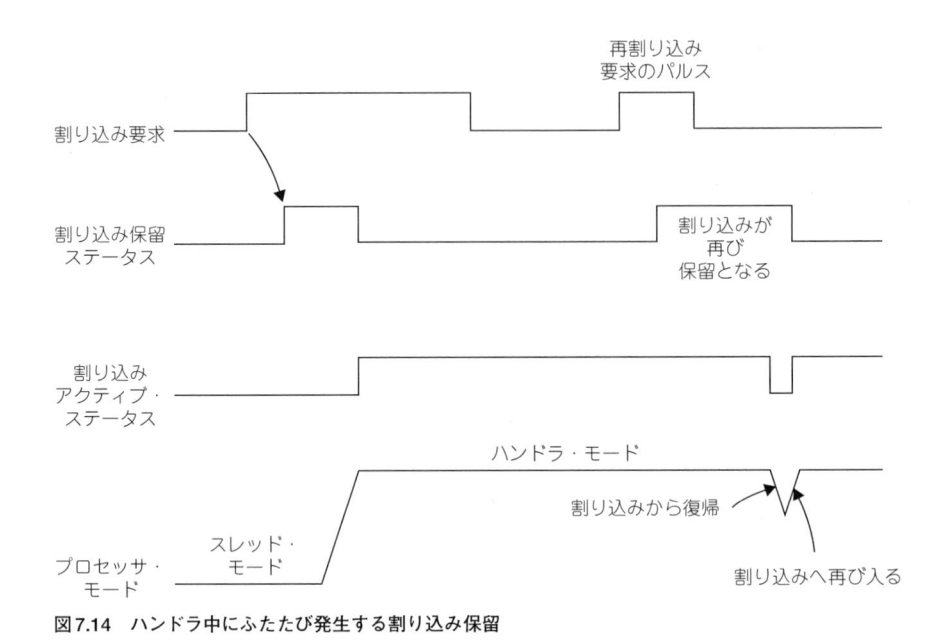

図7.14 ハンドラ中にふたたび発生する割り込み保留

7.5 フォールト例外

多くのシステム例外はフォールト処理に役立ちます．いくつかのカテゴリのフォールトがあります．
- バス・フォールト
- メモリ管理フォールト
- 用法フォールト
- ハード・フォールト

7.5.1 バス・フォールト

　AHBインターフェースの転送中にエラー応答を受信すると，バス・フォールトが発生します．以下のフォールトがこの段階で発生する可能性があります．
- 命令フェッチの段階，一般に**プリフェッチ・アボート**と呼ばれる
- データのリード／ライトの段階，一般に**データ・アボート**と呼ばれる

　Cortex-M3では，さらに，以下の場合にバス・フォールトが生じる場合があります．
- 割り込み処理の始まりでスタックのPUSHで生じた場合，**スタッキング・エラー**（stacking error）と呼ぶ
- 割り込み処理の終わりでスタックのPOP中に生じた場合，**アンスタッキング・エラー**（unstacking error）と呼ばれる
- プロセッサが割り込み処理シーケンスを始めるときの割り込みベクタ・アドレス（ベクタ・フェッチ）の読み出し（ハード・フォールトとして分類される特別な場合）

これらのタイプのバス・フォールト（ベクタ・フェッチ以外）が起きて，かつバス・フォールト・ハンドラが有効になっていて，同じかより高い優先度のほかの例外が動作中でなければ，バス・フォールト・ハンドラが実行されます．バス・フォールト・ハンドラが有効になっているが，同時にコアがより高い優先度の別の例外ハンドラを実行していると，バス・フォールト例外は保留されます．最後に，バス・フォールト・ハンドラが有効になっていない，あるいはそのバス・フォールトがバス・フォールト・ハンドラと同じかより高い優先度の例外ハンドラ中で起きたとき，代わりにハード・フォールト・ハンドラが実行されます．ハード・フォールト・ハンドラを実行しているとき，別のバス・フォールトが起きると，コアはロックアップ注2状態に入ります．

バス・フォールト・ハンドラを有効にするには，NVICのシステム・ハンドラ制御およびステータス・レジスタのBUSFAULTENAビットをセットする必要があります．それをする前に，ベクタ・テーブルがRAMに再配置されている場合，ベクタ・テーブル中でバス・フォールト・ハンドラ開始アドレスが設定されていることを確かめます．

さて，プロセッサがバス・フォールト・ハンドラに入ったとき，何が悪かったかをどうやって突き止めるのでしょう．NVICには多くのフォールト・ステータス・レジスタがあります．それらのうちの一つはバス・フォールト・ステータス・レジスタ（BFSR；Bus Fault Status Register）です．このレジスタから，バス・フォールト・ハンドラは，データ/命令アクセスあるいは割り込みスタッキング/アンスタッキング操作によってフォールトが引き起こされたかどうかを知ることができます．

正確なバス・フォールトについては，違反した命令は，スタックされたプログラム・カウンタによって位置を特定することができます．また，BFSRのBFARVALIDビットがセットされている場合，バス・フォールトを引き起こしたメモリ位置を決定することは可能です．これは，バス・フォールト・アドレス・レジスタ（BFAR；Bus Fault Address Register）と呼ばれる別のNVICレジスタを読むことにより行われます．しかし，同じ情報は不正確なバス・フォールトに利用可能ではありません．なぜなら，プロセッサがエラーを受け取るときまでに，プロセッサがすでに多くのほかの命令を実行してしまっている可能性があるからです．

BFSRのプログラマ・モデルは次のとおりです．8ビット幅でバイト転送，あるいはアドレス0xE000

Column　何がAHBエラー応答を引き起こすか？

エラー応答がAHBバスで受信されると，バス・フォールトが起きます．一般的な原因は以下のとおりです．

▶ 無効なメモリ領域（たとえば未実装メモリのメモリ位置）をアクセスしようとした

▶ デバイスが，転送を受け付ける準備ができていない（たとえば，SDRAMコントローラを初期化せずに，SDRAMにアクセスしようとした）

▶ ターゲット・デバイスがサポートしていない転送サイズの転送を行おうとした（たとえば，ワードとしてアクセスしなければならないペリフェラルのレジスタにバイト・アクセスを行った）

▶ デバイスは，さまざまな理由で転送を受け付けない（たとえば特権アクセス・レベルだけでプログラムすることができるペリフェラル）

注2：ロックアップ状態についての詳細は第12章で取り扱う．

ED28へのワード転送の2バイト目でアクセスできます（表7.8）．エラー通知ビットに1を書き込むと，それはクリアされます．

表7.8 バス・フォールト・ステータス・レジスタ（0xE000ED29）

ビット	名前	タイプ	リセット値	説明
7	BFARVALID	–	0	BFARが有効であることを示す
6:5	–	–	–	–
4	STKERR	読み出し/書き込みクリア	0	スタッキング・エラー
3	UNSTKERR	読み出し/書き込みクリア	0	アンスタッキング・エラー
2	IMPRECISERR	読み出し/書き込みクリア	0	不正確なデータ・アクセス違反
1	PRECISERR	読み出し/書き込みクリア	0	正確なデータ・アクセス違反
0	IBUSERR	読み出し/書き込みクリア	0	命令アクセス違反

7.5.2 メモリ管理フォールト

メモリ管理フォールトは，MPUの設定に違反するメモリ・アクセス，あるいは違法アクセス（たとえば，実行不可能なメモリ領域からコードを実行しようとして）によって引き起こされる場合があります．MPUがなくても，フォールトを引き起こすことがあります．

一般のMPUフォールトのうちのいくつかは以下のようなものです．
▶ MPU設定に定義されていないメモリ領域へのアクセス
▶ 読み出し専用領域への書き込み
▶ 特権アクセスのみと定義された領域へユーザ状態からアクセス

メモリ管理フォールトが発生し，かつメモリ管理ハンドラが有効になっていれば，メモリ管理フォールト・ハンドラが実行されます．より優先度の高い例外が起こるのと同時にフォールトが発生すると，ほかの例外が先に処理され，メモリ管理フォールトが保留されます．プロセッサが同じかより高い優先度の例外ハンドラをすでに実行しているか，あるいはメモリ管理フォールト・ハンドラが無効ならば，代わりにハード・フォールト・ハンドラが実行されます．メモリ管理フォールトがハード・フォールト・ハンドラあるいはNMIハンドラの内部で起きると，プロセッサはロックアップ状態に入ります．

バス・フォールト・ハンドラのように，メモリ管理フォールト・ハンドラを有効にする必要があります．これは，NVICのシステム・ハンドラ制御およびステータス・レジスタのMEMFAULTENAビットで行われます．もしベクタ・テーブルがRAMに再配置されていれば，最初にベクタ・テーブルにメモリ管理フォールト・ハンドラ開始アドレスを設定する必要があります．

NVICは，メモリ管理フォールトの原因を示すためにメモリ管理フォールト・ステータス・レジスタ

Column　正確なバス・フォールトと不正確なバス・フォールト

データ・アクセスによって引き起こされたバス・フォールトは，さらに正確か不正確かで分類することができます．不正確なバス・フォールトはすでに何サイクルも前に完了した（バッファされた書き込みなどの）操作により引き起こされます．正確なバス・フォールトは最後に完了した操作によって引き起こされます．たとえば，Cortex-M3ではメモリの呼び出しは正確です．なぜなら，データを受け取るまでその命令が終わることができないからです．

(MFSR；Memory Management Fault Status Register)をもっています．フォールトがデータ・アクセス違反（DACCVIOLビット）あるいは命令アクセス違反（IACCVIOLビット）とステータス・レジスタが示している場合，違反したコードはスタックされたプログラム・カウンタによって特定することができます．MFSRのMMARVALIDビットがセットされる場合，NVICのメモリ管理アドレス・レジスタ（MMAR；Memory Management Address Register）からフォールトを引き起こしたメモリ・アドレス位置を決定することも可能です．

MFSRのためのプログラマ/モデルを**表7.9**に示します．これは8ビット幅で，アドレス0xE000ED28へのバイト転送あるいはワード転送でアクセスできます．MFSRは最下位バイトです．ほかのフォールト・ステータス・レジスタと同じように，フォールト・ステータスのビットはそのビットに1を書くことでクリアできます．

表7.9 メモリ管理フォールト・ステータス・レジスタ（0xE000ED28）

ビット	名 前	タイプ	リセット値	説 明
7	MMARVALID	－	0	MMARが有効であることを示す
6：5	－	－	－	－
4	MSTKERR	読み出し/書き込みクリア	0	スタッキング・エラー
3	MUNSTKERR	読み出し/書き込みクリア	0	アンスタッキング・エラー
2	－	－	－	－
1	DACCVIOL	読み出し/書き込みクリア	0	データ・アクセス違反
0	IACCVIOL	読み出し/書き込みクリア	0	命令アクセス違反

7.5.3 用法フォールト

用法フォールトは多くのものによって引き起こされます．

- 未定義命令
- コプロセッサ命令：Cortex-M3プロセッサはコプロセッサをサポートしないが，コプロセサ・エミュレーションによってほかのCortexプロセッサ用にコンパイルされたソフトウェアを実行するためにフォールト例外機構を使用することは可能
- ARM状態に切り替わろうとしたとき：Cortex-M3はARM状態をサポートしないので，切り替えようとすると用法フォールトが起きる．そこでソフトウェアが実行しているプロセッサがARMコードをサポートしているかどうかをテストするために，このフォールト・メカニズムを使うことができる
- 無効な割り込みリターン：リンク・レジスタは無効/正しくない値を含んでいる
- 複数のロードあるいはストア命令を使用したアンアラインド・メモリ・アクセス

さらに，NVICのある制御ビットを設定することによって，次のもののための用法フォールトを生成することができます．

- ゼロ除算
- あらゆるアンアラインド・メモリ・アクセス

用法フォールトが発生し，かつ用法フォールト・ハンドラが有効になっていれば，通常は，用法フォールト・ハンドラが実行されます．しかし同時に，より優先度の高い例外が起これば，用法フォールトは保留されます．プロセッサが同じかより高い優先度の例外ハンドラをすでに実行しているか，あるいは

用法フォールト・ハンドラが有効になっていなければ，ハード・フォールト・ハンドラが代わりに実行されます．ハード・フォールト・ハンドラあるいはNMIハンドラの内部で用法フォールトが起きると，プロセッサはロックアップ状態に入ります．

用法フォールト・ハンドラは，NVICの「システム・ハンドラ制御およびステータス・レジスタ（System Handler Control and State Register）」でUSGFAULTENAビットをセットすることにより有効になります．もしベクタ・テーブルがRAMに再配置されていれば，最初に用法フォールト・ハンドラ開始アドレスをベクタ・テーブル中に設定する必要があります．

用法フォールト・ハンドラがフォールトの原因を特定するために，NVICは用法フォールト・ステータス・レジスタ（UFSR；Usage Fault Status Register）をもっています．ハンドラの内部で，スタックされたプログラム／カウンタ値を使用してエラーを引き起こしたプログラム・コードを特定することができます．

UFSRを表7.10に示します．用法フォールト・ステータス・レジスタは2バイトを占め，ハーフ・ワード転送として，あるいはアドレス0xE000ED28のワード転送の上位ハーフ・ワードとしてアクセスできます．ほかのフォールト・ステータス・レジスタと同じように，フォールト・ステータス・ビットはそのビットに1を書くことでクリアできます．

表7.10 用法フォールト・ステータス・レジスタ（0xE000ED2A）

ビット	名前	タイプ	リセット値	説明
9	DIVBYZERO	読み出し／書き込みクリア	0	0による除算が行われたことを示す（DIV_0_TRPがセットされている場合にだけセットされる）
8	UNALIGNED	読み出し／書き込みクリア	0	アンアラインド・アクセス・フォールトが発生したことを示す
7：4	-	-	-	
3	NOCP	読み出し／書き込みクリア	0	コプロセッサ命令の実行を試みる
2	INVPC	読み出し／書き込みクリア	0	EXC_RETURN番号として不正な値を入れることを試みる
1	INVSTATE	読み出し／書き込みクリア	0	無効状態への切り替えを試みる（例：ARM）
0	UNDEFINSTR	読み出し／書き込みクリア	0	未定義命令の実行を試みる

7.5.4 ハード・フォールト

用法フォールト，バス・フォールトおよびメモリ管理フォールトのハンドラが実行できない場合，ハー

Column　誤ってARM状態に切り替わる

用法フォールトの中でもっとも一般的な原因の一つは，誤ってプロセッサをARMモードに切り替えようとすることです．PCにLSBが0の新しい値をロードすると，用法フォールトが発生することがあります．たとえば，LSBをセットせずにレジスタ（BX LR）中のアドレスへ分岐しようとする，例外ベクタ・テーブルの中のベクトルのLSBが0，またはPOP{PC}によって読まれるスタックされたPC値が手動で変更されてLSBをクリアした，など．これらの状況が起こると，UFSRのINVSTATEビットをセットして用法フォールト例外が発生します．

ド・フォールト・ハンドラを起動することができます．さらに，ベクタ・フェッチ（例外処理中のベクタ・テーブルの読み出し）中のバス・フォールトによっても引き起こされる場合があります．NVICには，フォールトがベクタ・フェッチによって引き起こされたかどうか判断するのに使用できるハード・フォールト・ステータス・レジスタがあります．ベクタ・フェッチでなければ，ハード・フォールト・ハンドラは，ハード・フォールトの原因を断定するために，ほかのフォールト・ステータス・レジスタをチェックする必要があります．

ハード・フォールト・ステータス・レジスタ（HFSR；Hard Fault Status Register）の詳細を**表7.11**に示します．ほかのフォールト・ステータス・レジスタと同様，フォールト状況ビットはそのビットに1を書くことによりクリアできます．

表7.11 ハード・フォールト・ステータス・レジスタ（0xE000ED2C）

ビット	名　前	タイプ	リセット値	説　明
31	DEBUGEVT	読み出し/書き込みクリア	0	ハード・フォールトがデバッグ・イベントでトリガされたことを示す
30	FORCED	読み出し/書き込みクリア	0	バス・フォールト，メモリ管理フォールトあるいは用法フォールトにより，ハード・フォールトが発生したことを示す
29：2	－	－	－	－
1	VECTBL	読み出し/書き込みクリア	0	ハード・フォールトがベクタ・フェッチの失敗により起きたことを示す
0	－	－	－	－

7.5.5 フォールト処理

ソフトウェア開発中に，フォールト・ステータス・レジスタ（FSR；Fault Status Register）を使用してプログラム・エラーの原因を特定し，修正することができます．さまざまなフォールトの共通の原因のためのトラブル・シューティング・ガイドが，本書の**付録E**にあります．実際に動作しているシステムでは，状況が異なります．フォールトの原因が特定された後，ソフトウェアは何を次に行うか決定しなければなりません．OSが動作するシステムにおいては，不正なタスクあるいはアプリケーションがOSを終了させることができます．ほかのいくつかの場合，システムはリセットをかける必要があるかもしれません．フォールト復帰の必要条件はターゲット・アプリケーションに依存します．それをすることにより製品をより堅牢にすることができますが，なによりもフォールトが起きるのを防ぐことが大切です．ここで，いくつかのフォールトの処理方法を紹介します．

▶ リセット：これは，NVICの中の「アプリケーション割り込みとリセット制御レジスタ」のVECTRESET制御ビットを使用して実行できる．これはプロセッサをリセットするが，チップ全体のリセットはしない．チップのリセット設計によって，あるCortex-M3チップは，同じレジスタ中のSYSRESETREQを使用してリセットすることができる．これは完全なシステム・リセットを提供できる

▶ 回復：あるケースでは，フォールト例外を引き起こした問題を解決することが可能かもしれない．たとえば，コプロセッサ命令の場合には，その問題はコプロセッサ・エミュレーション・ソフトウェアを使用して解決することができる

▶ タスクの終了：OSが動作しているシステムにおいて，フォールトを引き起こしたタスクを終了し，

必要な場合は再開される

FSRは，手動でクリアするまで，それらのステータスを保持します．フォールト・ハンドラは，それらが対処したフォールト・ステータス・ビットをクリアする必要があります．そうでなければ，今度，別のフォールトが起きたときに，フォールト・ハンドラが再び呼び出され，最初のフォールトがまだ存在するので再びそれの対処を誤る可能性があります．FSRは書き込んでクリアする方式（クリアに必要なビットに1を書くことによりクリア）を使用しています．

半導体メーカは，さらにほかのフォールト状況を示すためにチップに補助FSRを搭載できます．AFSRの実装は個々のチップ設計要件に依存します．

7.6　SVCとPendSV

SVC（システム・サービス・コール．System Service Call）とPendSV（保留されるシステム・コール．Pended System Call）はソフトウェアとオペレーティング・システムを対象にした二つの例外です．SVCはシステム機能呼び出しのためにあります．たとえば，ユーザ・プログラムが直接ハードウェアにアクセスできるようにする代わりに，オペレーティング・システムは，SVCによってハードウェアへのアクセスを提供することができます．したがって，ユーザ・プログラムがあるハードウェアを使用したいとき，svc命令を使用してSVC例外を生成します．次に，オペレーティング・システム中のソフトウェア例外ハンドラが実行され，ユーザ・アプリケーションが要求したサービスを提供します．このように，ハードウェアへのアクセスはOSの管理下にあります．ユーザ・アプリケーションが直接ハードウェアにアクセスするのを防ぐことで，より頑丈なシステムを提供できます（図7.15）．

ユーザ・アプリケーションはハードウェアの詳細を知る必要はないので，SVCでソフトウェアの移植性を高めることができます．ユーザ・プログラムは単にアプリケーション・プログラム・インターフェース（API；Aapplication Programming Interface）関数IDとパラメータを知る必要があるだけです．実際のハードウェア・レベル・プログラミングはデバイス・ドライバによって処理されます．

SVCはsvc命令を使用して生成されます．この命令にはパラメータの受け渡し方法として機能するイミディエート・データが必要です．その後，SVC例外ハンドラはパラメータを抽出し，それがどのアクションを行う必要があるか決めることができます．たとえば，次のように，コーディングします．

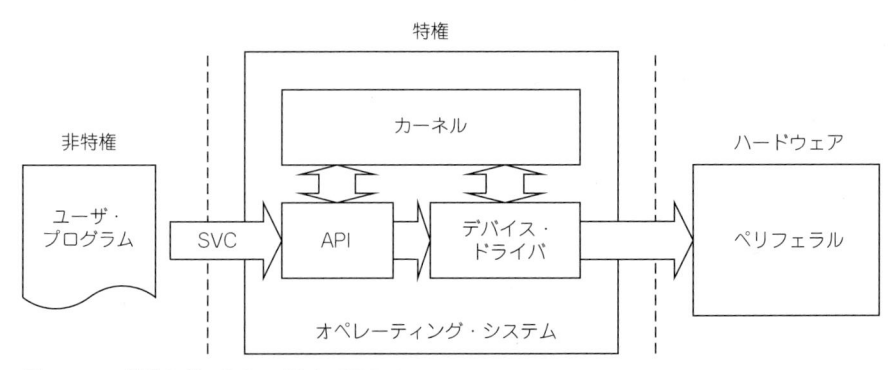

図7.15　OS機能のゲートウェイとしてのSVC

```
SVC 0x3  ; Call SVC function 3
```

　SVCハンドラが実行されるとき，スタックに保存したプログラム・カウンタの値からSVC命令のアドレスを割り出してSVC命令を読み出し，その命令の不要のビットをマスクすることによりイミディエート・データを挿出します．システムがユーザ・アプリケーション用にPSPを使用する場合，最初にどのスタックが使われているかを決定する必要があります．これはハンドラに入ったときのリンク・レジスタ値から決定することができます（この話題は第8章でより詳細に扱う）．

　Cortex-M3の割り込み優先順位モデルにより，SVCハンドラ内部でSVCを使用することができません（優先度が現在の優先度と同じため）．それを行うと用法フォールトになります．同じ理由で，NMIハンドラあるいはハード・フォールト・ハンドラの中でSVCを使用することはできません．

　PendSV (Pended System Call. 保留されたシステム・コール)はOS中のSVCで動作します．SVC（SVC命令による）を保留することができません（SVCを呼ぶアプリケーションは，直ちに必要なタスクが行われることを期待する）が，PendSVは保留することができ，その結果，ほかの重要なタスクが終わった後，処理を行うことができるようにOSが例外を保留するのに役立ちます．PendSVはNVICのPendSV保留レジスタに1を書くことにより生成されます．

　PendSVの典型的な用法はコンテキスト・スイッチング（タスク間の切り替え）です．たとえば，あるシステムは二つのアクティブなタスクをもっており，コンテキスト・スイッチングは次のものが引き金となって起きる可能性があります．

▶ SVC関数の呼び出し
▶ システム・タイマ（SysTick）

　システムの中にわずか二つのタスクしかない単純な例を見てみましょう．また，コンテキスト・スイッチはSysTick例外が引き金となって起きます（図7.16）．

　SysTick例外の前に割り込み要求が起これば，SysTick例外はIRQハンドラを横取りします．この場合，OSはコンテキスト・スイッチングを実行するべきではありません．そうでないと，IRQハンドラ・プロセスが遅延してしまい，またCortex-M3については，割り込みがアクティブなときにOSがスレッド・モードに切り替わろうとすると，用法フォールトを生成する場合があります（図7.17）．

　IRQ処理が遅らされる問題を回避するために，いくつかのOS実装では，IRQハンドラのどれも実行されていないことを検知した場合，コンテキスト・スイッチングだけを実行します．しかし，とくに割り込み要因の頻度がSysTick例外のそれに近い場合，これはタスク切り替えに非常に長い遅れを生じる結果となる場合があります．

　PendSV例外は，ほかのすべてのIRQハンドラが処理を完了するまで，コンテキスト・スイッチング

Column　SVCとSWI（ARM7）

　従来のARMプロセッサ（ARM7のような）を使用していれば，それらがソフトウェア割り込み命令（SWI）をもっていることは知っているでしょう．SVCは似た機能をもっていて，実際，SVC命令のバイナリ・コードはARM7のSWIと同じです．

　しかし，例外モデルが変更になったので，プログラマがARM7からCortex-M3へ適切にソフトウェア・コードを確実にポーティングできるように，この命令はリネームされました．

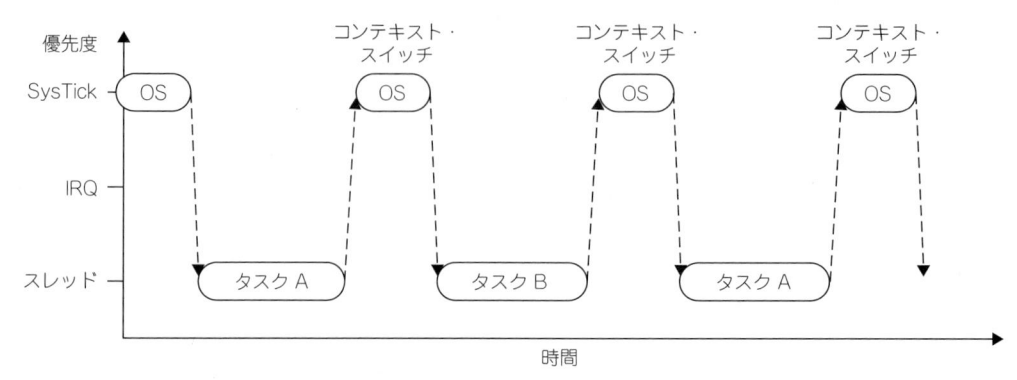

図7.16 二つのタスク間の切り替えにSysTickを使用する簡単なシナリオ

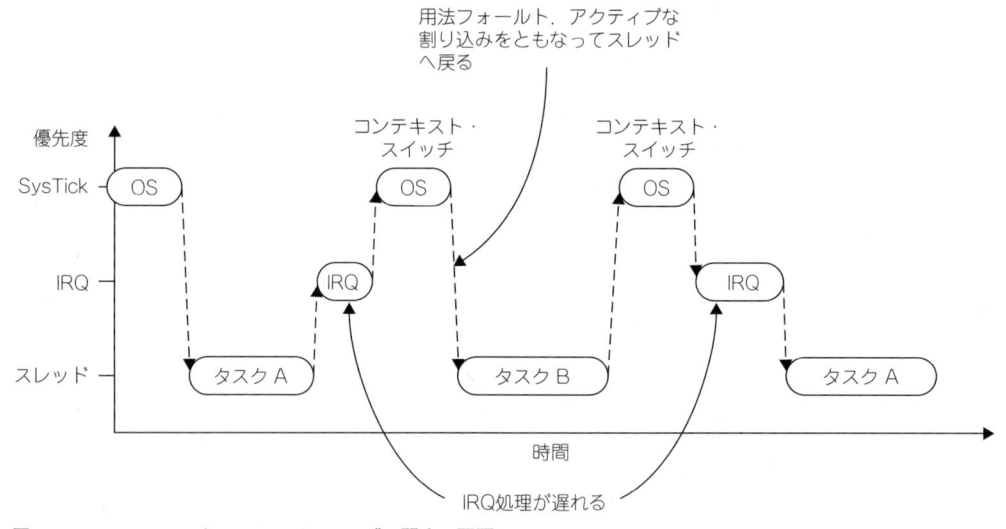

図7.17 IRQのコンテキスト・スイッチングに関する問題

要求を遅らせることで，この問題を解決します．このために，PendSVは最下位優先度例外としてプログラムします．IRQが現在アクティブである（IRQハンドラが動作中でSysTickによって横取りされた）ことをOSが検知した場合，PendSV例外を保留してコンテキスト・スイッチングを延期します（**図7.18**）．

1. タスク切り替えのためにタスクAはSVCを呼び出す（たとえば，ある仕事が完了するのを待つため）
2. OSは要求を受け取り，コンテキスト・スイッチングの準備をし，PendSV例外を保留する
3. CPUがSVCを出ると，直ちにPendSVに入り，コンテキスト・スイッチを行う
4. PendSVが終了し，スレッド・レベルに返ると，タスクBを実行する
5. 割り込みが発生し，割り込みハンドラに入る
6. 割り込みハンドラ・ルーチンを実行している間，SysTick例外（OSティック用）が起きる
7. OSは主要な操作を実行し，その後PendSV例外を保留し，コンテキスト・スイッチの準備をする
8. SysTick例外から出ると，割り込み処理ルーチンに戻る

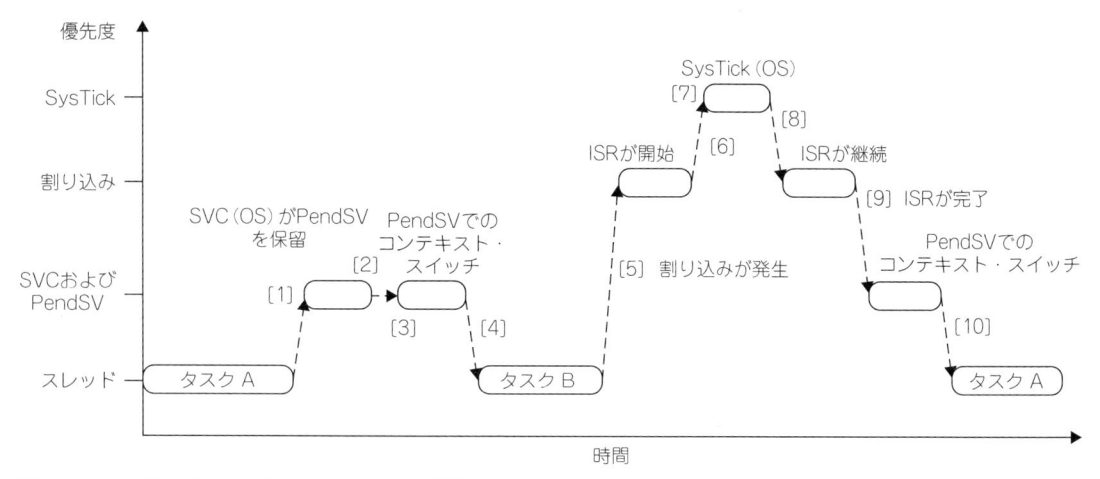

図7.18 PendSVでのコンテキスト・スイッチング例

9. 割り込み処理ルーチンが完了すると，PendSVが始まり，実際のコンテキスト・スイッチ動作をする
10. PendSVが完了すると，プログラムはスレッド・レベルに返る．今度はタスクAに戻り処理を続ける

第8章 NVICと割り込み制御

The NVIC and Interrupt Control

この章では以下の項目を紹介します．
- ▶ NVICの概要
- ▶ 基礎的な割り込み構成
- ▶ 割り込み許可と許可のクリア
- ▶ 割り込み保留と保留のクリア
- ▶ 割り込み設定の手順例
- ▶ ソフトウェア割り込み
- ▶ SysTickタイマ

8.1　NVICの概要

　ここまで見てきたように，ネスト型ベクタ割り込みコントローラ（すなわちNVIC；Nested Vectored Interrupt Controller）はCortex-M3プロセッサに集積された一部分です．NVICは，Cortex-M3のCPUコア・ロジックに緊密にリンクされています．その制御レジスタはメモリに配置されたデバイスとしてアクセス可能です．割り込み処理のための制御レジスタと制御回路に加えて，NVICは，さらにMPU，SysTickタイマおよびデバッグ制御のための制御レジスタを含んでいます．本章では，割り込み処理のための制御回路について考察していきます．MPUとデバッグ制御回路は後の章で議論します．

　NVICは1～240本の外部割り込み入力（一般にIRQとして知られている）をサポートします．サポートされる割り込みの正確な数は，Cortex-M3チップを開発する半導体メーカによって決定されます．さらに，NVICにはノンマスカブル割り込み（NMI；Nonmaskable Interrupt）入力もあります．NMIの実際の機能も半導体メーカによって決定されます．場合によっては，このNMIは外部から制御することができません．

　NVICはメモリ・ロケーション0xE000E000でアクセスできます．ほとんどの割り込み制御/ステータス・レジスタは，ユーザ・モードにおいてアクセスできるソフトウェア・トリガ割り込みレジスタを除いて，特権モードにおいてのみアクセスできます．割り込み制御/ステータス・レジスタはワード，ハーフ・ワード，あるいは，バイトでアクセスできます．

さらに，ほかに少数の割り込みマスク・レジスタも割り込みに関係します．それらは第3章で取り上げた「特殊レジスタ」で，MRS命令とMSR命令によってアクセスされます．

8.2 基礎的な割り込み構成

次に示す外部割込みに関係するレジスタを備えています．
▶ イネーブル・セット・レジスタとイネーブル・クリア・レジスタ
▶ 保留セット・レジスタと保留クリア・レジスタ
▶ 優先度レベル
▶ アクティブ・ビット・レジスタ（アクティブ・ステータス）

さらに，ほかに多くのレジスタが割り込み処理にも影響する場合があります．
▶ 例外マスク・レジスタ（PRIMASK，FAULTMASKおよびBASEPRI）
▶ ベクタ・テーブル・オフセット・レジスタ
▶ ソフトウェア・トリガ割り込みレジスタ
▶ 優先度グループ

8.3 割り込み許可と許可のクリア（イネーブル・セット・レジスタとイネーブル・クリア・レジスタ）

割り込みイネーブル・レジスタは二つのアドレスを通して設定します．イネーブル・ビットをセットするためには，SETENAレジスタ・アドレスへ書き込む必要があります．イネーブル・ビットをクリアするためには，CLRENAレジスタ・アドレスへ書き込む必要があります．割り込みを許可するか許可しないかは，ほかの割り込みのイネーブル状態に影響を与えません．SETENA/CLRENAレジスタは32ビット幅です．各ビットは一つの割り込み入力に対応しています．

Cortex-M3プロセッサに32を超える外部割り込みがある場合には，二つ以上のSETENAとCLRENAレジスタがあります．たとえば，SETENA0，SETENA1などです（表8.1）．存在する割り込みのための許可ビットだけが実装されています．したがって，32本の割り込み入力しかもたなければ，SETENA0とCLRENA0しかありありません．SETENAとCLRENAレジスタはワード，ハーフ・ワードあるいはバイトとしてアクセスできます．最初の16の例外タイプはシステム例外なので，外部割り込み#0は例外番号16から始まります（表7.2）．

表8.1　割り込み許可セット・レジスタと割り込み許可クリア・レジスタ（0xE000E100-0xE000E11C，0xE000E180-0xE000E19C）

アドレス	名前	タイプ	リセット値	説明
0xE000E100	SETENA0	読み出し/書き込み	0	外部割り込み#0～31に対する許可 bit [0]は割り込み#0に（例外#16） bit [1]は割り込み#1に（例外#17） … bit [31]は割り込み#31に（例外#47） ビットを1に設定するため，1を書き込む．0の書き込みは影響なし 読み出し値は現在のステータスを意味する

表8.1　割り込み許可セット・レジスタと割り込み許可クリア・レジスタ (0xE000E100-0xE000E11C, 0xE000E180-0xE000E19C) (つづき)

アドレス	名前	タイプ	リセット値	説明
0xE000E104	SETENA1	読み出し/書き込み	0	外部割り込み #32～63に対する許可 ビットを1に設定するため，1を書き込む．0の書き込みは影響なし 読み出し値は現在のステータスを意味する
0xE000E108	SETENA2	読み出し/書き込み	0	外部割り込み #64～95に対する許可 ビットを1に設定するため，1を書き込む．0の書き込みは影響なし 読み出し値は現在のステータスを意味する
...	-	-	-	-
0xE000E180	CLRENA0	読み出し/書き込み	0	外部割り込み #0～31に対する許可のクリア bit [0] は割り込み #0に bit [1] は割り込み #1に ... bit [31] は割り込み #31に ビットを0にクリアするため，1を書き込む．0の書き込みは影響なし 読み出し値は現在の許可ステータスを意味する
0xE000E184	CLRENA1	読み出し/書き込み	0	外部割り込み #32～63に対する許可のクリア ビットを0にクリアするため，1を書き込む．0の書き込みは影響なし 読み出し値は現在の許可ステータスを意味する
0xE000E188	CLRENA2	読み出し/書き込み	0	外部割り込み #64～95に対する許可のクリア ビットを0へクリアするため，1を書き込む．0の書き込みは影響なし 読み出し値は現在の許可ステータスを意味する
...	-	-	-	-

8.4　割り込み保留と保留のクリア

　割り込みが起きたのに，直ちに実行することができなければ（たとえば別のより優先度の高い割り込みハンドラが動作している場合），それは保留されます．割り込み保留ステータスは割り込み保留セット（SETPEND；Interrupt Set Pending）と割り込み保留クリア（CLRPEND；Interrupt Clear Pending）レジスタ経由でアクセス可能です．イネーブル・レジスタと同様に，32を超える外部割り込み入力をもつ場合は，保留状態を制御するレジスタも二つ以上あります．

　保留ステータス・レジスタは変更できます．したがって，現在保留されている例外を取り消すことができるし，SETPENDレジスタによってソフトウェア割り込みを生成することもできます（表8.2）．

表8.2　割り込み保留セット・レジスタと割り込み保留クリア・レジスタ (0xE000E200-0xE000E21C, 0xE000E280-0xE000E29C)

アドレス	名前	タイプ	リセット値	説明
0xE000E200	SETPEND0	読み出し/書き込み	0	外部割り込み #0～31に対する保留 bit [0] は割り込み #0に (例外 #16) bit [1] は割り込み #1に (例外 #17) ... bit [31] は割り込み #31に (例外 #47) ビットを1に設定するため，1を書き込む．0の書き込みは影響なし 読み出し値は現在のステータスを意味する

表8.2 割り込み保留セット・レジスタと割り込み保留クリア・レジスタ (0xE000E200-0xE000E21C, 0xE000E280-0xE000E29C)（つづき）

アドレス	名前	タイプ	リセット値	説明
0xE000E204	SETPEND1	読み出し/書き込み	0	外部割り込み #32～63に対する保留 ビットを1に設定するため，1を書き込む．0の書き込みは影響なし 読み出し値は現在のステータスを意味する
0xE000E208	SETPEND2	読み出し/書き込み	0	外部割り込み #64～95に対する保留 ビットを1に設定するため，1を書き込む．0の書き込みは影響なし 読み出し値は現在のステータスを意味する
…	−	−	−	−
0xE000E280	CLRPEND0	読み出し/書き込み	0	外部割り込み #0～31に対する保留クリア bit [0] は割り込み #0に（例外 #16） bit [1] は割り込み #1に（例外 #17） … bit [31] は割り込み #31に（例外 #47） ビットを0にクリアするため，1を書き込む．0の書き込みは影響なし 読み出し値は現在の保留ステータスを意味する
0xE000E284	CLRPEND1	読み出し/書き込み	0	外部割り込み #32～63に対する保留クリア ビットを0にクリアするため，1を書き込む．0の書き込みは影響なし 読み出し値は現在の保留ステータスを意味する
0xE000E288	CLRPEND2	読み出し/書き込み	0	外部割り込み #64～95に対する保留クリア ビットを1にクリアするため，1を書き込む．0書き込みは影響なし 読み出し値は現在の保留ステータスを意味する
…	−	−	−	−

8.4.1 優先度レベル

外部割り込みはそれぞれ関連する優先度レベル・レジスタをもっています．それは，最大8ビット幅で，最小3ビット幅です．前章に述べたように，レジスタはそれぞれ，さらに優先度グループ設定に基づいて横取り優先度レベルとサブ優先度レベルに分割できます．優先度レベル・レジスタはバイト，ハーフ・ワードあるいはワードでアクセスできます．優先度レベル・レジスタの数は，チップがどれだけの外部割り込みをもつかに依存します（**表8.3**）．優先度レベル構成レジスタの詳細は**付録D**の**表D.18**にあります．

表8.3 割り込み優先度レジスタ (0xE000E400-0xE000E4EF)

アドレス	名前	タイプ	リセット値	説明
0xE000E400	PRI_0	読み出し/書き込み	0(8ビット)	外部割り込み #0の優先度レベル
0xE000E401	PRI_1	読み出し/書き込み	0(8ビット)	外部割り込み #1の優先度レベル
…	−	−	−	−
0xE000E41F	PRI_31	読み出し/書き込み	0(8ビット)	外部割り込み #31の優先度レベル
…	−	−	−	−

8.4.2 アクティブ・ステータス

外部割り込みにはそれぞれアクティブ・ステータス・ビットが備えられています．プロセッサが割り込みハンドラを開始すると，そのビットが1にセットされ，割り込みリターンが実行されるとクリアされます．しかし，割り込み処理ルーチン実行中に，より優先度の高い割り込みが発生して，横取りを引き起こすかもしれません．この期間中，プロセッサは別の割り込みハンドラを実行しているという事実にもかかわらず，前の割り込みはまだアクティブとして定義されます．そのアクティブ・レジスタは32ビットですが，ハーフ・ワードあるいは，バイト・サイズ転送を使用してアクセスすることができます．32を超える外部割り込みがあれば，二つ以上のアクティブ・レジスタがあるでしょう．外部割り込みのためのアクティブ・ステータス・レジスタは読み出し専用です（表8.4）．

表8.4 割り込みアクティブ・ステータス・レジスタ（0xE000E300-0xE000E31C）

アドレス	名前	タイプ	リセット値	説明
0xE000E300	ACTIVE0	読み出し	0	外部割り込み #0～31 に対するアクティブ・ステータス bit [0] は割り込み #0 に bit [1] は割り込み #1 に … bit [31] は割り込み #31 に
0xE000E304	ACTIVE1	読み出し	0	外部割り込み #32～63 に対するアクティブ・ステータス
…	–	–	–	–

8.4.3 PRIMASKとFAULTMASK特殊レジスタ

PRIMASKレジスタはNMIとハード・フォールトを除く例外をすべてディゼーブルするのに使用します．それは，有効に現在の優先度レベルを0（プログラマブルな最高レベル）に変更します．このレジスタはMRS命令とMSR命令を使用してプログラム可能です．例を次に示します．

```
    MOV     R0, #1
    MSR     PRIMASK, R0   ; Write 1 to PRIMASK to disable all
                          ; interrupts
```

または，

```
    MOV     R0, #0
    MSR     PRIMASK, R0   ; Write 0 to PRIMASK to allow interrupts
```

PRIMASKはクリティカルなタスクのために一時的にすべての割り込みを禁止するのに役立ちます．PRIMASKがセットされているとき，フォールトが起きると，ハード・フォールト・ハンドラが実行されます．

FAULTMASKは，実質的な現在の優先度レベルを−1に変更するのでハード・フォールト・ハンドラさえブロックされるという点を除いて，PRIMASKと同様です．FAULTMASKがセットされる場合，NMIだけは実行できます．

FAULTMASKは，例外ハンドラを出ることで自動的にクリアされます．FAULTMASKとPRIMASKレジスタの両方はユーザ状態でセットすることができません．

8.4.4 BASEPRI特殊レジスタ

時として，一定レベルより低い優先度の割り込みだけを無効にしたくなることがあります．この場合，BASEPRIレジスタを使用することができます．これを行うには，BASEPRIレジスタへ単に必要なマスク優先度レベルを書き込んでください．たとえば，0x60と等しいあるいはより低い優先度レベルの例外をすべてブロックしたければ，BASEPRIにその値を書くことができます．

```
MOV    R0, #0x60
MSR    BASEPRI, R0   ; Disable interrupts with priority
                     ; 0x60-0xFF
```

マスクを取り消すには，BASEPRIレジスタに0を書き込めばよいだけです．

```
MOV    R0, #0x0
MSR    BASEPRI, R0   ; Turn off BASEPRI masking
```

BASEPRIレジスタは，BASEPRI_MAXレジスタ名を使用してもアクセスすることができます．それは実際には同じレジスタです．しかし，この名前で使用すると，条件付きの書き込み操作をします（ハードウェアに関する限り，BASEPRIとBASEPRI_MAXは同じレジスタである．しかし，アセンブラ・コードでは，それらは異なるレジスタ名でコーディングする）．レジスタとしてBASEPRI_MAXを使用すると，より高い優先度レベルへのみ変更できます．優先度レベルを低下させるために変更はできません．たとえば，次の命令シーケンスを考えてみてください．

```
MOV    R0, #0x60
MSR    BASEPRI_MAX, R0   ; Disable interrupts with priority
                         ; 0x60, 0x61,..., etc
MOV    R0, #0xF0
MSR    BASEPRI_MAX, R0   ; This write will be ignored because
                         ; it is lower
                         ; level than 0x60
MOV    R0, #0x40
MSR    BASEPRI_MAX, R0   ; This write is allowed and change the
                         ; masking level to 0x40
```

より低いマスク・レベルに変更するか，あるいはマスクを無効にするには，BASEPRIレジスタ名を使用する必要があります．BASEPRI/BASEPRI_MAXレジスタはユーザ状態ではセットすることができません．

ほかの優先度レベル・レジスタと同じように，BASEPRIレジスタのフォーマットは実装されている優先順位レジスタ幅の数に影響されます．たとえば，優先度レベル・レジスタに3ビットしか実装されていない場合，BASEPRIは0x00，0x20，0x40，…，0xC0，0xE0としてプログラムすることができます．

8.4.5 ほかの例外用の構成レジスタ

用法フォールト，メモリ管理フォールトおよびバス・フォールト例外はシステム・ハンドラ制御と状態レジスタ（0xE000ED24）によって有効にされます．さらに，フォールトの保留ステータスとほとんど

のシステム例外のアクティブ・ステータスは，このレジスタから利用可能です（**表8.5**）．

表8.5 システム・ハンドラ制御と状態レジスタ（0xE000ED24）

ビット	名 前	タイプ	リセット値	説 明
18	USGFAULTENA	読み出し/書き込み	0	用法フォールト・ハンドラを許可
17	BUSFAULTENA	読み出し/書き込み	0	バス・フォールト・ハンドラを許可
16	MEMFAULTENA	読み出し/書き込み	0	メモリ管理フォールトを許可
15	SVCALLPENDED	読み出し/書き込み	0	SVCを保留．SVCallを開始したが，高優先度の例外により置き換えられている
14	BUSFAULTPENDED	読み出し/書き込み	0	バス・フォールトを保留．バス・フォールト・ハンドラを開始したが，高優先度の例外により置き換えられている
13	MEMFAULTPENDED	読み出し/書き込み	0	メモリ管理フォールトを保留．メモリ管理フォールトを開始したが，高優先度の例外により置き換えられている
12	USGFAULTPENDED	読み出し/書き込み	0	用法フォールトを保留．用法フォールトを開始したが，高優先度の例外により置き換えられている
11	SYSTICKACT	読み出し/書き込み	0	SysTick例外がアクティブな場合，1として読み出される
10	PENDSVACT	読み出し/書き込み	0	PendSV例外がアクティブな場合，1として読み出される
8	MONITORACT	読み出し/書き込み	0	デバッグ・モニタがアクティブな場合，1として読み出される
7	SVCALLACT	読み出し/書き込み	0	SVCall例外がアクティブな場合，1として読み出される
3	USGFAULTACT	読み出し/書き込み	0	用法フォールトがアクティブな場合，1として読み出される
1	BUSFAULTACT	読み出し/書き込み	0	バス・フォールト例外がアクティブな場合，1として読み出される
0	MEMFAULTACT	読み出し/書き込み	0	メモリ管理フォールトがアクティブな場合，1として読み出される

注：ビット12（USGFAULTPENDED）はCortex-M3リビジョン0では利用できない．

このレジスタに書き込む場合，注意が必要です．誤ってシステム例外のアクティブ・ビットを変更しないようにします．そうでないと，アクティブにされたシステム例外が誤ってそのアクティブ状態をクリアされると，システム例外ハンドラが例外から出るときにフォールト例外が生成されます．

NMI，SysTickタイマおよびPendSVの保留は「割り込み制御と状態レジスタ」によって設定できます．このレジスタでは，多くのビット・フィールドはデバッグ目的のためにあります．ほとんどの場合，アプリケーション開発には保留ビットだけが役立つでしょう（**表8.6**）．

表8.6 割り込み制御と状態レジスタ（0xE000ED04）

ビット	名 前	タイプ	リセット値	説 明
31	NMIPENDSET	読み出し/書き込み	0	NMIを保留
28	PENDSVSET	読み出し/書き込み	0	システム呼び出しを保留するため，1を書き込む 読み出し値は保留状態であるかを示している
27	PENDSVCLR	書き込み	0	PendSVの保留状態をクリアするため，1を書き込む

表 8.6　割り込み制御と状態レジスタ (0xE000ED04) (つづき)

ビット	名前	タイプ	リセット値	説明
26	PENDSTSET	読み出し/書き込み	0	SysTick 例外を保留するため，1 を書き込む 読み出し値は保留状態であるかを示している
25	PENDSTCLR	書き込み	0	SysTick の保留状態をクリアするため，1 を書き込む
23	ISRPREEMPT	読み出し	0	保留中の割り込みが次のステップで (デバッグに対して) アクティブになることを示している
22	ISRPENDING	読み出し	0	外部割り込み保留 (フォールトの NMI などのシステム例外を除く)
21:12	VECTPENDING	読み出し	0	保留中の ISR 番号
11	RETTOBASE	読み出し	0	プロセッサが一つだけの例外ハンドラを実行中の間は 1 になる．割り込みの復帰とほかの例外が保留されていなければ，スレッド・レベルに戻る
9:0	VECTACTIVE	読み出し	0	現在起動している割り込みサービス・ルーチン

8.5　割り込み設定の手順例

　これは，割り込み設定のための簡単な手順例です．

1. システムがブートするとき，優先度グループ・レジスタは設定されている必要があるかもしれない．デフォルトでは，優先度グループ 0 が使用される (優先度レベルのビット [7:1] が横取りレベル．また，ビット [0] はサブ優先度レベル)
2. ベクタ・テーブルの再配置が必要な場合は，新しいベクタ・テーブルにハード・フォールトと NMI ハンドラをコピーする (単純なアプリケーションでは，これは必要ないかもしれない)
3. ベクタ・テーブルの準備をするにはベクタ・テーブル・オフセット・レジスタも設定する必要がある (オプション)
4. 割り込みのための割り込みベクタを設定する．ベクタ・テーブルが再配置されることがありえるので，ベクタ・テーブル・オフセット・レジスタを読み出して，割り込みハンドラのための正確なメモリ・ロケーションを計算する必要があるかもしれない．ベクタ・アドレスが ROM 中に書き込まれている場合，この手順は必要ではないかもしれない
5. 割り込み用の優先度レベルを設定する
6. 割り込みを許可する

アセンブラでのプログラムは以下のようになります．

```
    LDR    R0, =0xE000ED0C    ; Application Interrupt and Reset
                              ; Control Register
    LDR    R1, =0x05FA0500    ; Priority Group 5 (2/6)
    STR    R1, [R0]           ; Set Priority Group
    ...
    MOV    R4,#8              ; Vector Table in ROM
    LDR    R5,=(NEW_VECT_TABLE+8)
    LDMIA R4!,{R0-R1}         ; Read vectors address for NMI and
                              ; Hard Fault
```

```
        STMIA R5!,{R0-R1}        ; Copy vectors to new vector table
        ...
        LDR   R0,=0xE000ED08     ; Vector Table Offset Register
        LDR   R1,=NEW_VECT_TABLE
        STR   R1,[R0]            ; Set vector table to new location
        ...
        LDR   R0,=IRQ7_Handler   ; Get starting address of IRQ#7 handler
        LDR   R1,=0xE000ED08     ; Vector Table Offset Register
        LDR   R1,[R1]
        ADD   R1, R1, #(4*(7+16)); Calculate IRQ#7 handler vector
                                 ; address
        STR   R0,[R1]            ; Setup vector for IRQ#7
        ...
        LDR   R0,=0xE000E400     ; External IRQ priority base
        MOV   R1, #0xC0
        STRB  R1,[R0,#7]         ; Set IRQ#7 priority to 0xC0
        ...
        LDR   R0,=0xE000E100     ; SETEN register
        MOV   R1,#(1<<7)         ; IRQ#7 enable bit (value 0x1 shifted
                                 ; by 7 bits)
        STR   R1,[R0]            ; Enable the interrupt
```

多数のネストされた割り込みレベルを許可する場合は，スタック・メモリが十分あるかを確認してください．例外ハンドラは常にMSPを使用するので，メイン・スタック・メモリには，最大複数のネスト割り込みに対する空間が十分なければなりません．

　アプリケーションがROMに格納され，例外ハンドラを変更する必要がない場合，コード領域（0x00000000）のROMの最初にベクタ・テーブル全体を配置できます．この方法では，ベクタ・テーブル・オフセットは常に0で，割り込ベクトルはすでにROMにあります．割り込みを設定するのに必要な手順は次のとおりです．

1. 必要な場合は優先度グループを設定
2. 割り込みの優先度を設定
3. 割り込みを許可

　ソフトウェアが多くのハードウェア・デバイス上で実行できる必要がある場合，次のことを決める必要があります．

▶ 設計の中でサポートされる割り込みの数
▶ 優先度レベル・レジスタ中のビット数

　Cortex-M3は，割り込み制御タイプ・レジスタをもっていて，32本単位で，サポートされている割り込み入力の数を示します（**表8.7**）．あるいは，SETENあるいは優先順位レジスタのような割り込み構成レジスタの読み書きテストを行うことにより，外部割り込みの正確な数を検出することができます．

表8.7 割り込み制御タイプ・レジスタ (0xE000E004)

ビット	名前	タイプ	リセット値	説明
4:0	INTLINESNUM	読み出し専用	–	32本単位の割り込み入力の数 0 = 1 から 32 1 = 33 から 64 …

割り込み優先度レジスタ用に実装されているビット数を確かめるために，優先度レベル・レジスタのうちの一つに0xFFを書き，次にそれを読み出し，どれだけのビットがセットされているかで確かめることができます．最少数は3です．その場合，読み返される値は0xE0のになります．

8.6 ソフトウェア割り込み

二つ以上の方法でソフトウェア割り込みを生成することができます．最初のものはSETPENDレジスタを使用することです．第2の方法は，表8.8に概説されている，ソフトウェア・トリガ割り込みレジスタ (STIR；Software Trigger Interrupt Register) を使用することです．

表8.8 ソフトウェア・トリガ割り込みレジスタ (0xE000EF00)

ビット	名前	タイプ	リセット値	説明
8:0	INTID	書き込み専用	–	割り込み番号を書き込むと，割り込みの保留ビットをセットする．たとえば，外部割込み#0を保留するには0を書き込む

システム例外 (NMI，フォールト，PendSVなど) は，このレジスタを使用して保留できません．デフォルトでは，ユーザ・プログラムはNVICに書き込むことができません．しかし，ユーザ・プログラムがこのレジスタに書く必要がある場合，ユーザがNVICのSTIRへアクセスできるようにするために，NVIC構成制御レジスタ (0xE000ED14) のビット1 (USERSETMPEND) をセットできます．

8.7 SysTickタイマ

SysTickタイマはNVICに統合されていて，SysTick例外 (例外タイプ#15) を生成するために使用できます．多くのオペレーティング・システムでは，OSがタスク管理を行うための割り込みを生成するようにハードウェア・タイマを使用します．たとえば複数のタスクが異なるタイム・スロットで動作し，かつシングル・タスクがシステム全体をロックすることがないようにするためです．これを行うには，タイマは割り込みの生成が可能である必要があります．また，できれば，ユーザ・アプリケーションがタイマ動作を変更することができないように，ユーザ・タスクから保護される必要があります．

Cortex-M3プロセッサはシンプルなタイマを搭載しています．すべてのCortex-M3チップに同じタイマがあるので，異なるCortex-M3製品間のソフトウェアの移植が簡単にできます．タイマは24ビットのダウン・カウンタです．内部クロック (FCLK, Cortex-M3プロセッサ上のフリーラン・クロック信号) または，外部クロック (Cortex-M3プロセッサのSTCLK信号) を使用できます．しかし，STCLKソー

スはチップ設計者が決定するので，クロック周波数は製品間で変わるかもしれません．クロック・ソースを選択する場合，チップのデータシートを注意深くチェックする必要があります．

SysTickタイマは割り込み生成に使えます．それには専用の例外タイプと例外ベクタがあります．プロセスは異なるCortex-M3製品間で同じなので，オペレーティング・システムとソフトウェアの移植が簡単です．

SysTickタイマは表8.9〜表8.12で示す四つのレジスタによって制御されます．

表8.9 SysTick制御およびステータス・レジスタ (0xE000E010)

ビット	名　前	タイプ	リセット値	説　明
16	COUNTFLAG	読み出し	0	このレジスタを最後に読み出し後に，カウンタが0に到達した場合は1を返す．読み出し時または現在のカウンタ値がクリアされた際には，自動的に0にクリアされる
2	CLKSOURCE	読み出し/書き込み	0	0 = 外部参照クロック (STCLK) 1 = コア・クロックを使用する
1	TICKINT	読み出し/書き込み	0	1 = SysTickタイマが0に到達すると，SysTick割り込み生成を許可する 0 = 割り込みを生成しない
0	ENABLE	読み出し/書き込み	0	SysTickタイマ許可

表8.10 SysTickリロード値レジスタ (0xE000E014)

ビット	名　前	タイプ	リセット値	説　明
23：0	RELOAD	読み出し/書き込み	予測不能	タイマが0に到達した際のリロード値

表8.11 SysTick現在値レジスタ (0xE000E018)

ビット	名　前	タイプ	リセット値	説　明
23：0	CURRENT	読み出し/書き込みクリア	0	読み出すとタイマの現在値を返す．書き込むとカウンタを0にクリアする．現在値がクリアされるとSysTick制御およびステータス・レジスタのCOUNTFLAGもクリアされる

表8.12 SysTick較正値レジスタ (0xE000E01C)

ビット	名　前	タイプ	リセット値	説　明
31	NOREF	読み出し	−	1 = 外部参照クロックなし (STCLKは使用不可) 0 = 外部参照クロックが有効
30	SKEW	読み出し	−	1 = 較正値が正確に10msではない 0 = 較正値が正確
23：0	TENMS	読み出し/書き込み	0	10msの較正値．チップ設計者はCortex-M3の入力信号を介してこの値を提供しなければならない．この値が0として読み出された場合，較正値は使用できない

較正値レジスタは，さまざまなCortex-M3製品上で動かす際に，アプリケーションが同じSysTick割り込み間隔を生成するための解決法を提供します．それを使用するには，TENMS中の値をリロード値レジスタに書き込むだけです．これは，約10msの割り込み間隔を与えます．ほかの割り込みタイミング間隔については，ソフトウェア・コードが新しい適切な値を較正値から計算する必要があります．しかし，TENMSフィールドは，すべてのCortex-M3製品（Cortex-M3への較正入力信号はグラウンドに

接続されているかもしれない）において利用可能ではありません．したがって，この機能を使用する前にメーカのデータシートを確かめてください．

　オペレーティング・システムのためのシステム・ティック・タイマ以外にも，SysTickタイマは多くの方法で使用できます．時間測定，アラーム・タイマなど．プロセッサがデバッギング中停止しているときは，SysTickタイマはカウントを停止します．

Interrupt Behavior

第9章

割り込み動作

この章では以下の項目を紹介します．
- 割り込み/例外シーケンス
- 例外復帰
- ネストした割り込み
- テール・チェーン割り込み
- 後着
- 例外の戻り値の詳しい情報
- 割り込みレイテンシ
- 割り込みに関連したフォールト

9.1 割り込み/例外シーケンス

例外が発生すると，いくつかのことが起きます．
- スタッキング（八つのレジスタの内容をスタックにプッシュ）
- ベクタ・フェッチ（ベクタ・テーブルから例外ハンドラ開始アドレスを読み出す）
- スタック・ポインタ，リンク・レジスタおよびプログラム・カウンタの更新

9.1.1 スタッキング

例外が起こると，PC，PSR，R0～R3，R12およびLRレジスタが，スタックに保存されます．実行しているコードがPSPを使用する場合，プロセス・スタックが使用されます．実行しているコードがMSPを使用する場合，メイン・スタックが使用されます．のちに，ハンドラ中では常にMSPが使用されるので，ネストした割り込みはすべてメイン・スタックを使用します．

スタッキングの順序を図9.1に示します（例外の前のSP値がNであると仮定）．AHBインターフェースのパイプライン特性により，アドレスとデータは1パイプライン・ステージ分オフセットされています．

第9章 割り込み動作

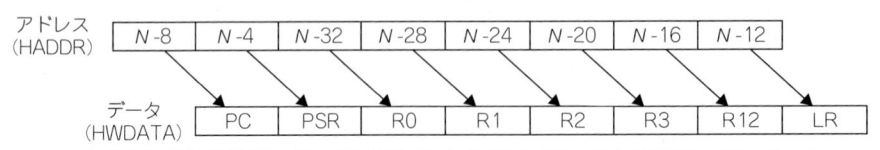

```
アドレス
(HADDR)    N-8   N-4   N-32  N-28  N-24  N-20  N-16  N-12
データ
(HWDATA)   PC    PSR   R0    R1    R2    R3    R12   LR
```
(a) SP (Nの値)がダブル・ワードにアラインされている場合,またはダブル・ワード・スタック・アライメントがOFFになった場合

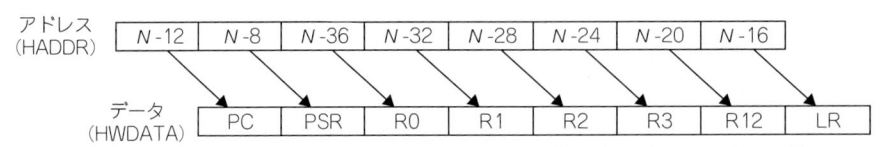

```
アドレス
(HADDR)    N-12  N-8   N-36  N-32  N-28  N-24  N-20  N-16
データ
(HWDATA)   PC    PSR   R0    R1    R2    R3    R12   LR
```
(b) SP (Nの値)がダブル・ワードにアラインされておらず,またダブル・ワード・スタック・アライメントが有効な場合,スタッキング・アドレスが調整される

図9.1 スタッキング・シーケンス

スタックに保存されているデータの8個のワード・ブロックは,一般的に例外スタック・フレームと呼ばれています。Cortex-M3リビジョン2以前は,スタック・フレームはデフォルトによりどのワード・アドレスでも起動することが可能です。Cortex-M3リビジョン2では,スタック・フレームはデフォルトでダブル・ワード・アドレスへ配置されます。このスタック・フレームの配置はAAPCS (Procedure Call Standard for the ARM architecture) に必須のものです。この機能は,Cortex-M3リビジョン1で利用可能ですが,デフォルトで許可されていませんでした。リビジョン1でこれを使用するには,NVIC構成制御レジスタにあるSTKALIGNビットを,ソフトウェアを用いてセットする必要があります。この機能は,STKALIGNビットをクリアすることで必要に応じて無効にできます。このレジスタに関する詳細は,第12章の「ダブル・ワード・スタック・アライメント」で紹介します。

最初にPCとPSRの値がスタックされるので,(PCの変更が可能となり)命令フェッチを早期に開始でき,IPSRも早期に更新できます。スタッキング後にSPが$N-32$ (SPがダブル・ワード・アラインで

表9.1 スタッキング後のスタック・メモリ内容とスタック順序

アドレス	データ	プッシュ・オーダ
古いSP (N) ->	(すでにプッシュされたデータ)	—
$(N-4)$	PSR (ビット9の値は0)	2
$(N-8)$	PC	1
$(N-12)$	LR	8
$(N-16)$	R12	7
$(N-20)$	R3	6
$(N-24)$	R2	5
$(N-28)$	R1	4
新しいSP $(N-32)$	R0	3

(a) SPがダブル・ワード・アドレスへアラインされた,またはダブル・ワード・スタック・アライメントの機能がOFFになった際における,スタッキング後のスタック・メモリ内容とスタック順序

アドレス	データ	プッシュ・オーダ
古いSP (N) ->	(すでにプッシュされたデータ)	—
$(N-4)$	使用しない	—
$(N-8)$	PSR (ビット9の値は1)	2
$(N-12)$	PC	1
$(N-16)$	LR	8
$(N-20)$	R12	7
$(N-24)$	R3	6
$(N-28)$	R2	5
$(N-32)$	R1	4
新しいSP $(N-36)$	R0	3

(b) SPがダブル・ワード・アドレスへ配置されてなく,またダブル・ワード・スタック・アライメントの機能がONになっている際における,スタッキング後のスタック・メモリ内容とスタック順序

あるかダブル・ワード・アライメント機能がOFFになった場合)，または$N-36$（SPがダブル・ワード・アラインではないかダブル・ワード・アライメント機能がONになった場合)に更新されます(**表9.1**)．

レジスタR0～R3，R12，LR，PCおよびPSRがスタックされる理由は，これらがC言語標準にしたがった(ARMアーキテクチャのC/C++言語標準のプロシージャ・コール規約，AAPCS；Procedure Call Standard for the ARM architecture, Ref5)呼び出し元が保存するレジスタだからです．例外ハンドラによって変更される可能性のあるレジスタがスタック中に保存されるので，この構成により，割り込みハンドラは通常のC関数であることが可能です．

SP相対アドレッシングを使用して簡単にアクセスできるように，汎用レジスタ(R0～R3，R12)はスタック・フレームの終わりに位置します．その結果，スタックされたレジスタを使用して，パラメータをソフトウェア割り込みに渡すのは簡単です．

9.1.2 ベクタのフェッチ

データ・バスがレジスタをスタックに保存している間，命令バスは割り込みシーケンスの別の重要な作業を行います．それはベクタ・テーブルから例外ベクタ(例外ハンドラの開始アドレス)をフェッチすることです．スタッキングとベクタ・フェッチは別々のバス・インターフェース上で行われるので，それらは同時に実行することができます．

9.1.3 レジスタ更新

スタッキングとベクタ・フェッチが完了した後，例外ベクタの実行を開始します．例外ハンドラのエントリで，多くのレジスタが更新されます．

- SP：スタック・ポインタ(MSPかPSPのいずれか)はスタッキング中に新しいアドレスに更新される．割り込み処理ルーチンの実行中に，スタックがアクセスされるとMSPが使用される
- PSR：IPSR(PSRの最下位部分)は新しい例外番号に更新される
- PC：ベクタ・フェッチが完了し，例外ベクタから命令フェッチを開始したときに，ベクタ・ハンドラのアドレスに変更される
- LR：LRはEXC_RETURN[注1]と呼ばれる特殊な値に更新される．この特殊な値が割り込み復帰操作を実施する．LRの最後の4ビットは特別な意味をもつ．それは本章の後半で扱う

多くのほかのNVICレジスタも更新されます．たとえば，例外の保留ステータスはクリアされ，その例外のアクティブ・ビットがセットされます．

9.2 例外復帰

例外ハンドラの終わりで，中断されたプログラムが正常な実行を再開できるように，システム・ステータスを復元するために，例外からの復帰(いくつかのプロセッサでは**割り込み復帰**として知られて

注1：EXC_RETURNにはビット[31：4]に値があり，すべて1になっている(例：0xFFFFFFFX)．最後の4ビットが復帰情報を定義する．EXC_RETURN値についての詳細は本章の後半で扱う．

表9.2　例外復帰を引き起こすために使用できる命令

戻り命令	説明
BX <reg>	EXC_RETURN値がまだLRにある場合，BX LR命令を利用して割り込み復帰を実行できる
POP {PC}，またはPOP {...., PC}	例外ハンドラへ入ると，非常に多くの場合はLRの値がスタックにプッシュされる．プログラム・カウンタへEXC_RETURN値を入れるために，単一POPか複数POPどちらかのPOP命令を使用することができる．これにより，プロセッサに割り込み復帰を引き起こさせる
LDR，またはLDM	デスティネーション・レジスタとして，PCをLDR命令を使用して割り込み復帰を引き起こすことが可能

いる）が必要です．割り込み復帰シーケンスを引き起こすには，三つの方法があります．それらはすべて，ハンドラの最初でLRに格納された特殊な値を使用します（**表9.2**）．

いくつかのマイクロプロセッサ・アーキテクチャは特殊命令を割り込み復帰に使用します（たとえば8051のreti）．Cortex-M3では，割り込みハンドラ全体をCサブルーチンとして実装できるように，通常の復帰命令が使用されます．

割り込み復帰命令が実行される場合，下記のプロセスが行われます．
1. アンスタッキング：スタックにプッシュされたレジスタが復元される．POPの順序はスタッキングの際と同じものになる．スタック・ポインタも元に戻される
2. NVICレジスタの更新：例外のアクティブ・ビットがクリアされる．外部割り込みで，割り込み入力がまだアサートされていると，保留ビットがふたたびセットされ，その結果，割り込みハンドラにふたたび入る

9.3　ネストした割り込み

ネストした割り込みのサポートがCortex-M3プロセッサ・コアとNVICに組み込まれています．ネストした割り込みを可能にするためにアセンブラのラッパを使用する必要はありません．実際，各割り込み原因に適切な優先度レベルを設定する以外，別に何もする必要はありません．最初に，Cortex-M3プロセッサ中のNVICは優先デコードを行います．したがって，プロセッサがある例外を処理しているとき，同じかより低い優先度のすべての例外はブロックされます．次に，自動的なハードウェア・スタッキングとアンスタッキングは，ネストした割り込みハンドラがレジスタ中のデータを失わずに実行することを可能にします．

しかし，一つだけ注意を払う必要があります．多くのネストした割り込みが許可される場合，十分な空間がメイン・スタックにあることを確認してください．各例外レベルがスタック・スペースを8ワード使用し，例外ハンドラ・コードがさらにスタック・スペースを必要とするかもしれないので，思っていたよりも多くのスタック・メモリを使用するかもしれません．

リエントラントな例外はCortex-M3の中では許可されません．各例外に一つの優先度レベルが割り当てられていて，例外処理中に，同じかより低い優先度の例外はブロックされるので，そのハンドラが終了するまで同じ例外は実行することができません．このため，フォルト例外を引き起こすので，SVC命令はSVCハンドラの内部で使用することができません．

9.4　テール・チェーン割り込み

　Cortex-M3は，割り込みレイテンシを改善する多くの手法を使用します．最初に，**テール・チェーン**について考えましょう．

　例外が起きたけれども，プロセッサは優先度が同等かより高い別の例外を扱っている場合，その例外は保留状態に入ります．プロセッサが現在の例外ハンドラの実行を終わると，保留された割り込みを処理できるようになります．スタックからレジスタ・ブロックを復元し（スタックから取り出す），ふたたびスタックにプッシュする（スタックに入れる）というアンスタッキングとスタッキングの手順を省略して，ただちに保留された例外の例外ハンドラに入ります．このようにして，二つの例外ハンドラ間のタイミングの間隔を大幅に短縮します（**図9.2**）．

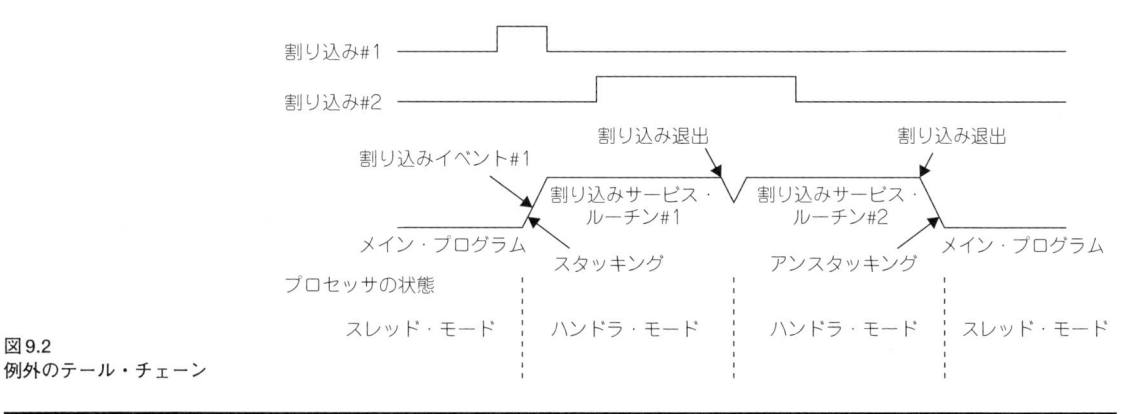

図9.2
例外のテール・チェーン

9.5　後着

　割り込みの性能を改善する別の機能は**後着**（late arrival）例外処理です．例外が発生し，プロセッサがスタッキングを開始している間に，遅れて優先度の高い横取りをする新たな例外が到着した際は，後から到着した例外が先に処理されます．

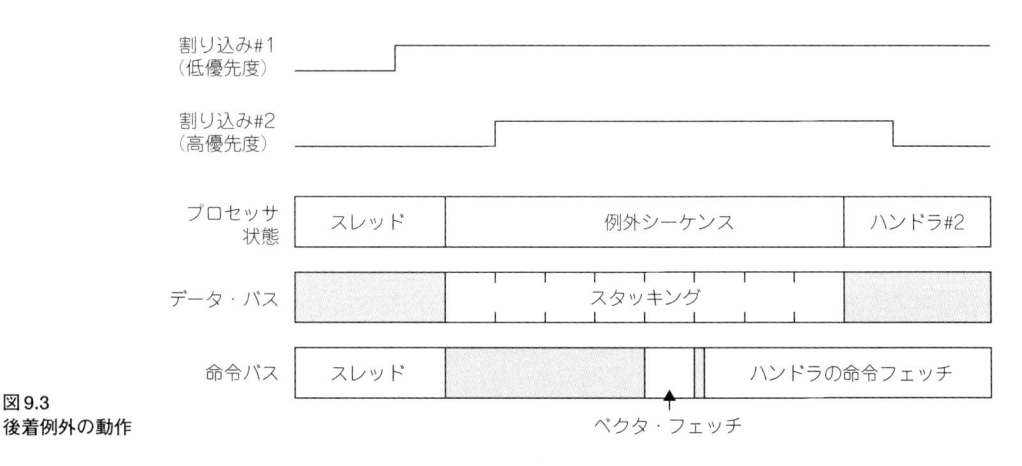

図9.3
後着例外の動作

たとえば，例外#1（より低い優先度）が例外#2（より高い優先度）の数サイクル前に起きたとすると，プロセッサは図9.3に示すように，スタッキングが完了するとすぐにハンドラ#2が実行されるように動作します．

9.6 例外の戻り値の詳しい情報

例外ハンドラに入るとき，上部の28ビットすべてが1にセットされたEXC_RETURNと呼ばれる特殊な値でLRは更新されます．この値は，例外ハンドラ実行の終わりにPCにロードされると，プロセッサが例外復帰シーケンスを行うようにさせます．

例外復帰を生成するのに使用できる命令は次のとおりです．

- POP/LDM
- PCをデスティネーションとしたLDR
- 任意のレジスタでのBX

EXC_RETURN値はビット[31：4]がすべて1にセットされていて，ビット[3：0]は例外復帰動作で必要となる情報を提供します（表9.3）．例外ハンドラに入ると，LRの値は自動的に更新されるので，これらの値を手動で生成する必要はありません．

表9.3　EXC_RETURN値中のビット・フィールドの説明

ビット	31：04：00	3	2	1	0
説明	0xFFFFFFF	リターン・モード（スレッド/ハンドラ）	リターン・スタック	予約．0でなければならない	プロセス状態（Thumb/ARM）

ビット0は，例外復帰の後に使用されているプロセス状態を示します．Cortex-M3はThumb状態だけをサポートするので，ビット0は1でなければなりません．

有効な値（Cortex-M3用）を表9.4に示します．

表9.4　Cortex-M3で許可されているEXC戻値

値	状　態
0xFFFFFFF1	ハンドラ・モードへ復帰
0xFFFFFFF9	スレッド・モードへの復帰で復帰時メイン・スタックを使用
0xFFFFFFFD	スレッド・モードへの復帰で復帰時プロセス・スタックを使用

図9.4に示すように，スレッドがMSP（メイン・スタック）を使用していれば，例外に入るときのLRの値は0xFFFFFFF9にセットされ，ネストした例外に入る場合は0xFFFFFFF1です．図9.5に示すように，スレッドがPSP（プロセス・スタック）を使用していれば，最初の例外に入るときはLRの値は0xFFFFFFFDで，ネストした例外に入るときは0xFFFFFFF1になります．

EXC_RETURN形式の結果として，0xFFFFFFF0～0xFFFFFFFFのメモリ範囲のアドレスへ割り込み復帰を行うことができません．しかし，どちらにしろこのアドレスは実行不可能な領域なので，問題にはなりません．

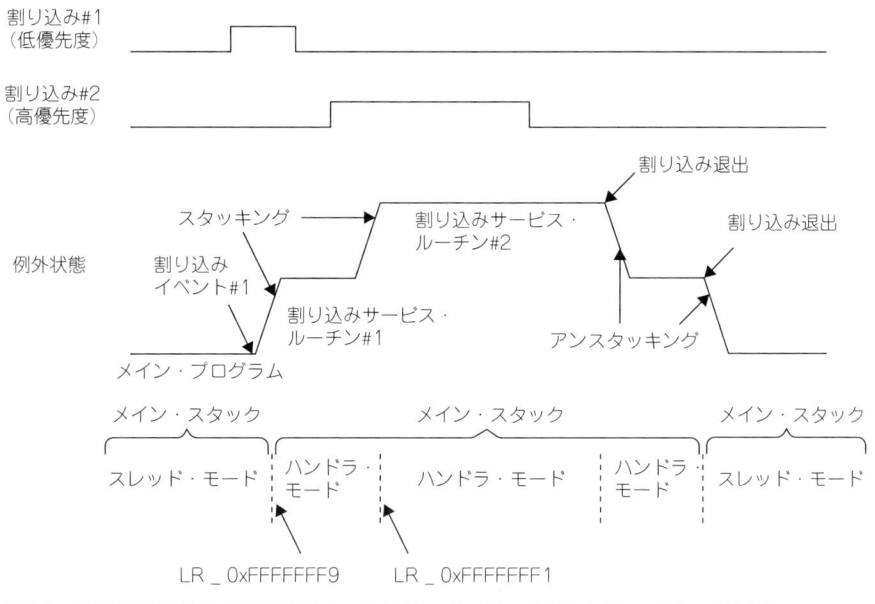

図 9.4 例外で LR に EXC_RETURN をセット（スレッド・モード中にメイン・スタック使用）

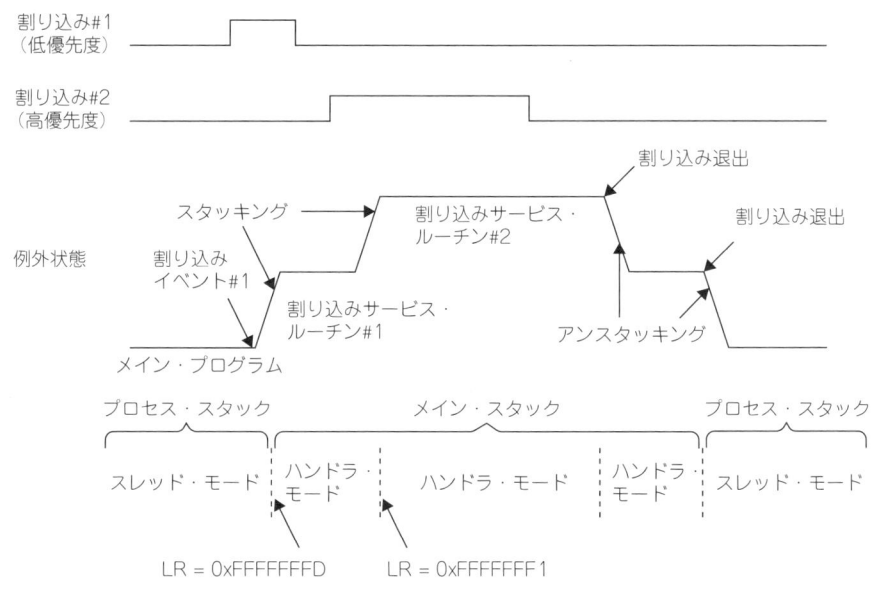

図 9.5 例外で LR に EXC_RETURN をセット（スレッド・モード中にプロセス・スタック使用）

9.7　割り込みレイテンシ

　割り込みレイテンシ（interrupt latency）という言葉は，割り込み要求の開始から割り込みハンドラ実行の開始までの遅れを指します．Cortex-M3プロセッサ中で，メモリ・システムのレイテンシが0で，

ベクタ・フェッチとスタッキングを同時にできるバス・システム設計なら，割り込みレイテンシはわずか 12 サイクルです．これは割り込みハンドラ用の命令フェッチ，レジスタのスタッキング，ベクタ・フェッチを含みます．しかし，割り込みレイテンシはメモリ・アクセスのウエイト・ステートとほかのいくつかの要因にも依存します．

テール・チェーンによる割り込みでは，スタック操作を実行する必要がないので，ある例外ハンドラから別の例外ハンドラに切り替わるレイテンシはわずか 6 サイクルです．

プロセッサが除算のような複数サイクル命令を実行している場合，命令を放棄して，割り込みハンドラが完了後再開できます．これは，ロード・ダブル（LDRD）とストア・ダブル（STRD）命令にも当てはまります．

例外のレイテンシを短くするために，Cortex-M3 プロセッサは，ロード・マルチプル命令とストア・マルチプル命令（LDM/STM）の最中での例外が可能です．LDM/STM 命令を実行しているなら，現在のメモリ・アクセスを終わらせて，次のレジスタ番号をスタックされた xPSR（ICI ビット）の中に保存します．例外ハンドラが完了した後，ロード/ストア・マルチプルは転送が止まった点から再開されます．例外もあります．中断されたロード/ストア・マルチプル命令が IF - THEN（IT）命令ブロックの一部ならば，そのロード/ストア命令は取り消され，割り込みが終わるとき，再開されます．これは，ICI のビットと IT 実行状態ビットが EPSR の中の同じ場所を共有するからです．

さらに，バッファ書き込みのような未完了の転送がバス・インターフェース上にあれば，転送が終わるまでプロセッサは待ちます．これはバス・フォールト・ハンドラが正しいプロセスの横取りを保証するのに必要です．

もちろん，プロセッサが同じかより高い優先度の別の例外ハンドラをすでに実行している場合，あるいは割り込みマスク・レジスタが割り込み要求をマスクしている場合，その割り込みがブロックされる可能性があります．これらの場合では，割り込みは保留され，ブロッキングが取り除かれるまで処理されません．

9.8 割り込みに関連したフォールト

例外処理によってさまざまなフォールトが引き起こされる場合があります．次にこれらを見ていきましょう．

9.8.1 スタッキング

バス・フォールトがスタッキング中に起これば，スタッキング・シーケンスは終了して，そのバス・フォールト例外が起きるか，保留されます．バス・フォールトが無効だと，ハード・フォールト・ハンドラが実行されます．そうでなければ，もしそのバス・フォールト・ハンドラがオリジナルの例外より高い優先度をもつなら，バス・フォールト・ハンドラが実行されます．そうでなければ，オリジナルの例外が完了するまで，保留されます．**スタッキング・エラー**と呼ばれるこのシナリオは，バス・フォールト・ステータス・レジスタ（0xE000ED29）の STKERR（ビット 4）で示されます．

スタッキング・エラーが MPU 違反によって引き起こされれば，メモリ管理フォールト・ハンドラが実行されます．また，メモリ管理フォールト・ステータス・レジスタ（0xE000ED28）の MSTKERR

（ビット4）が，その問題を示すためにセットされます．メモリ管理フォールトが無効ならば，ハード・フォールト・ハンドラが実行されます．

9.8.2　アンスタッキング

バス・フォールトがアンスタッキング（割り込み復帰）中に起これば，アンスタッキング・シーケンスは終了し，バス・フォールト例外が起きるか保留されます．バス・フォールトが無効ならば，ハード・フォールト・ハンドラが実行されます．そうでなければ，もしそのバス・フォールト・ハンドラが，実行しているタスクの現在の優先度よりも高ければ（ネストした割り込みの場合，コアはすでに別の例外を実行している可能性がある），バス・フォールト・ハンドラが実行されます．アンスタッキング・エラーと呼ばれるこのシナリオは，バス・フォールト・ステータス・レジスタ（0xE000ED29）のUNSTKERR（ビット3）で示されます．

同様に，アンスタッキング・エラーがMPU違反によって引き起こされると，メモリ管理フォールト・ハンドラが実行されます．また，メモリ管理フォールト・ステータス・レジスタ（0xE000ED28）のMUNSTKERR（ビット3）は，その問題を示すためにセットされます．メモリ管理フォールトが無効になれば，ハード・フォールト・ハンドラが実行されます．

9.8.3　ベクタのフェッチ

バス・フォールトかメモリ管理フォールトがベクタ・フェッチ中に起これば，ハード・フォールト・ハンドラが実行されます．これはハード・フォールト・ステータス・レジスタ（0xE000ED2C）のVECTTBL（ビット1）で示されます．

9.8.4　無効な復帰

EXC_RETURN番号が無効か，プロセッサの状態と一致しなければ（スレッド・モードに返るのに0xFFFFFFF1を使用のような），用法フォールトを引き起こします．用法フォールト・ハンドラが無効でなければ，ハード・フォールト・ハンドラが代わりに実行されます．用法フォールト・ステータス・レジスタ（0xE000ED2A）のINVPCビット（ビット2）またはINVSTATE（ビット1）ビットが，フォールトの実際の原因に応じてセットされます．

Cortex-M3 Programming

第10章

Cortex-M3のプログラミング

> この章では以下の項目を紹介します．
> ▶ 概要
> ▶ アセンブリとC言語間のインターフェース
> ▶ 典型的な開発フロー
> ▶ 最初のステップ
> ▶ 出力の生成
> ▶ データ・メモリの使用
> ▶ セマフォへの排他アクセスの使用
> ▶ セマフォへのビット-バンドの使用
> ▶ ビット・フィールド抽出とテーブル分岐を使う

10.1 概要

　Cortex-M3はアセンブリ言語かC言語のいずれかを使用してプログラミングを行えます．ほかの言語用コンパイラもありますが，ほとんどの人はアセンブリ言語，C言語あるいはその二つの組み合わせを使用するでしょう．プログラミングを行う方法についての情報は使用するツール・チェーンとシリコン・チップに依存するので，本書では，プログラムや基板にプログラムをダウンロードする方法やコンパイルの詳細にはフォーカスしません．これらに関しては第19章と第20章で少しだけ取り上げます．

10.1.1 アセンブリ言語の使用

　小さなプロジェクトであれば，アプリケーション全体をアセンブリ言語で開発することは可能です．アセンブリ言語を使用すると，最良の最適化ができる可能性があります．しかし，開発時間が増え，誤りを犯しやすくなります．さらに，アセンブリ言語での複雑なデータ構造の取り扱いや，関数ライブラリの管理は非常に困難です．C言語がプロジェクトで使用されるとしても，多くの場合，プログラムの一部はアセンブリ言語で実装されます．

- 特殊レジスタ・アクセスや排他アクセスのようなC言語で実装することができない機能
- タイミングが重要なルーチン
- メモリ条件が厳しいので，最小のメモリ・サイズになるようにプログラムの一部をアセンブリ言語で記述する

10.1.2 C言語の使用

C言語は，アセンブリ言語と比較して，移植性が高く，複雑な動作を簡単に実装できるという長所があります．C言語は一般的なコンピュータ言語なので，プロセッサがどのように初期化されるかについては明示しません．これらに関しては，ツール・チェーンによって異なるアプローチがあります．始めはコード例を見るのが最良の方法です．RealViewディベロッパ・スイート（RVDS；RealView Development Suit）あるいはKEIL RealViewマイクロコントローラ開発キットのようなARM Cコンパイラ製品には，ユーザのために多くのCortex-M3プログラム例がインストール・ソフトウェアに入っています．GNUツール・チェーンのユーザのためには，ARM用のCodeSourcery GNUツール・チェーンに基づいた単純なC言語の例は本書の第19章で紹介しています．

C言語の使用により，アプリケーション開発はスピードアップできますが，多くの場合低レベルのシステム制御にはまだアセンブラ・コードを必要とします．ほとんどのARM Cコンパイラは，**インライン・アセンブラ**と呼ばれるものでアセンブラ・コードを記述できます．このコードは多くのプロジェクトでしばしば必要になります．

ARMコンパイラでは，Cプログラム中にアセンブラ・コードを加えることができます．これまでもインライン・アセンブラは使われていますが，RealView Cコンパイラ中のインライン・アセンブラはThumb-2命令をサポートしません．RealView Cコンパイラ・バージョン3.0からは，組み込みアセンブラと呼ばれる新しい機能が含まれていて，Thumb-2命令をサポートします．たとえば，Cプログラム中に次のようにアセンブリ関数を挿入することができます．

```
__asm void SetFaultMask(unsigned int new_value)
{
  // Assembly code here
  MSR FAULTMASK, new_value // Write new value to FAULTMASK
  BX LR                    // Return to calling program
}
```

RealView Cコンパイラの組み込みアセンブラの詳細な説明は，*RVCT3.0 Compiler and Library Guide*（Ref6）に記述してあります．

Cortex-M3については，組み込みアセンブラは，特殊レジスタにアクセスするようなタスク（MRSとMSR命令；たとえば，スタック・メモリの設定），あるいはC言語を使用して生成することができない命令を使用する必要がある場合（たとえば，スリープ[WFIとWFE]，排他アクセスおよびメモリ・バリア操作）に役立ちます．

以前のARMプロセッサでは，Thumb状態とARM状態があるので，異なる状態のためのコードは別々にコンパイルしなければなりません．Cortex-M3では，そのような必要はありません．すべてがThumb状態なので，プロジェクト・ファイル管理ははるかに単純です．

C言語でアプリケーションを開発している場合，ダブル・ワード・スタック・アラインメント機能（NVIC構成制御レジスタ中のSTKALIGNビットで設定される）を使用することを勧めます．これはスタートアップ・コード中でセットすることができます．例を次に示します．

```
#define NVIC_CCR ((volatile unsigned long *)(0xE000ED14))
*NVIC_CCR = *NVIC_CCR | 0x200; /* Set STKALIGN */
```

この関数を利用すると，システムは確実にARMアーキテクチャ・プロシージャ呼び出し標準（AAPCS；Procedure Call Standard for the ARM Architechture）に適合します．この主題に関する追加情報は第12章で扱います．

10.2 アセンブリとC言語間のインターフェース

さまざまな状況で，アセンブラ・コードとCプログラムはたがいに呼び出します．たとえば，

- 組み込みアセンブリ言語（あるいはGNUツール・チェーンの場合のインライン・アセンブラ）が，Cプログラム・コード中で使用される場合
- Cプログラム・コードが別ファイル中のアセンブリ言語で実装された関数またはサブルーチンを呼び出す場合
- アセンブリ・プログラムがCの関数かサブルーチンを呼び出す場合

このような場合に，呼び出しているプログラムと呼び出されている関数の間で，どのようにパラメータと戻り値が渡されているのかを理解することは重要です．これらの呼び出し規則はARMアーキテクチャ・プロシージャ・コール規約（AAPCS；ARM Architechcture Procedure Call Standard (Ref5)）中で指定されています．

単純な場合，呼び出すプログラムが引き数をサブルーチンか関数へ渡す必要があるときには，レジスタR0～R3が使用され，第1引き数はR0，第2引き数はR1となっています．同様に，R0は関数の終わりで値を返すために使用されます．R0～R3とR12は関数またはサブルーチンで変更することができます．しかし，R4～R11の内容は，通常はスタックPUSH操作とスタックPOP操作によって関数に入る前の状態に戻されます．

より簡単に理解できるように，本書の例は厳密にいうとAAPCSに従っていません．C関数がアセンブラ・コードによって呼び出されると，R0～R3とR12へのレジスタ変更の可能性の影響を考慮に入れておく必要があります．これらのレジスタの内容が後の段階で必要な場合，これらのレジスタはスタック上に保存され，C関数が完了した後に復帰する必要があるかもしれません．例題のコードはほとんどが二，三のレジスタに影響するか，終わりでレジスタ内容を復帰するアセンブリ関数あるいはサブルーチン呼び出しだけなので，レジスタR0～R3とR12を保存する必要はありません．

10.3 典型的な開発フロー

さまざまなソフトウェア・プログラムをCortex-M3のアプリケーション開発に利用できます．これらのツールでのコード生成フローの概念は類似しています．もっとも基本的な使い方は，アセンブラ，Cコンパイラ，リンカおよびバイナリ・ファイル生成ユーティリィティが必要でしょう．ARMソリュー

ションについては，RVDS (RealView Development suite) あるいはRVCT (RealView Compiler Tools) は図10.1に示すようなファイル生成フローを提供します．メモリ・マップがより複雑になる場合，分散（スキャッタ）ローディング・スクリプトはオプションですが，しばしば必要になります．

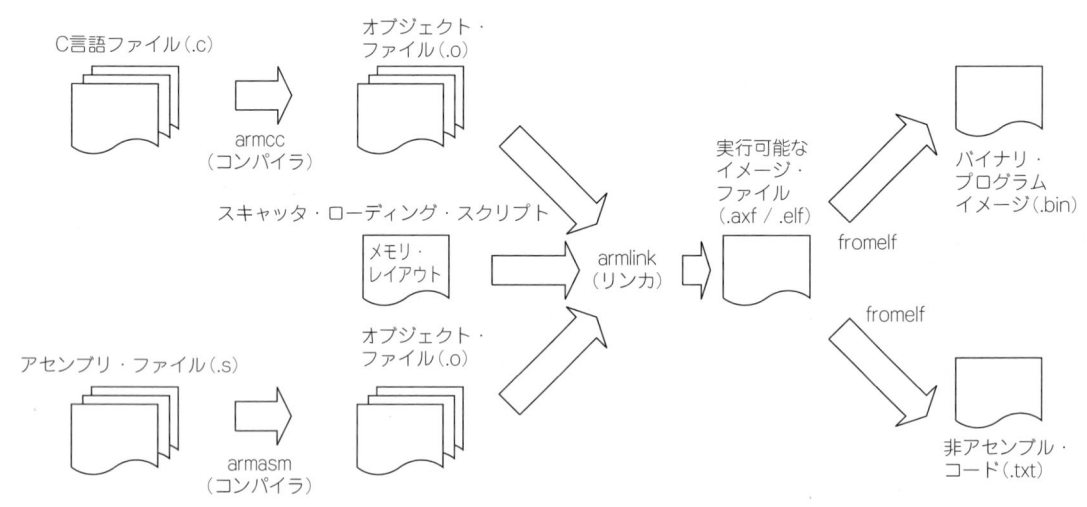

図10.1　ARM開発ツールを使用するフロー例

これらの基本的なツールに加えて，RVDSには，さらに統合開発環境（IDE；Integrated Development Environment）とデバッガを含む多くのユーティリィティがあります．詳細はARMのWebサイト（www.arm.com）を参照してください．

10.4　最初のステップ

本章では，アセンブリ言語での少数の例を考察します．ほとんどの場合，C言語でプログラムしますが，いくつかのアセンブリ言語の例を見ることによって，Cortex-M3プロセッサの使用法についてより理解を深めることができます．これらの例はARMアセンブラ・ツール（armasm）に基づいています．ほかのアセンブラ・ツールについては，ファイル形式と命令文法を変更する必要があるかもしれません．さらに，いくつかの開発ツールは，実際にスタートアップ・コードを生成してくれます．したがって，アセンブリ言語スタートアップ・コードの作成については心配する必要はありません．

最初の簡単なプログラムは次のようなものになります．

```
STACK_TOP  EQU 0x20002000        ; constant for SP starting value
           AREA |Header Code|, CODE
           DCD STACK_TOP         ; Stack top
           DCD Start             ; Reset vector
           ENTRY                 ; Indicate program execution start here
Start      ; Start of main program
           ; initialize registers
```

```
                MOV r0, #10         ; Starting loop counter value
                MOV r1, #0          ; starting result
                ; Calculated 10+9+8+...+1
loop
                ADD   r1, r0        ; R1_R1 + R0
                SUBS  r0, #1        ; Decrement R0, update flag ("S" suffix)
                BNE   loop          ; If result not zero jump to loop
                ; Result is now in R1
deadloop
                B     deadloop      ; Infinite loop
                END                 ; End of file
```

この簡単なプログラムには最初のSP値，最初のPC値および設定レジスタがあり，さらにループ中で必要な計算を行います．

ARMツールを使用していると仮定すると，このプログラムは次のコマンド・ラインを使用してアセンブルできます．

`$> armasm --cpu cortex-m3 -o test1.o test1.s`

-oオプションは出力ファイル名を指定します．test1.oはオブジェクト・ファイルです．その後，実行可能イメージ（ELF）を作成するためにリンカを使用する必要があります．これは以下により実行可能です．

`$> armlink --rw_base 0x20000000 --ro_base 0x0 --map -o test1.elf test1.o`

ここで，**--ro_base 0x0**は，読み込み専用（Read Only）領域（プログラムおよびROM）がアドレス0x0から始まることを示しています．**--rw_base**は，読み込み（Read）/書き込み領域（Write）領域（データおよびメモリ）がアドレス0x20000000から始まることを示しています（この例のtest1.sではRAMに入れるデータをまったく定義していない）．**--map**オプションにより，リンクされたイメージのメモリ配置を理解するのに役立つマップを作成します．

最後に，バイナリ・イメージを作成する必要があります．

`$> fromelf --bin --output test1.bin test1.elf`

希望どおりのイメージかどうかを確認するために，次のコマンドを使用して，逆アセンブルされたコード・リスト・ファイルを生成することもできます．

`$> fromelf -c --output test1.list test1.elf`

すべてがうまく動作すると，試験用のハードウェアか命令セット・シミュレータにELFイメージすなわちバイナリ・イメージをロードすることができます．

10.5　出力の生成

外からマイクロコントローラの動作が見えるとより面白くなります．そのもっとも単純な方法はLEDを点灯/消灯することです．しかし，非常に限定された情報しか表現できないので，この実行例は非常

に制約されたものになります．もっとも一般的な出力方法の一つはコンソールにテキスト・メッセージを送信することです．組み込み製品開発では，多くの場合，この機能はパソコンに接続されたUARTインターフェースによって処理されます．たとえば，コンソールとして動作しているハイパーターミナル（Hyper-Terminal）プログラムを備えたWindows[注1]システムを実行するコンピュータは，テキスト・メッセージを表示する手軽な方法となります（図10.2）．

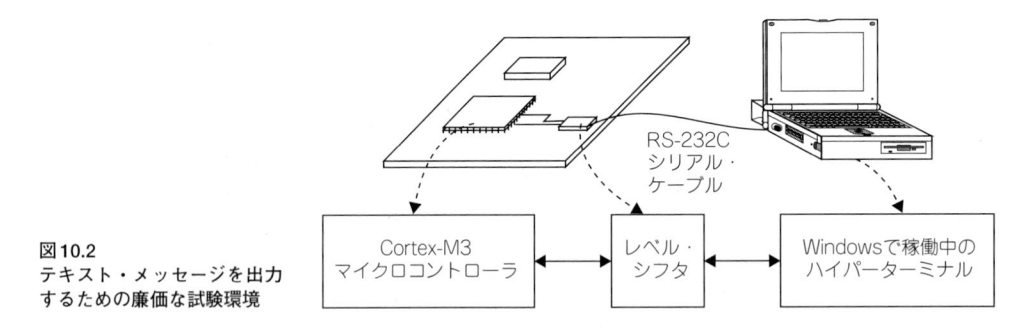

図10.2 テキスト・メッセージを出力するための廉価な試験環境

Cortex-M3プロセッサはUARTインターフェースをもっていません．しかし，ほとんどのCortex-M3マイクロコントローラは半導体メーカが提供するUARTをもっています．

UARTの詳細な仕様は個々のデバイスで異なるので，本書ではUARTの詳細については取り上げません．次の例では，UARTに転送バッファが新しいデータを送信できる状態を示すステータス・フラグが利用できることを仮定しています．また，RS-232Cがマイクロコントローラのシリアル・ピンと異なる電圧のためレベルシフタが必要となります．

UARTがテキスト・メッセージ出力の唯一の解決策ではありません．Cortex-M3プロセッサには多くのデバッグ・メッセージの出力を支援する機能が実装されています．

▶ セミホスティング：デバッガとコード・ライブラリ・サポートしだいで，NVIC中のデバッグ・レジスタによって**セミホスティング**（デバッグ・プローブ・デバイスによる**printf**メッセージ出力）を行うことができる（この話題は第15章で扱う）．セミホスティングでは，Cプログラム内で**printf**を使うことができ，出力はデバッガ・ソフトウェアのコンソール/標準出力（STDOUT）に表示される

▶ 計装トレース：Cortex-M3マイクロコントローラがトレース・ポートを備えていて，外部トレース・ポート・アナライザ（TPA；Trace Port Analyzer）が利用可能なら，出力メッセージにUARTを使用する代わりに，計装トレース・モジュール（ITM；Instumentation Trace Module）を使用できる．トレース・ポートはUARTよりはるかに速く働き，より多くのデータ・チャネルを提供できる

▶ シリアル・ワイヤ・ビューア経由の計装トレース：そのほかに，Cortex-M3プロセッサ（リビジョン1以降）はトレース・ポート・インターフェース・ユニット（TPIU；Trace Port Interface Unit）上にシリアル・ワイヤ・ビューア（SWV；Serial Wire Viewer）動作モードを備えている．このインターフェースでは，ITMからの出力をTPAの代わりの廉価なハードウェアを使用してキャプチャすることが可能．しかし，SWVモードの帯域幅は制限されているので，大量のデータには理想的ではない

注1：Windowsとハイパーターミナルはマイクロソフト株式会社の商標．

10.5.1 "Hello World" の例

"Hello World" プログラムを書く前に，UART経由で1文字の送信方法を理解する必要があります．文字を送るために使用するコードは，サブルーチンとして実装でき，ほかのメッセージ出力コードが呼び出すことができます．出力デバイスを変更する場合，単にこのサブルーチンを変更するだけで，テキスト・メッセージを異なるデバイスに出力することができます．この変更は，通常**リターゲット**と呼ばれます．

文字を出力する単純なルーチンは以下のようになります．

```
UART0_BASE      EQU     0x4000C000
UART0_FLAG      EQU     UART0_BASE+0x018
UART0_DATA      EQU     UART0_BASE+0x000
Putc            ; Subroutine to send a character via UART
                ; Input R0 = character to send
                PUSH  {R1,R2, LR}     ; Save registers
                LDR   R1,=UART0_FLAG
PutcWaitLoop
                LDR   R2,[R1]         ; Get status flag
                TST R2, #0x20         ; Check transmit buffer full flag
                                      ; bit
                BNE PutcWaitLoop      ; If busy then loop
                LDR R1,=UART0_DATA    ; otherwise
                STRB R0, [R1]         ; Output data to transmit buffer
                POP {R1,R2, PC}       ; Return
```

ここでのレジスタ・アドレスとビット定義は単に例です．デバイスに合うように値を変更する必要があります．さらに，UARTによっては，文字を転送バッファに出力する前に，より複雑なステータス・チェックをする処理を要求するかもしれません．さらに，UARTを初期化するために別のサブルーチン呼び出し（次の例における**Uart0Initialize**）が必要ですが，これはUART仕様に依存し，ここでは取り上げません（Luminary Micro LM3S811デバイス用のCのUART初期化の一例は，第20章で取り扱う）．

これで，メッセージを表示する多くの関数を構築するために，このサブルーチンを使用できます．

```
Puts        ; Subroutine to send string to UART
            ; Input R0 = starting address of string.
            ; The string should be null terminated
            PUSH {R0 ,R1, LR} ; Save registers
            MOV R1, R0        ; Copy address to R1, because R0 will
                              ; be used
PutsLoop                      ; as input for Putc
            LDRB R0,[R1],#1   ; Read one character and increment
                              ; address
```

第10章 Cortex-M3のプログラミング

```
            CBZ    R0, PutsLoopExit ; if character is null, goto end
            BL     Putc           ; Output character to UART
            B      PutsLoop       ; Next character
PutsLoopExit
            POP    {R0, R1, PC}   ; Return
```

このサブルーチンで，最初の"Hello World"プログラムの準備ができます．

```
STACK_TOP   EQU    0x20002000       ; constant for SP starting value
UART0_BASE  EQU    0x4000C000
UART0_FLAG  EQU    UART0_BASE+0x018
UART0_DATA  EQU    UART0_BASE+0x000
            AREA   |Header Code|, CODE
            DCD    STACK_TOP ; Stack Pointer initial value
            DCD    Start ; Reset vector
            ENTRY
Start       ; Start of main program
            MOV    r0, #0 ; initialize registers
            MOV    r1, #0
            MOV    r2, #0
            MOV    r3, #0
            MOV    r4, #0
            BL     Uart0Initialize ; Initialize the UART0
            LDR    r0,=HELLO_TXT ; Set R0 to starting address of string
            BL     Puts
deadend
            B      deadend        ; Infinite loop
;---------------------------------
; subroutines
;---------------------------------
Puts        ; Subroutine to send string to UART
            ;Input R0 = starting address of string.
            ; The string should be null terminated
            PUSH   {R0 ,R1, LR}   ; Save registers
            MOV    R1, R0         ; Copy address to R1, because R0 will
                                  ; be used
PutsLoop                          ; as input for Putc
            LDRB R0,[R1],#1       ; Read one character and increment
                                  ; address
            CBZ    R0, PutsLoopExit ; if character is null, goto end
```

```
                BL    Putc            ; Output character to UART
                B     PutsLoop        ; Next character
PutsLoopExit
                POP   {R0, R1, PC}    ; Return
                ;-------------------------------
Putc            ; Subroutine to send a character via UART
                ; Input R0 = character to send
                PUSH {R1,R2, LR}      ; Save registers
                LDR   R1,=UART0_FLAG
PutcWaitLoop
                LDR   R2,[R1]         ; Get status flag
                TST   R2, #0x20       ; Check transmit buffer full flag bit
                BNE PutcWaitLoop      ; If busy then loop
                LDR R1,=UART0_DATA    ; otherwise
                STR R0, [R1]          ; Output data to transmit buffer
                POP {R1,R2, PC}       ; Return
                ;-------------------------------
Uart0Initialize
                ; Device specific, not shown here
                BX    LR              ; Return
                ;-------------------------------
HELLO_TXT
                DCB   "Hello world\n",0       ; Null terminated Hello
                                              ; world string
                END                   ; End of file
```

このコードに唯一加えるのは **Uart0Initialize** サブルーチンのデバイス初期化の詳細です．

同様に，レジスタの値を出力するサブルーチンも役に立ちます．より簡単にするために，すでに作った **Puts** と **Putc** サブルーチンを基に作成できます．最初のサブルーチンは16進値を表示します．

```
PutHex    ; Output register value in hexadecimal format
      ; Input R0 = value to be displayed
      PUSH  {R0-R3,LR}
      MOV   R3, R0      ; Save register value to R3 because R0 is used
                        ; for passing input parameter
      MOV   R0,#'0'     ; Starting the display with "0x"
      BL    Putc
      MOV   R0,#'x'
      BL    Putc
      MOV   R1, #8      ; Set loop counter
```

```
            MOV     R2, #28         ; Rotate offset
PutHexLoop
            ROR     R3, R2          ; Rotate data value left by 4 bits
                                    ; (right 28)
            AND     R0, R3,#0xF     ; Extract the lowest 4 bit
            CMP     R0, #0xA        ; Convert to ASCII
            ITE     GE
            ADDGE   R0, #55         ; If larger or equal 10, then convert
                                    ; to A-F
            ADDLT   R0, #48         ; otherwise convert to 0-9
            BL      Putc            ; Output 1 hex character
            SUBS    R1, #1          ; decrement loop counter
            BNE     PutHexLoop      ; if all 8 hexadecimal character been
                                    ; display then
            POP     {R0-R3,PC}      ; return, otherwise process next 4-bit
```

このサブルーチンはレジスタの値を出力するのに役立ちます．しかし，時には，10進数のレジスタの値の出力も欲しくなります．これはやや複雑な操作のように聞こえますが，Cortex-M3では，ハードウェア乗算と除算命令があるため簡単です．ほかの主な問題の一つは，計算中に逆順で出力文字を取得することです．したがって，最初に出力をテキスト・バッファに置く必要があり，全体のテキストの表示準備ができるまで待ち，それからディスプレイへ結果全体を表示するために**Puts**関数を使用します．この例において，スタック・メモリの一部はテキスト・バッファとして使用します．

```
PutDec       ; Subroutine to display register value in decimal
             ; Input R0 = value to be displayed.
             ; Since it is 32 bit, the maximum number of character
             ; in decimal format, including null termination is 11
            PUSH    {R0-R5, LR}     ; Save register values
            MOV     R3, SP          ; Copy current Stack Pointer to R3
            SUB     SP, SP, #12     ; Reserved 12 bytes as text buffer
            MOV     R1, #0          ; Null character
            STRB    R1,[R3, #-1]!   ; Put null character at end of text
                                    ; buffer,pre-indexed
            MOV     R5, #10         ; Set divide value
PutDecLoop
            UDIV    R4, R0, R5      ; R4 = R0 / 10
            MUL     R1, R4, R5      ; R1 = R4 * 10
            SUB     R2, R0, R1      ; R2 = R0 - (R4 * 10) + remainder
            ADD     R2, #48         ; convert to ASCII (R2 can only be 0-9)
            STRB    R2,[R3, #-1]!   ; Put ascii character in text
```

```
                        ; buffer, pre-indexed
        MOVS    R0, R4      ; Set R0 = Divide result and set Z fl ag
                            ; if R4=0
        BNE     PutDecLoop  ; If R0(R4) is already 0, then there
                            ; is no more digit
        MOV     R0, R3      ; Put R0 to starting location of text
                            ; buffer
        BL      Puts        ; Display the result using Puts
        ADD     SP, SP, #12 ; Restore stack location
        POP     {R0-R5, PC} ; Return
```

Cortex-M3命令セット中のさまざまな機能で，値を10進形式表示に変換する処理は非常に短いサブルーチン中で実装できます．

10.6 データ・メモリの使用

最初の例へ戻ります．リンク・ステージを行っていたとき，読み出し/書き込みメモリ領域を指定しました．どうやってそこへデータを置くのでしょうか．その手法は，アセンブリ・ファイル中にデータ領域を定義することです．最初の例を使用すると，0x20000000（SRAM領域）のデータ・メモリ中にデータを格納できます．データ・セクションのロケーションは，リンカを実行するときのコマンド行オプションによって制御されます．

```
STACK_TOP   EQU     0x20002000   ; constant for SP starting value
            AREA    |Header Code|, CODE
            DCD     STACK_TOP    ; SP initial value
            DCD     Start        ; Reset vector
            ENTRY
Start       ; Start of main program
            ; initialize registers
            MOV     r0, #10      ; Starting loop counter value
            MOV     r1, #0       ; starting result
            ; Calculated 10+9+8+...+1
loop
            ADD     r1, r0       ; R1 = R1 + R0
            SUBS    r0, #1       ; Decrement R0, update fl ag ("S" suffi x)
            BNE     loop         ; If result not zero jump to loop
                                 ; Result is now in R1
            LDR     r0,=MyData1  ; Put address of MyData1 into R0
            STR     r1,[r0]      ; Store the result in MyData1
deadloop
```

```
                B       deadloop        ; Infinite loop
                AREA    | Header Data|, DATA
                ALIGN 4
MyData1         DCD 0                   ; Destination of calculation result
MyData2         DCD 0
                END                     ; End of file
```

リンク・ステージ中に，リンカは読み出し/書き込みメモリにDATA領域を置きます．したがって，**MyData1**のためのアドレスはこの場合0x20000000になります．

10.7 セマフォへの排他アクセスの使用

排他アクセス命令はセマフォ操作に使用されます．それは，ある資源が一つのタスクのみによって使用されることを確実にするためです．たとえば，デバイスAが使用されていることを示すために，メモリ中のデータ変数**DeviceALocked**を使用できるとしましょう．タスクがデバイスAを使用したい場合，それは変数**DeviceALocked**を読むことでステータスをチェックするはずです．それが0である場合，デバイスをロックするために**DeviceALocked**に1を書くことができます．デバイスの使用を完了した後，ほかのタスクがそれを使用できるように**DeviceALocked**を0にクリアすることができます．

二つのタスクがデバイスAに同時にアクセスを試みると，何が起こるでしょうか．その場合，両方のタスクは変数**DeviceALocked**を読み，両方とも0を得ることになるでしょう．その後，それらは両方とも，デバイスをロックするために変数**DeviceALocked**に1を書き込もうとします．そして結局は両方のタスクがデバイスAに対して排他アクセスをもっていると信じることになります．ここで排他アクセスが使用されます．STREX命令は戻りステータスをもっていて，排他ストアが成功したかどうかを示します．二つのタスクが一つのデバイスを同時にロックしようとすれば，戻りステータスは1（排他の失敗）になり，ロックを再試行する必要があることを知ることができます．

第5章では，排他アクセスの使用のバックグランドをいくつか提供しました．その議論でのフローチャートを図10.3に示します．

操作は次のアセンブリ・コードによって実行できます．排他モニタが失敗ステータスを返した場合，排他アクセスの失敗でロック・ビットがセットされるのを防ぐために，STREXのデータ・ライト操作が実行されないことに注意してください．

```
LockDeviceA
                ; A simple function to try to lock Device A
                ; Output R0 : 0 = Success, 1 = failed
                ; If successful, value of 1 will be written to variable
                ; DeviceALocked
                PUSH    {R1, R2, LR}
TryToLockDeviceA
                LDR     R1,=DeviceALocked   ; Get the lock status
                LDREX   R2,[R1]
```

10.7 セマフォへの排他アクセスの使用

図10.3
排他アクセスをセマフォ操作に使用する

フローチャート:
- 排他読み出し（例：LDREX） — ロック・ビットの読み出し
- ロック・ビットがセットされているか？
  - yes → 失敗．ロック・ビットはすでにセットされている．要求されたリソースは別のプロセスまたはプロセッサで使用されていることを意味している
  - no → 排他書き込み（例：STREX） — ロック・ビットをセット
- 排他書き込み=0（success）からステータスがリターンしているか？
  - no → 失敗．ロック・ビットを含むメモリ領域へ別のプロセスまたはプロセッサがアクセスした可能性がある
  - yes → 成功．ロック・ビットが設定され，プロセッサは共有リソースへアクセスすることができる

```
            CMP     R2,#0               ; Check if it is locked
            BNE     LockDeviceAFailed
DeviceAIsNotLocked
            MOV     R0,#1               ; Try to write 1 to
                                        ; DeviceALocked
            STREX   R2,R0,[R1]          ; Exclusive write
            CMP     R2, #0
            BNE     LockDeviceAFailed   ; STREX Failed
LockDeviceASucceed
            MOV     R0,#0               ; Return success status
            POP     {R1, R2, PC}        ; Return
LockDeviceAFailed
            MOV     R0,#1               ; Return fail status
            POP     {R1, R2, PC}        ; Return
```

この機能の戻りステータスが1（排他が失敗）の場合は，少し時間をおいてからアプリケーション・タスクを再試行したほうがよいでしょう．シングル・プロセッサのシステムにおいて排他アクセスの失敗としてよく見られる原因は，排他ロードと排他ストアの間に割り込みが発生してしまうことです．コードが特権モードで実行されている場合，正常にロックされたリソースを得るチャンスを増やすPRIMASKなどの割り込みマスク・レジスタを少しの間設定することで，これを防ぐことができます．

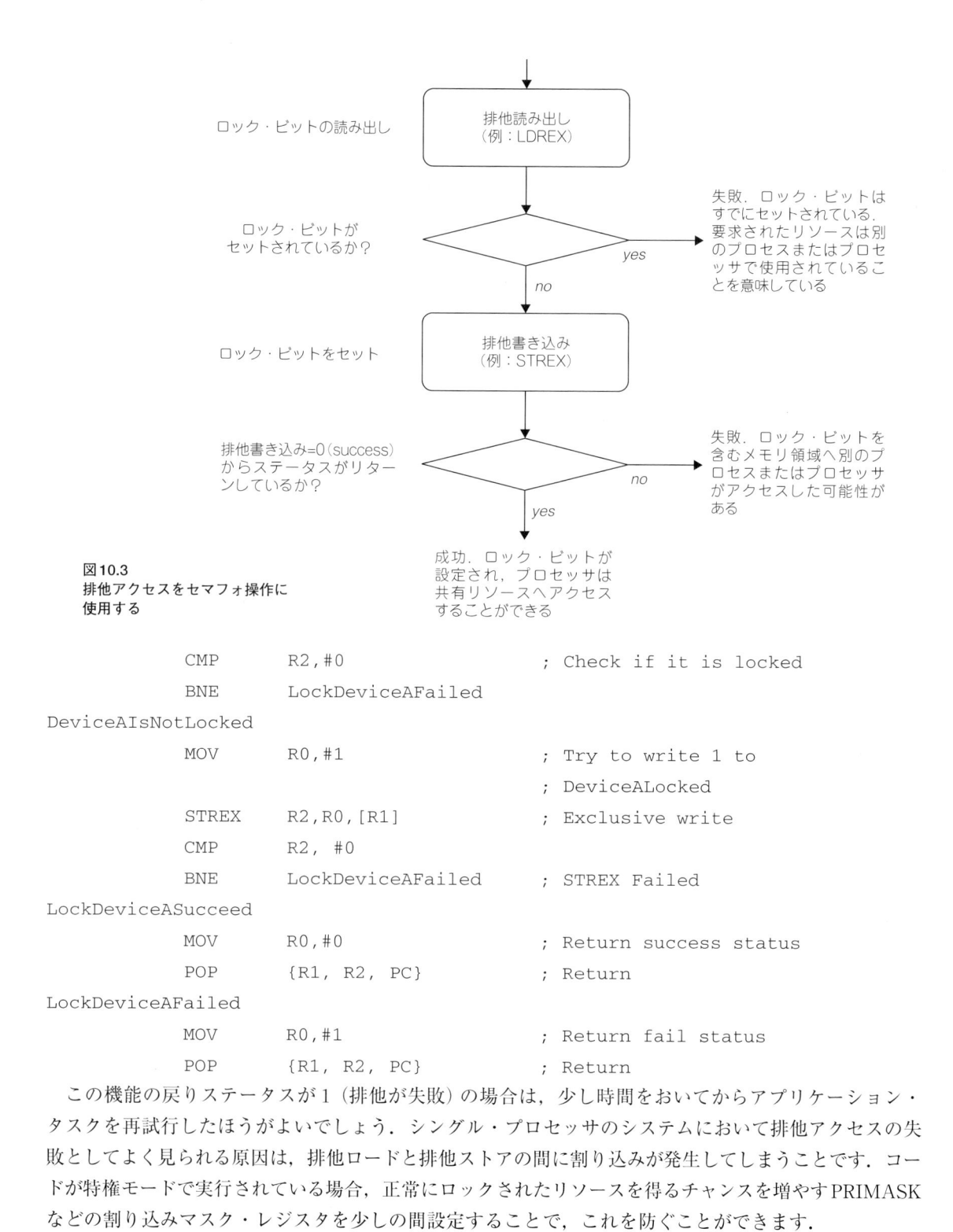

マルチプロセッサ・システムでは，割り込みは別として，ほかのプロセッサが同じメモリ領域にアクセスしていると，排他ストアも失敗する可能性があります．異なるプロセッサからのメモリ・アクセスを検出するには，バス・インフラストラクチャに排他アクセス・モニタ・ハードウェアが必要です．これが異なるバス・マスタから二つの排他アクセス間のメモリへアクセスがあるかどうかを検出します．しかし，もっともロー・コストのCortex-M3マイクロコントローラにはプロセッサは一つしかないので，このモニタ・ハードウェアは必要ありません．

この機構により，タスク一つだけでなら特定のリソースへアクセスすることができるといえます．もし何度も行った後にアプリケーションがリソースのロックを行うことができない場合は，タイムアウト・エラーで終了する必要性が出てきます．たとえば，リソースをロックしたタスクが強制終了し，ロックがセットされたままの状態になったときです．このような場合，どのタスクがリソースを使用しているかをOSがチェックするはずです．タスクが完了しているまたはロックを消去せずに終了している場合には，OSはロックを解除する必要が出てきます．

この工程によりLDREXを使う排他アクセスが開始されると，その結果排他アクセスはこれ以上必要ないと判断され，排他アクセス・モニタのローカル・レコードをクリアするのにCLREX命令を使用できます．その構文は，次のとおりです．

```
CLREX.W
```

Cortex-M3では，すべての排他メモリの転送が連続して実行されなければなりません．しかし，排他アクセスの制御コードをほかのARM Cortex上で再利用する必要がある場合には，メモリ・アクセスの順序付けを正確なものにするため，排他転送の間にデータ・メモリ・バリア（DMB；Data Memory Barrier）命令を挿入する必要がでてきます．

10.8 セマフォへのビット-バンドの使用

メモリ・システムがロック転送をサポートしている，またはバス・マスタが一つだけメモリ・バスにあるという条件の下で，セマフォの操作を行うのに，ビット-バンドの特性を利用できます．ビット-バンドにより，Cコードでセマフォを実行することが可能になりますが，操作は排他アクセスを使用しているときとは異なります．ビット-バンドをリソースの割り当ての制御として使用するため，メモリ位置（ワード・データなど）がビット-バンドのメモリ領域と一緒に使われ，特定のタスクによってリソースが使用されていることをこの変数の各ビットが表します（図10.4）．

ビット-バンド・エイリアスへの書き込みは，（バス・マスタがほかの転送に途中で切り替えることができない）ロックされたREAD-MODIFY-WRITE転送なので，二つのタスクが同時に同じメモリへ書き込みを試みたとしても，すべてのタスクがそれぞれ割り当てられた異なるロック・ビットを変更すれば，ほかのタスクのロック・ビットは失われません．排他アクセスを使用するのとは異なり，あるリソースが，二つのタスクによって，それらの一つのタスクがリソースの衝突を検知しロックを解除するまでの短い期間，同時にロックされることが可能です．

ビット-バンドを利用したセマフォは，システムの変更中にすべてのタスクが，割り当てられたビット-バンド・エイリアスのロック・ビットを使用する場合にだけ正しく働きます．いずれかのタスクが通常の書き込みを使用してロック変数を変化させた場合にはセマフォが壊れます．なぜかというと，タスク

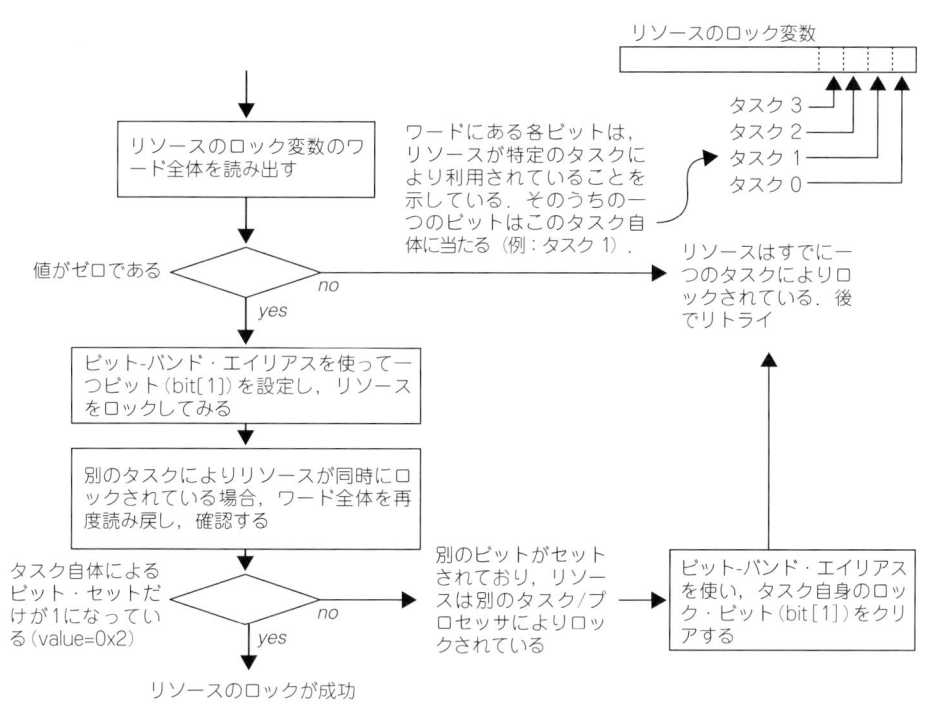

図10.4 セマフォ制御としてビット-バンドを利用する

がロック変数へロック・ビットを書き込むことにより，以前に別のタスクがセットしたロック・ビットが失われてしまうからです．

10.9 ビット・フィールド抽出とテーブル分岐を使う

第4章では，符号なしビット・フィールドの抽出（UBFX）およびテーブル分岐（TBB/TBH）命令の解説をしました．これら二つの命令を組み合わせると分岐ツリーを形成するのにたいへん強力に機能します．この機能は，データ通信アプリケーションにおいてたいへん有効です．通信のデータ・シーケンスは種々のヘッダに種々の意味をもつことがあります．たとえば，下記に示す入力Aに基づく判断ツリーをアセンブリ言語でコード化する場合です（図10.5）．

```
DecodeA
    LDR     R0,=A               ; Get the value of A from memory
    LDR     R0,[R0]
    UBFX    R1, R0, #6, #2      ; Extract bit[7:6] into R1
    TBB     [PC, R1]
BrTable1
    DCB     ((P0     -BrTable1)/2) ; Branch to P0      if A[7:6] = 00
```

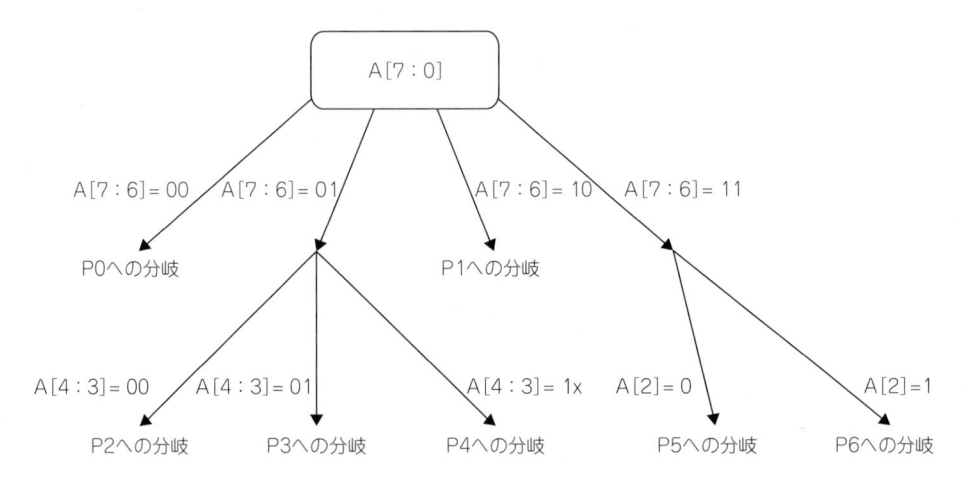

図10.5 ビット・フィールド・デコーダ．ビット・フィールド展開（UBFX）およびテーブル分岐（TBB）命令の使用例

```
        DCB     ((DecodeA1-BrTable1)/2)  ; Branch to DecodeA1 if A[7:6] = 01
        DCB     ((P1       -BrTable1)/2) ; Branch to P1       if A[7:6] = 10
        DCB     ((DecodeA2-BrTable1)/2)  ; Branch to DecodeA1 if A[7:6] = 11
DecodeA1
        UBFX    R1, R0, #3, #2           ; Extract bit[4:3] into R1
        TBB     [PC, R1]
BrTable2
        DCB     ((P2       -BrTable2)/2) ; Branch to P2    if A[4:3] = 00
        DCB     ((P3       -BrTable2)/2) ; Branch to P3    if A[4:3] = 01
        DCB     ((P4       -BrTable2)/2) ; Branch to P4    if A[4:3] = 10
        DCB     ((P4       -BrTable2)/2) ; Branch to P4    if A[4:3] = 11
DecodeA2
        TST     R0, #4 ; Only 1 bit is tested, so no need to use UBFX
        BEQ     P5
        B       P6
P0      ...     ; Process 0
P1      ...     ; Process 1
P2      ...     ; Process 2
P3      ...     ; Process 3
P4      ...     ; Process 4
P5      ...     ; Process 5
P6      ...     ; Process 6
```

このコードは短いアセンブリ言語のコード・シーケンスで判断ツリーを完成します．分岐先ターゲットが大きく離れている場合は，命令TBHが命令TBBに代わって使用されることになります．

Exceptions Programming

第11章 例外プログラミング

> この章では以下の項目を紹介します．
> - 割り込みを使う
> - 例外/割り込みハンドラ
> - ソフトウェア割り込み
> - 例外ハンドラを備えた例
> - SVCを使う
> - SVCの例：出力関数としての使用
> - C言語でSVCを使う

11.1 割り込みを使う

　割り込みは大部分の組み込みアプリケーションで使用されています．Cortex-M3では，割り込みコントローラNVICが優先度チェックやレジスタのスタッキング/アンスタッキングを含む多くの処理タスクに対応します．しかし，割り込みを使用するときには多くの準備が必要となります．
- スタックの設定
- ベクタ・テーブルの設定
- 割り込み優先順位の設定
- 割り込みの許可

11.1.1 スタックの設定

　シンプルなアプリケーションを開発する場合は，プログラム全体でMSP（Main Stack Pointer）を使用することができます．この場合は，十分に大きな領域を予約し，MSPをスタックのトップに設定します．必要なスタック・サイズを決定するには，ソフトウェアにより使用されるスタックのレベルに加えて，どれだけのレベルのネストした割り込みが発生するのかを確認する必要があります．各ネストした割り込みのレベルごとに最小で8ワードのスタックが必要となります．割り込みハンドラ内部の処理により，さらにスタック・スペースの追加が必要とされる場合もあります．

Cortex-M3のスタック操作は，スタック・ポインタの初期値を通常スタテック・メモリの端に配置する完全降下（full descending）型です．そのため，SRAMの空き領域は連続して使えます（**図11.1**）．

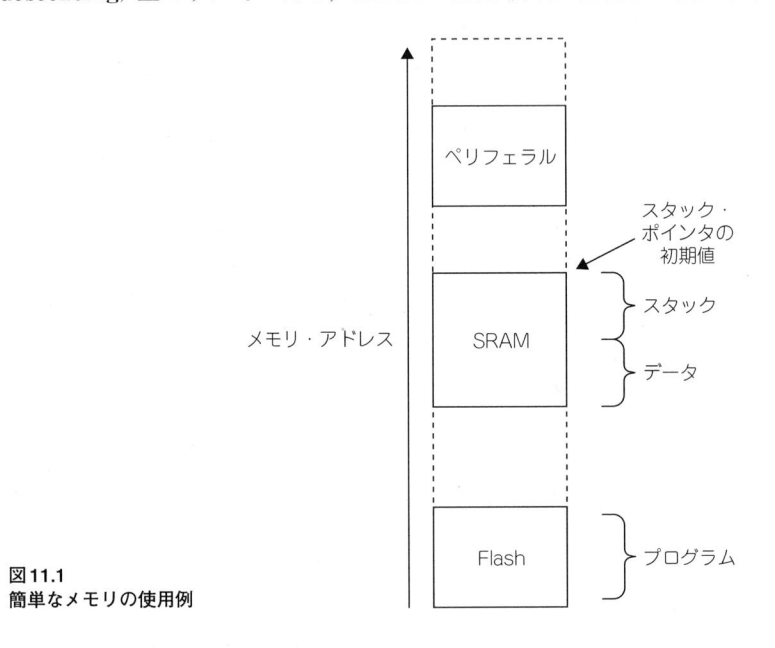

図11.1
簡単なメモリの使用例

ユーザ・コードとカーネル・コードでスタックを分けて使用するアプリケーションでは，メイン・スタックはネストされた割り込みハンドラ，およびカーネル・コードにより使用されるスタック・メモリのために十分なメモリをもつ必要があります．プロセス・スタックはユーザ・アプリケーション・コードが使用するスタック空間に加えて，1レベルのスタックに保存する空間（8ワード）のために十分なメモリをもつことが必要です．これはスタッキングが，ユーザ・スレッドから割り込みハンドラの最初のレベルまでを使うからです．

11.1.2 ベクタ・テーブルの設定

割り込みハンドラを固定したシンプルなアプリケーションでは，ベクタ・テーブルのコードをROMに配置できます．この場合，実行時にベクタ・テーブルを設定する必要はありません．しかし，多くのアプリケーションでは異なる状況に応じて割り込みハンドラを変更する必要があります．このような場合，ベクタ・テーブルを書き込み可能なメモリへ再配置することが必要です．

ベクタ・テーブルを再配置する前に，存在しているベクタ・テーブルの内容を新しいベクタ・テーブルの場所にコピーする必要があります．これには複数のフォールト・ハンドラやNMI，システム・コールなどのベクタ・アドレスも含まれます．これらをコピーしなかった場合，ベクタ・テーブルを再配置した後に例外が発生すると，プロセッサが無効なベクタ・アドレスをフェッチします．

必要なベクタ・テーブルの項目を設定し，ベクタ・テーブルを再配置した後に，下記の例のように新しいベクタ・アドレスをベクタ・テーブルに追加できます．例を次に示します．

```
; Subroutine for setting vector of an exception based on
; exception type
```

```
                        ; (For IRQs add 16 : IRQ #0 = exception type 16)
SetVector
        ; Input R0 = exception type
        ; Input R1 = vector address value
        PUSH {R2, LR}
        LDR  R2,=0xE000ED08       ; Vector table offset register
        LDR  R2, [R2]
        STR  R1, [R2, R0, LSL #2] ; Write vector to VectTblOffset+
                                  ; ExcpType*4
        POP  {R2, PC}             ; Return
```

11.1.3 割り込み優先順位の設定

デフォルトで，リセット後にプログラマブルな優先度をもつすべての例外は，優先度レベルが0になります．ハード・フォールトおよびNMIの優先度レベルは，それぞれ−1と−2です．優先度レベル・レジスタの設定は，バイト単位でアクセスできる利点を生かすと，下記の例のようにコーディングが容易になります．

```
        ; Setting IRQ #4 priority to 0xC0
        LDR  R0, =0xE000E400 ; External Interrupt Priority Reg starting
                             ; address
        LDR R1, =0xC0        ; Priority level
        STRB R1, [R0, #4]    ; Set IRQ #4 priority (Byte write)
```

Cortex-M3においては，割り込み優先度構成レジスタの幅は半導体メーカにより定められています．この最小幅は3ビット，最大幅は8ビットです．実装された幅は0xFFを優先度構成レジスタの一つへ書き込み，それを読み返すことで調べることができます．例を次に示します．

```
        ; Determine the implemented priority width
        LDR    R0,=0xE000E400 ; Priority Configuration register for
                              ; external interrupt #0
        LDR    R1,=0xFF
        STRB   R1,[R0]        ; Write 0xFF (note : byte size write)
        LDRB   R1,[R0]        ; Read back (e.g. 0xE0 for 3-bits)
        RBIT   R2, R1         ; Bit reverse R2 (e.g. 0x07000000 for
                              ; 3-bits)
        CLZ    R1, R2         ; Count leading zeros (e.g. 0x5 for 3-bits)
        MOV    R2, #8
        SUB    R2, R2, R1     ; Get implemented width of priority
                              ; (e.g. 8-5=3 for 3-bits)
        MOV    R1, #0x0
        STRB   R1,[R0]        ; Restore to reset value (0x0)
```

アプリケーションを移植する必要がある場合，優先度レベルには0x00，0x20，0x40，0x60，0x80，0xA0，0xC0および0xE0のみの使用が最善です．その理由は，Cortex-M3のデバイスはすべてこれらの優先度レベルを備えているためです．

システム例外およびフォールト・ハンドラ例外に対する優先度の設定も忘れずに同様に行います．いくつかの重要な割り込みに対して優先度をほかのシステム例外やフォールト・ハンドラよりも高くする必要がある場合には，ハンドラの横取りを可能にするため，そのほかのシステム例外およびフォールト・ハンドラの優先度レベルを下げる必要があります．

11.1.4 割り込みの許可

ベクタ・テーブルと割り込み優先度の設定が終わると，割り込みが有効になります．しかし，割り込みを実際に有効にする前に二つの処置が必要となります．

1. ベクタ・テーブルが書き込みバッファされたメモリ領域にある場合，ベクタ・テーブル・メモリがアップデートされていることをデータ同期バリア（DSB；Data Synchronization Barrier）命令で確実にする必要がある．ほとんどの場合，メモリへの書き込みは少ないクロック・サイクルで完了するはずである．しかし，ソフトウェアを異なるCortex-M3製品へ移植する必要がある場合には，割り込みが有効となった直後に割り込みが発生したとき，コアが最新のベクタを取得しているかをこの方法で確実にする．
2. 割り込みがすでに保留または事前にアサートされている場合があるため，割り込みの保留ステータスをクリアする必要がある．たとえば，電源投入時の信号の変動によって，割り込み発生回路がトリガされる場合がある．さらに，UARTのようなペリフェラルでは，UARTレシーバのノイズをデータの受信と誤って割り込みが保留されることがある．そのため，割り込みを許可する前に保留ステータスを確認し，クリアする必要がある．ペリフェラルの設計によっては，保留ステータスがすでにセットされている際にペリフェラルの再初期化が必要

NVICの内部では，割り込み許可用のレジスタと禁止用のレジスタの二つのそれぞれ個別のアドレスに割り当てられたレジスタがあります．この二重性により，個々の割り込みがほかの割り込みイネーブル・ステータスに影響を与えたり，失わせることなしに，それぞれの割り込みを許可または禁止することができます．この仕組みがなければ，ソフトウェアによるREAD-MODIFY-WRITEの変化が割り込みハンドラで使われるイネーブル・レジスタのステータスを失わせる可能性があります．ソフトウェアが割り込みイネーブルをセットするには，NVIC内のSETENレジスタの該当するビット位置に1を書き込みます．同様に，ソフトウェアが割り込みをクリアするには，CLRENレジスタの該当するビット位置に1を書き込みます．

```
        ; A subroutine to enable an IRQ based on IRQ number
EnableIRQ
        ; Input R0 = IRQ number
        PUSH    {R0-R2, LR}
        AND.W   R1, R0, #0x1F   ; Generate enable bit pattern for
                                ; the IRQ
        MOV     R2, #1
```

```
        LSL     R2, R2, R1      ; Bit pattern = (0x1 << (N & 0x1F))
        AND.W   R1, R0, #0xE0   ; Generate address offset if IRQ number
                                ; is above 31
        LSR     R1, R1, #3      ; Address offset = (N/32)*4 (Each word
                                ; has 32 IRQ enable)
        LDR     R0,=0xE000E100  ; SETEN register for external interrupt
                                ; #31-#0
        STR     R2, [R0, R1]    ; Write bit pattern to SETEN register
        POP     {R0-R2, PC}     ; Restore registers and Return
```

IRQ禁止用のサブルーチンも同様に記述できます.

```
        ; A subroutine to Disable an IRQ based on IRQ number
DisableIRQ
        ; Input R0 = IRQ number
        PUSH    {R0-R2, LR}
        AND.W   R1, R0, #0x1F   ; Generate Disable bit pattern for
                                ; the IRQ
        MOV     R2, #1
        LSL     R2, R2, R1      ; Bit pattern = (0x1 << (N & 0x1F))
        AND.W   R1, R0, #0xE0   ; Generate address offset if IRQ number
                                ; is above 31
        LSR     R1, R1, #3      ; Address offset = (N/32)*4 (Each word
                                ; has 32 IRQ enable)
        LDR     R0,=0xE000E180  ; CLREN register for external interrupt
                                ; #31-#0
        STR     R2, [R0, R1]    ; Write bit pattern to CLREN register
        POP     {R0-R2, PC}     ; Restore registers and Return
```

IRQ保留ステータス・レジスタのセットおよびクリア用に,類似したサブルーチンを開発することができます.

Column　NVIC割り込みレジスタへのアクセス

　NVICにあるほとんどのレジスタはワード,ハーフ・ワードまたはバイト転送でアクセス可能です.適切な転送サイズを選択すると,プログラムの作成を簡単に行うことができます.たとえば,優先度レベル・レジスタはバイト転送で最適な状態にプログラムされます.この方法を利用すれば,誤ってほかの例外の優先度を変化させる心配がありません.

11.2 例外/割り込みハンドラ

ARM7の場合，アセンブリ言語で通常書かれる割り込みハンドラを，Cortex-M3では完全にC言語のみのプログラムで書くことができます．ARM7ではこの割り込みハンドラはすべてのレジスタの内容を確実にセーブし，ネストした割り込みをサポートするシステムの場合には，情報がなくなることを防ぐためにプロセッサを異なるモードへ切り換える必要がありました．これらの処理がCortex-M3では必要なく，より簡単にプログラムを作成できます．

アセンブリ言語では，簡単な例外ハンドラは次のようになります．

```
irq1_handler
        ; Process IRQ request
        ...
        ; Deassert IRQ request in peripheral
        ...
        ; Interrupt return
        BX    LR
```

割り込みサービス・ルーチン内部にあるIRQ要求のデアサートは，ペリフェラルの設計によって決まります．ペリフェラルがパルスでの割り込み要求を生成する場合，このステップは必要ありません．場合によってはペリフェラルは短期間で複数の割り込み要求を生成でき，新たに到着した割り込みが失われないことを確実にするために，ペリフェラルでIRQ要求のデアサーションが条件付きで行われます．

多くの場合，割り込みハンドラは割り込みを処理するのにR0～R3やR12のほかにも必要とするので，これらのレジスタをセーブする必要があります．以下の例でスタック・プロセス中にセーブされない全レジスタをセーブします．ただし，レジスタの一部が例外ハンドラで使用されない場合は，セーブ済みレジスタ・リストから除外されます．

```
irq1_handler
        PUSH   {R4-R11, LR} ; Save all registers that are not saved
                            ; during stacking
        ; Process IRQ request
        ...
        ; Deassert IRQ request in peripheral (optional)
        ...
        POP    {R4-R11, PC} ; Restore registers and Interrupt return
```

POPが割り込みリターンを開始できる命令のうちの一つであるため，同じ命令でレジスタ復元と割り込みリターンを組み合わせることができます．

ペリフェラルの設計によっては，例外ハンドラにプログラムして，ペリフェラルの例外要求を無効な状態にする必要があります．ペリフェラルからNVICまでの例外要求がパルス信号の場合には，結果として例外ハンドラは例外要求をクリアする必要がなくなります．そうでないと，例外が終了した直後に再度保留を行えなくなるので，例外ハンドラは例外要求をクリアする必要があります．従来のARMプ

ロセッサでは，ペリフェラルは割り込み要求が処理されるまで，その要求を維持する必要があります．なぜなら，これまでのARMコア用に設計した割り込みコントローラは保留メモリを備えていないからです．

Cortex-M3では，ペリフェラルが割り込み要求をパルスの形式で生成した場合，NVICが保留要求ステータスとして要求をストアできます．一度プロセッサが例外ハンドラに入ると，保留ステータスは自動的にクリアされます．これにより，例外ハンドラは割り込み要求をクリアするためにペリフェラルをプログラムする必要がなくなります．

11.3 ソフトウェア割り込み

割り込みを起こさせるさまざまな方法を以下に示します．
- 外部割り込み入力
- NVICへの割り込み保留レジスタをセット（第8章を参照）
- NVICでソフトウェア・トリガ割り込みレジスタ（STIR）を経由してセット（第8章を参照）

たいていの場合，一部の割り込みは未使用なので，ソフトウェア割り込みとして使用できます．ソフトウェア割り込みはSVCと同様に機能でき，システム・サービスへのアクセスを許可します．しかしデフォルト設定により，ユーザ・プログラムはNVICにアクセスできません．ただしNVICのコンフィギュレーション設定レジスタにあるUSERSETMPENDビットが設定されている場合にのみ，プログラムはNVICのSTIRにアクセス可能です（付録Dの**表D.17**を参照）．

SVCと違いソフトウェア割り込みは正確ではありません．つまり割り込みの横取りが，割り込みマスク・レジスタやほかの割り込みサービス・ルーチンからのブロックがない場合であっても，すぐに起こるとは限りません．その結果，NVIC STIRへの書き込み直後の命令がソフトウェア割り込みの結果によって決まる場合，ソフトウェア割り込みは直後の命令が実行されてから呼び出されることがあるため，操作が失敗となることがあります．

この問題を解決するため，DSB命令を使用します．例を次に示します．

```
        MOV     R0, #SOFTWARE_INTERRUPT_NUMBER
        LDR     R1,=0xE000EF00  ; NVIC Software Interrupt Trigger
                                ; Register address
        STR     R0, [R1]        ; Trigger software interrupt
        DSB                     ; Data synchronization barrier
        ...
```

しかし，別の問題がまだあります．割り込みマスク・レジスタが設定されている場合や，ソフトウェア割り込みを生成しているプログラム・コードが例外ハンドラ自体である場合には，ソフトウェア割り込みが実行できない可能性があります．したがって，ソフトウェア割り込みを生成しているプログラム・コードで，ソフトウェア割り込みが実行されているかを検証する必要があります．これはソフトウェア割り込みハンドラを使ってソフトウェア・フラグ設定を行うことで可能になります．

結局，USERSETMPENDを設定すると別の問題の原因となる可能性があります．これを設定することで，ユーザ・プログラムはシステム例外を要求するどのソフトウェア割り込みをもトリガできます．

結果的に，USERSETMPENDが使われており，さらにシステムが信頼できないユーザ・プログラムを含んでいる場合には，ユーザ・プログラムからトリガされていることがあるので，例外が許可されているかどうかを例外ハンドラでチェックしたほうがよいでしょう．システムが信頼できないユーザ・プログラムを含んでいる場合は，SVCのみを利用してシステム・サービスを提供することがもっとも理想的です．

11.4 例外ハンドラを備えた例

NMIとハード・フォールト・ハンドラは有効な例外がなくても発生することがあるので，ベクタ・テーブルの開始はリセット・ベクタ，NMIベクタおよびハード・フォールト・ベクタを含むべきであるということについては第7章で触れました．ベクタ・テーブルはプログラム開始後すぐにSRAMの異なる場所へ再配置できます．アプリケーションによっては，ベクタ・テーブルの再配置は必要ありません．以下の例では，SRAMの初めに新しく変更されたベクタ・テーブルを配置し，その後データ変数をその後に続けます．

```
STACK_TOP       EQU     0x20002000      ; constant for SP starting value
NVIC_SETEN      EQU     0xE000E100      ; Set enable registers base address
NVIC_VECTTBL    EQU     0xE000ED08      ; Vector Table Offset Register
NVIC_AIRCR      EQU     0xE000ED0C      ; Application Interrupt and Reset
                                        ; Control Register
NVIC_IRQPRI     EQU     0xE000E400      ; Interrupt Priority Level register
                AREA    |Header Code|, CODE
                DCD     STACK_TOP       ; SP initial value
                DCD     Start           ; Reset vector
                DCD     Nmi_Handler     ; NMI handler
                DCD     Hf_Handler      ; Hard fault handler
                ENTRY
Start           ; Start of main program
                ; initialize registers
                MOV     r0, #0          ; initialize registers
                MOV     r1, #0
                ...
                ; Copy old vector table to new vector table
                LDR     r0,=0
                LDR     r1,=VectorTableBase
                LDMIA   r0!,{r2-r5}     ; Copy 4 words
                STMIA   r1!,{r2-r5}
                DSB     ; Data synchronization barrier.
                ; Set vector table offset register
```

11.4 例外ハンドラを備えた例

```
                LDR     r0,=NVIC_VECTTBL
                LDR     r1,=VectorTableBase
                STR     r1,[r0]
                ...
                ; Setup Priority group register
                LDR     r0,=NVIC_AIRCR
                LDR     r1,=0x05FA0500 ; Priority group 5
                STR     R1,[r0]
                ; Setup IRQ 0 vector
                MOV     r0, #0       ; IRQ#0
                LDR     r1, =Irq0_Handler
                BL      SetupIrqHandler
                ; Setup priority
                LDR     r0,=NVIC_IRQPRI
                LDR     r1,=0xC0     ; IRQ#0 priority
                STRB    r1,[r0,#0]   ; Set IRQ0 priority at offset=0.
                                     ; Note : Byte store
                                     ;(IRQ#1 will have offset = 1)
                DSB     ; Data synchronization barrier. Make sure
                        ; everything ready before enabling interrupt
                MOV     r0, #0       ; select IRQ#0
                BL      EnableIRQ
                ...
                ;------------------------
                ; functions
SetupIrqHandler
                ; Input R0 = IRQ number
                ;       R1 = IRQ handler
                PUSH    {R0, R2, LR}
                LDR     R2,=NVIC_VECTTBL ; Get vector table offset
                LDR     R2,[R2]
                ADD     R0, #16      ; Exception number = IRQ number + 16
                LSL     R0, R0, #2   ; Times 4 (each vector is 4 bytes)
                ADD     R2, R0       ; Find vector address
                STR     R1,[R2]      ; store vector handler
                POP     {R0, R2, PC} ; Return
EnableIRQ
                ; Input R0 = IRQ number
```

```
                PUSH    {R0 - R3, LR}
                AND     R1, R0, #0x1F   ; Get lower 5 bit to find bit pattern
                MOV     R2, #1
                LSL     R2, R2, R1      ; Bit pattern in R2
                BIC     R0, #0x1F
                LSR     R0, #3          ; word offset. (IRQ number can be
                                        ; higher than 32)
                LDR     R1, =NVIC_SETEN
                STR     R2,[R1, R0]     ; Set enable bit
                POP     {R0 - R3, PC}   ; Return
                ;------------------------
                ; Exception handlers
Hf_Handler
                ...                     ; insert your code here
                BX      LR              ; Return
Nmi_Handler
                ...                     ; insert your code here
                BX      LR              ; Return
Irq0_Handler
                ...                     ; insert your code here
                BX      LR              ; Return
                ;------------------------
                AREA    |Header Data|, DATA
                ALIGN   4
                ; Relocated vector table
VectorTableBase         SPACE 256       ; Number of bytes
VectorTableEnd                          ; (256 / 4 = upto 64 exceptions)
MyData1         DCD     0               ; Variables
MyData2         DCD     0
                END                     ; End of file
```

　以上が若干長い例です．終わりの部分から見ていきます．まずはデータ領域です．

　データ・メモリ領域（通常プログラムの最後にある）に，256バイト空間（SPACE 256）をベクタ・テーブルと定義します．これにより，ここへ最大64の例外ベクタのストアが可能です．より少ない，またはより多い空間がベクタ・テーブルに必要な場合はサイズ変更をするとよいでしょう．ほかのソフトウェア変数はベクタ・テーブル空間に続くので，変数 **MyData 1** は現在のアドレス 0x20000100 にあります．

　コードの初めに，ほかのプログラム用にアドレス定数を定義します．つまり，数値を使用する代わりにこれらの定数名を利用して，より理解しやすいプログラムを作成できます．

イニシャル・ベクタ・テーブルは現在，リセット・ベクタ，NMIベクタ，およびハード・フォールト・ベクタを含んでいます．前に記述されている例題コードは例外ベクタの設定の仕方を示しており，実際のNMI，ハード・フォールト，またはIRQハンドラは含んでいません．実際のアプリケーションにもよりますが，これらのハンドラを開発する必要があります．例題はBX LRを例外リターンとして使っていますが，ほかの有効な例外リターンの命令により変更することがあります．

レジスタの初期化後，ベクタ・ハンドラをSRAMの新しいベクタ・テーブルへコピーします．これは一つのマルチプル・ロードと一つのマルチプル・ストア命令によって行われます．より多くのベクタ・テーブルをコピーする必要がある場合には，単純にマルチプル・ロード/ストア命令を追加するか，ワードをコピーするための各ロード/ストア命令の組み合わせを増やしてください．

ベクタ・テーブルの準備が終わると，SRAMのベクタ・テーブルを新しいものへリロケートします．しかし，ベクタ・ハンドラの転送を確実に完了させるには，DSB命令を使う必要があります．

その次に，残りの割り込みを設定する必要があります．最初の一つは優先度グループの設定です．これは，一度だけ実行する必要があります．例の中では，二つのサブルーチン・コール **SetupIrqHandler** と **EnableIRQ** が割り込みの設定作業を簡単にするために作られています．同じコードを使ってNVIC_SETENからNVIC_CLRENに変更すると，さらに **DisableIRQ** と呼ばれる同様の関数を追加することができます．ハンドラと優先度レベルを設定した後で，IRQをイネーブルにすることができます．

11.5 SVCを使う

SVCはOSのAPIにユーザ・アプリケーションがアクセスできるようにする一般的な方法です．これはユーザ・アプリケーションがOSに渡すパラメータだけわかればよいからです．API関数のメモリ・アドレスを知る必要はありません．

SVC命令はパラメータを含んでおり，そのパラメータは命令内にある8ビット・イミディエート・データです．この値はSVC命令を使用する際に必要です．例を次に示します．

```
      SVC 3 ; Call system service number 3
```

SVCハンドラの内部で，命令からパラメータを取り出すことが必要です．これは，**図11.2**で図解した手順で実現できます．

これを行う簡単なアセンブラ・コードを以下に記します．

```
svc_handler
        TST     LR, #0x4        ; Test EXC_RETURN number in LR bit 2
        ITE     EQ              ; if zero (equal) then
        MRSEQ   R0, MSP         ; Main Stack was used, put MSP in R0
        MRSNE   R0, PSP         ; else, Process Stack was used, put PSP
                                ; in R0
        LDR     R1,[R0,#24]     ; Get stacked PC from stack
        LDRB    R0,[R1,#-2]     ; Get the immediate data from the
                                ; instruction
        ; Now the immediate data is in R0
```

第11章 例外プログラミング

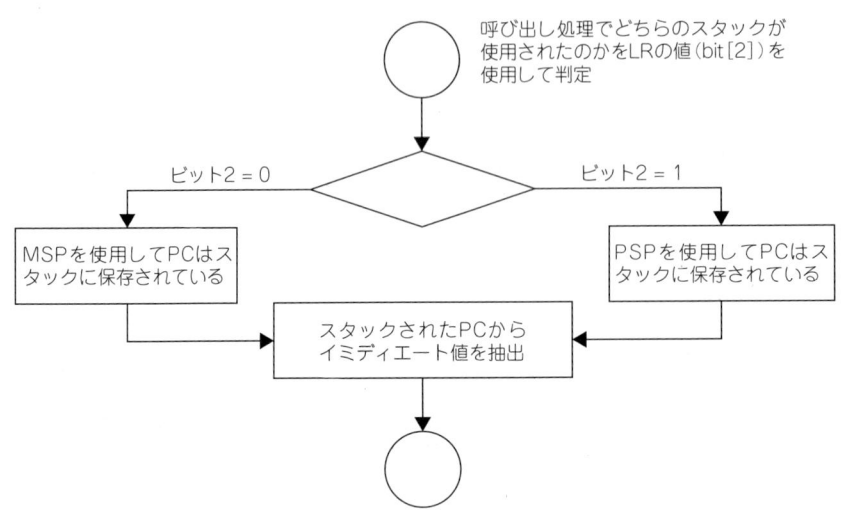

図11.2 SVCパラメータを抽出する唯一の方法

（フローチャート：呼び出し処理でどちらのスタックが使用されたのかをLRの値（bit[2]）を使用して判定 → ビット2 = 0 なら MSPを使用してPCはスタックに保存されている／ビット2 = 1 なら PSPを使用してPCはスタックに保存されている → スタックされたPCからイミディエート値を抽出）

```
        ...
        BX      LR              ; Return to calling function
```

一度SVCの呼び出しパラメータが求まると，対応するSVC関数が実行されます．効率的に，SVCサービス・コードに正しく分岐するために，TBBとTBHなどのテーブル分岐命令を使用します．しかし，テーブル分岐命令を使用する場合には，SVCの呼び出しパラメータが必ず正しい値を含んでいる場合を除いて，システムを破壊する正しくないSVCからの呼び出しを防ぐために，そのパラメータの値を必ず確認することが必要です．

また，SVC呼び出しは例外機構を介して別のSVCサービスを要求できないので，SVCハンドラが直接別のSVC関数を呼び出します（たとえばBLなど）．

11.6　SVCの例：出力関数としての使用

これまでに，出力関数用のさまざまなサブルーチンを詳しく説明しました．ときどき，サブルーチンを呼び出すのにBLを使うには不十分なことがあります．たとえば，関数が異なるオブジェクト・ファイルにあるためにサブルーチンのアドレスが見つけられないときや，分岐アドレスの範囲が大きすぎるときなどです．このような場合，出力関数のエントリ・ポイントとして機能させるためにSVCを使うとよいでしょう．例を次に示します．

```
        LDR     R0,=HELLO_TXT
        SVC     0               ; Display string pointed to by R0
        MOV     R0,#'A'
        SVC     1               ; Display character in R0
        LDR     R0,=0xC123456
        SVC     2               ; Display hexadecimal value in R0
```

```
        MOV     R0,#1234
        SVC     3           ; Display decimal value in R0
```

SVCを使用するために，SVCハンドラの設定が必要です．IRQ用に作った関数を修正できます．唯一異なるのは，この関数は入力として例外タイプを要求するところです（SVCは例外タイプ11）．加えて今度はThumb-2命令の特徴を利用するために，コードのさらなる最適化を行いました．

```
SetupExcpHandler
        ; Input R0 = Exception number
        ;       R1 = Exception handler
        PUSH    {R0, R2, LR}
        LDR     R2,=NVIC_VECTTBL ; Get vector table offset
        LDR     R2,[R2]
        STR.W   R1,[R2, R0, LSL #2] ; store vector handler in [R2+R0<<2]
        POP     {R0, R2, PC} ; Return
```

上記の例題にあったように，**svc_handler**によりSVC呼び出し番号を抽出できます．また，SVCへ引き継がれるパラメータはスタックを読み込むことでアクセス可能になり，さらに，さまざまな関数への分岐を決定するコードが追加されました．

```
svc_handler
        TST     LR, #0x4            ; Test EXC_RETURN number in LR bit 2
        ITE     EQ                  ; if zero (equal) then
        MRSEQ   R1, MSP             ; Main Stack was used, put MSP in R0
        MRSNE   R1, PSP             ; else, Process Stack was used, put PSP
                                    ; in R0
        LDR     R0,[R1,#0]          ; Get stacked R0 from stack
        LDR     R1,[R1,#24]         ; Get stacked PC from stack
        LDRB    R1,[R1,#-2]         ; Get the immediate data from the
                                    ; instruction
        ; Now the immediate data is in R1, input parameter is in R0
        PUSH    {LR}                ; Store LR to stack
        CBNZ    R1,svc_handler_1
        BL      Puts                ; Branch to Puts
        B       svc_handler_end
svc_handler_1
        CMP     R1,#1
        BNE     svc_handler_2
        BL      Putc                ; Branch to Putc
        B       svc_handler_end
svc_handler_2
        CMP     R1,#2
```

```
        BNE     svc_handler_3
        BL      PutHex              ; Branch to PutHex
        B       svc_handler_end
svc_handler_3
        CMP     R1,#3
        BNE     svc_handler_4
        BL      PutDec              ; Branch to PutDec
```

> **Column** アドレシング・モードで実現できること

SetupIrqHandlerおよび**SetupExcpHandler**ルーチンのコード例から，Cortex-M3のアドレシング・モードの特徴を活用すると，コードを大幅に短縮できることがわかりました．**SetupIrqHandler**では，IRQベクタのデスティネーションのアドレスを算出でき，次にストアが実行されます．

```
SetupIrqHandler
    PUSH    {R0, R2, LR}
    LDR     R2,=NVIC_VECTTBL ; Get vector table offset        ; Step 1
    LDR     R2,[R2]                                           ; Step 2
    ADD     R0, #16       ; Exception number = IRQ number + 16 ; Step 3
    LSL     R0, R0, #2    ; Times 4 (each vector is 4 bytes)  ; Step 4
    ADD     R2, R0        ; Find vector address               ; Step 5
    STR     R1,[R2]       ; store vector handler              ; Step 6
    POP     {R0, R2, PC}  ; Return
```

次の**SetupExcpHandler**では，前のSetupIrqHandlerのStep4～Step6が1ステップに省略されています．

```
SetupExcpHandler
        PUSH    {R0, R2, LR}
        LDR     R2,=NVIC_VECTTBL    ; Get vector table offset
        LDR     R2,[R2]
        STR.W   R1,[R2, R0, LSL #2] ; store vector handler in
                                    ; [R2+R0<<2]
        POP     {R0, R2, PC} ; Return
```

通常，データ・アドレスが次の二つのどちらかと類似している場合，命令の数を減らすことができます．

▶ $Rn + 2^N * Rm$
▶ $Rn +/-$ immediate_offset

SetupIrqHandlerルーチン用に準備できた最小コードを示します．

```
SetupIrqHandler
        PUSH    {R0, R2, LR}
        LDR     R2,=NVIC_VECTTBL      ; Get vector table offset ; Step 1
        LDR     R2,[R2]                                         ; Step 2
        ADD     R2, #(16*4)           ; Get IRQ vector start    ; Step 3
        STR.W   R1,[R2, R0, LSL #2]   ; Store vector handler    ; Step 4
        POP     {R0, R2, PC} ; Return
```

```
            B         svc_handler_end
svc_handler_4
            B         error              ; input not known
            ...
svc_handler_end
            POP       {PC}               ; Return
```

svc_handlerコードは，分岐できる範囲に出力関数があることを確実にすることができるように，出力関数と一緒に配置するべきです．

レジスタの現在の内容をパラメータとして受け渡す際は，レジスタ・バンクの現在の内容の代わりに，スタックされたレジスタの内容が利用されます．これは，SVC命令が実行された際に，優先度の高い割り込みが発生し，SVCがほかの割り込みハンドラの後から再開した場合（テール・チェーン），R0〜R3とR12の内容が割り込みハンドラにより変更されることがあるためです．この原因は，割り込みがテール・チェーンされる際には，スタックからレジスタの値を取り出す（アンスタッキング）ことはないという特徴があるためです．例を示します．

1. パラメータがR0に入れられる
2. 優先度の高い割り込みの発生と同時にSVC命令が実行される
3. スタッキングが実行され，R0〜R3，R12，LR，PCとxPSRがスタックに保存される
4. 割り込みハンドラが実行される．R0〜R3とR12はハンドラにより変更可能となる．この変更は，ハードウェアによるアンスタッキングによりレジスタが復元されるため許される
5. SVCハンドラは割り込みハンドラからテール・チェーンされる．SVCに入った際に，R0〜R3とR12の内容は，SVCが呼ばれた際の値と異なることがある．しかし，スタックに保存された正しいパラメータにSVCハンドラからアクセスすることができる

11.7 C言語でSVCを使う

ほとんどの場合，アセンブラ・ハンドラ・コードはSVC関数へ受け渡しを行うパラメータを必要とします．これは，初めに説明したように，パラメータはレジスタではなくスタックによって受け渡されるからです．SVCハンドラがC言語で開発されている場合には，簡単なアセンブラ・ラッパ・コードでスタッキングされたレジスタの位置を取得し，SVCハンドラ上へ渡されます．SVCハンドラはその後SVC番号とパラメータをスタック・ポインタの値から抽出することができます．RealView Development Suite（RVDS）またはKEIL RealView Microcontroller Development Kitが使われているとすると，組み込みアセンブラでアセンブラ・ラッパを実装することも可能です．

```
// Assembler wrapper for extracting stack frame starting location.
// Starting of stack frame is put into R0 and then branch to the
// actual SVC handler.
__asm void svc_handler_wrapper(void)
{
  IMPORT svc_handler
```

第11章 例外プログラミング

```
        TST     LR, #4
        ITE     EQ
        MRSEQ   R0, MSP
        MRSNE   R0, PSP
        B       svc_handler
} // No need to add return (BX LR) because return of svc_handler
  // should return execution to SVC calling program directly
```

SVCハンドラの残りの部分は，レジスタR0を入力(スタック・フレームの開始位置)として利用し，C言語で実装できます．SVC番号と渡されたパラメータ(R0～R3)を取り出すのにR0は使われます．

```
// SVC handler in C, with stack frame location as input parameter
// and use it as a memory pointer pointing to an array of arguments.
// svc_args[0] = R0 , svc_args[1] = R1
// svc_args[2] = R2 , svc_args[3] = R3
// svc_args[4] = R12, svc_args[5] = LR
// svc_args[6] = Return address (Stacked PC)
// svc_args[7] = xPSR
void svc_handler(unsigned int * svc_args)
{
  unsigned int svc_number;
  unsigned int svc_r0;
  unsigned int svc_r1;
  unsigned int svc_r2;
  unsigned int svc_r3;

  svc_number = ((char *) svc_args[6])[-2]; // Memory[(Stacked PC)-2]
  svc_r0 = ((unsigned long) svc_args[0]);
  svc_r1 = ((unsigned long) svc_args[1]);
  svc_r2 = ((unsigned long) svc_args[2]);
  svc_r3 = ((unsigned long) svc_args[3]);
printf ("SVC number = %xn", svc_number);
printf ("SVC parameter 0 = %x\n", svc_r0);
printf ("SVC parameter 1 = %x\n", svc_r1);
printf ("SVC parameter 2 = %x\n", svc_r2);
printf ("SVC parameter 3 = %x\n", svc_r3);

return;
}
```

SVCは呼び出しプログラムへ通常のC言語関数で行うのと同じ方法で結果を返すことができません．

11.7 C言語でSVCを使う

通常のC言語関数は**unsigned int func()**のようなデータ・タイプで関数を定義する値を返し，また戻り値を受け渡すのに**return**文を使用します．これは実際にはレジスタR0に値を配置するということです．SVCハンドラが退出するときに戻り値をレジスタR0～R3へ書き込む場合には，レジスタ値はアンスタッキング・シーケンスによって上書きされてしまいます．そのため，SVCが呼び出しプログラムへ結果を返さなければならないときには，アンスタッキングの実行中に値をレジスタ内へロードできるようにするため，スタック・フレームを直接修正する必要があります．

ARM RealView Development Suite (RVDS) またはKEIL RealView Microcontroller Development Kit (RV-MDK) で，C言語のプログラム内部のSVCを呼び出すために，コンパイラ・キーワード**__svc**を使用できます．たとえば，四つの変数を受け渡す番号3のSVC関数を**call_svc_3**と名付ける場合は，以下のように宣言することができます．

```
void __svc(0x03) call_svc_3(unsigned long svc_r0, unsigned long
svc_r1, unsigned long svc_r2, unsigned long svc_r3);
```

これにより，C言語のプログラムからシステム・コールを以下のように呼び出せます．

```
int main(void)
{
  unsigned long p0, p1, p2, p3; // parameters to pass to SVC handler
  ...
  call_svc_3(p0, p1, p2, p3); // call SVC number 3, with parameters
                              // p0, p1, p2, p3 pass to the SVC
  ...
  return;
}
```

Real View Development SuiteまたはReal View C Compilerにおいてキーワード**__svc**の使用に関する詳細情報は，*RVCT 3.0 compiler and Library Guide* (Ref 6) に掲載しています．

GNUツール・チェーンを利用する場合に，GCCには**__svc**キーワードはありません．SVCはインライン・アセンブラによりアクセスします．たとえば，SVCの呼び出し番号3がレジスタR0を通して一つの入力変数と戻り値を扱う場合 (*AAPCS* Ref 5では，変数の受け渡しにレジスタR0を使用する)，下記のインライン・アセンブラのコードをSVCの呼び出しに利用できます．

```
int MyDataIn = 0x123;

__asm __volatile ("mov R0, %0\n"
                  "svc 3      \n" : "": "r" (MyDataIn) );
```

このインライン・アセンブラ・コードは以下の部分，すなわち**r** (**MyDataIn**) で指定された入力データおよび出力フィールドなし (上記のコードで""として示している) に分解することができます．

```
__asm ( assembler_code : output_list : input_list)
```

GNUツール・チェーンでのインライン・アセンブラの多くの使用例が本書の第19章にあります．コンパイラまたはイランライン・アセンブラからのパラメータの受け渡しの詳細については，GNUツール・チェーンのドキュメントを参照してください．

Advanced Programming Features and System Behavior

第12章 高度なプログラミング機能とシステムの挙動

> この章では以下の項目を紹介します．
> ▶ 二つの独立したスタックをもつシステムの起動
> ▶ ダブル・ワード・スタック・アライメント
> ▶ 非ベース・レベルからのスレッド許可
> ▶ 性能の検討
> ▶ ロックアップ状況

12.1　二つの独立したスタックをもつシステムの起動

　v7-Mアーキテクチャの重要な特徴の一つは，ユーザ・アプリケーション・スタックを特権/カーネル・スタックから分けることを可能にする機能です．オプションのMPUを実装した場合は，これを使用することで，ユーザ・アプリケーションからカーネル・スタック・メモリへのアクセスをブロックし，メモリの内容が損なわれることによるカーネルのクラッシュを防ぎます．
　一般的に，Cortex-M3ベースの強力なシステムは以下の特性を備えています．

- 例外ハンドラはMSPを使用する
- 一定間隔で，SysTick例外によりカーネル・コードがタスク・スケジューリングおよびシステム管理用に特権アクセス・レベルで起動される
- ユーザ・アクセス・レベル（非特権）でスレッドとして動作するユーザ・アプリケーション．これらのアプリケーションはPSPを使用する
- カーネルと例外ハンドラ用のスタック・メモリはMSPで指定される．またMPUが利用可能な場合だけ，このスタック・メモリを特権アクセス用だけに制限することができる
- ユーザ・アプリケーション用のスタック・メモリはPSPで指定される

　システム・メモリにSRAMがあると仮定すると，SRAMをユーザ用と特権アクセス用の二つの領域に分けられるようにMPUを設定できます．各領域はアプリケーション・データのほかスタックのメモリ空間として利用されます．Cortex-M3でのスタック操作がフル・ディセンディングであるため，スタック・ポインタの初期値を領域の最上部に指定する必要があります（図12.1）．

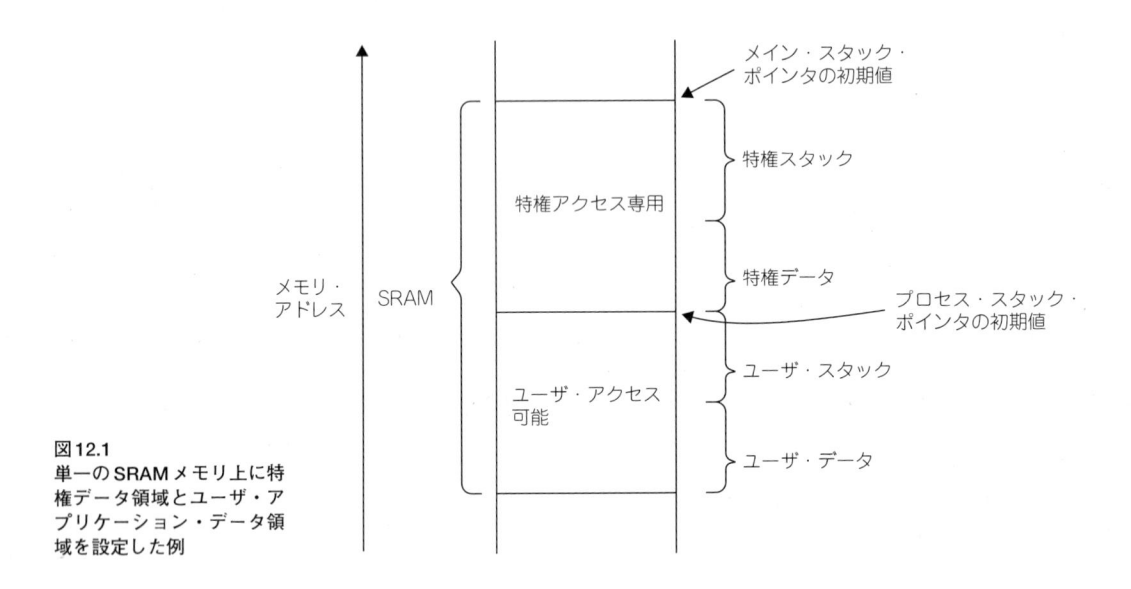

第12章 高度なプログラミング機能とシステムの挙動

図12.1
単一のSRAMメモリ上に特権データ領域とユーザ・アプリケーション・データ領域を設定した例

電源投入後，MSPのみ（電源投入シーケンス中にアドレス0x0の内容がフェッチされ）初期化されます．システムを完全に強固なものにするために二つのスタックが使用されますが，そのためには追加手順が必要になります．アセンブリ・コードで記述するプリケーションでは，以下のように簡単に記述できます．

```
; Start at privileged level (this code locates in user
; accessible memory)
    BL      MpuSetup        ; Setup MPU regions and enable memory
                            ; protection
    LDR     R0,=_PSP_TOP    ; Setup Process SP to top of process stack
    MSR     PSP, R0
    BL      SystickSetup    ; Setup Systick and systick exception to
                            ; invoke OS kernel at regular intervals
    MOV     R0, #0x3        ; Setup CONTROL register so that user
                            ; program use PSP,
    MSR     CONTROL, R0     ; and switch current access level to user
    B       UserApplicationStart    ; Now we are in user access
                                    ; level. Start user code
```

この処理はアセンブリ言語では効果的ですがC言語での記述には適していません．スタック・ポインタをC言語関数の処理中に切り替えることは，ローカル変数を失う原因になるからです（C言語関数やサブルーチンでは，ローカル変数がスタック・メモリに配置されることがあるため）．Cortex-M3 TRM (Ref 1) では，SVCによりISRを利用してカーネルを呼び出し，その後EXC_RETURN値を修正してスタック・ポインタを変更することを勧めています（**図12.2**）．

多くの場合，EXC_RETURNの修正やスタックの切り替えはオペレーティング・システムに実装され

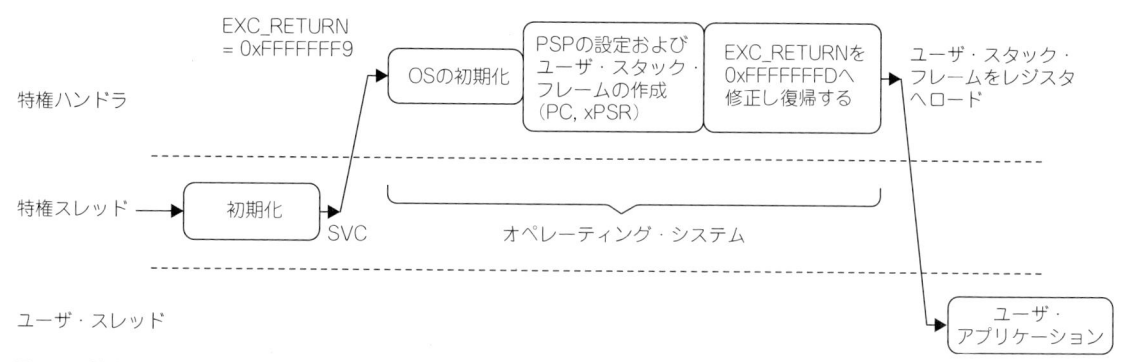

12.1 二つの独立したスタックをもつシステムの起動

図 12.2 簡単な OS の複数スタックの初期化

ています．ユーザ・アプリケーションが起動すると，システム管理用にオペレーティング・システムを呼び出すため，SysTick 例外が定期的に使用され，必要に応じてコンテキスト・スイッチが行われます（**図 12.3**）．

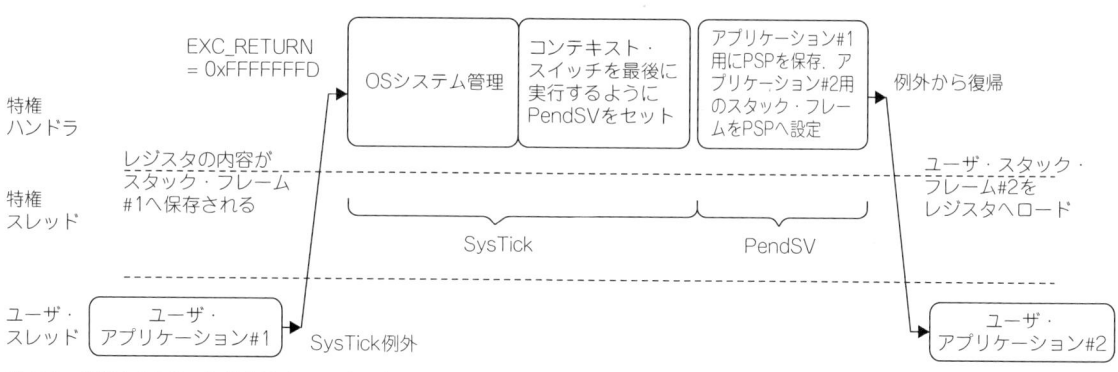

図 12.3 簡単な OS のコンテキスト・スイッチ

割り込みハンドラ中にコンテキスト・スイッチが発生するのを防ぐため，コンテキスト・スイッチは，PendSV（低優先度の例外）で実行されます．

一方，多くのアプリケーションはオペレーティング・システムを必要としませんが，信頼性を向上させる手段として，オペレーティング・システムは各スタックをアプリケーション・コードの各セクションに割り当てて使うのに役立ちます．これに対処する方法の一つは，MSP でプロセス・スタック領域を指定して Cortex-M3 を起動することです．この方法によりプロセス・スタック領域で初期化が行われますが，MSP は使っています．ユーザ・アプリケーションの起動前に，下記コードが実行されます．

```
    ; Start at privileged level, MSP point to User stack
    MpuSetup();      // Setup MPU regions and enable memory protection
    SystickSetup(); // Setup Systick and systick exception for routine
                    // system management code
    SwitchStackPointer(); // Call an assembly subroutine to switch SP
```

```
    /*; ------Inside SwitchStackPointer -----
    PUSH   {R0, R1, LR}
    MRS    R0, MSP         ; Save current stack pointer
    LDR    R1, =MSP_TOP    ; Change MSP to new location
    MSR    MSP, R1
    MSR    PSP, R0         ; Store current stack pointer in PSP
    MOV    R0, #0x3
    MSR    CONTROL, R0     ; Switch to user mode, and use PSP as
                           ; current stack
    POP    {R0, R1, PC}    ; Return
    ; ------ Back to C program -----*/
    ; Now we are in User mode, using PSP and the local variables
    ; still here
    UserApplicationStart();    // Start application code in user mode
```

12.2 ダブル・ワード・スタック・アライメント

　AAPCS[注1]準拠のアプリケーションでは，例外ハンドラにおいて，レジスタのスタッキングを基本データ・サイズ（1，2，4または8バイト）に確実に整えることが必要となります．これはCortex-M3において構成可能なオプションです．この特徴を有効にするには，NVIC構成制御レジスタにあるSTKALIGNビットを設定する必要があります（付録Dの**表D.17**を参照）．たとえば，アセンブリ言語で記述すると，次のようになります．

```
    LDR    R0,=0xE000ED14    ; Set R0 to be address of NVIC CCR
    LDR    R1, [R0]
    ORR.W  R1, R1, #0x200    ; Set STKALIGN bit
    STR    R1, [R0]          ; Write to NVIC CCR
```

また，C言語では下記のとおりです．

```
#define NVIC_CCR ((volatile unsigned long *)(0xE000ED14))
*NVIC_CCR = *NVIC_CCR | 0x200; /* Set STKALIGN in NVIC */
```

　STKALIGNビットが例外スタッキング中に設定されたときは，スタックに保存されたxPSRのビット9が利用され，スタック・ポインタ調整がスタッキングで整列されているかどうかを示します．アンスタッキング状態のときは，SP調整がスタックに保存されたxPSRのビット9をチェックし，それにしたがってSPの調整を行います．

　スタック・データの破損を防ぐためには，STKALIGNビットが例外ハンドラ内で変更されてはいけません．これは，例外前後にスタック・ポインタの配置のミスマッチを引き起こす原因となるからです．

注1：アーム・アーキテクチャ向けプロシージャ・コール・スタンダード（AAPCS；Procedure Call Standard for the ARM Architecture）（Ref5）．SPアライメントおよびAAPCSに関する注意書きをARM社のWebサイトで公開している．
www.arm.com/pdfs/ABI-Advisory-1.pfd

この機能はCortex-M3リビジョン1以降で利用できます．初期のCortex-M3製品は，この特徴を備えていないリビジョン0に基づいています．リビジョン2では，デフォルトによりこの機能が有効になっています．リビジョン1ではプログラム・コードで動作させる必要があります．

この機能は，AAPCS構造が要求された場合に使用されます．またこの機能は，アプリケーション（またはその一部）がC言語で開発されている場合や，プログラムがダブル・ワード・サイズのデータを含んでいる場合にも推奨されます．

12.3 非ベース・レベルからのスレッド許可

Cortex-M3では，実行中の割り込みハンドラを特権レベルからユーザ・アクセス・レベルへ切り替えることができます．これは割り込みハンドラのコードがユーザ・アプリケーションの一部である場合に必要になるので，優先アクセスの取得は許可されていません．この機能はNVIC構成制御レジスタにある非ベース・レベルからのスレッド許可（NONBASETHREDENA）ビットにより有効となります．

この機能を使うには，例外ハンドラのリダイレクトを必要とします．ベクタ・テーブルにあるベクタは特権モードで実行しているハンドラを示しますが，このベクタはユーザ・モードでアクセスできるメモリに配置されています．

```
redirect_handler
        PUSH    {LR}
        SVC     0    ; A SVC function to change from privileged to
                     ; user mode
        BL      User_IRQ_Handler
        SVC     1    ; A SVC function to change back from user to
                     ; privileged mode
        POP     {PC} ; Return
```

SVCハンドラは三つの部分に分けられます．

▶ SVCを呼び出す時にパラメータを決定する
▶ SVCサービス#0は非ベース・レベルからのスレッド許可を有効にし，ユーザ・スタックおよびEXC_RETURN値を調整する．そして，ユーザ・モードでプロセス・スタックを使用してリダイレクト・ハンドラへ戻る

Column　「実行中の割り込みハンドラを特権レベルからユーザ・アクセス・レベルへ切り替える」機能は注意して使用する

スタックを手動で調整し，スタック・データを修正する必要性があるため，この機能は通常のアプリケーション・プログラムでは避けるべきです．この機能を使う必要がある場合には，非常に慎重に行い，システム設計者は割り込みサービス・ルーチンが正しく終了しているかを必ず確認してください．そうしないと，マスクされるべき同等または低優先度レベルの割り込みを引き起こす可能性があります．

▶ SVCサービス#1は非ベース・レベルからのスレッド許可を無効にし，ユーザ・スタック・ポインタの位置をリストアする．そして，特権モードでメイン・スタックを使用し，リダイレクト・ハンドラへ戻る

```
svc_handler
        TST     LR, #0x4            ; Test EXC_RETURN bit 2
        ITE     EQ                  ; if zero then
        MRSEQ   R0, MSP             ; Get correct stack pointer to R0
        MRSNE   R0, PSP
        LDR     R1,[R0, #24]        ; Get stacked PC
        LDRB    R0,[R1, #-2]        ; Get parameter at stacked PC - 2
        CBZ     r0, svc_service_0
        CMP     r0, #1
        BEQ     svc_service_1
        B.W     Unknown_SVC_Request
svc_service_0   ; Service to switch handler from privileged mode to
                ; user mode
        MRS     R0, PSP             ; Adjust PSP
        SUB     R0, R0, #0x20       ; PSP = PSP - 0x20
        MSR     PSP, R0
        MOV     R1, #0x20           ; Copy stack frame from main stack to
                                    ; process stack
svc_service_0_copy_loop
        SUBS    R1, R1, #4
        LDR     R2,[SP, R1]
        STR     R2,[R0, R1]
        CMP     R1, #0
        BNE     svc_service_0_copy_loop
        STRB    R1,[R0, #0x1C]      ; Clear stacked IPSR of user stack to 0
        LDR     R0, =0xE000ED14     ; Set Non-base thread enable in CCR
        LDR     r1,[r0]
        ORR     r1, #1
        STR     r1,[r0]
        ORR     LR, #0xC  ; Change LR to return to thread, using PSP
        BX      LR
svc_service_1   ; Service to switch handler back from user mode to
                ; privileged mode
        MRS     R0, PSP             ; Update stacked PC in privileged
                                    ; stack so that it
```

12.3 非ベース・レベルからのスレッド許可

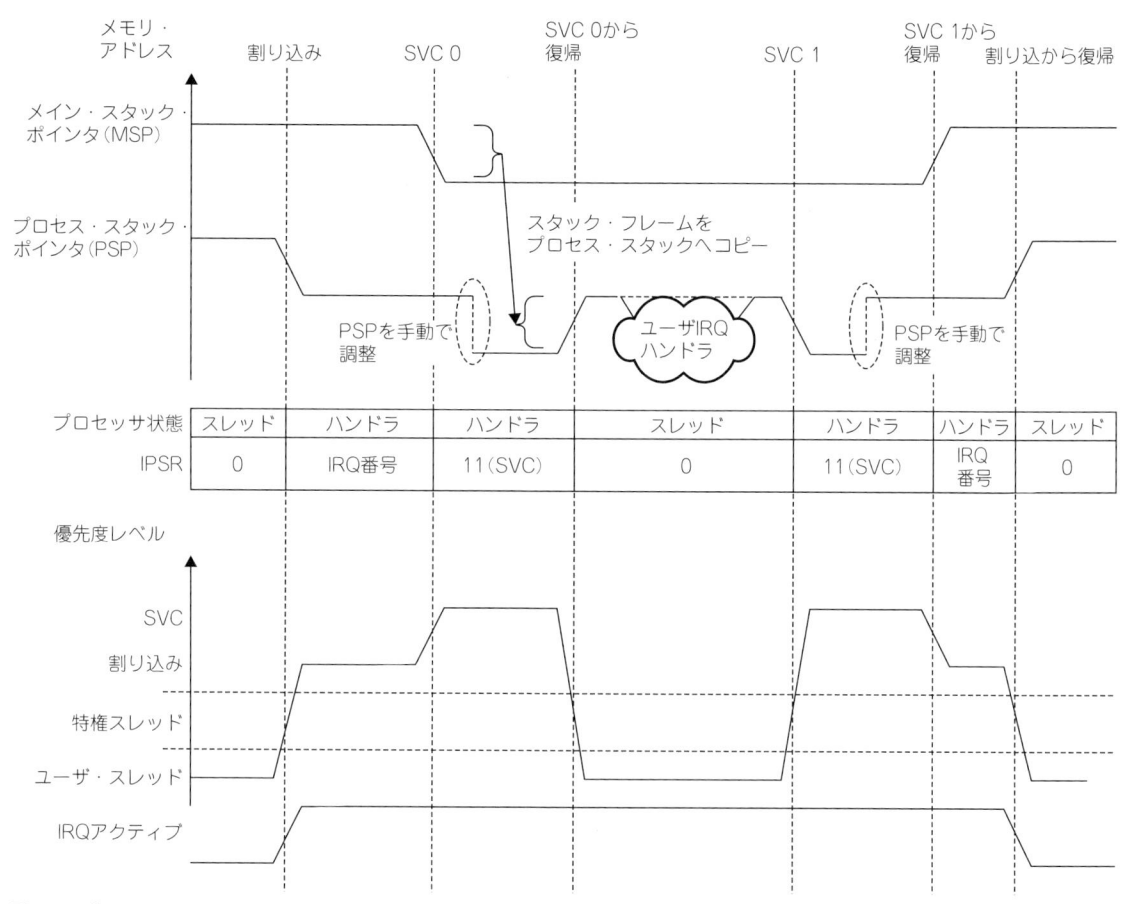

図12.4 非ベース・レベル・スレッド許可の操作

```
        LDR     R1,[R0, #0x18]      ; return to the instruction after 2nd
                                    ; SVC in redirect
        STR     R1,[SP, #0x18]      ; handler
        MRS     R0, PSP             ; Adjust PSP back to what it was
                                    ; before 1st SVC
        ADD     R0, R0, #0x20
        MSR     PSP, R0
        LDR     R0, =0xE000ED14     ; Clear Non-base thread enable in CCR
        LDR     r1,[r0]
        BIC     r1, #1
        STR     r1,[r0]
        BIC     LR, #0xC            ; Return to handler mode, using main
                                    ; stack
        BX      LR
```

SVCサービスは，IPSRを例外からの復帰を経て変更可能な唯一の方法として使われます．ソフトウェア・トリガのような例外も使用できますが，これはお勧めできません．なぜならば，これは，不正確でマスクされることがあるからです．つまり，必要とするスタックのコピーと切り替え操作がすぐに実行されない可能性があることを意味します．コードのシーケンスを図12.4に示します．この図では，スタック・ポインタの変化と現在の例外優先度を示しています．

　図中では，SVCサービス内にあるPSPの手動調節は点線で円く囲って強調してあります．

12.4　性能の検討

　Cortex-M3を最大限活用するためには，いくつかの局面を考慮する必要があります．まず最初に，メモリ待ち状態を回避する必要があります．マイクロコントローラまたはSoCの設計段階で，設計者はメモリ・システムの設計を最適化し，同時に実行する命令とデータ・アクセスを許可し，さらに32ビット・メモリも可能なら使えるようにしなければなりません．開発者用に，プログラム・コードがコード領域から実行され，さらに多数のデータ・アクセスがシステム・バスを介して行われるようにメモリ・マップに配置しておくべきです．このようにすれば，データ・アクセスは命令フェッチと同時に実行できます．

　次に，割り込みベクタ・テーブルも可能ならコード領域内に配置しておくべきです．つまりベクタ・フェッチとスタッキングを同時に実行できるということです．ベクタ・テーブルがSRAM内に位置している場合，ベクタ・フェッチとスタッキングの両方が同じシステム・バスを共有するため（ただしスタックがD-コード・バスを使うコード領域に位置する場合を除く），追加のクロック・サイクルが割り込みに遅延をもたらす可能性があります．

　できれば，アンアラインド転送の使用を避けてください．アンアラインド転送は，完了するのに二つ以上のAHB転送を必要とするためプログラム性能が落ちます．そのため，データ構造は慎重に考えなくてはいけません．ARMツールによるアセンブリ言語では，データ位置がアライン（整列）されることを確実にするのに`ALIGN`命令を使うことができます．

　ほとんどの人がC言語を開発に使っていますが，アセンブリ言語を使っている人はいくつかのコツを使うとプログラムの各部の速度を速めることができます．

1. オフセット付きのメモリ・アクセス命令を使用して，小さな領域にある複数のメモリ・ロケーションにアクセスするときは，

```
        LDR     R0, =0xE000E400   ; Set interrupt priority #3,#2,#1,#0
        LDR     R1, =0xE0C02000   ; priority levels
        STR     R1,[R0]
        LDR     R0, =0xE000E404   ; Set interrupt priority #7,#6,#5,#4
        LDR     R1, =0xE0E0E0E0   ; priority levels
        STR     R1,[R0]
```

と記述する代わりに，次のようにするとプログラム・コードを短縮できる．

```
        LDR     R0, =0xE000E400   ; Set interrupt priority #3,#2,#1,#0
        LDR     R1, =0xE0C02000   ; priority levels
```

```
        STR     R1,[R0]
        LDR     R1,=0xE0E0E0E0      ; priority levels
        STR     R1,[R0,#4]          ; Set interrupt priority #7,#6,#5,#4
```
2番目のストアは最初のアドレスのオフセットを使うことができる．すなわち命令の数を削減する

2. 複数のメモリ・アクセスを複数ロード/ストア命令（LDM/STM）と組み合わせる．STM命令を使って，前例をさらに縮小できる
```
        LDR     R0,=0xE000E400      ; Set interrupt priority base
        LDR     R1,=0xE0C02000      ; priority levels #3,#2,#1,#0
        LDR     R2,=0xE0E0E0E0      ; priority levels #7,#6,#5,#4
        STMIA   R0, {R1, R2}
```
3. IT命令ブロックを使い，小さい条件付き分岐の置き換えを行う．Cortex-M3はパイプライン・プロセッサなので，分岐操作を行うと分岐ペナルティが発生する．条件付き分岐の操作が命令数個をスキップすることに利用される場合，IT命令ブロックにより置き換えられ，数クロック・サイクルを減らせる

4. 操作が，二つのThumb命令または単一のThumb-2命令どちらかで実行可能な場合，メモリ・サイズが同じであるという事実があるにもかかわらず，より短い実行時間で処理を行うためにThumb-2命令方式が利用される

12.5 ロックアップ状況

エラー状態が発生したとき，対応するフォールト・ハンドラがトリガされます．別のフォールトが用法フォールト/バス・フォールト/メモリ管理フォールト・ハンドラ内で発生した場合は，ハード・フォールト・ハンドラがトリガされます．では，別のフォールトがハード・フォールト・ハンドラ内にあったらどうなるのでしょうか．この場合には，ロックアップ状況が発生します．

12.5.1 ロックアップ中に何が起きるか？

ロックアップ中には，プログラム・カウンタは強制的に0xFFFFFFFXになり，そのアドレスからフェッチ状態を保ちます．さらに，この状態を示すためCortex-M3のLOCKUPと呼ばれる出力信号がアサートされます．チップ設計者はこの信号を利用してシステム・リセット・ジェネレータでリセットをトリガすることができます．

ロックアップは以下の場合に行うことができます．
- フォールトがハード・フォールト・ハンドラ内で発生している（二重フォールト）
- フォールトがNMIハンドラ内で発生している
- バス・フォールトがリセット・シーケンス（初期のSPまたはOCフェッチ）時に発生している

二重フォールト状態では，コアがNMIに対応し，NMIハンドラを実行できます．しかしハンドラが完了後は，プログラム・カウンタが0xFFFFFFFXにリストアされ，ロックアップ状況に戻ります．この場合，システムがロックし，現在の優先レベルが－1のままになります．NMIが発生すると，プロセッサはそれでも横取りを行い，さらに現在の優先度レベル（－1）よりNMIは優先度が高い（－2）と

いう理由でNMIハンドラを実行します．NMIが完了しロックアップ状況へ戻る際，現在の例外優先度は−1へ戻ります．

通常，ロックアップからの最適な退出方法はリセットを行うことです．あるいは，デバッガを備えたシステムがコアを停止し，PCを異なる値へ変更し，さらにプログラム実行をそこから開始できます．ほとんどの場合，この方法は望ましいとはいえません．割り込みシステムを含め，レジスタがいくつもあるので，システムが通常の操作へ戻る前に再度初期設定をする必要が出てきます．

ロックアップが起きたときになぜ単純にコアをリセットしないのかと感じるでしょう．問題となっているシステムでリセットを行いたいと思うでしょうが，ソフトウェアの開発中は，まず問題の原因を調査することに努める必要があります．コアをすぐにリセットすると，レジスタがリセットされてハードウェア・ステータスが変換されるので，何が間違っていたのかを分析することができなくなります．ほとんどのCortex-M3マイクロコントローラでは，ロックアップ状況に入るとウォッチドッグ・タイマを使ってコアをリセットすることができます．

ハード・フォールト・ハンドラまたはNMIハンドラ入力中のスタックで発生するバス・フォールトはロックアップを引き起こしませんが，バス・フォールト・ハンドラが保留されるので注意してください（図12.5）．

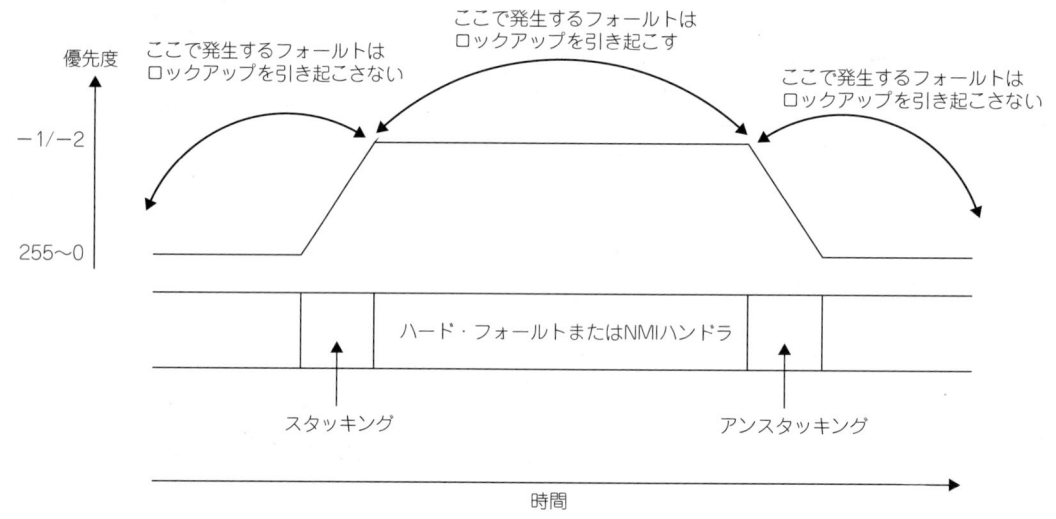

図12.5　ハード・フォールト・ハンドラまたはNMIハンドラ中に発生するフォールトだけがロックアップを引き起こす

12.5.2　ロックアップの回避

ロックアップの問題を回避するため，NMIまたはハード・フォールト・ハンドラを作成する際には特に注意が必要です．たとえば，ハード・フォールト・ハンドラの中で，メモリが正しく動作し，スタック・ポインタが有効であるかを知らずに，不必要なスタックへアクセスすることは避けるべきです．複雑なシステムの開発中に，バス・フォールトまたはメモリ・フォールトは，スタック・ポインタの内容が壊れている可能性もあります．もし，ハード・フォールト・ハンドラで以下のようなことを始め，
`hard_fault_handler`

```
            PUSH    {R4-R7, LR}         ; Bad idea unless you are sure that the
                                        ; stack is safe to use!
            ...
```

　また，スタック・エラーによってフォールトが引き起こされた場合は，ハード・フォールトの中でロックアップに直行することになります．一般的に，ハード・フォールト，バス・フォールトとメモリ管理フォールト・ハンドラをプログラムする場合に，さらなるスタック操作を行う前に，スタック・ポインタが有効な範囲であることを確認することに価値があります．NMIハンドラをコーディングする際には，スタック操作によるリスクを減らすために，すでにスタックに保存されているR0～R3とR12だけを使用することをお勧めします．

　ハード・フォールトとNMIハンドラを開発するための一つの方法として，このハンドラの中では必須のタスクだけを行い，エラー応答などの残りのタスクは，PendSVまたはソフトウェア割り込みなどの分離した例外を使用して保留できます．これは，ハード・フォールトまたはNMIを小さくし，強固にするのに確実に役立ちます．

　さらに，NMIとハード・フォールト・ハンドラのコードではSVC命令を絶対に使わないでください．SVCは常に，ハード・フォールトとNMIよりも低い優先度をもっているので，SVC命令をこれらのハンドラの中で使用すればロックアップを引き起こします．これは非常に単純なことのように考えられますが，アプリケーションが複雑で，NMIとハード・フォールト・ハンドラから別のファイルの関数を呼び出している場合，呼び出した関数の中で意図しないSVC命令が含まれるということがあります．したがって，ソフトウェアを開発する前に，SVCを実装する方針に注意を払う必要があります．

12.5.3　FAULTMASK

　FAULTMASKは，コンフィギャラブルなフォールト・ハンドラ（バス・フォールト，用法フォールトまたはメモリ管理フォールト）を実際のフォールトによりハード・フォールトを呼び出すことなく，ハード・フォールトのレベルへ昇格するのに利用されます．これにより，コンフィギャラブルなフォールト・ハンドラはハード・フォールト・ハンドラとして動作することができます．これが行われると，フォールト・ハンドラは以下の能力をもつことができます．

1. 構成制御レジスタにHFHFNMIGNを設定することで，バス・フォールトのマスクを行う．これは，ロックアップを引き起こさずに，バス・システムをプローブする場合に利用できる．たとえば，バス・ブリッジが正しく作動しているかを確認する場合などである
2. MPUをバイパスする．これにより，フォールト・ハンドラは，MPUの設定を変更することなく，MPUにより保護されている場所にアクセスし，少ない転送で障害を修正できる

　FAULTMASKの使い方はPRIMASKとは異なります．PRIMASKは一般的にタイミングがクリティカルなコードに使用します．しかし，バス・フォールトをマスクするまたはMPUをバイパスすることはできません．PRIMASKをセットすると，すべての構成可能なフォールトがハード・フォールト・ハンドラへと昇格します．FAULTMASKは構成可能なフォールト・ハンドラを使用することで，通常はハード・フォールトだけに提供されている機能を利用することにより，メモリ関係の問題を解決します．しかしFAULTMASKが設定される際に，誤った優先度レベルでSVCを使用する不正確な未定義命令などのフォールトは，まだなおロックアップを引き起こす可能性があります．

第13章 メモリ保護ユニット

The Memory Protection Unit

> この章では以下の項目を紹介します．
> - 概要
> - MPUレジスタ
> - MPUの設定
> - 典型的なセットアップ

13.1 概要

　Cortex-M3の設計ではメモリ保護ユニット（MPU）はオプションです．マイクロコントローラやSoC製品にMPUを実装しているということは，メモリを保護する機能があることを意味し，開発した製品をより強固なものにすることができます．MPUは使用前にプログラムを実行し，この機能を有効にする必要があります．もしMPUが有効でないとき，メモリ・システムの挙動はMPUがない場合と同じ状態になります．

　MPUは以下の方法で組み込みシステムの信頼性を向上することができます．

- ユーザ・アプリケーションがオペレーティング・システムの使用するデータを破壊することを防ぐ
- アクセスしているほかのデータからタスクをブロックすることで，プロセシング・タスク間のデータを分ける
- メモリ領域が読み出し専用として定義され，特別に重要なデータの保護が可能になる
- 予期せぬメモリ・アクセス（たとえばスタック破損）を検出する

　さらに，MPUは異なる領域へのキャッシュやバッファ動作などのメモリ・アクセス特性を定義するためにも利用されます．

　MPUは領域数としてメモリ・マップを定義することで保護設定を行います．最大8領域までを定義できますが，特権アクセス用にデフォルトのバックグラウンドのメモリ・マップを定義することもできます．MPU領域で定義されていない，または領域設定で許可されていないメモリ位置へのアクセスは，メモリ管理フォールトを引き起こす原因になります．

　MPU領域は重複可能です．メモリ位置が二つの領域にある場合，メモリ・アクセスの属性や許可は

領域番号の大きいほうが優先されます．たとえば，転送アドレスが領域1および領域4で定義されているアドレス範囲にある場合，領域4の設定が使用されます．

13.2 MPUレジスタ

MPUは複数のレジスタをもっています．最初のレジスタはMPUタイプ・レジスタです（表13.1）．

表13.1　MPUタイプ・レジスタ（0xE000ED90）

ビット	フィールド	タイプ	リセット時の値	説明
23：16	IREGION	読み出し専用	0	このMPUでサポートされる命令領域の数．ARM v7-Mアーキテクチャは統合MPUを使うため，数は常に0になる
15：8	DREGION	読み出し専用	0または8	このMPUでサポートされる領域数．Cortex-M3では0（MPUなし）ないし8（MPUあり）
0	SEPARATE	読み出し専用	0	MPUが統合されるため常に0

MPUタイプ・レジスタは，MPUを実装しているかどうかの判断に利用されます．DREGIONフィールドが0と読み込まれると，MPUは実装されません（表13.2）．

表13.2　MPU制御レジスタ（0xE000ED94）

ビット	フィールド	タイプ	リセット時の値	説明
2	PRIVDEFENA	読み出し/書き込み	0	特権のデフォルト・メモリ・マップ許可．1に設定した際にMPUが有効な場合，デフォルト・メモリ・マップは特権アドレスにバック・グラウンド領域として使用される．このビットがセットされていない場合はバック・グラウンド領域が無効になり，どの有効領域でもカバーされていないアクセスはどれもフォールトの原因になる
1	HFNMIENA	読み出し/書き込み	0	1に設定している場合，ハード・フォルト・ハンドラおよびNMIハンドラ中にMPUを有効にする．そうしないとMPUはハード・フォルト・ハンドラやNMIに対して有効にならない
0	ENABLE	読み出し/書き込み	0	1に設定している場合，MPUを有効にする

　PRIVDEFENAを使用して，ほかの領域が設定されていない場合は，特権プログラムはすべてのメモリ・ロケーションにアクセスでき，ユーザ・プログラムのみがブロックされます．しかし，ほかのMPUの領域が設定され，有効の場合は，バックグラウンド領域を上書きすることができます．たとえば，二つのシステムで同じように領域を設定し，その内の一つにのみPRIVDEFENAを1に設定します．PRIVDEFENAを1に設定したほう（図13.1の右）は，バックグラウンド領域への特権アクセスが許可されます．

　MPU制御レジスタへの許可ビットの設定は，通常MPU設定コードの最終段階で行います．そうしなければ，領域の設定が実行される前に予期しないフォールトが発生する場合があります．状況によっては，MPU領域の設定中に予期しないMPUのフォールトが引き起こされないように，MPU設定ルーチンを開始する際に，MPUの許可をクリアすることが有効です．

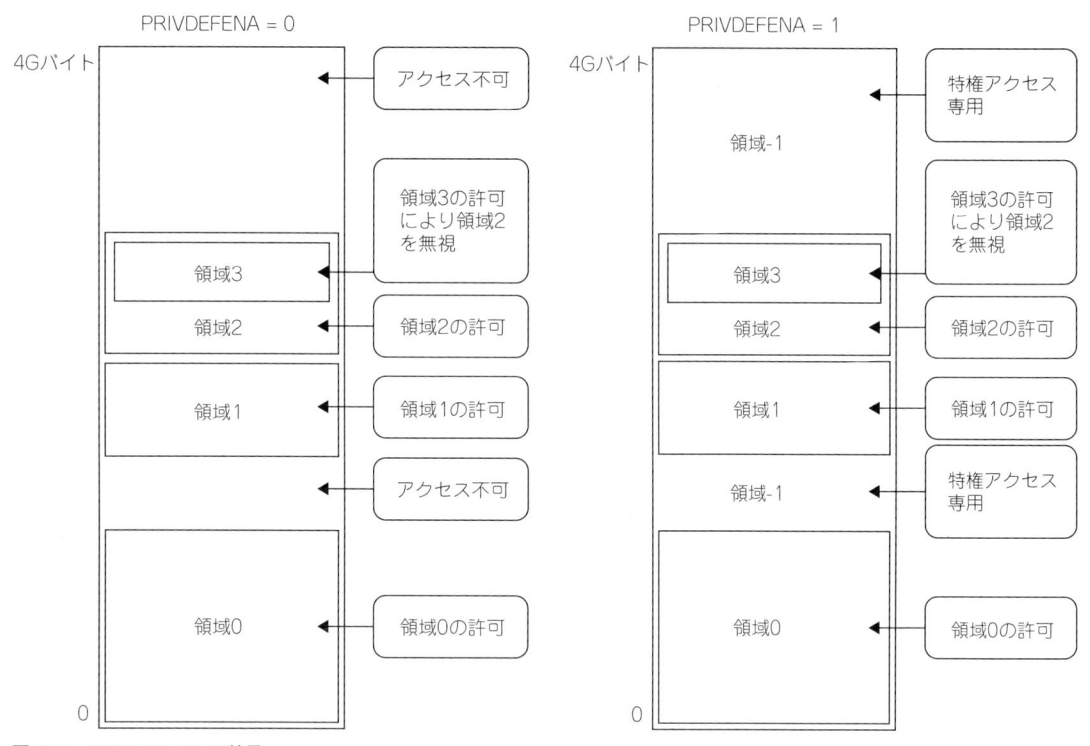

図13.1 PRIVDEFENA の効果

表13.3 MPU領域番号レジスタ（xE000ED98）

ビット	フィールド	タイプ	リセット時の値	説明
7：0	REGION	読み出し/書き込み	—	設定する領域を選択する．八つの領域がCortex-M3のMPUでサポートされているので，このレジスタのビット[2：0]のみ実装される

　各領域の設定前に，プログラムされる領域を選択するため，このレジスタへ書き込みを行います（**表13.3**）．

　MPU領域ベース・アドレス・レジスタにあるVALIDおよびREGIONフィールドを使用すると（**表13.4**），MPU領域番号レジスタの設定を省略できます．これにより，特にMPU全体を設定するルックアップ・テーブルが定義されている場合は，プログラムを単純にすることができます．

　また，メモリ・アドレスや各領域の特性の定義付けも必要です．これはMPU領域ベース属性およびサイズ・レジスタにより制御されます（**表13.5**）．

　MPU領域ベース属性およびサイズ・レジスタにあるREGION　SIZEフィールド（5ビット）は領域のサイズを決定します（**表13.6**）．

　サブ領域禁止フィールド（MPU領域ベース属性およびサイズ・レジスタのビット[15：8]）は，一つの領域を同サイズの八つのサブ領域に分けるのに利用され，また各サブ領域の許可または禁止を規定します．あるサブ領域が禁止され，別の領域と重複していた場合，ほかの領域へのアクセス規則が適用さ

表13.4 MPU領域ベース・アドレス・レジスタ (0xE000ED9C)

ビット	フィールド	タイプ	リセット時の値	説 明
31：N	ADDR	読み出し/書き込み	—	領域のベース・アドレス．Nは領域のサイズによって決まる．たとえば64Kビット・サイズの領域だと [31：16] のベース・アドレス・フィールドとなる
4	VALID	読み出し/書き込み	—	これが1の場合，ビット [3：0] で定義されるREGIONはこの設定の段階で利用される．別の方法としては，MPU領域番号レジスタにより選択されている領域を使用する
3：0	REGION	読み出し/書き込み	—	このフィールドはVALIDが1の場合，MPU領域番号レジスタより優先される．それ以外では無視される．八つの領域がCortex-M3のMPUではサポートされているので，REGIONフィールドの値が7以上の場合には領域番号の無効が無視される

表13.5 MPU領域ベース属性およびサイズ・レジスタ (0xE000EDA0)

ビット	フィールド	タイプ	リセット時の値	説 明
31：29	予約	—	—	—
28	XN	読み出し/書き込み	—	命令アクセス禁止（1＝この領域からの命令フェッチを禁止する．命令フェッチが試みられるとメモリ管理フォールトをもたらすことになる）
27	予約	—	—	—
26：24	AP	読み出し/書き込み	—	データ・アクセス許可フィールド
23：22	予約	—	—	—
21：19	TEX	読み出し/書き込み	—	タイプ拡張フィールド
18	S	読み出し/書き込み	—	共有可
17	C	読み出し/書き込み	—	キャッシュ可
16	B	読み出し/書き込み	—	バッファ可
15：8	SRD	読み出し/書き込み	—	サブ領域禁止
7：6	予約	—	—	—
5：1	REGION SIZE	読み出し/書き込み	—	MPU保護領域サイズ
0	SZENABLE	読み出し/書き込み	—	領域許可

れます．そのサブ領域が禁止され，別の領域と重複していない場合，このメモリ範囲へのアクセスはメモリ管理フォールトをもたらすことになります．サブ領域は，領域サイズが128バイトまたはそれ以下の場合には使用できません．

　データ・アクセス許可（AP）フィールド（ビット [26：24]）は，領域のアクセス許可を定義します（**表13.7**）．

　XN（実行不可）フィールド（ビット [28]）が，この領域からの命令フェッチが許可されているかどうかを判断します．このフィールドが1に設定されているとき，この領域からフェッチした全命令は実行ステージに入った時点でメモリ管理フォールトの生成を行います．

表13.6 異なるメモリ領域サイズに対するREGIONフィールドのエンコード

REGIONサイズ	サイズ
b00000	予約
b00001	予約
b00010	予約
b00011	予約
b00100	32バイト
b00101	64バイト
b00110	128バイト
b00111	256バイト
b01000	512バイト
b01001	1Kバイト
b01010	2Kバイト
b01011	4Kバイト
b01100	8Kバイト
b01101	16Kバイト
b01110	32Kバイト
b01111	64Kバイト
b10000	128Kバイト
b10001	256Kバイト
b10010	512Kバイト
b10011	1Mバイト
b10100	2Mバイト
b10101	4Mバイト
b10110	8Mバイト
b10111	16Mバイト
b11000	32Mバイト
b11001	64Mバイト
b11010	128Mバイト
b11011	256Mバイト
b11100	512Mバイト
b11101	1Gバイト
b11110	2Gバイト
b11111	4Gバイト

表13.7 さまざまなアクセス許可構成のエンコード

AP値	特権アクセス	ユーザ・アクセス	説明
000	アクセス不可	アクセス不可	アクセス不可
001	読み出し/書き込み	アクセス不可	特権アクセス専用
010	読み出し/書き込み	読み出し専用	ユーザ・プログラムでの書き込みはフォールトを生成する
011	読み出し/書き込み	読み出し/書き込み	完全アクセス
100	予測不能	予測不能	予約
101	読み出し専用	アクセス不可	特権読み出し専用
110	読み出し専用	読み出し専用	読み出し専用
111	読み出し専用	読み出し専用	読み出し専用

　TEX，S，BおよびCフィールド（ビット[21：16]）はより複雑です．Cortex-M3プロセッサはキャッシュを搭載していないという現実があるにもかかわらず，その実装はARM v7-Mアーキテクチャに沿っており，外部キャッシュ，およびさらに高度なメモリ・システムのサポートが可能です．したがって領域アクセス特性は，異なるタイプのメモリ管理モデルをサポートするようにプログラム可能です．

　v6およびv7アーキテクチャでは，メモリ・システムは二つのキャッシュ・レベル，すなわち内部キャッシュおよび外部キャッシュをもつことができます．これらは異なるキャッシュ・ポリシーをもつことが可能です．Cortex-M3プロセッサ自体がキャッシュ・コントローラを備えていないので，キャッシュ・ポリシーは内部バス・マトリックス，まれにメモリ・コントローラでの書き込みバッファへ作用するだけです（**表13.8**）．

　TEX[S]が1のとき，外部キャッシュおよび内部キャッシュに対するキャッシュ・ポリシーを**表13.9**に示します．

　キャッシュ動作およびキャッシュ・ポリシーに関する詳細については，*ARM Architecture Application Reference Manual*（Ref 2）を参照ください．

表13.8 [S]が示すSビット・フィールドにより決定する共有の可能性（複数のプロセッサが共有）

TEX	C	B	説　明	領域の共有可能性
b000	0	0	ストロングリ・オーダ（転送が行われ，プログラムされた順に完了）	共有可
b000	0	1	共有デバイス（書き込みのバッファ可）	共有可
b000	1	0	外部および内部ライト・スルー，書き込み割り当てなし	[S]
b000	1	1	外部および内部ライト・バック，書き込み割り当てなし	[S]
b001	0	0	外部および内部でキャッシュ不可	[S]
b001	0	1	予約	予約
b001	1	0	実装定義	
b001	1	1	外部および内部ライト・バック，読み出し/書き込み割り当て	[S]
b010	0	0	共有不可デバイス	共有不可
b010	0	1	予約	予約
b010	1	X	予約	予約
b1BB	A	A	キャッシュされたメモリ．BB=外部ポリシー，AA=内部ポリシー	[S]

表13.9 TEXの最上位ビットが1に設定されている際の，内部および外部キャッシュ・ポリシーのエンコード

メモリ属性エンコード（AAおよびBB）	キャッシュ・ポリシー
00	キャッシュ不可
01	ライト・バック，読み出し/書き込み割り当て
10	ライト・スルー，書き込み割り当てなし
11	ライト・バック，書き込み割り当てなし

13.3　MPUの設定

　MPUのレジスタは複雑そうに見えますが，アプリケーションに必要なメモリ領域に対する明確な見解をもっていれば，難しいものではありません．通常，下記のメモリ領域を備える必要があります．

- ▶ 特権プログラムに対するプログラム・コード（たとえば，OSカーネルや例外ハンドラ）
- ▶ ユーザ・プログラムに対するプログラム・コード
- ▶ コード領域内の特権プログラム用のデータ・メモリ（データ + スタック）
- ▶ コード領域内のユーザ・プログラム用のデータ・メモリ（データ + スタック）
- ▶ ほかのメモリ領域にある特権およびユーザ・プログラム用のデータ・メモリ（例：SRAM）
- ▶ システム・デバイス領域（通常は特権アクセス専用；たとえばNVICおよびMPUレジスタ用）
- ▶ その他ペリフェラル

　Cortex-M3製品では，ほとんどのメモリ領域をTEX = b000，C = 1，B = 1に設定できます．NVICなどのシステム・デバイスは命令の並び順にアクセス（ストロングリ・オーダ）する必要があり，またペリフェラル領域を共有デバイス（TEX = b000，C = 0，B = 1）としてプログラムすることができます．しかし，領域内で発生するバス・フォールトはどれも正確なバス・フォールトであることを確実にしたい場合は，書き込みバッファが無効になるようにストロングリ・オーダ（TEX = b000，C = 0，B = 0）にしなければなりません．しかし，これを行うと，システム性能を落とすこととなります．

　MPUセットアップ・ルーチンにおける簡単なフローは図13.2のようになります．
　MPUが有効になる前にベクタ・テーブルをRAMにリロケートした場合，フォールト・ハンドラをベ

13.3 MPUの設定

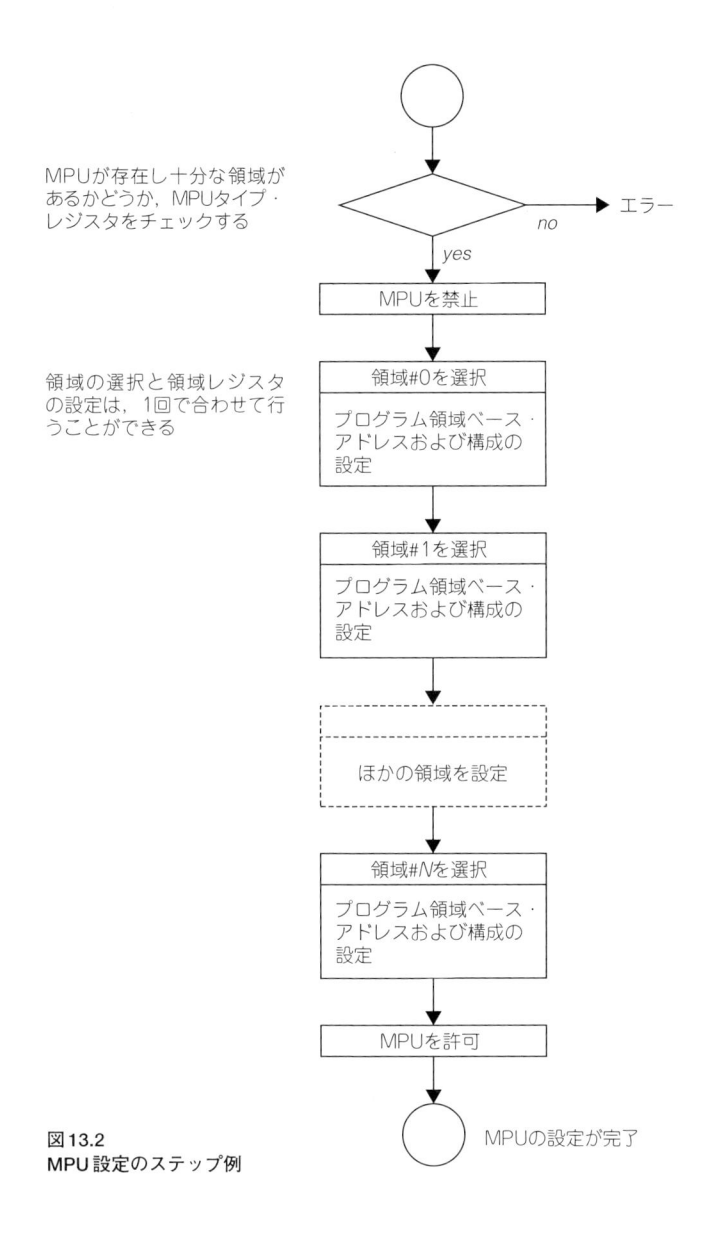

```
                    ○
                    ↓
              ◇ ─── no ──→ エラー
MPUが存在し十分な領域が
あるかどうか，MPUタイプ・    yes
レジスタをチェックする       ↓
              ┌─────────┐
              │ MPUを禁止 │
              └─────────┘
                    ↓
              ┌─────────┐
              │領域#0を選択│
              ├─────────┤
領域の選択と領域レジスタ  │プログラム領域ベース・│
の設定は，1回で合わせて行 │アドレスおよび構成の │
うことができる       │設定         │
              └─────────┘
                    ↓
              ┌─────────┐
              │領域#1を選択│
              ├─────────┤
              │プログラム領域ベース・│
              │アドレスおよび構成の │
              │設定         │
              └─────────┘
                    ↓
              ┌─ ─ ─ ─ ─┐
              │ほかの領域を設定│
              └─ ─ ─ ─ ─┘
                    ↓
              ┌─────────┐
              │領域#Nを選択│
              ├─────────┤
              │プログラム領域ベース・│
              │アドレスおよび構成の │
              │設定         │
              └─────────┘
                    ↓
              ┌─────────┐
              │ MPUを許可 │
              └─────────┘
                    ↓
                    ○ ─── MPUの設定が完了
```

図13.2
MPU設定のステップ例

クタ・テーブルのメモリ管理フォールトへ必ず設定し，システム・ハンドラ制御および状態レジスタでメモリ管理フォールトを有効にします．このようにして，MPU違反が発生した際，メモリ管理フォールト・ハンドラを実行できるようにする必要があります．

必須領域が四つだけという簡単な場合には，簡単なMPUセットアップ・コード（領域確認および許可を除く）は以下のようになっています．

```
        LDR     R0,=0xE000ED98    ; Region number register
        MOV     R1,#0             ; Select region 0
        STR     R1, [R0]
```

```
        LDR       R1,=0x00000000       ; Base Address = 0x00000000
        STR       R1, [R0, #4]         ; MPU Region Base Address Register
        LDR       R1,=0x0307002F       ; R/W, TEX=0,S=1,C=1,B=1, 16MB, Enable=1
        STR       R1, [R0, #8]         ; MPU Region Attribute and Size Register
        MOV       R1,#1                ; Select region 1
        STR       R1, [R0]
        LDR       R1,=0x08000000       ; Base Address = 0x08000000
        STR       R1, [R0, #4]         ; MPU Region Base Address Register
        LDR       R1,=0x0307002B       ; R/W, TEX=0,S=1,C=1,B=1, 4MB, Enable=1
        STR       R1, [R0, #8]         ; MPU Region Attribute and Size Register
        MOV       R1,#2                ; Select region 2
        STR       R1, [R0]
        LDR       R1,=0x40000000       ; Base Address = 0x40000000
        STR       R1, [R0, #4]         ; MPU Region Base Address Register
        LDR       R1,=0x03050039       ; R/W, TEX=0,S=1,C=0,B=1, 512MB, Enable=1
        STR       R1, [R0, #8]         ; MPU Region Attribute and Size Register
        MOV       R1,#3                ; Select region 3
        STR       R1, [R0]
        LDR       R1,=0xE0000000       ; Base Address = 0xE0000000
        STR       R1, [R0, #4]         ; MPU Region Base Address Register
        LDR       R1,=0x03040027       ; R/W, TEX=0,S=1,C=0,B=0, 1MB, Enable=1
        STR       R1, [R0, #8]         ; MPU Region Attribute and Size Register
        MOV       R1,#1                ; Enable MPU
        STR       R1, [R0,#-4]         ; MPU Control register
                                       ; (0xE000ED98-4=0xE000ED94)
```

この例では四つの領域が提供されます．

- 特権コード：0x00000000-0x00FFFFFF（16Mバイト），完全アクセス，キャッシュ可
- 特権データ：0x08000000-0x0803FFFF（4Mバイト），完全アクセス，キャッシュ可
- ペリフェラル：0x40000000-0x5FFFFFFF（0.5Gバイト），完全アクセス，共有デバイス
- システム制御：0xE0000000-0xE00FFFFF（1Mバイト），特権アクセス，ストロングリ・オーダ，XN

領域の選択とベース・アドレス・レジスタへの書き込みを統合することで，コードを以下のように短縮することができます．

```
        LDR       R0,=0xE000ED9C       ; Region Base Address register
        LDR       R1,=0x00000010       ; Base Address = 0x00000000, region 0,
                                       ; valid=1
        STR       R1, [R0, #0]         ; MPU Region Base Address Register
        LDR       R1,=0x0307002F       ; R/W, TEX=0,S=1,C=1,B=1, 16MB, Enable=1
```

13.3 MPUの設定

```
        STR     R1, [R0, #4]      ; MPU Region Attribute and Size Register
        LDR     R1,=0x08000011    ; Base Address = 0x08000000, region 1,
                                  ; valid=1
        STR     R1, [R0, #0]      ; MPU Region Base Address Register
        LDR     R1,=0x0307002B    ; R/W, TEX=0,S=1,C=1,B=1, 4MB, Enable=1
        STR     R1, [R0, #4]      ; MPU Region Attribute and Size Register
        LDR     R1,=0x40000012    ; Base Address = 0x40000000, region 2,
                                  ; valid=1
        STR     R1, [R0, #0]      ; MPU Region Base Address Register
        LDR     R1,=0x03050039    ; R/W, TEX=0,S=1,C=0,B=1, 512MB, Enable=1
        STR     R1, [R0, #4]      ; MPU Region Attribute and Size Register
        LDR     R1,=0xE0000013    ; Base Address = 0xE0000000, region 3,
                                  ; valid=1
        STR     R1, [R0, #0]      ; MPU Region Base Address Register
        LDR     R1,=0x03040027    ; R/W, TEX=0,S=1,C=0,B=0, 1MB, Enable=1
        STR     R1, [R0, #4]      ; MPU Region Attribute and Size Register
        MOV     R1,#1             ; Enable MPU
        STR     R1, [R0,#-8]      ; MPU Control register
                                  ; (0xE000ED9C-8=0xE000ED94)
```

これでかなりのコードを省略しましたが,セットアップ・コードの作成時間を短縮することにより,より一層機能を強化することができます.これはMPUのエイリアス・レジスタ・アドレスを利用して行われます(付録Dの**表D3.3**を参照).エイリアス・レジスタ・アドレスはMPU領域属性およびサイズ・レジスタに従い,また「MPUのベース・アドレス・レジスタ」および「MPU領域属性およびサイズ・レジスタ」はエイリアスされます.これらのアドレスは8ワードの連続アドレスを作成し,複数ロード/ストア(LDMおよびSTM)命令が使用できます.

```
        LDR     R0,=0xE000ED9C  ; Region Base Address register
        LDR     R1,=MPUconfig   ; Table of predefined MPU setup variables
        LDMIA   R1!, {R2, R3, R4, R5} ; Read 4 words from table
        STMIA   R0!, {R2, R3, R4, R5} ; write 4 words to MPU
        LDMIA   R1!, {R2, R3, R4, R5} ; Read next 4 words from table
        STMIA   R0!, {R2, R3, R4, R5} ; write next 4 words to MPU
        B       MPUconfigEnd
        ALIGN   4      ; This is needed to make sure the following table
                       ; is word aligned
MPUconfig              ; so that we can use load multiple instruction
        DCD     0x00000010 ; Base Address = 0x00000000, region 0,
                           ; valid=1
        DCD     0x0307002F ; R/W, TEX=0,S=1,C=1,B=1, 16MB, Enable=1
```

```
        DCD     0x08000011  ; Base Address = 0x08000000, region 1,
                            ; valid=1
        DCD     0x0307002B  ; R/W, TEX=0,S=1,C=1,B=1, 4MB, Enable=1
        DCD     0x40000012  ; Base Address = 0x40000000, region 2,
                            ; valid=1
        DCD     0x03050039  ; R/W, TEX=0,S=1,C=0,B=1, 512MB, Enable=1
        DCD     0xE0000013  ; Base Address = 0xE0000000, region 3,
                            ; valid=1
        DCD     0x03040027  ; R/W, TEX=0,S=1,C=0,B=0, 1MB, Enable=1
MPUconfigEnd
        LDR     R0,=0xE000ED94 ; MPU Control register
        MOV     R1,#1          ; Enable MPU
        STR     R1, [R0]
```

この処理法は当然必要な情報がすべて事前に知らされている場合にのみ利用できます．それ以外には，より一般的な方法を用いる必要があります．これを操作する一つの方法は，入力パラメータ数に基づく領域の設定が可能なサブルーチン（`MpuRegionSetup`）を使い，そしてそれを何回か呼び出すことで異なる領域を設定します．

```
MpuSetup    ; A subroutine to setup the MPU by calling subroutines that
            ; setup regions
        PUSH    {R0-R6,LR}
        LDR     R0,=0xE000ED94 ; MPU Control Register
        MOV     R1,#0
        STR     R1,[R0]        ; Disable MPU
        ; --- Region #0 ---
        LDR     R0,=0x00000000 ; Region 0: Base Address   = 0x00000000
        MOV     R1,#0x0        ; Region 0: Region number  = 0
        MOV     R2,#0x17       ; Region 0: Size           = 0x17 (16MB)
        MOV     R3,#0x3        ; Region 0: AP             = 0x3 ( full
                                                                access)
        MOV     R4,#0x7        ; Region 0: MemAttrib      = 0x7
        MOV     R5,#0x0        ; Region 0: Sub R disable  = 0
        MOV     R6,#0x1        ; Region 0: {XN, Enable}   = 0,1
        BL      MpuRegionSetup
        ; --- Region #1 ---
        LDR     R0,=0x08000000 ; Region 1: Base Address   = 0x08000000
        MOV     R1,#0x1        ; Region 1: Region number  = 1
        MOV     R2,#0x15       ; Region 1: Size           = 0x15 (4MB)
        MOV     R3,#0x3        ; Region 1: AP             = 0x3 ( full
```

13.3 MPUの設定

```
                                                   access)
        MOV    R4,#0x7          ; Region 1: MemAttrib    = 0x7
        MOV    R5,#0x0          ; Region 1: Sub R disable = 0
        MOV    R6,#0x1          ; Region 1: {XN, Enable} = 0,1
        BL     MpuRegionSetup
        ...                     ; setup for region #2 and #3
        ; --- Region #4-#7 Disable ---
        MOV    R0,#4
        BL     MpuRegionDisable
        MOV    R0,#5
        BL     MpuRegionDisable
        MOV    R0,#6
        BL     MpuRegionDisable
        MOV    R0,#7
        BL     MpuRegionDisable
        LDR    R0,=0xE000ED94   ; MPU Control Register
        MOV    R1,#1
        STR    R1,[R0]          ; Enable MPU
        POP    {R0-R6,PC}       ; Return

MpuRegionSetup
        ; MPU region setup subroutine
        ; Input R0 : Base Address
        ;       R1 : Region number
        ;       R2 : Size
        ;       R3 : AP (access permission)
        ;       R4 : MemAttrib ({TEX[2:0], S, C, B})
        ;       R5 : Sub region disable
        ;       R6 : {XN,Enable}
        PUSH   {R0-R1, LR}
        BIC    R0, R0, #0x1F    ; Clear unused bits in address
        BFI    R0, R1, #0, #4   ; Insert region number to R0[3:0]
        ORR    R0, R0, #0x10    ; Set valid bit
        LDR    R1,=0xE000ED9C   ; MPU Region Base Address Register
        STR    R0,[R1]          ; Set base address reg
        AND    R0, R6, #0x01    ; Get Enable bit
        UBFX   R1, R6, #1, #1   ; Get XN bit
        BFI    R0, R1, #28, #1  ; Insert XN to R0[28]
```

```
            BFI     R0, R2, #1 , #5     ; Insert Region Size field (R2[4:0]) to
                                        ; R0[5:1]
            BFI     R0, R3, #24, #3     ; Insert AP fields (R3[2:0]) to R0[26:24]
            BFI     R0, R4, #16, #6     ; Insert memattrib field (R4[5:0]) to
                                        ; R0[21:16]
            BFI     R0, R5, #8, #8      ; Insert subregion disable (SRD) fields to
                                        ; R0[15:8]
            LDR     R1,=0xE000EDA0      ; MPU Region Base Size and Attribute
                                        ; Register
            STR     R0,[R1]             ; Set base attribute and size reg
            POP     {R0-R1, PC}         ; Return

MpuRegionDisable
                                        ; Subroutine to disable unused region
                                        ; Input R0 : Region number
            PUSH {R1, LR}
            AND R0, R0, #0xF            ; Clear unused bits in Region Number
            ORR R0, R0, #0x10           ; Set valid bit
            LDR R1,=0xE000ED9C          ; MPU Region Base Address Register
            STR R0,[R1]
            MOV R0, #0
            LDR R1,=0xE000EDA0          ; MPU Region Base Size and Attribute
                                        ; Register
            STR R0,[R1]                 ; Set base attribute and size reg to 0
                                        ; (disabled)
            POP {R1, PC}                ; Return
```

　この例では，使用していない領域を無効にするために用いるサブルーチンが含まれていました．領域があらかじめ設定されているのかわからない場合には，このサブルーチンが必要です．未使用領域があらかじめイネーブルに設定されている場合は，新しい構成に影響を及ぼさないようにディスイネーブルにする必要があります．

　またこの例は，Cortex-M3におけるビット・フィールド・インサート（BFI；Bit Field Insert）命令の応用例を示しています．これはビット・フィールドの結合操作を大幅に簡略化することができます．

13.4　典型的なセットアップ

　典型的なアプリケーションでは，ユーザ・プログラムによる特権プロセス・データやプログラム領域へのアクセス防止にMPUが利用されます．MPUのセットアップ・ルーチンを開発するときには，いくつかの領域を検討する必要があります．

1. コード領域
   - ベクタ・テーブルの開始を含む特権コード
   - ユーザ・コード
2. SRAM領域
   - メイン・スタックを含む特権データ
   - プロセス・スタックを含むユーザ・データ
   - 特権ビット-バンド・エイリアス領域
   - ユーザ・ビット-バンド・エイリアス領域
3. ペリフェラル
   - 特権ペリフェラル
   - ユーザ・ペリフェラル
   - 特権ペリフェラル・ビット-バンド・エイリアス領域
   - ユーザ・ペリフェラル・ビット-バンド・エイリアス領域
4. システム制御空間(NVICおよびデバッグ・コンポーネント)
   - 特権アクセス専用

上記リストより,Cortex-M3のMPUでサポートされる8領域を上回る11の領域を確認できました.しかし,バックグラウンド領域(PRIVDEFENAを1に設定)を使うことで特権領域を定義することが可能です.したがって,予備のMPU領域を三つ残し,五つのユーザ領域だけを設定します.未使用領域は外部メモリでの追加領域の設定に今後も利用でき,必要なら読み出し専用データの保護やメモリの一部を完全にブロックすることができます.

13.4.1 サブ領域禁止の使用例

時として,ユーザ・プログラムでアクセス可能なペリフェラルをいくつか取得し,少数を特権アクセス専用として保護する必要があります.その結果ユーザ・アクセス可能なペリフェラル・メモリ空間の細分化が行われます.このようなシナリオで,下記のうち一つを実行することができます.
- 複数のユーザ領域の定義
- ユーザ・ペリフェラル領域にある特権領域の定義
- ユーザ領域内でサブ領域禁止の使用

はじめの二つの方法では空き領域を簡単に使い切ります.三つ目の方法では,サブ領域禁止の特徴を利用して,個別のペリフェラル・ブロックへのアクセス許可を,追加領域を使わずに簡単に設定することができます.たとえば図13.3に示すようになります.

同様の手法をメモリ領域にも用いることができます.しかしこの手法は,細分化された特権ペリフェラルの設定作業に利用されます.

表13.10に示すメモリ領域が使用されるとします.要求された領域が定義された後に,MPUセットアップ・コードを作成できます.コードを容易に理解し,修正できるように,次に示す完成したMPUセットアップ例を開発するために,以前作成した関数を使いました.

```
MpuSetup  ; A subroutine to setup the MPU by calling subroutines that
          ; setup regions
```

第13章　メモリ保護ユニット

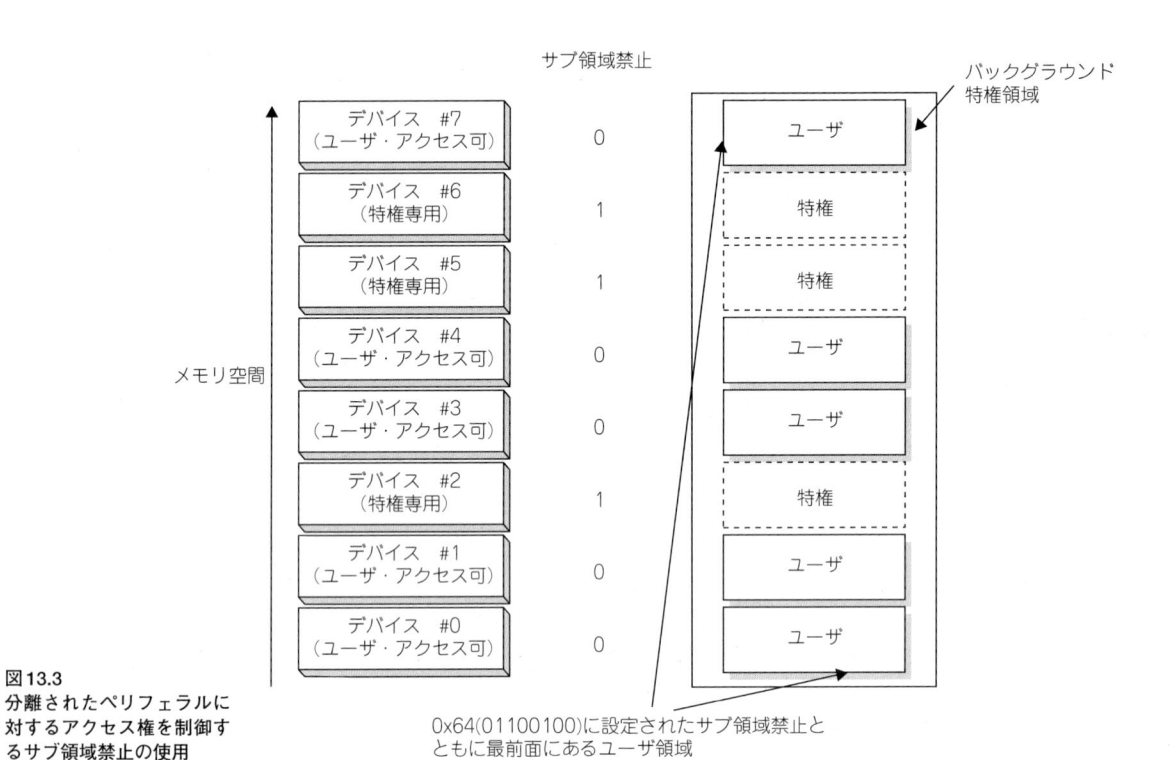

図13.3
分離されたペリフェラルに対するアクセス権を制御するサブ領域禁止の使用

（図：メモリ空間にデバイス#0～#7が配置され、サブ領域禁止ビットが 0x64(01100100) に設定されている。デバイス#0, #1, #3, #4, #7 はユーザ・アクセス可（0）、デバイス#2, #5, #6 は特権専用（1）。右側にバックグラウンド特権領域として、ユーザ／特権領域が並ぶ。0x64(01100100)に設定されたサブ領域禁止とともに最前面にあるユーザ領域）

表13.10　MPUセットアップのコード例に対するメモリ領域の配置

アドレス	説明	サイズ	種類	メモリ属性 (C, B, A, S, XN)	MPU領域
0x00000000～0x00003FFF	特権プログラム	16Kバイト	読み出し専用	C, -, A, -, -	バックグラウンド
0x00004000～0x00007FFF	ユーザ・プログラム	16Kバイト	読み出し専用	C, -, A, -, -	領域#0
0x20000000～0x20000FFF	ユーザ・データ	4Kバイト	完全アクセス	C, B, A, -, -	領域#1
0x20001000～0x20001FFF	特権データ	4Kバイト	特権アクセス	C, B, A, -, -	バックグラウンド
0x22000000～0x2201FFFF	ユーザ・データ・ビット-バンド・エイリアス	128Kバイト	完全アクセス	C, B, A, -, -	領域#2
0x22020000～0x2203FFFF	特権データ・ビット-バンド・エイリアス	128Kバイト	完全アクセス	C, B, A, -, -	バックグラウンド
0x40000000～0x400FFFFF	ユーザ・ペリフェラル	1Mバイト	完全アクセス	-, B, -, -, XN	領域#3
0x40040000～0x4005FFFF	ユーザ・ペリフェラル領域内の特権ペリフェラル	128Kバイト	特権アクセス	-, B, -, -, XN	領域#3の無効なサブ領域
0x42000000～0x43FFFFFF	ユーザ・ペリフェラル・ビット-バンド・エイリアス	32Mバイト	完全アクセス	-, B, -, -, XN	領域#4
0x42800000～0x42BFFFFF	ユーザ領域内の特権ペリフェラル・ビット-バンド・エイリアス	4Mバイト	特権アクセス	-, B, -, -, XN	領域#4の無効なサブ領域
0x60000000～0x60FFFFFF	外部RAM	16Mバイト	完全アクセス	C, B, A, -, -	領域#5
0xE0000000～0xF00FFFFF	NVIC，デバッグおよび専用ペリフェラルバス	1Mバイト	特権アクセス	-, -, -, -, XN	バックグラウンド

13.4 典型的なセットアップ

```
        PUSH {R0-R6,LR}
        LDR  R0,=0xE000ED94 ; MPU Control Register
        MOV  R1,#0
        STR  R1,[R0]        ; Disable MPU
        ; --- Region #0 ---   User program
        LDR  R0,=0x00004000 ; Region 0: Base Address  = 0x00004000
        MOV  R1,#0x0        ; Region 0: Region number = 0
        MOV  R2,#0x0D       ; Region 0: Size          = 0x0D (16KB)
        MOV  R3,#0x3        ; Region 0: AP            = 0x3 ( full
                                                              access)
        MOV  R4,#0x2        ; Region 0: MemAttrib     = 0x2 ( TEX=0,
                                                              S=0, C=1,
                                                              B=0)
        MOV  R5,#0x0        ; Region 0: Sub R disable = 0
        MOV  R6,#0x1        ; Region 0: {XN, Enable}  = 0,1
        BL   MpuRegionSetup
        ; --- Region #1 ---   User data
        LDR  R0,=0x20000000 ; Region 1: Base Address  = 0x20000000
        MOV  R1,#0x1        ; Region 1: Region number = 1
        MOV  R2,#0x0B       ; Region 1: Size          = 0x0B (4KB)
        MOV  R3,#0x3        ; Region 1: AP            = 0x3 ( full
                                                              access)
        MOV  R4,#0xB        ; Region 1: MemAttrib     = 0xB ( TEX=1,
                                                              S=0, C=1,
                                                              B=1)
        MOV  R5,#0x0        ; Region 1: Sub R disable = 0
        MOV  R6,#0x1        ; Region 1: {XN, Enable}  = 0,1
        BL   MpuRegionSetup
        ; --- Region #2 ---   User bit band
        LDR  R0,=0x22000000 ; Region 2: Base Address  = 0x22000000
        MOV  R1,#0x2        ; Region 2: Region number = 2
        MOV  R2,#0x10       ; Region 2: Size          = 0x10 (128KB)
        MOV  R3,#0x3        ; Region 2: AP            = 0x3 ( full
                                                              access)
        MOV  R4,#0xB        ; Region 2: MemAttrib     = 0xB ( TEX=1,
                                                              S=0, C=1,
                                                              B=1)
        MOV  R5,#0x0        ; Region 2: Sub R disable = 0
```

```
        MOV   R6,#0x1          ; Region 2: {XN, Enable} = 0,1
        BL    MpuRegionSetup
        ; --- Region #3 ---    User Peripherals
        LDR   R0,=0x40000000   ; Region 3: Base Address = 0x40000000
        MOV   R1,#0x3          ; Region 3: Region number = 3
        MOV   R2,#0x13         ; Region 3: Size         = 0x13 (1MB)
        MOV   R3,#0x3          ; Region 3: AP           = 0x3 ( full
                                                                access)
        MOV   R4,#0x1          ; Region 3: MemAttrib = 0x1 ( TEX=0,
                                                             S=0, C=0, B=1)
        MOV   R5,#0x9B         ; Region 3: Sub R disable = 0x9B ( from
                                                                  previous
                                                                  example)
        MOV   R6,#0x3          ; Region 3: {XN, Enable} = 1,1
        BL    MpuRegionSetup
        ; --- Region #4 ---  User peripheral bit band
        LDR   R0,=0x42000000   ; Region 4: Base Address = 0x42000000
        MOV   R1,#0x4          ; Region 4: Region number = 4
        MOV   R2,#0x18         ; Region 4: Size         = 0x18 (32MB)
        MOV   R3,#0x3          ; Region 4: AP           = 0x3 ( full
                                                                access)
        MOV   R4,#0x1          ; Region 4: MemAttrib    = 0x1 ( TEX=0,
                                                                S=0, C=0,
                                                                B=1)
        MOV   R5,#0x9B         ; Region 4: Sub R disable = 0x64 ( from
                                                                  previous
                                                                  example)
        MOV   R6,#0x3          ; Region 4: {XN, Enable} = 1,1
        BL    MpuRegionSetup
        ; --- Region #5 ---    External RAM
        LDR   R0,=0x60000000   ; Region 5: Base Address = 0x60000000
        MOV   R1,#0x5          ; Region 5: Region number = 5
        MOV   R2,#0x17         ; Region 5: Size         = 0x17 (16MB)
        MOV   R3,#0x3          ; Region 5: AP           = 0x3 ( full
                                                                access)
        MOV   R4,#0xB          ; Region 5: MemAttrib    = 0xB ( TEX=0,
                                                                S=0, C=1, B=1)
        MOV   R5,#0x0          ; Region 5: Sub R disable = 0
```

```
        MOV   R6,#0x1          ; Region 5: {XN, Enable}  = 0,1
        BL    MpuRegionSetup
        ; --- Region #6 ---    Not used, make sure it is disabled
        MOV   R0,#6
        BL    MpuRegionDisable
        ; --- Region #7 ---    Not used, make sure it is disabled
        MOV   R0,#7
        BL    MpuRegionDisable
        LDR   R0,=0xE000ED94   ; MPU Control Register
        MOV   R1,#5
        STR   R1,[R0]          ; Enable MPU with Privileged Default
                               ; memory map enabled
        POP   {R0-R6,PC}
```

第14章 そのほかのCortex-M3の機能

Other Cortex-M3 Features

この章では以下の項目を紹介します．
- SysTickタイマ
- 電力管理
- マルチプロセッサ・コミュニケーション
- セルフ・リセット制御

14.1 SysTickタイマ

　NVICのSysTickレジスタについては第8章で簡単にとりあげました．そこで紹介したように，SysTickタイマは24ビットのダウン・カウンタです（図14.1）．一度0へ到達すると，カウンタがSysTickリロード（RELOAD）値レジスタ（SysTick Reload Value Register）からリロード値のロードを行います．SysTick制御およびステータス・レジスタにあるイネーブル・ビットがクリアされるまで止まりません．

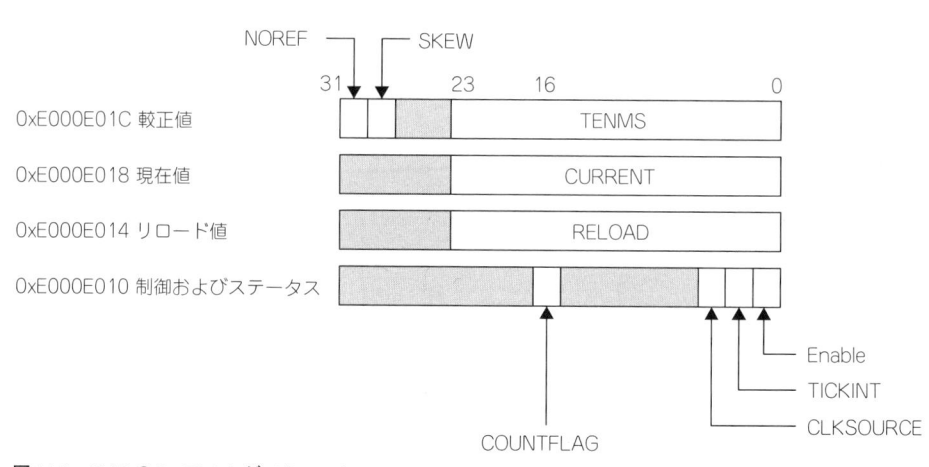

図14.1　NVICのSysTickレジスタ

Cortex-M3プロセッサでは，SysTickカウンタは二つの異なるクロック・ソースを利用できます．最初のソースはコアのフリーラン・クロックです（システム・クロックのHCLKからではないので，システム・クロックが止まっても停止しない）．次のソースは外部参照クロックです．このクロック信号はフリーラン・クロックをサンプリングして得ているので，フリーラン・クロックと比べて少なくとも2倍遅いはずです．チップ設計者が設計時にこの外部参照クロックを省略するかもしれないので，この場合は，外部参照クロックは利用できません．外部参照クロックのソースが有効かどうか判断するには，SysTick較正レジスタのビット[31]を確認します．チップの設計者は設計企画に基づいた適切な値をこのピンに設定するようにします．

SysTickタイマが1から0に変化すると，SysTick制御およびステータス・レジスタのCOUNTFLAGビットをセットします．COUNTFLAGは下記のどちらかの方法でクリアできます．

▶ プロセッサによるSysTick制御およびステータス・レジスタの読み出し
▶ 任意の値をSysTick現在値レジスタへ書き込むことによるSysTickカウンタ値のクリア

SysTickカウンタはSysTick例外を一定の間隔で生成する際に利用できます．これは，しばしばOSがタスクやリソースの管理を行うのに必要とされます．SysTick例外の生成を可能にするには，TICKINTビットが設定されている必要があります．さらに，ベクタ・テーブルがSRAMへ転送されている場合には，ベクタ・テーブルへSysTick例外ハンドラのアドレスをセットアップする必要があります．

```
    ; Setup SYSTICK exception handler
    MOV     R0,#0xF             ; Exception type 15
    LDR     R1,=systick_handler ; address of exception handler
    LDR     R2,=0xE000ED08      ; Vector table offset register
    LDR     R2,[R2]
    STR     R1, [R2, R0, LSL #2]  ; Write vector to
                                ; VectTblOffset_ExcpType*4
```

SysTickをセットアップする簡単なコードは以下のとおりです．

```
    ; Enable SYSTICK timer operation and enable SYSTICK interrupt
    LDR     R0,=0xE000E010      ; SYSTICK control and status register
    MOV     R1, #0
    STR     R1, [R0]            ; Stop counter to prevent interrupt
                                ; triggered accidentally
    LDR     R1,=0x3FF           ; Trigger every 1024 cycles (since
                                ; counter decrement from
                                ; 1023 to 0,total of 1024 cycles, the
                                ; value 0x3FF is used).
    STR     R1, [R0,#4]         ; Write reload value to reload register
                                ; address
    STR     R1, [R0,#8]         ; Write any value to current value
                                ; register to clear
                                ; current value to 0 and clear COUNTFLAG
```

```
        MOV    R1, #0x7           ; Clock source = core clock, Enable
                                  ; Interrupt, Enable
                                  ; SYSTICK counter
        STR    R1, [R0]           ; Start counter
```

SysTickカウンタは，簡単な方法でタイミング較正情報へのアクセスを可能にします．Cortex-M3プロセッサの最上位層では24ビット入力を備えており，チップ設計者は10msの時間間隔を生成する際に利用するリロード値を入力できます．この値は，SysTick較正レジスタでアクセス可能です．しかし，このオプションは必ず利用できるというわけではないので，この機能を使えるかどうかをデバイスのデータシートで確認する必要があります．

SysTickカウンタは複数のクロック・サイクルの後に，特定のタスクを開始するアラーム・タイマとして使用することもできます．たとえば，タスクを300クロック・サイクル後にスタートしたい場合は，以下のようにSysTick例外ハンドラのタスクをセットアップして，300サイクルにカウントが達した際にタスクが実行されるようにSysTickタイマをプログラムします．

```
        LDR    r0,=15             ; Setup SYSTICK handler
        LDR    r1,=SysTickAlarm   ; SYSTICK Exception handler name
        BL     SetupExcpHandler
        LDR    R0,=0xE000E010     ; SYSTICK base
        MOV    R1, #0             ; Disable SYSTICK during programming
        STR    R1, [R0]
        STR    R1, [R0,#0x8]      ; Clear current value
        LDR    R1, =(300-12)      ; Set Reload value : Minus 12 because of
                                  ; exception latency
        STR    R1,[R0,#0x4]
        LDR    R4,=SysTickFired   ; A data variable in RAM
        MOV    R5, #0             ; Setup the software flag to zero
        STR    R5, [R4]
        MOV    R1, #0x7           ; Use internal clock, enable SYSTICK
                                  ; exception,
        STR    R1, [R0]           ; Start counting
        LDR    R4,=SysTickFired
WaitLoop
        LDR R5, [R4]    ; Wait until Software flag is set by SYSTICK
                        ; handler
        CMP R5, #0
        BEQ WaitLoop
        ...                       ; SysTickFired set, main program
                                  ; continue on other tasks
```

このサンプル・コードでは`SetupExcpHandler`というサブルーチンを使ってSysTickベクタを設定

しています．これはベクタ・テーブルが書き込み可能な場合にのみ使用できます（たとえばSRAMへリロケートした場合など）．

```
SetupExcpHandler ; Subroutine for setting exception vector
    ; Input R0 : Exception number
    ;       R1 : Exception vector
    PUSH  {R2, LR}
    LDR   R2,=0xE000ED08   ; Vector Table offset
    LDR   R2, [R2]
    STR   R1, [R2, R0, LSL #2] ; Address = vector table offset + 4
                               ; x Exception number
    POP   {R2, PC}
```

カウンタはメイン・プログラムから手動でクリアされたので，初期値ゼロで開始します．その後直ちに288 (300 − 12) をリロードします．カウント数から12を引くのは，この値が最小実行レイテンシのクロック・サイクル数だからです．しかし，SysTickカウンタが0へ到達した際に別の例外が同等もしくは高い優先度で実行している場合は例外の開始が遅れます．

この例にあるリロード値から12サイクルを引くことは，アラーム・タイマの使用が一回限りの場合だけです．定期的にカウントを利用するには，リロード値を一定期間につき1を引くクロック・サイクル数にする必要があります．

SysTickカウンタは自動停止しないので，SysTickハンドラ内で止める必要があります．さらに，ほかの例外を処理することで遅れたSysTick例外が再度保留される可能性があるので，SysTick例外が一度限りの処理である場合には複数の処置を実行しなければなりません．

```
SysTickAlarm                 ; SYSTICK exception handler
    PUSH  {LR}
    LDR   R0,=0xE000E010     ; SYSTICK base
    MOV   R1, #0
    STR   R1, [R0]           ; Disable further SYSTICK exception
    LDR   R0,=0xE000ED04
    LDR   R1,=0x02000000     ; Clear SYSTICK pend bit in case it has
                             ; been pended again
    STR   R1, [R0]
    ...                      ; Execute required processing task
    LDR   R2,=SysTickFired   ; Setup software flag so that main
                             ; program knows tasks
    LDR   R1, [R2]           ; has been carried out.
    ADD   R1, #1
    STR   R1, [R2]
    POP   {PC}               ; Exception return
```

SysTick例外ハンドラの最終段階では，**SysTickFired**と呼ばれるソフトウェア変数をセットすること

で，必要なタスクが実行されていることをメイン・プログラムが認識できるようになります．

14.2 電力管理

　Cortex-M3は電力管理の機能としてスリープ・モードを備えています．スリープ・モード中は，システム・クロックを停止できますが．フリーランのクロック入力は稼働し続け，割り込みによるプロセッサの動作を可能にします．スリープ・モードは以下の二つです．
- スリープ：Cortex-M3プロセッサからSLEEPING信号で示される
- ディープ・スリープ：Cortex-M3プロセッサからSLEEPDEEP信号で示される

　どちらのスリープ・モードを使用するかを決めるために，NVICシステム制御レジスタのSLEEPDEEPと呼ぶビット・フィールドがあります（表14.1）．SLEEPINGおよびSLEEPDEEPのこうした動作は特定のMCUの実装に依存します．一部の実装では，どちらでも同じ動作になります．

表14.1　システム制御レジスタ（0xE000ED10）

ビット	レジスタ名	タイプ	リセット値	説　　明
4	SEVONPEND	読み出し/書き込み	0	保留状態によりイベントを送信する．新しい割り込みが保留されている場合，その割り込みが現在のレベルより優先度が高いかどうかに関わらず，WFEからウェークアップされる
3	予約	−	−	−
2	SLEEPDEEP	読み出し/書き込み	0	スリープ・モードに入るとSLEEPDEEP出力信号を有効にする
1	SLEEPONEXIT	読み出し/書き込み	0	SleepOnExit機能を有効にする
0	予約	−	−	−

　スリープ・モードは`WFI`命令または`WFE`命令で呼び出されます．`WFI`（**Wait-For-Interrupt**）命令は割り込み待ち，`WFE`（**Wait-For-Events**）命令はイベント待ちです．イベントは，割り込みや以前トリガした割り込み，またはRXEV信号を経由する外部イベント信号パルスです．プロセッサ内部にはイベント用ラッチがあるので，過去のイベントによりWFEからプロセッサを目覚めさせる（ウェイクアップ）ことができます（図14.2）．

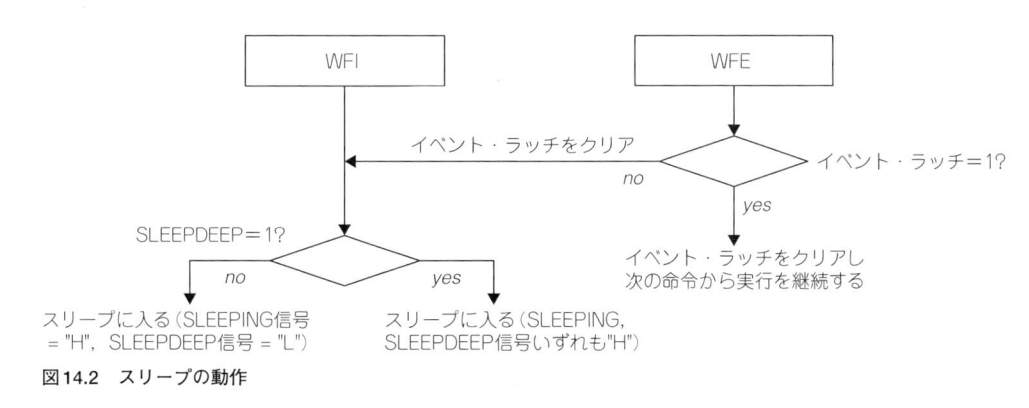

図14.2　スリープの動作

プロセッサがチップ設計に依存するスリープ・モードに入ると具体的に何が起こるのでしょう．よくある例としては，消費電力を抑えるためにクロック信号の一部を停止することができます．しかし，このチップは，チップの一部を停止し，さらに電力を抑えるように設計することも，またチップを完全に停止し，さらにすべてのクロック信号を停止するように設計することもできます．チップが完全に停止するような場合に，スリープからシステムをウェイクアップする唯一の手段はシステム・リセットを介することです．

WFIスリープからプロセッサをウェイクアップするには，（割り込みが実行中の場合）割り込みの優先度が現在の優先レベルより高く，またBASEPRIレジスタまたはマスク・レジスタ（PRIMASKおよびFAULTMASK）で設定されているレベルより高い必要があります．割り込み優先レベルが原因で割り込みが許可されない場合，WFIによりスリープのウェイクアップが行われません．

WFEの状況はこれと若干異なります．スリープ中にトリガされた割り込みの優先度がマスク・レジスタまたはBASEPRIレジスタよりも低いもしくは同じ場合や，SEVONPENDが設定されている場合も，スリープからプロセッサをウェイクアップすることができます．スリープ・モードでCortex-M3プロセッサをウェイクアップするルールを表14.2に要約しています．

表14.2 WFIおよびWFEウェイクアップの反応

WFIの反応	ウェイクアップ	IRQ実行
IRQとBASEPRI		
IRQの優先度 > BASEPRI	Y	Y
IRQの優先度 =< BASEPRI	N	N
IRQにBASEPRIとPRIMASK		
IRQの優先度 > BASEPRI	Y	N
IRQの優先度 =< BASEPRI	N	N
WFEの反応	**ウェイクアップ**	**IRQ実行**
IRQとBASEPRI，SEVONPEND = 0		
IRQの優先度 > BASEPRI	Y	Y
IRQの優先度 =< BASEPRI	N	N
IRQとBASEPRI，SEVONPEND = 1		
IRQの優先度 > BASEPRI	Y	Y
IRQの優先度 =< BASEPRI	Y	N
IRQにBASEPRIとPRIMASK，SEVONPEND = 0		
IRQの優先度 > BASEPRI	N	N
IRQの優先度 =< BASEPRI	N	N
IRQにBASEPRIとPRIMASK，SEVONPEND = 1		
IRQの優先度 > BASEPRI	Y	N
IRQの優先度 =< BASEPRI	Y	N

スリープ・モードの別の機能は，割り込みルーチンを終了後，自動的にスリープへ戻るように設定できることです．これにより割り込みの処理が必要とされないときは，コアを常にスリープできます．この機能を使用するには，システム制御レジスタのSLEEPONEXITビットをセットする必要があります（図14.3）．

図14.3 SleepOnExit機能の使用例

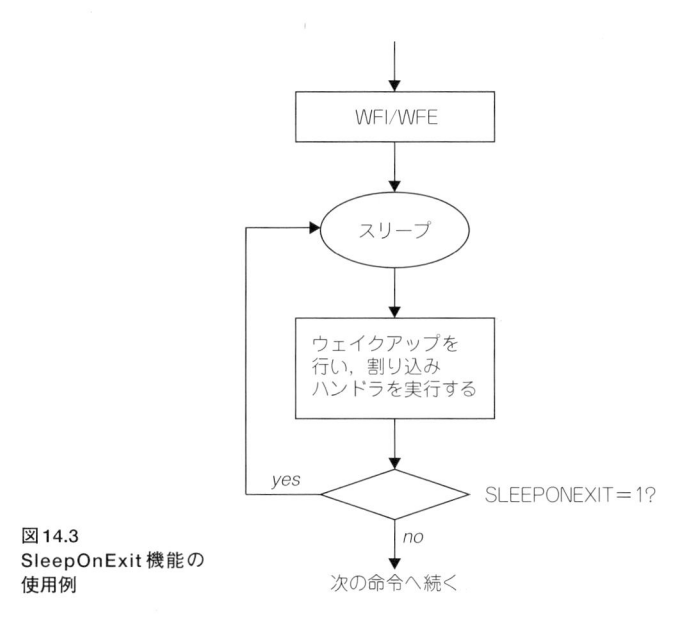

　SLEEPONEXIT機能が有効である場合，`WFI/WFE`を実行せずに例外を終了した後に，プロセッサがスリープ・モードに入ることができる点に注目してください．つまりスリープ操作が要求される場合には，通常SLEEPONEXIT機能を`WFI/WFE`命令の直前で有効にしなければなりません．

　Cortex-M3リビジョン2（2008年リリース）には，追加の低電力機能が加えられています．ソフトウェアの観点から見ると，`WFI`や`WFE`に変化はありません．しかしリビジョン2のディープ・スリープ・モードでは，プロセッサ・コアに入っているクロック信号を止め，ウェイクアップ割り込みコントローラという個別ユニットでプロセッサ・コアのウェイクアップを操作することが可能になりました．この構成により，プロセッサ・コアを電力OFFモードにし，プロセッサ状態の情報を特別なロジック・セルへストアすることができます．これにより，設計段階でアイドル時のパワーを最小限に抑えることが可能です．

　この新しい電力低減機能は，パワーONおよびパワーOFFシーケンスの制御に外部の電力管理ユニットを必要とします．このユニットは半導体ベンダにより開発され，電力OFF機能を使用する前にプログラムする必要があります．詳細については半導体ベンダの仕様書を参照ください．留意すべき点は，電力OFF機能はディープ・スリープの間にSysTickタイマを停止するということと，デバッガが付属している場合には無効になる（これはデバッガがデバッグ・レジスタへアクセスしなければならないため，必要とされる）という二点です．

14.3　マルチプロセッサ・コミュニケーション

　Cortex-M3は複数のタスクを同期させるためのシンプルなマルチプロセッサ・コミュニケーション・インターフェースが付いています．プロセッサはTXEV（Transmit Event）と呼ばれるイベントを送信する1本の出力信号と，RXEV（Receive Event）と呼ばれる1本のイベントを受信するための入力信号

があります．二つのプロセッサをもつシステムでは，イベント・コミュニケーション信号の接続は図14.4に示すように実装できます．

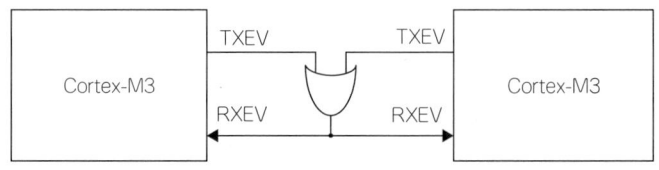

図14.4　二つのプロセッサをもつシステムの中のイベント・コミュニケーションの接続

電力管理の項で述べたように，プロセッサはWFE命令が実行される際にスリープへ入り，また外部イベントが受信された際には命令の実行を続けることができます．SEV（Send Event）と呼ばれる命令を使用した場合，片方のプロセッサが，スリープ・モードの別のプロセッサをウェイクアップし，両方のプロセッサで同時にタスクの実行を開始することを確実にします（図14.5，図14.6）．

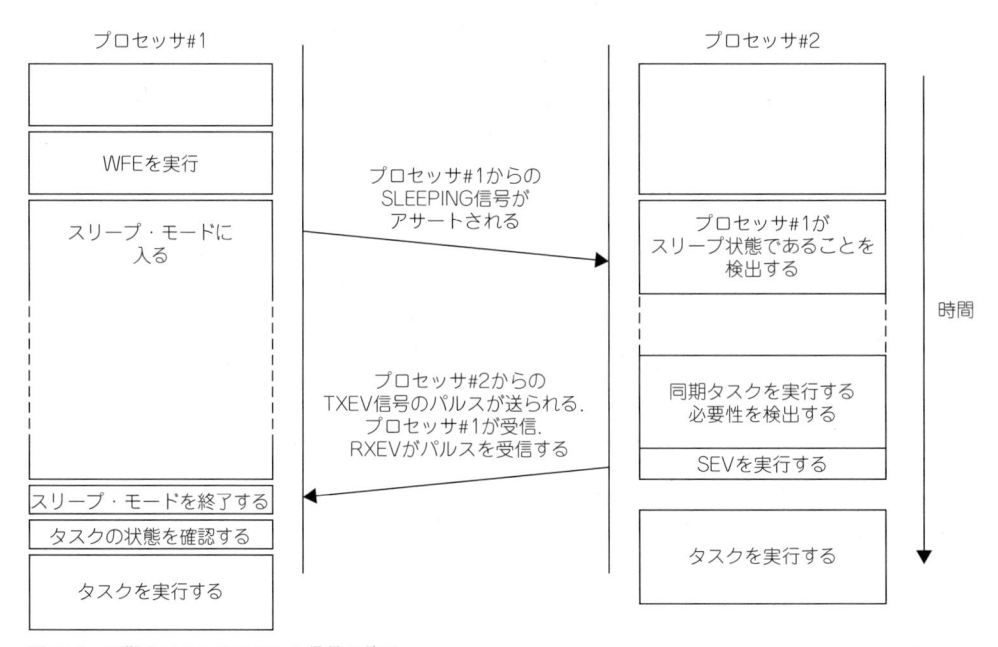

図14.5　同期タスクへのイベント信号の使用

この機能を使うと，両プロセッサで同時にタスクの実行を行うようにすることができます（実際のチップ実装に基づき，場合によってはわずかなクロック・サイクルの違いで行うことが可能）．呼び出されるプロセッサの数はいくつにすることもできますが，イベント・パルスをほかのプロセッサ用に生成するために一つのプロセッサをマスタとして機能させる必要があります．

WFE命令が実行されると，最初にローカル・イベント・ラッチのチェックが行われます．ラッチが設定されていない場合，コアはスリープ・モードに入ります．ラッチが設定されていると，ラッチはクリ

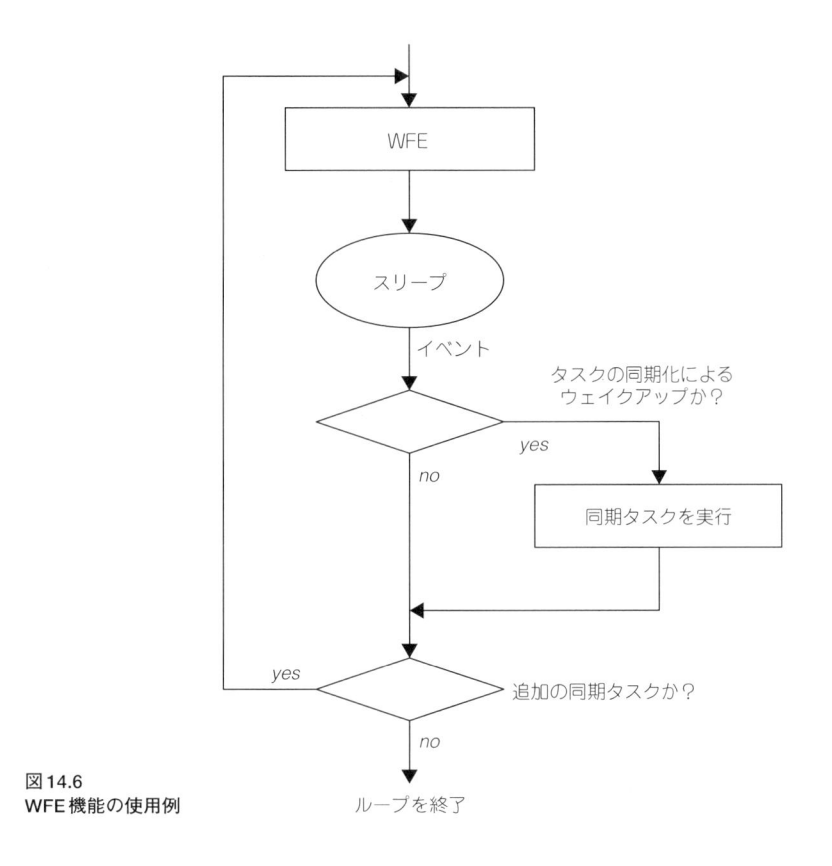

14.3 マルチプロセッサ・コミュニケーション

図14.6
WFE機能の使用例

アされ命令実行がスリープ・モードにならずに継続します．ローカル・イベント・ラッチは前に発生した例外やSEV命令により設定できます．したがって，SEV命令を実行し，その後WFE命令を実行すると，プロセッサは，スリープに入らず，WFE命令よりイベントのラッチがクリアされ，ただ次の命令が実行されます．

　WFE命令自体は，単純な状況においてだけ，タスクの同期に利用できます．複雑なアプリケーションで同期化を正しく操作するには追加のコードが必要です．これは，割り込みやデバッグ・イベントなど，ほかのイベントでもプロセッサをウェイクアップすることができ，さらに内部イベントのレジスタの現在の状況が分からないため，WFE命令の実行スリープ・モードに入ることを必ずしも保証していないからです．したがって，WFE命令は通常，（システムの消費電力を低減するために）ループを行う際や，同期が必要なタスクをWFE命令の後で実行すべきかどうかの確認をするステータス・チェック・コードとともに利用されます．このような使用例はマルチプロセッサ・システムのセマフォにあります．通常は，システム・レベルの排他アクセス・モニタや排他アクセス命令が，共有メモリや共有ペリフェラルへのアクセスを許可するスピン・ロックに利用されます．リソースを必要とするプロセスは，"ロック"を獲得するためにアセンブリ・コードを呼び出す必要があります．

```
get_lock                    ; an assembly function to get the lock
    LDR    r0, =Lock_Variable
    MOVS   r2, #1           ; use for locking STREX
```

```
get_lock_loop
    LDREX   r1,[r0]
    CMP     r1, #0
    BNE     get_lock_loop     ; It is locked, retry again
    STREX   r1, r2, [r0]      ; Try set Lock_Variable to 1 using STREX
    CMP     r1, #0            ; Check return status of STREX
    BNE get_lock_loop         ; STREX was not successful, retry
    DMB                       ; Data Memory Barrier
    BX      LR                ; Return
```

またその一方で，リソースを使用するプロセスは，不要となったリソースをアンロックする必要があります．

```
free_lock                     ; an assembly function to free the lock
    LDR     r0, =Lock_Variable
    MOVS    r1, #0
    DMB                       ; Data Memory Barrier
    STR     r1, [r0]          ; Clear lock
    BX      LR                ; Return
```

スピン・ロックは，プロセッサがアイドル状態の場合に不要な電力の消費をもたらすことがあります．結果として，これらの操作へWFE命令を加えることで消費電力を低減させると同時に，ロック待ちのプロセッサをリソースがフリーになり次第ウェイクアップすることができます．

```
get_lock_with_WFE             ; an assembly function to get the lock
    LDR     r0, =Lock_Variable
    MOVS    r2, #1            ; use for locking STREX
get_lock_loop
    LDREX   r1,[r0]
    CBNZ    r1, lock_is_set   ; If lock is set, sleep and retry later
    STREX   r1, r2, [r0]      ; Try set Lock_Variable to 1 using STREX
    CMP     r1, #0            ; Check return status of STREX
    BNE get_lock_loop         ; STREX was not successful, retry
    DMB                       ; Data Memory Barrier
    BX      LR                ; Return
lock_is_set
    WFE                       ; Wait for event
    B       get_lock_loop     ; woken up, retry again
```

ロックをフリーにする関数では，ロック待ちのほかのプロセッサをウェイクアップするにはSEV命令を使用します．

```
free_lock_with_SEV            ; an assembly function to free the lock
    LDR     r0, =Lock_Variable
```

```
        MOVS    r1, #0
        DMB                     ; Data Memory Barrier
        STR     r1, [r0]        ; Clear lock
        SEV                     ; Send Event to wake up other processors
        BX      LR              ; Return
```

イベント・コミュニケーション・インターフェースと必要なセマフォのコードを結合することで，スピン・ロック中の消費電力を低減することができます．同様の技術をメッセージ・パッシングやタスクの同期化に対して適用できます．

ほとんどのCortex-M3ベースの製品では，プロセッサ上のみで，RXEV入力を0にするかイベントを生成するペリフェラルへ接続することができます．

14.4 セルフ・リセット制御

Cortex-M3は二つのセルフ・リセット制御機能があります．最初の一つは，NVICアプリケーション割り込みおよびリセット制御レジスタのVECTRESET制御ビット（ビット0）です．

```
    LDR R0,=0xE000ED0C  ; NVIC AIRCR address
    LDR R1,=0x05FA0001  ; Set VECTRESET bit (05FA is a write
                        ; access key)
    STR R1,[R0]

deadloop

    B deadloop          ; a deadloop is used to ensure no other
                        ; instructions
                        ; follow the reset is executed
```

このビットを書き込むと，デバッグ回路を除いてCortex-M3プロセッサのリセットを行います．これはCortex-M3プロセッサ以外の回路はリセットしません．たとえばSoCがUARTを含んでいる場合，このビットを書き込んでもCortex-M3以外のUARTやペリフェラルはどれもリセットされません．

二つ目のリセット機能は，同じくNVICレジスタにあるSYSRESETREQビットです．これによりCortex-M3プロセッサでリセット要求信号をシステムのリセット・ジェネレータへアサートすることができます．システム・リセット・ジェネレータはCortex-M3の設計の範囲ではないので，このリセット機能の実装はチップの設計に基づきます．したがって，この機能をもたないチップがありえるので，チップの仕様を十分確認してください．

SYSRESETREQを使ったサンプル・コードを以下に記載します．

```
    LDR     R0,=0xE000ED0C  ; NVIC AIRCR address
    LDR     R1,=0x05FA0004  ; Set SYSRESETREQ bit (05FA is a write
                            ; access key)
    STR     R1,[R0]
```

```
deadloop
    B       deadloop        ; a deadloop is used to ensure no other
                            ; instructions
                            ; follow the reset is executed
```

　ほとんどの場合，SYSRESETREQビットがセットされていると，Cortex-M3プロセッサのシステム・リセット信号(SYSRESTn)はリセット・ジェネレータによってアサートされます．このチップのほかの部分，たとえばペリフェラルなどがリセットされるかは，チップの設計次第です．通常，Cortex-M3のデバッグ回路はリセットされません．

　SYSRESETREQがリセット・ジェネレータで行われる実際のリセットをアサートすることで発生する遅延も問題になっています．リセット・ジェネレータにおける遅延により，リセット要求設定後も割り込みを許可しているプロセッサもありえるでしょう．コアによる割り込みの許可をこのコードが起動する前に止めたい場合は，MSR命令を使うFAULTMASKをセットすることができます．

Debug Architecture

第15章

デバッグ・アーキテクチャ

> この章では以下の項目を紹介します．
> ▶ デバッグ機能の概要
> ▶ CoreSight の概要
> ▶ デバッグ・モード
> ▶ デバッグ・イベント
> ▶ Cortex-M3 のブレークポイント
> ▶ デバッグでのレジスタ内容へのアクセス
> ▶ コア・デバッグのそのほかの機能

15.1　デバッグ機能の概要

　Cortex-M3 プロセッサは包括的なデバッグ環境を備えています．動作の特徴に基づいて，デバッグ機能は二つのグループに分けられます．

1. プロセッサの実行を制御するデバッグ
    - ▶ プログラム・ホールトおよびステップ
    - ▶ ハードウェア・ブレークポイント
    - ▶ ブレークポイント命令
    - ▶ データ・アドレス，アドレス・レンジまたはデータ値へアクセスするためのデータ・ウォッチポイント
    - ▶ レジスタ値へのアクセス（リード，ライト）
    - ▶ デバッグ・モニタの例外
    - ▶ ROM ベースのデバッグ（フラッシュ・パッチ）
2. プロセッサの実行に影響を与えないデバッグ
    - ▶ メモリ・アクセス（メモリ内容へはコアが作動中であってもアクセス可能）
    - ▶ 命令トレース（オプションの組み込みトレース・モジュールを経由）
    - ▶ データ・トレース

▶ ソフトウェア・トレース（インスツルメンテーション・トレース・モジュールを経由）
▶ プロファイリング（データ・ウォッチポイントおよびトレース・モジュールを経由）

Cortex-M3 プロセッサには多数のデバッグ・コンポーネントが搭載されています．デバッグ・システムは CoreSight デバッグ・アーキテクチャに基づいており，標準的な方法でデバッグ制御へアクセスでき，トレース情報を収集し，またデバッグ・システムの構成を検出できるようになっています．

15.2 CoreSight の概要

CoreSight デバッグ・アーキテクチャは，デバッグ・インターフェース・プロトコル，デバッグ・バス・プロトコル，デバッグ・コンポーネントの制御，セキュリティ機能，トレース・データ・インターフェースなど，幅広い範囲をカバーしています．*CoreSight Technology System Design Guide*（Ref 3）は，このアーキテクチャの概要を知るのに役立つ資料です．さらに，*Cortex-M3 Technical Reference Manual*（Ref1）にある項目の多くは，Cortex-M3 の設計におけるデバッグ・コンポーネントについて説明しています．これらのコンポーネントは通常デバッガ・ソフトウェアでのみ使われ，アプリケーションでは使用されません．しかし，これらの項目を簡単にレビューすることにより，デバッグ・システムがどのような仕組みで動作するかをよりよく理解することができます．

15.2.1 プロセッサのデバッグ・インターフェース

従来の ARM7 または ARM9 と異なり，Cortex-M3 プロセッサのデバッグ・システムは CoreSight デバッグ・アーキテクチャに基づいています．従来より ARM プロセッサは JTAG インターフェースを搭載し，レジスタへのアクセスやメモリ・インターフェースの制御が可能です．Cortex-M3 では，プロセッサ上のデバッグ回路に対する制御は，デバッグ・アクセス・ポート（DAP；Debug Access Port）と呼ばれるバス・インターフェースを介して実行されます．この DAP は AMBA における APB に似ています．DAP は，JTAG あるいはシリアル・ワイヤを DAP バス・インターフェース・プロトコルに変換する別のコンポーネントによって制御されます．

内部デバッグ・バスが APB と似ているので，複数のデバッグ・コンポーネントへ簡単に接続でき，そのため非常に拡張性のあるデバッグ・システムになっています．さらに，デバッグ・インターフェースとデバッグ制御ハードウェアを分けることで，実際にチップで使われているインターフェース・タイプの透過性を実現できます．したがって，どのようなデバッグ・インターフェースを使用しても，同じデバッグ・タスクを遂行できます．

Cortex-M3 プロセッサ・コアの実際のデバッグ機能は，NVIC や FPB や DWT および ITM などのそのほか多数のデバッグ・コンポーネントによって制御されています．NVIC は，ほかのブロックがウォッチポイントやブレークポイントおよびデバッグ・メッセージの出力などの機能をサポートするのに対して，ホールトやステップなどコア・デバッグの動作を制御する多くのレジスタを含んでいます．

15.2.2 デバッグ・ホスト・インターフェース

CoreSight 技術はデバッグ・ホストと SoC 間の接続を行う数多くのインターフェース形式をサポートしています．従来は，これはいつも JTAG でした．現在では，デバッグ・ホストとプロセッサのデバッ

グ・インターフェースの間に異なるインターフェース・モジュールを配置することで，プロセッサのデバッグ・インターフェースが一般的なバス・インターフェースへと変化したため，プロセッサのデバッグ・インターフェースを設計し直すことなく，異なるデバッグ・ホスト・インターフェースをもった異なるチップを用意することができます．

現在，Cortex-M3のシステムは二つの形式のデバッグ・ホスト・インターフェースをサポートしています．最初の一つ目はおなじみのJTAGインターフェースで，二つ目はシリアル・ワイヤ（SW；Serial Wire）と呼ばれる新しいインターフェース・プロトコルです．SWインターフェースは信号数を2ピンにまで減らします．デバッグ・ホスト・インターフェース・モジュール（デバッグ・ポートまたはDPと呼ばれる）の何種類かは，ARMから入手できます．デバッグ・ハードウェアはDPの片側へ接続され，もう一方はプロセッサのDAPインターフェースへ接続されます．

15.2.3 DPモジュール，APモジュール，およびDAP

Cortex-M3プロセッサにおいて，外部デバッグ・ハードウェアからデバッグ・インターフェースへの接続は，複数のステージに分割されます（**図15.1**）．

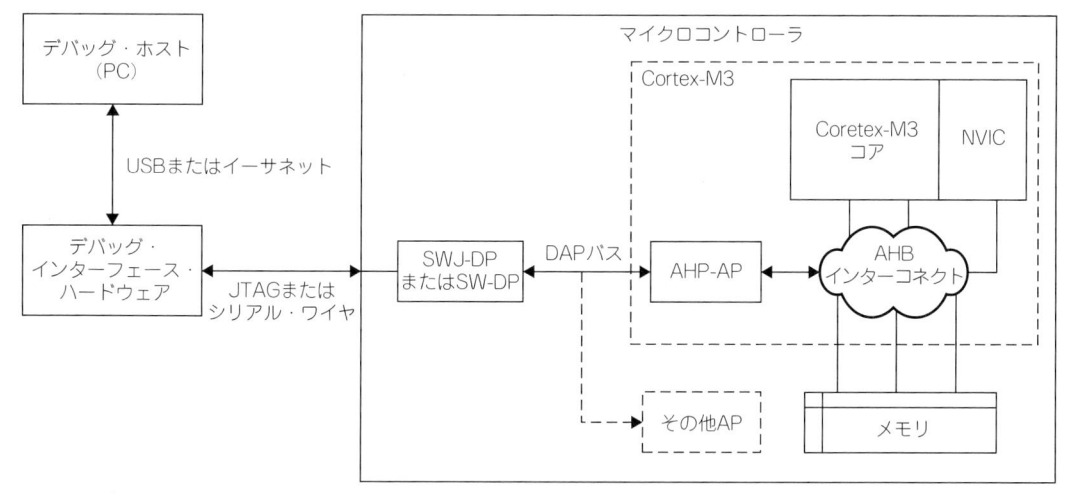

図15.1 デバッグ・ホストからCortex-M3への接続

DPインターフェース・モジュール（通常はSWJ-DPかSW-DPのどちらか）は外部信号を一般的な32ビット・デバッグ・バスへ変換します（図中のDAPバス）．SWJ-DPはJTAGとSWの両者をサポートし，SW-DPはSWのみをサポートします．ARM CoreSightの製品シリーズにはJTAG-DPもあり，JTAGプロトコルのみサポートします．半導体メーカはこれらDPモジュールからニーズに適する一つを選択して使用します．DAPバスのアドレスが32ビットのものは，どのアドレスへアクセスがなされるかを選択するのに利用されるアドレス・バスの最上位の8ビットを含んでいます．最大で256のデバイスがDAPバスへ接続可能です．Cortex-M3プロセッサ内部では，デバイス・アドレスの一つだけが使用されるので，必要ならさらに255個のアクセス・ポート（AP）デバイスをDAPバスへ接続できます．

Cortex-M3プロセッサでDAPインターフェースを通過した後，AHB-APと呼ばれるAPデバイスが接続されます．これはコマンドをAHB転送へ変換するバス・ブリッジの機能を果たし，Cortex-M3内部の内部バス・ネットワークへ接続されます．これにより，NVICのデバッグ制御レジスタを含むCortex-M3のメモリ・マップへのアクセスが可能になります．

CoreSightの製品シリーズでは，APB-APおよびJTAG-APを含む数種類のAPデバイスを利用できます．APB-APはAPB転送を発生させるために利用でき，JTAG-APはARM7のデバッグ・インターフェースなど，従来のJTAGベースのテスト・インターフェースを制御するために利用できます．

15.2.4　トレース・インターフェース

CoreSightアーキテクチャのもう一つの特徴はトレースに関するものです．Cortex-M3では三種類のトレース・ソースがあります．

- 命令トレース：組み込みトレース・マクロセル（ETM；Embeddes Trace Macrocell）で生成
- データ・トレース：DWTで生成
- デバッグ・メッセージ：ITMで生成（GUIデバッグにおいてprintfのようなメッセージ出力をもたらす）

トレース中，その結果はデータ・パッケージの形式でETMのようなトレース・ソースからアドバンスト・トレース・バス（ATB；Advanced Trace Bus）と呼ばれるトレース・バス・インターフェースを使って出力されます．CoreSightアーキテクチャに基づいて，SoCが複数のトレース・ソース（たとえばマルチプロセッサ）をもっている場合は，ATBデータ・ストリームをマージするため，ATBマージャ・ハードウェア（CoreSightアーキテクチャではこのハードウェアを**ATBファンネル**（**ATB funnel**）と呼ぶ）を使用できます．チップ上のデータ・ストリームは最終的に，トレース・ポート・インターフェース・ユニット（TPIU；Trace Port Interface Unit）に接続され，外部のトレース・ハードウェアに送り出されます．データが（PCなどの）デバッグ・ホストに到着すると，データ・ストリームは元の複数のデータ・ストリームに変換されます．

Cortex-M3は複数のトレース・ソースを備えているにもかかわらず，デバッグ・コンポーネントがトレースをマージするように設計されているので，ATBファンネル・モジュールを追加する必要はありません．トレース出力インターフェースは，Cortex-M3用に設計されたTPIUの特定バージョンへ直接に接続できます．その後トレース・データが外部ハードウェアによりキャプチャされ，分析を行うためにデバッグ・ホスト（例：PC）により集められます．

Column　なぜシリアル・ワイヤなのか？

Cortex-M3は，そのほとんどが非常に少ないピン数のデバイスである低コスト・マイクロコントローラ市場をターゲットにしています．たとえば，ロー・エンド・バージョンのいくつかは28ピン・パッケージに収められています．JTAGは非常にポピュラなプロトコルであるにもかかわらず，28ピンのデバイスにとってデバッグにピンを四つ使用することが負担となります．したがって，デバッグ時のピン数を2ピンにまで削減するSWは魅力的なソリューションなのです．

15.2.5　CoreSightの特徴

CoreSightベースの設計には多くの利点があります．

- プロセッサが動作中であっても，メモリの内容およびペリフェラル・レジスタの分析が可能
- マルチプロセッサのデバッグ・インターフェースは一つのデバッガ・ハードウェアで制御が可能です．たとえば，JTAGが使用されている場合，複数のプロセッサがチップ上にあっても，一つのTAPコントローラのみ必要とする
- 内部デバッグ・インターフェースはシンプルなバス設計に基づいており，拡張可能でチップやSocのそのほかの部分に対する追加のテスト・ロジックを簡単に開発できるようになっている
- デバッグ・ホスト上で複数のトレース・データ・ストリームを一つのトレース・キャプチャ・デバイスへ集めたり，複数のストリームに分離することが可能

Cortex-M3プロセッサで使用されているデバッグ・システムは，標準的なCoreSightの実装とは少し異なります．

- Cortex-M3内部のトレース・コンポーネントは特別に設計されている．ATBインターフェースのいくつかは，Cortex-M3では8ビット幅となっているが，CoreSightでは32ビット幅である
- Cortex-M3のデバッグ実装はTrustZone[注1]をサポートしていない
- デバッグ・コンポーネントはシステム・メモリ・マップの一部になっている．これに対し標準的なCoreSightでは，セパレート・バス（セパレート・メモリ・マップ）がデバッグ・コンポーネントの制御に使用される．たとえば，CoreSightシステムにおける概念的なシステム接続は図15.2のようになっている

Cortex-M3では，デバッグ・デバイスが同じシステム・メモリ・マップを共有します（図15.3）．

Cortex-M3のデバッグ・コンポーネントが通常のCoreSightシステムと異なる構築をしていても，

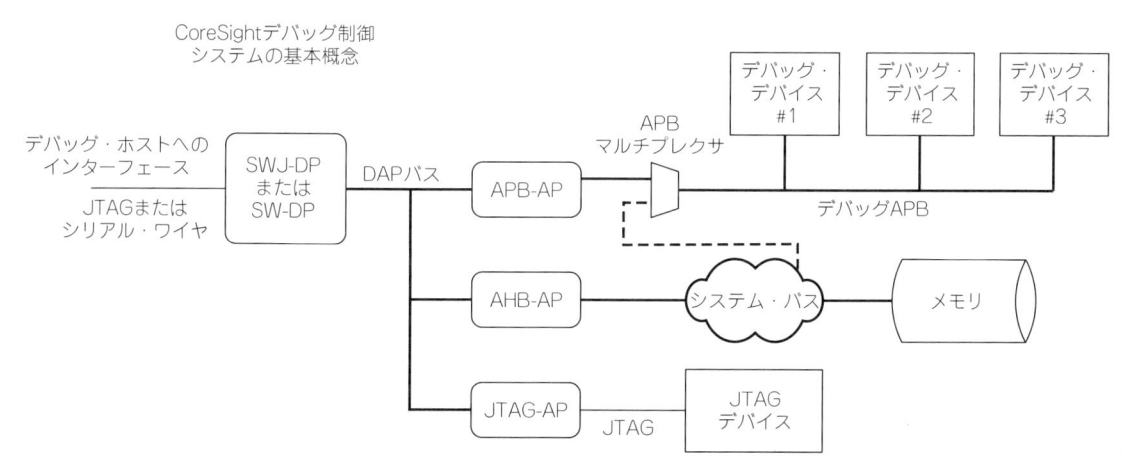

図15.2　CoreSightシステムの設計概念

注1：TrustZoneとは組み込み製品に対するセキュリティ機能を与えるARMの技術である．

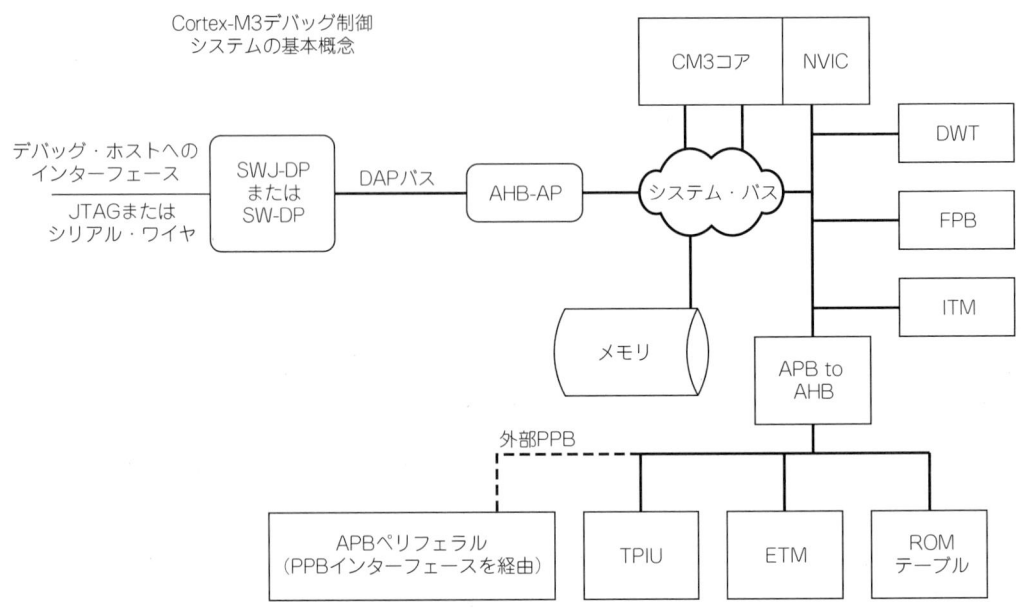

図15.3 Cortex-M3のデバッグ・システム

Cortex-M3にある通信インターフェースやプロトコルはCoreSightアーキテクチャに準拠しているので，CoreSightシステムへ直接接続できます．たとえば，CoreSight TPIUなどのCoreSightデバッグ・コンポーネント，デバッグ・ポートおよびトレースの基盤となるブロックはCortex-M3とともに使用でき，またCortex-M3をマルチコア・デバッグ・システムまで拡張することもできます．

CoreSight デバッグ・アーキテクチャに関する追加情報は *CoreSight Technology System Design Guide*（Ref3）に掲載されています．

15.3 デバッグ・モード

Cortex-M3には2種類のデバッグ操作モードがあります．一つ目は**ホールト（halt）**です．これにより，プロセッサはプログラムの実行を完全に停止します．二つ目は**デバッグ・モニタ例外（debug monitor exception）**です．これにより，プロセッサは例外ハンドラを実行しデバッグ処理を行いますが，依然としてより優先度の高い例外の実行が可能です．デバッグ・モニタは例外番号12で，この優先度はプログラマブルです．これにより，デバッグ・イベントによって，手動で保留ビットをセットした場合と同様にデバッグ・モニタ例外を引き起こせます．まとめると，以下のようになります．

1. ホールト・モード
   - 命令実行が停止される
   - SysTickカウンタが停止される
   - シングル・ステップ操作をサポートする
   - 割り込みはシングル・ステップ中に保留可能で，引き起こし可能．ステップ中に外部割り込みを無視するようにマスク可能

2. デバッグ・モニタ・モード
   - ▶ プロセッサは例外ハンドラ・タイプ 12（デバッグ・モニタ）を実行する
   - ▶ SysTick カウンタが作動し続ける
   - ▶ デバッグ・モニタの優先度や新しい割り込みの優先度により，新着の割り込みが横取りするかどうかを決定する
   - ▶ 高優先度の割り込みを実行中にデバッグ・イベントが発生すると，デバッグ・イベントは失敗する
   - ▶ シングル・ステップ操作をサポートする
   - ▶ メモリの内容（たとえばスタック・メモリ）は，スタッキングおよびハンドラを実行中のデバッグ・モニタ・ハンドラにより変更されることになる

デバッグ・モニタを備える理由は，一部の電子システムではデバッグ操作のためにプロセッサを停止することが不可能だからです．たとえば，自動車のエンジン制御またはハードディスクを制御するアプリケーションでは，プロセッサはデバッグ中に割り込み要求を処理し続けることで操作の安全性を確認し，またテストされている機器がダメージを受けるのを防ぎます．デバッグ・モニタは，高い優先度の割り込みと例外の実行を可能にしたまま，スレッド・レベルのアプリケーションと低い優先度の割り込みハンドラを停止しデバッグすることができます．

ホールト・モードに入るために，NVIC デバッグ・ホールト制御およびステータス・レジスタ（DHCSR；Debug Halting Control and Status Register）の C_DEBUGEN ビットはセットされるはずで

表 15.1 デバッグ・ホールト制御およびステータス・レジスタ (0xE000EDF0)

ビット	名前	タイプ	リセット時の値	説明
31：16	KEY	書き込み	-	デバッグ・キー．このレジスタに書き込むには，0xA05F の値をこのフィールドへ書き込まなくてはならない．この値でない場合は書き込みは無視される
25	S_RESET_ST	読み出し	-	コアがすでにリセットされた，またはリセット中．このビットは読み出し時にクリアされる
24	S_RETIRE_ST	読み出し	-	最後の読み出された後に命令が完了している．このビットは読み出し時にクリアされる
19	S_LOCKUP	読み出し	-	このビットが 1 の場合，コアはロックアップ状況である
18	S_SLEEP	読み出し	-	このビットが 1 の場合，コアはスリープ・モードである
17	S_HALT	読み出し	-	このビットが 1 の場合，コアはホールトされている
16	S_REGRDY	読み出し	-	レジスタの読み出し/書き込み操作が完了している
15：6	予約	-	-	予約
5	C_SNAPSTALL	読み出し/書き込み	0*	ストールされたメモリ・アクセスの破壊に利用する
4	予約	-	-	予約
3	C_MASKINTS	読み出し/書き込み	0*	ステップ中の割り込みマスク．プロセッサがホールトされているときにのみ修正が可能
2	C_STEP	読み出し/書き込み	0*	プロセッサのシングル・ステップ．C_DEBUGEN がセットされている場合のみ有効
1	C_HALT	読み出し/書き込み	0*	プロセッサ・コアをホールトする．C_DEBUGEN がセットされている場合のみ有効
0	C_DEBUGEN	読み出し/書き込み	0*	ホールト・モード・デバッグを有効にする

＊：DHCSR の制御ビットはパワー ON リセットでリセットされる．システム・リセット（たとえば NVIC のアプリケーション割り込みおよびリセット制御レジスタ）はデバッグ制御のリセットを行わない．

表15.2 デバッグ例外およびモニタ制御レジスタ (0xE000EDFC)

ビット	名前	タイプ	リセット時の値	説明
24	TRCENA	読み出し/書き込み	0*	トレース・システム許可．DWT，ETM，ITMおよびTPIUを使用するにはこのビットを1に設定する必要がある
23：20	予約	-	-	予約
19	MON_REQ	読み出し/書き込み	0	ハードウェアのデバッグ・イベントよりも要求の手動保留によって，デバッグ・モニタが引き起こされることを示している
18	MON_STEP	読み出し/書き込み	0	プロセッサのシングル・ステップ．MON_ENがセットされている場合にのみ有効
17	MON_PEND	読み出し/書き込み	0	モニタ例外の要求を保留する．優先度による許可が出るとコアはモニタ例外に入る
16	MON_EN	読み出し/書き込み	0	デバッグ・モニタ例外を許可する
15：11	予約	-	-	予約
10	VC_HARDERR	読み出し/書き込み	0*	ハード・フォールトでのデバッグ・トラップ
9	VC_INTERR	読み出し/書き込み	0*	割り込み/例外へのサービス・エラーによるデバッグ・トラップ
8	VC_BUSERR	読み出し/書き込み	0*	バス・フォールトでのデバッグ・トラップ
7	VC_STATERR	読み出し/書き込み	0*	用法フォールト状態エラーでのデバッグ・トラップ
6	VC_CHKERR	読み出し/書き込み	0*	用法フォールト・イネーブル・チェック・エラーでのデバッグ・トラップ
5	VC_NOCPERR	読み出し/書き込み	0*	用法フォールトのデバッグ・トラップ．コプロセッサなしエラー
4	VC_MMERR	読み出し/書き込み	0*	メモリ管理フォールトでのデバッグ・トラップ
3：1	予約	-	-	予約
0	VC_CORERESET	読み出し/書き込み	0*	コアリセットのデバッグ・トラップ

＊：DEMCRの制御ビットはパワーONリセットでリセットされる．システム・リセット（たとえばNVICのアプリケーション割り込みおよびリセット制御レジスタ）はデバッグ制御のリセットを行わない．

す．このビットはDAP経由でのみ設定可能です．したがってCortex-M3プロセッサをデバッガなしでホールトすることはできません．C_DEBUGENをセットした後は，DHCSRのC_HALTビットをセットすることでコアをホールトすることができます．このビットはデバッガもしくはプロセッサ自体で稼動しているソフトウェアで設定が可能です．

　DHCSRのビット・フィールドの定義は読み出し操作と書き込み操作では異なっています．書き込み操作では，デバッグ・キーの値をビット31からビット16に使われなければなりません．読み出し操作にはデバッグ・キーがなく，上位ハーフ・ワードの戻り値はステータス・ビットを含んでいます（**表15.1**）．

　通常，DHCSRはデバッガだけに使用されます．アプリケーション・コードは，デバッガ・ツールに問題を起こさないようにするため，DHCSRの内容を変更すべきではありません．

▶ DHCSRの制御ビットはパワーONリセットでリセットされる．システム・リセット（たとえばNVICのアプリケーション割り込みおよびリセット制御レジスタ）はデバッグ制御のリセットを行わない．デバッグ・モニタを使用したデバッグを行うには，異なるNVICレジスタ，つまりNVICのデバッグ

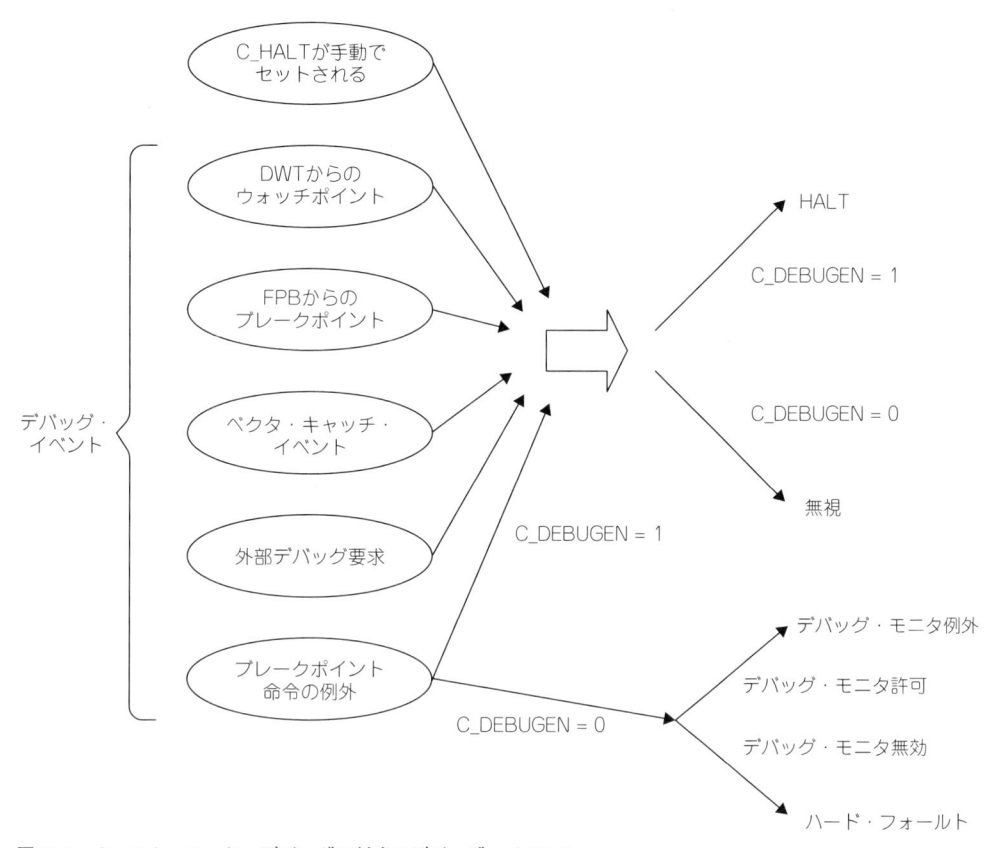

図15.4　ホールト・モード・デバッグに対するデバッグ・イベント

例外およびモニタ制御レジスタを使ってデバッグ動作を制御する（**表15.2**）．デバッグ・モニタ制御ビットとは別に，デバッグ例外およびモニタ制御レジスタはトレース・システム許可ビット（TRCENA）や数多くのベクタ・キャッチ（VC）制御ビットを備えている．VCの機能はホールト・モードのデバッグでのみ使用できる．フォールト（またはコア・リセット）が実行され，対応するVC制御ビットが設定されていると，ホールト要求がセットされ，さらに現在の命令が完了するとすぐにコアがホールトをする

▶ DEMCRのTRCENA制御ビットおよびVC制御ビットはパワーONリセットでリセットされる．システム・リセットはこれらのビットをリセットしない．しかし，モニタ・モード・デバッグ用の制御ビットは，システム・リセットと同様にパワーONリセットでリセットされる

15.4　デバッグ・イベント

Cortex-M3は，さまざまな要因でデバッグ・モード（ホールトまたはデバッグ・モニタ例外の両方）に入ることができます．ホールト・モード・デバッグに関しては，**図15.4**に示すような条件でプロセッサがホールト・モードに入ります．

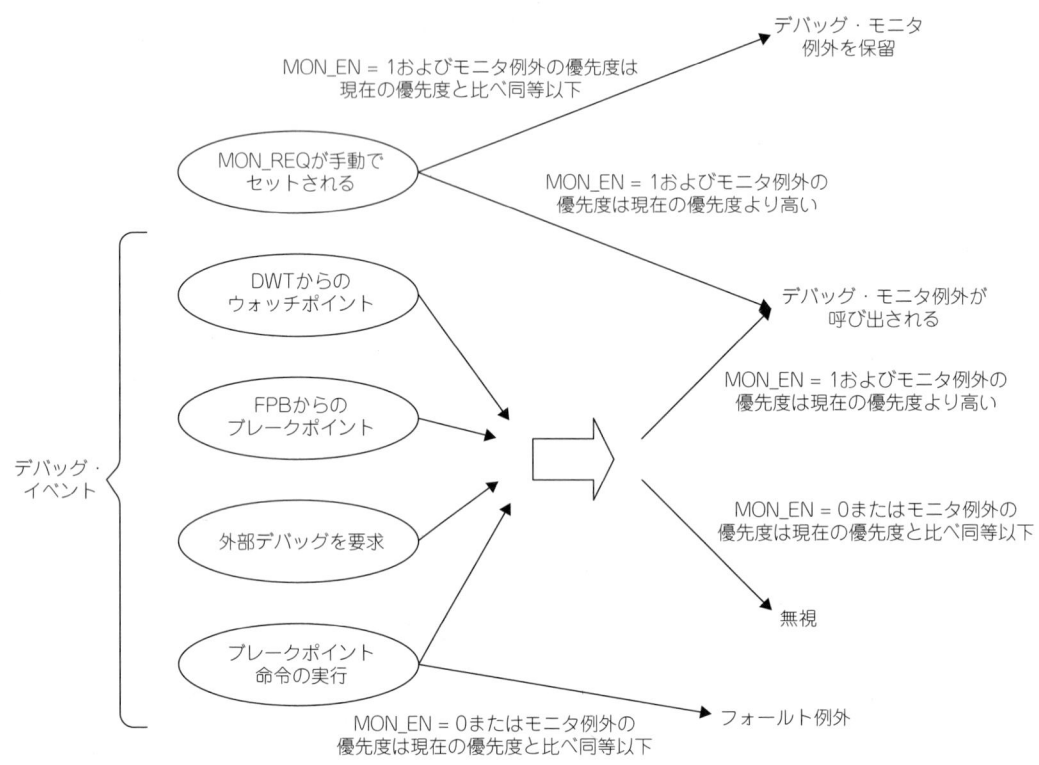

第15章 デバッグ・アーキテクチャ

図15.5 デバッグ・モニタ例外に対するデバッグ・イベント

外部デバッグ要求は，Cortex-M3プロセッサのEDBGREQと呼ばれる信号から行われます．この信号の実際の接続は，マイクロコントローラすなわちSoCの設計に基づいています．場合によっては，この信号は"L"に接続され，外部デバッグ要求は起きません．しかし，この信号は追加したデバッグ・コンポーネントからのデバッグ・イベントを可能にするために接続されます（半導体メーカはSoCへオプションのデバッグ・コンポーネントを追加できる）．また，設計がマルチプロセッサ・システムである場合には，別のプロセッサからのイベントをデバッグするためにリンクされます．

デバッグ完了後，プログラムはC_HALTビットをクリアすることで通常の実行に戻ります．

同様に，デバッグ・モニタ例外でデバッグするために，複数のデバッグ・イベントがデバッグ・モニタ例外を実行させます（図15.5）．

デバッグ・モニタの振る舞いは，ホールト・モード・デバッグと多少異なります．これはデバッグ・モニタ例外の種類はたった一種類で，別の例外ハンドラが作動中の場合はプロセッサの現在の優先度に左右されるからです．

デバッグが完了すると，プログラム実行は例外リターンを実行することで通常へ戻ります．

15.5 Cortex-M3のブレークポイント

マイクロコントローラにおいて，もっともよく使用されるデバッグ機能の一つはブレークポイント機

能です．Cortex-M3では二種類のブレークポイントのメカニズムをサポートしています．
▶ ブレークポイント命令
▶ FPBのアドレス・コンパレータを使用するブレークポイント

　ブレークポイント命令（**BKPT immed8**）は0xBExxにエンコードされる16ビットThumb命令です．下位8ビットは，この命令に与えられるイミディエート・データに基づきます．この命令を実行するとデバッグ・イベントを生成し，C_DBGENが設定されている場合はプロセッサ・コアのホールトに利用可能で，またデバッグ・モニタが有効な場合には，デバッグ・モニタ例外のトリガに利用できます．デバッグ・モニタはプログラム可能な優先度をもつ例外の一種なので，スレッドまたはデバッグ・モニタの例外よりも優先度の低い例外ハンドラでのみ使用可能です．結論としてデバッグにデバッグ・モニタが使用される場合，BKPT命令をNMIまたはハード・フォールトなどの例外ハンドラで使用すべきではありません．またデバッグ・モニタは保留のみ行われ，例外ハンドラ完了後に実行されます．

　デバッグ・モニタ例外から戻る際，BKPT命令の次のアドレスではなく，BKPT命令のアドレスに戻ります．これはブレークポイント命令が通常使用される際，本来の命令を置き換えるためにBKPTが利用され，ブレークポイントがヒットしデバッグ処理が行われたときに，命令メモリに元の命令が再ストアされ，残りの命令メモリへは影響を及ぼさないためです．

　BKPT命令がC_DEBUGEN = 0およびMON_EN = 0で実行されると，プロセッサがハード・フォールト例外へ入る原因となり，ハード・フォールト・ステータス・レジスタ（HFSR；Hard Fault Status Register）のDEBUGEVTが1にセットされ，またデバッグ・フォールト・ステータス・レジスタ（DFSR；Debug Fault Status Register）のBKPTも1にセットされます．

　プログラム・メモリが変更できない場合であっても，FPBユニットを設定し，ブレークポイント・イベントを生成することができます．しかし，これは六つの命令アドレスと二つのリテラル・アドレスに限定されています．FPBに関する詳細は次の章で紹介します．

15.6　デバッグでのレジスタ内容へのアクセス

　デバッグ機能を提供するレジスタがNVICにあと二つ実装されています．それらはデバッグ・コア・レジスタ・セレクタ・レジスタ（DCRSR；Debug Core Register Selector Register）およびデバッグ・コア・レジスタ・データ・レジスタ（DCRDR；Debug Core Register Data Register）です（**表15.3**，**表15.4**）．この二つのレジスタは，デバッガがプロセッサのレジスタへアクセスできるようにします．レジスタの転送機能はプロセッサがホールトされたときのみ使用できます．

　これらのレジスタをレジスタの内容を読み出すために使用する場合は，下記の手順に従います．
① プロセッサを確実にホールト状態にする
② DCRSRへ読み出し操作であることを示すため，ビット16を0にして書き込む
③ DHCSR（0xE000EDF0）のS_REGRDYビットが1になるまでポーリングする
④ レジスタの内容を取得するためにDCRDRを読み出す

　同様の操作がレジスタの書き込みにも必要となります．
① プロセッサを確実にホールト状態にする
② DCRDRへデータの値を書き込む

表15.3 デバッグ・コア・レジスタ・セレクタ・レジスタ（0xE000EDF4）

ビット	フィールド	タイプ	リセット時の値	説明
16	REGWnR	書き込み	–	データ転送の方向： 書き込み＝1，読み出し＝0
15：5	予約	–	–	–
4：0	REGSEL	書き込み	–	アクセスされるレジスタ： 00000 = R0 00001 = R1 … 01111 = R15 10000 = xPSR/flags 10001 = MSP（メイン・スタック・ポインタ） 10010 = PSP（プロセス・スタック・ポインタ） 10100 = 特殊レジスタ： [31：24] 制御 [23：16] FAULTMASK [15：8] BASEPRI [7：0] PRIMASK そのほかの値は予約されている

表15.4 デバッグ・コア・レジスタ・データ・レジスタ（0xE000EDF8）

ビット	フィールド	タイプ	リセット時の値	説明
31：0	データ	読み出し/書き込み	–	レジスタの読み出し結果を維持もしくはデータを選択したレジスタへ書き込むデータ・レジスタ

③ DCRSRへ書込み操作であることを示すためビット16を1にして書き込む
④ DHCSR（0xE000EDF0）のS_REGRDYビットが1になるまでポーリングする

　DCRSRおよびDCRDRレジスタはホールト・モードのデバッグ中にレジスタ値の転送のみ行うことができます．デバッグ・モニタ・ハンドラを使うデバッグの場合，レジスタ内容へはスタック・メモリからアクセスされることもあれば，例外ハンドラのモニタで直接アクセスする場合もあります．
　DCRDRは，適切な関数ライブラリおよびデバッガのサポートが有効な場合はセミホスティングにも利用できます．たとえば，アプリケーションが printf 文を実行する際，多数の putc（文字出力）ファンクション・コールでテキスト出力を生成できます．putc ファンクション・コールは出力キャラクタおよびステータスをDCRDRへストアし，その後デバッグ・モードをトリガする関数として組み込むことができます．その結果，デバッガはコアのホールトを検出し，表示する出力データを収集することができます．しかしこの操作ではコアのホールトが必要となります．それに対してITMを使用してセミホスティングを実現する方法はこの制限がありません．

15.7　コア・デバッグのそのほかの機能

　NVICもまたデバッグに関して，そのほかの多くの機能があります．それらは以下を含みます．
▶ 外部デバッグ要求信号：NVICは外部デバッグ要求信号を備えている．この信号はマルチプロセッサ・システムにおいて，ほかのプロセッサのデバッグ・ステータスなどの外部イベントを介して，

Cortex-M3がデバッグ・モードへ入ることを可能にするためのものである．この機能はマルチプロセッサ・システムをデバッグする際，非常に有用．単純なマイクロコントローラでは，この信号は"L"に固定されることがある
- デバッグ・フォールト・ステータス・レジスタ：Cortex-M3ではさまざまなデバッグ・イベントを利用でき，実行しているデバッグ・イベントをデバッガに決定させるためにDFSRが使える
- リセット制御：デバッグ中，NVICアプリケーション割り込みおよびリセット制御レジスタ (0xE000ED0C) のVECTRESET制御ビットを使ってプロセッサ・コアを再起動することができる．このリセット制御を使うと，システムのデバッグ内容に影響を及ぼすことなくプロセッサのリセットが可能である
- 割り込みマスキング：この機能はステップ実行中に非常に有用．たとえば，アプリケーションのデバッグが必要な際に，コードをステップ実行中に割り込みサービス・ルーチンに入って欲しくない場合は，割り込み要求をマスクすることができる．これは，デバッグ・ホールト制御およびステータス・レジスタ (0xE000EDF0) のC_MASKINTSビットをセットすることで実現する
- 停止したバス転送の終了：長期間バス転送がストール（停止）されている場合，NVIC制御レジスタによりストールした転送を終了することができる．これはデバッグ・ホールト制御およびステータス・レジスタ (0xE000EDF0) でC_SNAPSTALLをセットすると実行される．この機能はホールト中のデバッガだけが利用可能である

第16章 デバッグ・コンポーネント

Debugging Components

> この章では以下の項目を紹介します．
> - イントロダクション
> - Cortex-M3のトレース・システム
> - トレース・コンポーネント：データ・ウォッチポイントおよびトレース（DWT）
> - トレース・コンポーネント：計装トレース・マクロセル（ITM）
> - トレース・コンポーネント：エンベデッド・トレース・マクロセル（ETM）
> - トレース・コンポーネント：トレース・ポート・インターフェース・ユニット（TPIU）
> - フラッシュ・パッチとブレークポイント・ユニット（FPB）
> - AHBアクセス・ポート
> - ROMテーブル

16.1 イントロダクション

　Cortex-M3プロセッサは，ブレークポイント，ウォッチポイント，フラッシュ・パッチおよびトレースなどデバッグ機能を提供する多くのデバッグ・コンポーネントを搭載しています．アプリケーション開発者は，これらデバッグ・コンポーネントの詳細をまったく知る必要がないかもしれません．なぜならば，通常デバッグ・コンポーネントはデバッガ・ツールでのみ使用されるからです．本章では各デバッグ・コンポーネントの基本を紹介します．実際のプログラマ・モデルなどの詳細に関しては，*Cortex-M3 Technical Refernce Manual*（Ref1）を参照してください．

　すべてのデバッグ・トレース・コンポーネントは，FPBと同様にCortex-M3の専用ペリフェラル・バス（PPB；Private Peripheral Bus）を介して設定できます．たいてい，コンポーネントはデバッグ・ホストでのみ設定されます．アプリケーションによるデバッグ・コンポーネント（ITMのスティミュラス・ポート・レジスタを除く）へのアクセスはお勧めできません．なぜなら，デバッガの操作を妨害する可能性があるからです．

16.1.1 Cortex-M3のトレース・システム

Cortex-M3トレース・システムはCoreSightアーキテクチャに基づいています．トレースの結果は，(バイト数において) さまざまな長さになるパケット形式で生成されます．トレース・コンポーネントは，アドバンスト・トレース・バス (ATB；Advanced Trace Bus) を使ってパケットをトレース・ポート・インターフェース・ユニット (TPIU；Trace Port Interface Unit) へ転送します．このトレース・ポート・インターフェース・ユニットは，パケットをトレース・インターフェース・プロトコルへフォーマットするものです．データはその後，トレース・ポート・アナライザ (TPA；Trace Port Analyzer) などの外部トレース・キャプチャ・デバイスによってキャプチャされます (図16.1)．

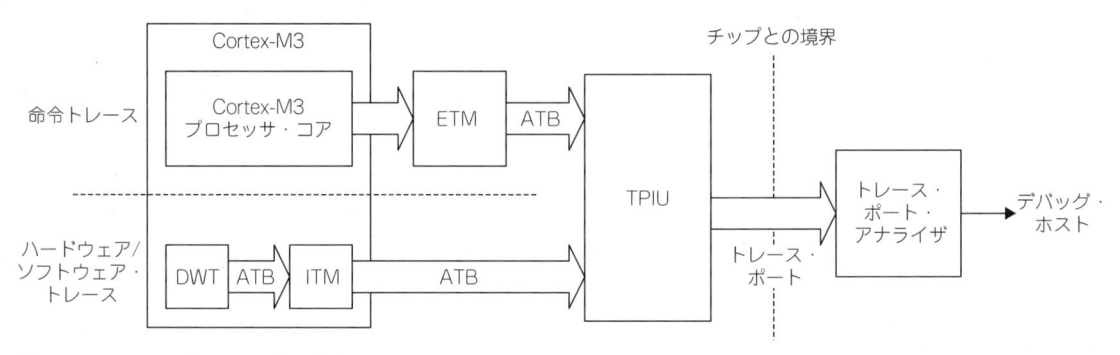

図16.1 Cortex-M3 トレース・システム

三つまでのトレース・ソースがCortex-M3プロセッサにあります．それらはETM，ITMおよびDWTです．Cortex-M3のETMはオプションなので，一部のCortex-M3製品には命令トレース機能がついていません．ATBで結合中のトレース・パケットに従い，操作中に各トレース・ソースへ転送される7ビットID値 (ATID) が割り当てられます．これにより，デバッグ・ホストへ到達したパケットを複数トレース・ストリームへ分離することができます．

そのほかの標準的なCoreSightコンポーネントと異なり，Cortex-M3プロセッサのデバッグ・コンポーネントは，ATBストリーム・マージ機能を含みます．これに対し標準的なCoreSightシステムでは，**ATBファンネル (ATB funnel)** と呼ばれるATBパケット・マージが別個のブロックになっています．

トレース・システムを使用する前に，デバッグ例外およびモニタ制御レジスタ (DEMCR；Monitor Control Register) のトレース・イネーブル (TRCENA；Trace Enable) ビットが1に設定されなければなりません (表15.2または付録Dの表D.3.7を参照)．設定を行わないとトレース・システムが無効になります．トレースを必要としない通常の操作では，TRCENAビットをクリアすることで一部のトレース・ロジックを禁止し，消費電力を低減することができます．

16.2 トレース・コンポーネント：データ・ウォッチポイントおよびトレース

DWTはさまざまなデバッグ機能が搭載されています．

1. 四つのコンパレータを備えており，それぞれ下記のとおりに設定されている
   - ハードウェア・ウォッチポイント（ウォッチポイント・イベントをプロセッサへ生成し，ホールトやデバッグ・モニタなどのデバッグ・モードを起動する）
   - ETMトリガ（ETMに命令トレース・ストリームの中でトリガ・パケットを送信させる）
   - PCサンプラのイベント・トリガ
   - データ・アドレス・サンプラのトリガ
   - データ・アドレスを比較する代わりに，最初のコンパレータをクロック・サイクル・カウンタ（CYCCNT）とみなして使用することも可能
2. 下記をカウントするカウンタとしての役割
   - クロック・サイクル（CYCCNT）
   - フォールドされた命令
   - ロード/ストア・ユニット（LSU）操作
   - スリープ・サイクル
   - 命令あたりのサイクル数（CPI）
   - 割り込みオーバヘッド
3. 定期的なPCサンプリング
4. 割り込みイベント・トレース

ハードウェア・ウォッチポイントまたはETMトリガとして使用した場合，コンパレータを各データ・アドレスやプログラム・カウンタを比較するために設定することができます．そのほかの機能として設定した場合は，データ・アドレスの比較を行います．

各コンパレータは三つの対応レジスタを備えています．
- COMP（比較）レジスタ
- MASKレジスタ
- FUNCTION制御レジスタ

COMPレジスタは32ビット・レジスタで，データ・アドレス（またはプログラム・カウンタの値，またはCYCCNT）と比較されます．MASKレジスタはデータ・アドレスのいくつまでのビットを比較中に無視するかどうかを決定します（**表16.1**）．

表16.1
DWTマスク・レジスタのエンコード

マスク	無視されるビット
0	全ビットを比較
1	ビット［0］を無視
2	ビット［1：0］を無視
3	ビット［2：0］を無視
….	…
15	ビット［14：0］を無視

コンパレータのFUNCTIONレジスタがその機能を決定します．予期せぬ動作を回避するため，FUNCTIONレジスタが設定される前にMASKレジスタおよびCOMPレジスタを設定すべきです．コンパレータの機能を変更する場合，FUNCTIONを0（ディセーブル）に設定することでコンパレータを無効にしなければなりません．次にMASKレジスタおよびCOMPレジスタをプログラムし，その後

最終ステップでFUNCTIONレジスタを許可します．
　残りのDWTカウンタは通常アプリケーション・コードのプロファイリングに使用されます．これらは，カウンタがオーバフローした際にイベントをトレース・パケット形式で送信するために設定します．主な用途の一つは，CYCCNTレジスタにより，ベンチマークの目的で特定のタスクに必要なクロック・サイクル数をカウントすることです．
　DEMCRのTRCENAビットを，DWTを使用する前に1に設定しなければなりません．トレース生成にDWTを使用している場合は，ITM制御レジスタのDWTENビットも有効にする必要があります．

16.3　トレース・コンポーネント：計装トレース・マクロセル

ITMは下記機能を備えています．
- ソフトウェアはコンソール・メッセージをITMスティミュラス・ポートへ直接書き込み可能で，またそれらをトレース・データとして出力することができる
- DWTはトレース・パケットを生成可能で，またそれらはITMを経て出力することができる
- ITMはトレース・ストリームに挿入するタイムスタンプ・パケットを生成可能で，デバッガがイベントのタイミングを知るのに役立つ

　ITMはデータ出力にトレース・ポートを使用するので，マイクロコントローラまたはSoCがTPIUをサポートしていない場合，トレースされる情報が出力されません．したがって，ITMを使用する前にマイクロコントローラあるいはSoCが要求された機能をすべて備えているかどうかを確認する必要があります．万一これらの機能が利用できない場合でも，NVICデバッグ・レジスタまたはUARTをコンソール・メッセージの出力に使用できます．
　ITMを使用するには，DEMCRのTRCENAビットを1に設定する必要があります．そうしないとITMが無効になり，ITMレジスタへアクセスができなくなります．
　また，ITMにはロック・レジスタも含まれています．ITMをプログラムする前に，アクセス・キー0xC5ACCE55 (CoreSight ACCESS) をこのレジスタへ書き込みます．そうでないとITMへの書き込み操作がすべて無視されることになります．
　最後に，ITM自体は個々の機能の許可を制御する別の制御レジスタとなります．制御レジスタは，ATBにおいてITMに対するID値であるATIDフィールドも備えています．このID値はほかのトレース・ソースに対してはIDから提供される固有のものでなければなりません．その結果，トレース・パケットを受信するデバッグ・ホストはITMのトレース・パケットをほかのパケットと分けることができます．

16.3.1　ITMでのソフトウェア・トレース

　ITMの主な使い方の一つにデバッグ・メッセージ出力 (**printf** など) のサポートがあります．ITMは32のスティミュラス・ポートを備えており，異なるソフトウェア・プロセスが異なるポートへ出力することを可能にします．また，メッセージは後でデバッグ・ホストにて分けることができます．各ポートはトレース・イネーブル・レジスタで許可または禁止することができ，さらにユーザ・プロセスによる書き込みを許可または禁止する設定 (1グループ8ポートの単位で) が可能です．

UARTベースのテキスト出力と違い，ITMへの出力によりアプリケーションへ大幅な遅延を及ぼすことはありません．FIFOバッファはITM内部で使用されるので，書き込み中の出力メッセージはバッファ可能です．しかし，書き込みをする前にFIFOが満杯であるかどうかを確認する必要はあります．

出力メッセージはTPIUにあるトレース・ポート・インターフェースまたはシリアル・ワイヤ・インターフェース（SWV；Serial-Wire Interface）へ集められます．最終コードからデバッグ・メッセージを生成するコードを除去する必要はありません．なぜならTRCENA制御ビットが"L"の場合，ITMは非アクティブとなりデバッグ・メッセージが出力されません．また動作しているシステム上で出力メッセージをONにし，ITMトレース・イネーブル・レジスタを使用して，イネーブルするポートを制限することによって，限定されたメッセージだけを出力できます．

16.3.2 ITMとDWTでのハードウェア・トレース

ITMはハードウェア・トレース・パケットの出力に用いられます．パケットはDWTから生成され，ITMはトレース・パケット・マージ・ユニットの機能を果たします．DWTトレースを使用するには，ITM制御レジスタにあるDWTENビットを許可しなければなりません．残りのDWTトレースの設定は引き続きDWTでプログラムする必要があります（図16.2）．

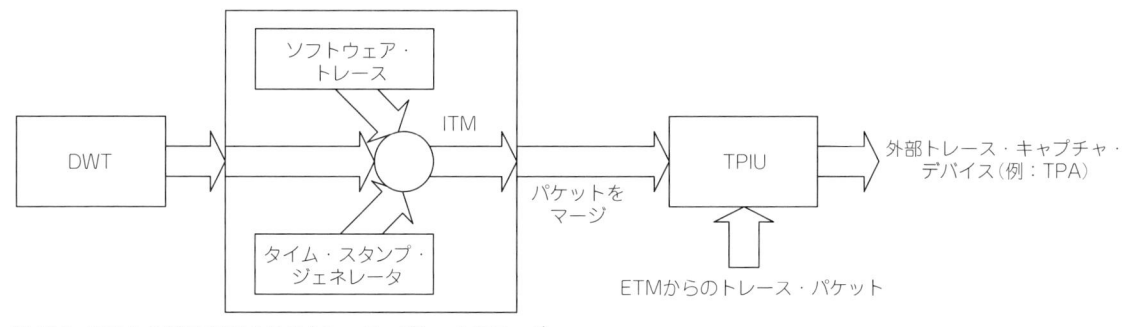

図16.2 ITMおよびTPIUにおけるトレース・パケットのマージ

16.3.3 ITMタイム・スタンプ

ITMはタイム・スタンプの機能を搭載していて，ITMのFIFOに新しいトレース・パケットが入ったときに，そのトレースにデルタ・タイム・スタンプ・パケットを挿入することにより，トレース・キャプチャ・ツールにタイミング情報を見つけることを可能にさせます．タイム・スタンプ・パケットは，タイム・スタンプ・カウンタがオーバフローした際にも生成されます．

タイムスタンプ・パケットは，前のイベントからの差分の時間（デルタ）を提供します．トレース・キャプチャ・ツールは，デルタ・タイム・スタンプ・パケットを利用して，各パケット生成されたタイミングを確定し，これによりさまざまなデバッグ・イベントのタイミングを再構築します．

16.4　トレース・コンポーネント：エンベデッド・トレース・マクロセル

ETMブロックは命令トレースを提供するために利用されます．これはオプションであり，また一部

のCortex-M3製品では利用できない場合があります．この機能が有効であるときにトレース操作を始めると，ETMブロックは命令トレース・パケットを生成します．FIFOバッファは，トレース・ストリームをキャプチャする十分な時間を得るために，ETMに備えられています．

ETMによって生成されるデータの量を削減するために，プロセッサが到達/実行したアドレスを必ずしもそのままの形では出力しません．通常はプログラム・フローに関する情報を出力し，また必要に応じて（たとえば，ブランチが実行された場合）全アドレスを出力します．したがって，デバッグ・ホストは必ずバイナリ・イメージのコピーをもっていなくてはなりません．バイナリ・イメージのコピーとETMから出力された情報によって，プロセッサが実行した命令の順序を再構築することができます．

ETMはDWTなどほかのデバッグ・コンポーネントとも相互に作用します．DWT内のコンパレータはETMにトリガ・イベントの生成やトレースの開始/停止の制御に利用できます．

従来のARMプロセッサにあるETMと違って，Cortex-M3のETMは独自のアドレス・コンパレータを備えていません．それは，DWTがETMに対する比較を行うことができるからです．さらに，データ・トレース機能がDWTにより実行されるので，Cortex-M3のETMの設計はほかのARMコア向けの従来のETMとはまったく異なります．

Cortex-M3のETMを使用するには，下記の設定が必要です（デバッグ・ツールによる操作）．

① デバッグ例外およびモニタ制御レジスタ（DEMCR；Debug Exceptions and Monitor Control Register）にあるTRCENAビットを1に設定しなければならない（**表15.2**または付録Dの**表D.37**を参照）．
② ETMは，制御レジスタの設定を可能にするため，アンロックにする必要があります．これは値0xC5ACCE55をETMのLOCK_ACCESSレジスタへ書き込むことで完了する
③ TPIUを経由するトレース・パケット出力をほかのトレース・ソースからのパケットと分けることができるように，ATB IDレジスタ（ATID）は特定の値へ設定される必要がある
④ ETMのNIDEN入力信号はHレベルに設定されなければならない．この信号の実装はデバイス指定になる．詳細は各チップ・メーカのデータシートを参照
⑤ トレース生成用にETM制御レジスタをプログラムする

16.5　トレース・コンポーネント：トレース・ポート・インターフェース・ユニット

TPIUはITM，DWTおよびETMからトレース・パケットを外部キャプチャ・デバイスへ出力する場合に利用されます（たとえばトレース・ポート・アナライザ）．Cortex-M3のTPIUは二つの出力モデルをサポートしています．

▶ 最大で4ビット・パラレル・データの出力ポートを使用するクロック・モード
▶ シングル・ビットSWV出力[注1]を使用するシリアル・ワイヤ・ビューア（SWV；Serial-Wire Viewer）モード

クロック・モードでは，データ出力ポートに使用されている実際のビット数を異なるサイズへ設定することができます．これはアプリケーションでのトレース出力に使用できる信号ピンの数と同様，チッ

注1：Cortex-M3リビジョン0ベースのCortex-M3製品では利用できない．

プ・パッケージに基づいています．チップによるサポートが可能なトレース・ポートの最大サイズは，TPIUにあるレジスタの一つで決定できます．さらに，トレース・データ出力の速度も設定可能です．

　SWVモードでは，SWVプロトコルが使用されます．これにより，出力信号を1ビットまで削減しますが，トレース出力の最大バンド幅も削減されてしまいます．SWVモードの出力は，シリアル・ワイヤ・デバッグ・プロトコルが使用されるときに，TDOと共有されます．したがって，DWTとITMからのトレース情報は，標準的なJTAG接続を備えたロー・コストのデバッガによりキャプチャできます．

　TPIUを使用する場合は，DEMCRのTRCENAビットを1に設定します．また，プロトコル（モード）選択レジスタとトレース・ポート・サイズ制御レジスタは，トレース・キャプチャ・ソフトウェアにより設定される必要があります．

| Column | **リテラル・ロードとは？** |

　アセンブリ言語でプログラミングを行う際，頻繁にレジスタにイミディエート・データの値を設定する必要がでてきます．イミディエート・データの値が大きい場合，一つの命令空間へこの操作を組み込むことができません．例を次に示します．

```
    LDR    R0, =0xE000E400  ; External Interrupt Priority Register
                            ; starting address
```

この値に利用できる，32ビット幅のイミディエート・データの空間をもつ命令はありません．したがって，イミディエート・データを別のメモリ空間に入れる必要があります．このデータは通常，プログラム・コードの領域の後に配置され，PC相対ロード命令を使用し読み込んだイミディエート・データをレジスタに入れます．そのため，コンパイルした結果得られるコードは以下のようなものになるでしょう．

```
    LDR    R0, [PC, #<immed_8>*4]
           ; immed_8 = (address of literal value - PC)/4
    ...
    ; literal pool
    ...
    DCD    0xE000E400
    ...
```

またThumb-2命令では下記のとおりです．

```
    LDR.W R0, [PC, #+/- <offset_12>]
           ; offset_12 = address of literal value - PC
    ...
    ; literal pool
    ...
    DCD 0xE000E400
    ...
```

　コードにあるリテラル（定数）値は一つ以上使用されることが多いので，アセンブラまたはコンパイラが通常リテラル・データのブロックを作成します．これは一般にリテラル・プールと呼ばれるものです．

　Cortex-M3においてリテラル値のロードは，データ・バス（メモリ・ロケーションに基づくD-CODEバスまたはシステム・バス）で実行される読み出しデータの操作となります．

16.6 フラッシュ・パッチとブレークポイント・ユニット

FPBは二つの機能を搭載しています.

- ハードウェア・ブレークポイント(ホールトやデバッグ・モニタなどのデバッグ・モードを呼び出すため,ブレークポイント・イベントをプロセッサへ生成)
- コード・メモリ空間からSRAMへのパッチ命令またはリテラル・データ

FPBはコンパレータを8個備えています.

- 六つの命令コンパレータ
- 二つのリテラル・コンパレータ

FPBはFPBを有効にする許可ビットを含むフラッシュ・パッチ制御レジスタを搭載しています.さらに,各コンパレータはコンパレータ制御レジスタ内に分離した許可ビットを備えています.この両方の許可ビットとも,操作を行うコンパレータに対して,1に設定する必要があります.

このコンパレータは,アドレスをコード空間からSRAMのメモリ領域へリマップするためにプログラムすることができます.この機能を使用する際に,REMAPレジスタはリマップする内容のベース・アドレスを供給するようにプログラムする必要があります.REMAPレジスタの上位3ビット(bit [31:29])は,3_b001とするようにハードウェアによって固定されているので,これにより,リマップのベース・アドレス配置は0x20000000～0x3FFFFF80の範囲に限定されています.これは常にSRAMメモリ領域の中になります.

命令アドレスやリテラル・アドレスがコンパレータで定義されたアドレスと一致する場合,読み出しアクセスをREMAPレジスタで示されるテーブルへリマップします.

リマップ機能を使用することで,元の命令またはリテラル値が異なるものに置き替えられる場所に"仮の"テスト・ケースをいくつか作成することができます.これはプログラム・コードがROMあるいはフラッシュ・メモリにある場合でも可能です.使用例を紹介すると,テスト・プログラムまたはサブルーチンへの分岐を可能にするため,コード領域でROMプログラムのパッチを行うと,SRAM領域にあるプログラムまたはサブルーチンの実行ができるようになります.これにより,ROMベースのデバイスのデバッグが可能になります(図16.3).

あるいは,6個の命令アドレス・コンパレータをホールト・モード・デバッグあるいはデバッグ・モニタ例外を呼び出すのと同様に,ブレークポイントを生成することに使用できます.

16.7 AHBアクセス・ポート

AHB-APは,デバッグ・インターフェース・モジュール(SWJ-DPまたはSW-DP)と,Cortex-M3メモリ・システム間のブリッジです.デバッグ・ホストとCortex-M3システム間のもっとも基本的なデータ転送には,AHB-APにある三つのレジスタが使用されます(図16.4).

- 制御およびステータス・ワード(CSW)
- 転送アドレス・レジスタ(TAR)
- データ読み出し/書き込み(DRW)

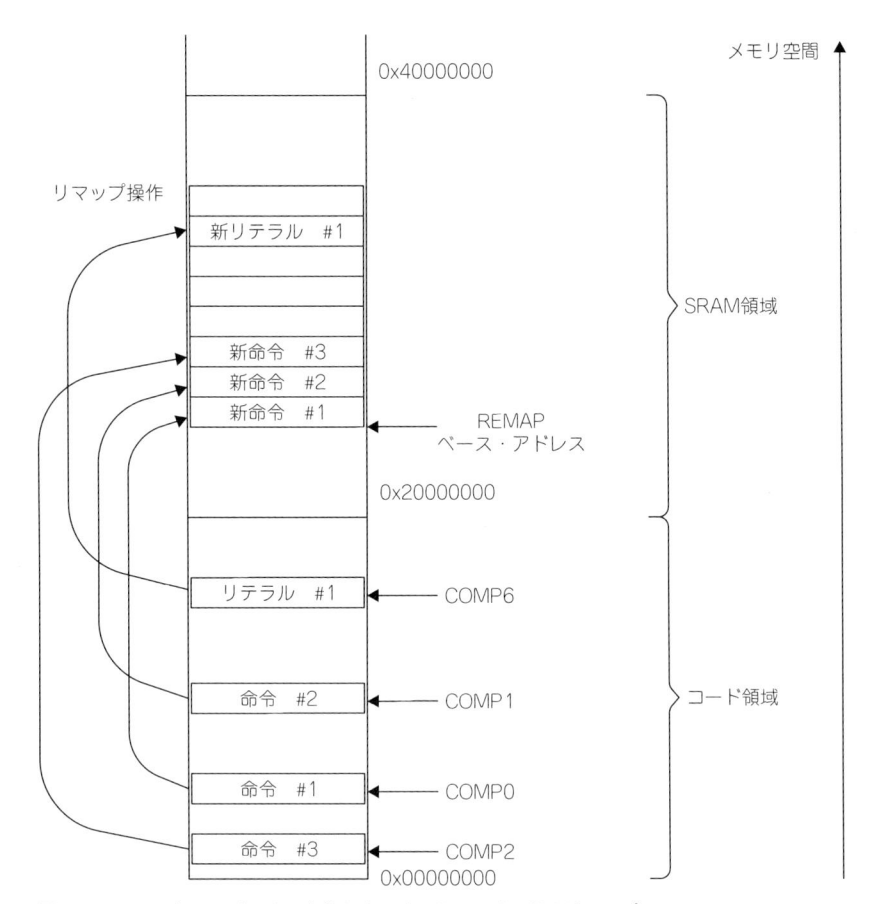

図16.3 フラッシュ・パッチ：命令またはリテラル・リードのリマップ

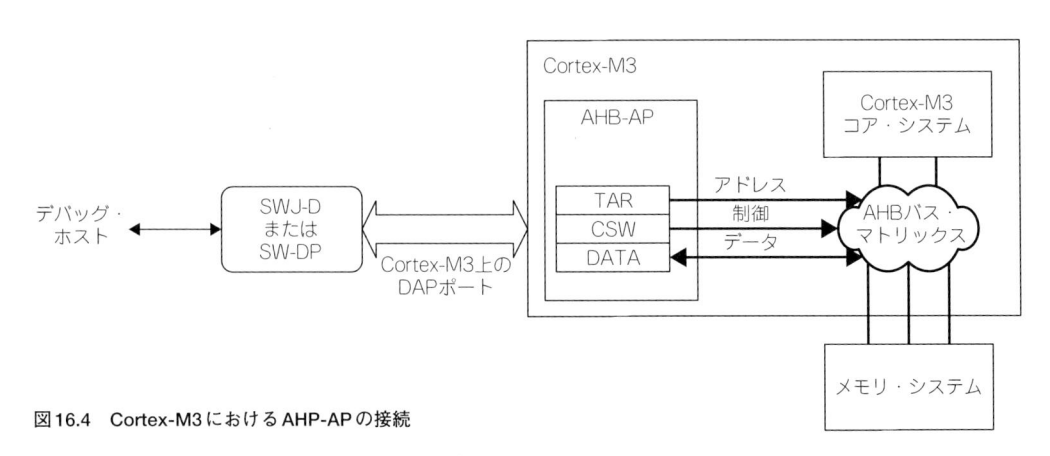

図16.4 Cortex-M3におけるAHP-APの接続

　CSWレジスタは転送方向（リード/ライト），転送サイズ，転送タイプなどを制御できます．TARレジスタは転送アドレスを特定するのに使用され，またDRWレジスタはデータ転送の操作を行う際に利用します（このレジスタへアクセスされると転送を開始する）．

データ・レジスタ DRW は，バスの状態を正確に表しています．ハーフ・ワードとバイトの転送に要求されるデータは，デバッガ・ソフトウェアが正しいバイト・レーンへ手動でシフトしなければなりません．たとえばアドレス 0x1002 へのハーフ・ワード転送を行う場合，DRW レジスタの bit [31：16] のデータを取得する必要があります．AHB-AP はアンアラインド転送を実行できますが，アドレス・オフセットに基づく結果，データはローテートしません．そのため，デバッガ・ソフトウェアは必要に応じてデータを手動でローテートするか，アンアラインド・データ・アクセスをいくつかのアクセスへ分割しなければなりません．

AHB-AP のそのほかのレジスタは追加の機能を備えています．たとえば，AHB-AP は四つのバンク・レジスタと自動アドレス・インクリメント機能を備えているので，近い範囲にあるメモリへのアクセスやシーケンシャルな転送へのアクセス・スピードを上げることができます．

CSW レジスタには，MasterType というビットが一つあります．これは通常 1 へセットされており，これにより，AHB-AP から転送を受信するハードウェアがデバッガからの転送であることを認識することができます．しかし，デバッガはこのビットをクリアすることでコアのふりをすることが可能です．この場合，AHB システムに接続されているデバイスが受信する転送は，プロセッサによるアクセスと同じような働きをします．これはデバッガでアクセスした際に異なる働きをする FIFO を備えるペリフェラルをテストする場合に有効です．

16.8 ROM テーブル

ROM テーブルは，Cortex-M3 のチップ内部にあるデバッグ・コンポーネントの検出を可能にするために使用します．Cortex-M3 プロセッサは ARM v7-M アーキテクチャに基づく初めての製品です．ROM テーブルには定義されたメモリ・マップがあり，また多数のデバッグ・コンポーネントを備えています．しかし最新の Cortex-M3 デバイスあるいはチップ設計者がデフォルト・デバッグ・コンポーネントを修正した場合は，デバッグ・デバイス用のメモリ・マップは異なってきます．デバッグ・ツールでデバッグ・システムにあるコンポーネントの検出を可能にするため，ROM テーブルが搭載されています．これにより NVIC およびデバッグ・ブロック・アドレスに関する情報が提供されます．

ROM テーブルはアドレス 0xE00FF000 に配置されます．ROM テーブルの内容を利用すると，システムおよびデバッグ・コンポーネントのメモリ配置を計算できます．デバッグ・ツールはその後，検出されたコンポーネントの ID レジスタをチェックし，システム上で何が使用可能かを確定します．

Cortex-M3 では，ROM テーブル (0xE00FF000) での最初のエントリには NVIC メモリ配置へのオフセットを含む必要があります (ROM テーブルの最初のエントリのデフォルト値は 0xFFF0F003 になる．bit [1：0] はデバイスが存在し，また ROM テーブルに続きの別のエントリがあることを意味している．NVIC のオフセットは 0xE00FF000 + 0xFFF0F000 = 0xE000E000 として計算できる)．

Cortex-M3 のデフォルト ROM テーブルを**表 16.2** に示します．しかし半導体メーカがほかの CoreSight デバッグ・コンポーネントでオプションのデバッグ・コンポーネントの一部を追加・削除・差し替えを行うことが可能なため，Cortex-M3 デバイスで得る値と異なる可能性があります．

最下位 (LSB) の 2 ビットの値は，デバイスが存在するかどうかを示しています．通常の場合は，NVIC，DWT と FPB は常に存在するので，この下位の 2 ビットは常に 1 となります．しかし，TPIU と ETM は

表16.2 Cortex-M3のデフォルトROMテーブルの値

アドレス	値	名前	説明
0xE00FF000	0xFFF0F003	NVIC	0xE000E000のNVICベース・アドレスを示す
0xE00FF004	0xFFF02003	DWT	0xE0001000のDWTベース・アドレスを示す
0xE00FF008	0xFFF03003	FPB	0xE0002000のFPBベース・アドレスを示す
0xE00FF00C	0xFFF01003	ITM	0xE0000000のITMベース・アドレスを示す
0xE00FF010	0xFFF41003/ 0xFFF41002	TPIU	0xE0040000のTPIUベース・アドレスを示す
0xE00FF014	0xFFF42003/ 0xFFF42002	ETM	0xE0041000のETMベース・アドレスを示す
0xE00FF018	0	End	テーブル終了のマーカ
0xE00FFFCC	0x1	MEMTYPE	ペリフェラルID空間．予約
0xE00FFFD0	0	PID4	ペリフェラルID空間．予約
0xE00FFFD4	0	PID5	ペリフェラルID空間．予約
0xE00FFFD8	0	PID6	ペリフェラルID空間．予約
0xE00FFFDC	0	PID7	ペリフェラルID空間．予約
0xE00FFFE0	0	PID0	ペリフェラルID空間．予約
0xE00FFFE4	0	PID1	ペリフェラルID空間．予約
0xE00FFFE8	0	PID2	ペリフェラルID空間．予約
0xE00FFFEC	0	PID3	ペリフェラルID空間．予約
0xE00FFFF0	0	CID0	コンポーネントID空間．予約
0xE00FFFF4	0	CID1	コンポーネントID空間．予約
0xE00FFFF8	0	CID2	コンポーネントID空間．予約
0xE00FFFFC	0	CID3	コンポーネントID空間．予約

半導体メーカがこれを取りはずし，CoreSightファミリの製品の別のデバッグ・コンポーネントに置き換えることがあります．

上部の値はROMテーブルのベース・アドレスからのアドレス・オフセットを示しています．例を次に示します．

NVIC address = 0xE00FF000 + 0xFFF0F000 = 0xE000E000 (truncated to 32-bit)

デバッグ・ツールの開発には，ROMテーブルからデバッグ・コンポーネントのアドレスを求める必要があります．一部のCortex-M3のデバイスでは，デバッグ・コンポーネントのベース・アドレスが異なるため，デバッグ・コンポーネントが異なる接続のセットアップが必要なことがあります．ROMテーブルから正確なデバイス・アドレスを計算することで，デバッグ・コンポーネントに備わっているベース・アドレスをデバッガで決めることができます．さらにその後，これらコンポーネントのコンポーネントIDより，有効なデバッグ・コンポーネントのタイプをデバッガで確定することができます．

第17章 Cortex-M3で開発を始める

Getting Started with Cortex-M3 Development

この章では以下の項目を紹介します．
- ▶ Cortex-M3製品を選ぶ
- ▶ Cortex-M3リビジョン0とリビジョン1の違い
- ▶ Cortex-M3リビジョン1とリビジョン2の違い
- ▶ リビジョン2の利点と効果
- ▶ 開発ツール

17.1 Cortex-M3製品を選ぶ

　メモリ，ペリフェラル・オプション，演算速度に加え，そのほか数々の要因によりCortex-M3製品はほかの製品と一線を画しています．ARMコンテンツが供給するCortex-M3で設計するには，下記のように設定を変更できる機能が数多く備えられています．
- ▶ 多くの外部割り込み
- ▶ 多くの割り込み優先度レベル（優先度レベル・レジスタの幅）
- ▶ MPUあり/MPUなし
- ▶ ETMあり/ETMなし
- ▶ デバッグ・インターフェースの選択（シリアル・ワイヤ，JTAG，または両方）

　ほとんどの製品において，マイクロコントローラの機能や規格がCortex-M3製品の選択に大きな影響を与えることになります．たとえば，
- ▶ ペリフェラル：多くのアプリケーションにとってペリフェラルのサポートは主要な選択基準である．より多くのペリフェラルをサポートするものが望ましいのだが，その場合マイクロコントローラの消費電力や価格に響いてくる
- ▶ メモリ：Cortex-M3マイクロコントローラは数Kバイトから数Mバイトのフラッシュ・メモリを搭載可能である．また，内部メモリのサイズも重要となる．通常，これらのプロセスは価格に直接の影響を与える
- ▶ クロック・スピード：Cortex-M3の設計は$0.18\mu m$プロセスにおいても，動作速度100MHz以上を

容易に到達できる．しかし，半導体メーカはメモリ・アクセス・スピードの制限があるので，より低い動作スピードの仕様にしている場合もある
- フットプリント：Cortex-M3は半導体メーカによって，数多くの異なったパッケージを使用できる．Cortex-M3デバイスの多くは，低コストで製造するという要求に最適な少ないピン数のパッケージの使用が可能

17.2　Cortex-M3 リビジョン0とリビジョン1の違い

　Cortex-M3製品の初期バージョンはCortex-M3プロセッサのリビジョン0に基づくものでした．Cortex-M3リビジョン1に基づく製品は2006年第3期から入手可能になりました．本書が出版されたころ（2008年）にはCortex-M3ベースの新製品はすべてリビジョン1に基づくものとなっています．セカンド・リリースには変更点や改良点が多数あるので，使用するチップがリビジョン0かリビジョン1かを確認することは重要です．プログラマーズ・モデルや開発機能に見られる変更点は以下のとおりです．
- リビジョン1から，例外の発生時のレジスタのスタッキングが，強制的にダブル・ワードにアラインしたメモリのアドレスから開始されるように設定できる．この機能は，NVIC構成制御レジスタ（Configuration Control Register）のSTKALIGNビットを1に設定することにより利用できる
- 上記の理由で，NVIC構成レジスタはSTKALIGNビットを備えている
- リビジョン2は新しくAUXFAULT（補助フォールト）ステータス・レジスタ（オプション）を搭載している
- データ値比較などの機能をDWTに追加している
- リビジョン・フィールドが更新されたことにより，IDレジスタ値が変わる

　エンド・ユーザからは見えない変化は以下のとおりです．
- コード・メモリ空間のメモリ属性は，キャッシュ可能，割り当て可能，バッファ不可，そして共有不可に固定されている．このことはI-Code AHBとD-Code AHBインターフェースへ影響を与えるが，システム・バス・インターフェースへは影響しない
- I-Code AHBとD-Code AHB間のオペレーション・モードを多重化するバスをサポートする．この操作モードでは，I-Code AHBおよびD-Code AHBバスを簡単なバス・マルチプレクサを使ってマージすることができる（以前の解決策はADKバス・マトリクス・コンポーネントを使用することだった）．これにより全体的なゲート数が削減される
- 複雑なデータ・トレースの操作に対して，AHBトレース・マクロセル（HTM，ARMが提供するCoreSightデバッグ・コンポーネント）への接続用に新しい出力ポートが追加された
- デバッグ・コンポーネントあるいはデバッグ制御レジスタには，システム・リセット中もアクセス可能．パワーONリセット中のみ，これらレジスタはアクセス不可となる
- TPIUはSWV操作モードのサポートを行う．これにより，トレース情報が低価格のハードウェアでキャプチャできる
- リビジョン1では，NVIC割り込み制御およびステータス・レジスタのVECTPENDINGフィールドは，NVICデバッグ・ホールト制御およびステータス・レジスタのC_MASKINTSから影響を受ける．C_MASKINTSが設定され，マスクが保留中の割り込みをマスキングすると，VECTPENDING

値はゼロになる場合がある
▶ JTAG-DPデバッグ・インターフェース・モジュールは，SWJ-DPモジュールへ変更された（次節「リビジョン1での変更点：JTAG-DPからSWJ-DPへの移行」を参照）．半導体メーカは，まだCoreSightプロダクト・ファミリの一つであるJTAG-DPを引き続き使用することができる

Cortex-M3リビジョン0が例外シーケンスにダブル・ワードのスタック・アライメント機能を備えていないので，ARM RealView開発ツール（RVDS）やKEIL RealViewマイクロコントローラ開発キットなど，いくつかのコンパイラ・ツールは，スタッキングのソフトウェア調整を可能にさせる特別なオプションを備えています．これにより，開発するアプリケーションをEABI準拠にすることができます．これは，EABI準拠の他の開発ツールと一緒に作業する際には重要になります．

Cortex-M3プロセッサのどちらのリビジョンをマイクロコントローラあるいはSoC内部で使用するか決める場合，NVICにあるCPU IDベース・レジスタを利用できます．表17.1に示すように，リビジョンおよびバリアント番号がCortex-M3のどのバージョンかを示しています．

表17.1 CPU IDベース・レジスタ（0xE000ED00）

	Implementer [31:24]	Variant [23:20]	定数 [19:16]	PartNo [15:4]	Revision [3:0]
リビジョン 0 (r0p0)	0x41	0x0	0xF	0xC23	0x0
リビジョン 1 (r1p0)	0x41	0x0	0xF	0xC23	0x1
リビジョン 1 (r1p1)	0x41	0x1	0xF	0xC23	0x1
リビジョン 2 (r2p0)	0x41	0x2	0xF	0xC23	0x0

Cortex-M3プロセッサ内部の個々のデバッグ・コンポーネントにも独自のIDレジスタがあり，リビジョン・フィールドもリビジョン0とリビジョン1では異なります．

17.2.1 リビジョン1での変更点：JTAG-DPからSWJ-DPへの移行

一部の初期のCortex-M3製品に備えられているJTAG-DPはSWJ-DPへ置き換えられます．シリア

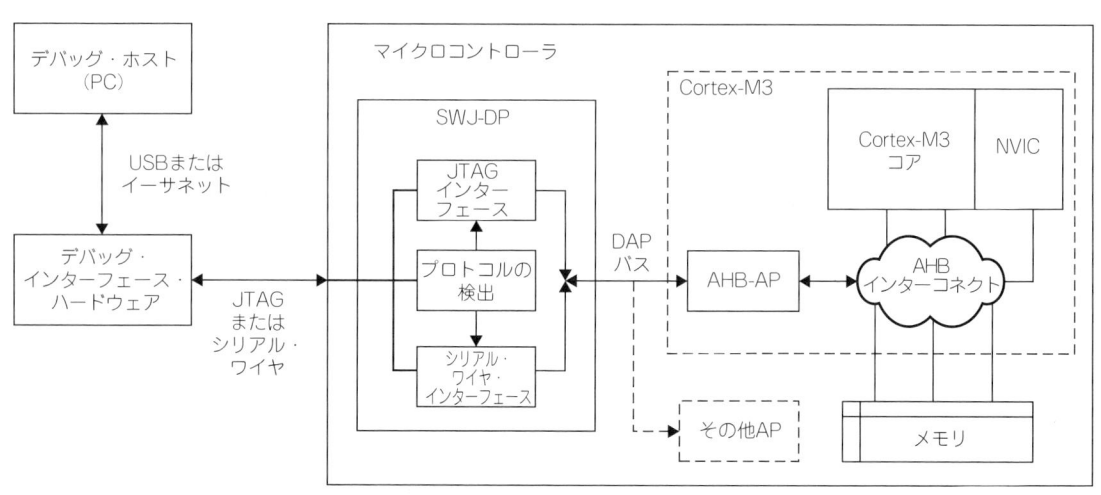

図17.1 SWJ-DP：JTAG-DPとSW-DP機能の結合

ル・ワイヤJTAGデバッグ・ポート（SWJ-DP）はSW-DPとJTAG-DPおよび自動プロトコル検出の機能をも兼ね備えています．このコンポーネントを使用すると，Cortex-M3デバイスでSWとJTAGインターフェース両者によるデバッグのサポートが可能です（図17.1）．

17.3 Cortex-M3リビジョン1とリビジョン2の違い

2008年半ばに，半導体メーカにむけてCortex-M3リビジョン2がリリースされています．リビジョン2を利用する実際の製品はおそらく2008年の末頃，市場に出回ることになるでしょう．リビジョン2は多くの新機能を備えており，そのほとんどは電力消費の低減，またデバッグにおいて，より柔軟性を持たせることを目的としています．

プログラマーズ・モデルで見える以下の変更点が含まれています．

17.3.1 ダブル・ワード・スタック・アライメントに向けたデフォルトの構成

例外スタック向けのダブル・ワード・スタック・アライメント機能は，現在ではデフォルトで可能にしています（注：半導体メーカはリビジョン1の動作を選択する可能性がある）．これはほとんどのC言語アプリケーションで，スタートアップのオーバーヘッドを削減します（NVIC構成制御レジスタでSTKALIGNビットを設定する必要がない）．

17.3.2 新しい補助制御レジスタ

補助制御レジスタがNVICに追加され，プロセッサ動作の微調整が可能になりました．たとえばデバッグを行う目的で，バス・フォールトをメモリ・アクセス命令へ正確に同期できるようにするため，Cortex-M3内のライト・バッファをOFFにすることができます．この方法で，スタックされたリターン・アドレス（スタックされたプログラム・カウンタ）から，フォールトが発生した命令を正確に示すことが容易になります．

補助制御レジスタの詳細を表17.2（a）に示します．

表17.2（a）　補助制御レジスタ（0xE000E008）

ビット	名前	タイプ	リセット値	説明
2	DISFOLD	読み出し/書き込み	0	ITフォールディングを禁止（IT命令の次の命令が実行段階が重複するのを防ぐ）
1	DISDEFWBUF	読み出し/書き込み	0	デフォルトのメモリ・マップのライト・バッファを禁止（領域にマップされたMPUメモリ・アクセスには影響を与えない）
0	DISMCYCINT	読み出し/書き込み	0	LDM，STM，64ビット乗算および除算命令のような複数サイクルの命令の割り込みを禁止

17.3.3 IDレジスタ値の更新

NVICにあるさまざまなIDレジスタおよびデバッグ・コンポーネントが更新されました．たとえば，NVICのCPU IDレジスタを表17.2（b）に示します．

表17.2（b） CPU IDベース・レジスタ（0xE000ED00）

	Implemented [31：24]	Variant [23：20]	定数 [19：16]	Part No [15：4]	Revision [3：0]
リビジョン2（r2p0）	0x41	0x2	0xF	0xC23	0x0

17.3.4 デバッグ機能

デバッグ機能が，リビジョン2では大幅に改善されています．

- DWT中でデータ・トレースでトリガされたウォッチポイントが，読み出し転送のみ，および書き込み転送のみのトレースを新しくサポートした．これで，データが変更された場合，またはデータが読み出された場合にのみトレースされているかを明確にできるので，必要なトレース・データのバンド幅を減らすことが可能
- デバッグ機能の実装における柔軟性が高まった．たとえば，ブレークポイントおよびウォッチポイントの数を低減することで，非常に低い電力消費設計になり，設計サイズを小さくすることができる
- マルチプロセッサ・デバッグでのサポートが向上した．新しいインターフェースは，複数のプロセッサのリスタートとシングル・ステップを同時に可能とするために導入されている（プログラマからは見えない）

17.3.5 スリープ機能

　システム・レベルの設計では，従来のスリープ機能も改良されています．r2p0では，プロセッサのウェイクアップが遅れることがあります．このため，より多くのチップ部分の電力を落すことができ，さらに電力マネージメント・システムはシステムがレディになるとプログラム実行を再開します．スリープ中にシステムのいくつかの部分の電力を落とすと，電源が再投入された後に電圧が安定するまで時間がかかるかもしれませんが，これはマイクロコントローラの設計段階で必要なことです．

　スリープ拡張のほか，設計によって電力消費を抑えることを推進するために新技術が採用されてきました．Cortex-M3の以前のバージョンでは，プロセッサが割り込みを介してスリープ・モードからウェイクアップできるようにするために，コアのフリーラン・クロックをアクティブにしなければなりません．システムのほんの一部でしかフリーラン・クロックが作動しない場合でも，これは完全にOFFにしておいたほうがよいでしょう．

　この問題を解決するため，簡単な割り込みコントローラがプロセッサ外部に追加されています．この，ウェイクアップ割り込みコントローラ（WIC；Wake-up Interrupt Controller）という名前のコントローラは，ディープ・スリープ中のNVIC内部にある割り込みマスク機能と同様で，電力マネージメント・システムにウェイクアップが要求されたことを告げます．これを行うことにより，Cortex-M3へ入るすべてのクロック信号を停止することができます．

　クロックを停止することだけでなく，新しい設計手法によってプロセッサのほとんどの部分で電力消費を抑えることができるようになりました．また，プロセッサの状態が特別なロジック・セルに保存されます．割り込み要求が到着すると，WICはPMU（Power Management Unit）へシステムの消費電力を上げるように要求を送ります．プロセッサが消費電力を上げた後，プロセッサの前の状態は特別なロ

ジック・セルから復帰し，プロセッサは割り込み処理を行える状態になります．

このパワー・ダウン機能は，マイクロコントローラのシステム設計におけるスリープ中の消費電力を削減します．しかし，この機能は使用しているシリコンの製造プロセスに依存するため，一部のリビジョン2の製品では利用できないことがあります．

17.4 リビジョン2の利点と効果

これらのことは，組み込み製品の開発の観点から，どういった意味があるのでしょうか．

まず第一に，組み込み製品を低消費電力で動作させ，バッテリでの使用時間をより長くすることができます．WICモードのディープ・スリープを使用すると，チップ内部のごく小さな部分のみをアクティブにするだけで済みます．さらに，低電力に設計しようとすると，ブレークポイントやウォッチポイントを減らすことで，半導体メーカはチップの設計サイズを削減できます．

第二に，デバッグやトラブル・シューティングにおいて，より優れた柔軟性を提供できます．デバッガで利用できるように改善されたデータ・トレース機能のほかに，新しい補助制御レジスタも使用できます．これはフォールトの発生した命令を特定するために，書き込み転送を強制的にバッファ不可にします．または，各複数ロード/ストア命令が例外発生前に完了できるように，複数サイクルの命令中の割り込みを禁止することもできます．これにより，メモリ内容の分析が簡単になります．複合的なCortex-M3のシステムに対して，リビジョン2はマルチコアの再スタートとステップを同時に行う性能があります．

加えて，リビジョン2は内部が最適化されており，高性能および優れたインターフェース機能を兼ね備えています．これにより半導体メーカはさまざまな機能を利用し，Cortex-M3をより短期間で開発することができるようになりました．

しかし，組み込みプログラマが注意しなければならないことがいくつかあります．

(1) 例外スタック・フレーム用のダブル・ワード・スタック・アライメント

例外スタック・フレームはデフォルトによってダブル・ワードのメモリ位置へアライン（整列）されます．データを例外ハンドラへ転送するのにスタックを使用するリビジョン0，またはリビジョン1用の一部アセンブリ・アプリケーションは影響を受ける可能性があります．例外ハンドラは，スタック・フレームにあるスタックされたPSRの9ビットを読み出すことによって，スタック・アライメントが完了したかどうかを判定します．

その後，例外が発生する前に，スタックされたデータのアドレスを求めることができます．代わりに，リビジョン0やリビジョン1と同じスタック動作を可能にするため，アプリケーションはSTKALIGNビットを0へプログラムすることができます．EABIの標準規格に準拠したアプリケーション（例：EABI準拠のコンパイラを使ってコンパイルされたCコード）は影響を受けません．

(2) SysTickタイマがディープ・スリープで停止する場合がある

Cortex-M3マイクロコントローラがパワーダウン機能をもっている場合，もしくはコア・クロックがディープ・スリープ・モードで完全に停止する場合は，SysTickタイマはディープ・スリープ・モードの間，動作しなくなるでしょう．OSを使用した組み込みアプリケーションは，プロセッサ・コアがイベント・スケジューリングのためにプロセッサをウェークアップさせるための外部タイマが必要となる

でしょう．

(3) デバッグおよびパワー・ダウン機能

　この新しいパワー・ダウン機能は，プロセッサがデバッガに接続されている場合は利用できません．これは，デバッグ作業中にデバッガがプロセッサのデバッグ・レジスタへアクセスしなければならないことによるものです．デバッグ作業中，これまでどおりコアはホールトされるか，スリープ・モードに入ることができますが，パワー・ダウン機能が有効であっても，消費電力低下シーケンスはトリガされません．パワー・ダウン動作のテストに関しては，被テスト・デバイスはデバッガから切り離されなければなりません．

17.5　開発ツール

　Cortex-M3を使い始めると，さまざまなツールが必要になります．以下はその標準的なものです．

- コンパイラとアセンブラ：C言語またはアセンブラのアプリケーション・コードをコンパイルするソフトウェア．ほとんどすべてのCコンパイラ・パッケージにはアセンブラが備えられている
- 命令セット・シミュレータ：ソフトウェア開発の初期段階でデバッグを行う命令をシミュレートするソフトウェア
- イン・サーキット・エミュレータ（ICE）またはデバッグ・プローブ：デバッグ・ホスト（通常はPC）をターゲット・サーキットへ接続するハードウェア・デバイス．インターフェースをJTAGまたはSWのどちらかにすることが可能
- 開発ボード：マイクロコントローラを搭載する基板
- トレース・キャプチャ：命令トレースまたはDWTやITMモジュールからの出力をキャプチャするためのオプション・ハードウェアおよびソフトウェア・パッケージ．また，人が読み取れるフォーマットでこれらを出力する
- 組み込みオペレーティング・システム：マイクロコントローラで稼動するオペレーティング・システム．これはオプション．多くのアプリケーションはOSを必要としない

17.5.1　Cコンパイラ

　Cコンパイラ・ツールや開発ツールの多くはすでにCortex-M3で使用可能です（**表17.3**）．

　CodeSourcery社のGNU Cコンパイラはソリューションを無償で提供しています．現在のところ，おもなGNU Cコンパイラ（GCC）はCortex-M3をサポートしていませんが，近い将来主なGCCのコンパイラもサポートするようになるでしょう．また，RealView-MDKなどの市販されている数種類のツールの評価バージョンも入手できます．

17.5.2　組み込み用オペレーティング・システムのサポート

　多くのアプリケーションはOSを必要とし，OSの多くは組み込み市場向けに開発されています．

　現在，これらOSの多くはCortex-M3上でサポートされています（**表17.4**）．

表17.3 Cortex-M3をサポートする開発ツールの代表例

社名	製品[注1]
ARM (www.arm.com)	Cortex-M3はRealView開発ツール 3.0（RVDS）からサポートされている．RealView-ICE（RVI）バージョン1.5はデバッグ・ターゲットをデバッグ環境へ接続可能．ADSやSDTなどの古い製品はCortex-M3をサポートしていないので注意が必要
KEIL (ARM子会社；www.keil.com)	Cortex-M3はRealViewマイクロコントローラ開発キット（RealView-MDK）でサポートされている．ULINK（TM）USB-JTAGアダプタはデバッグ・ターゲットをデバッグIDEへ接続可能
CodeSourcery (www.codesourcery.com)	ARMプロセッサ向けGNUツール・チェインは以下で入手可能（www.codesourcery.com/gnu_toolchains/arm/）．この製品はGUN Cコンパイラ4.1.0に基づいており，Cortex-M3をサポートしている
Rowley Associates (www.rowley.co.uk)	ARM向けCrossWorksは，Cortex-M3をサポートするGNU Cコンパイラ・ベースの開発ツール（www.rowley.co.uk/arm/index.htm）
IAR Systems (www.iar.com)	ARMおよびCortex-M3向けIAR Embedded WorkbenchはC/C++コンパイラやデバッグ環境を提供している（v4.40以降）．Luminary Micro社のLM3S102マイクロコントローラベースの評価キットも使用可能．ターゲット・ボードをデバッグIDEへ接続するデバッガやJ-Linkデバッグプローブを同梱している
Lauterbach (www.lauterbach.com)	Lauterbach社JTAGデバッガおよびトレース・ユーティリティが使用可能

表17.4 Cortex-M3をサポートする組み込み用オペレーティング・システムの代表例

社名	製品[注2]
FreeRTOS (www.freertos.org)	FreeRTOS
Express Logic (www.expresslogic.com)	ThreadX（TM）RTOS
Micrium (www.micrium.com)	μC/OS-II
Accelerated Technology (www.Acceleratedtechnology.com)	Nucleus
Pumpkin Inc. (www.pumpkininc.com)	Salvo RTOS
CMX Systems (www.cmx.com)	CMX-RTX
Keil (www.keil.com)	ARTX-ARM
Segger (www.segger.com)	ARTX-ARM
IAR Systems (www.iar.com)	ARM向けIAR PowerPac

注1：製品名は表左側に記載されている各社の登録商標
注2：製品名は表左側に記載されている各社の登録商標

Porting Applications from the ARM7 to the Cortex-M3

第18章

ARM7からCortex-M3への アプリケーションの移植

> この章では以下の項目を紹介します.
> ▶ 概要
> ▶ システムの特性
> ▶ アセンブリ言語ファイル
> ▶ Cプログラム・ファイル
> ▶ プリコンパイルされたオブジェクト・ファイル
> ▶ 最適化

18.1 概要

　新しいアーキテクチャへ既存のプログラム・コードを移植することは，多くの技術者にとってよくある仕事です．Cortex-M3製品が市場へ出回り始めたことで，Cortex-M3へARM7TDMI（以下，ARM 7と呼ぶ）コードを移植するという課題に向き合う必要があります．本章では，ARM7からCortex-M3へのアプリケーションの移植によって生じるさまざまな状況を検討します．
　ARM7からCortex-M3へ移植を行う際に考慮するいくつかの部分を下記に示します．
▶ システムの特性
▶ アセンブリ言語のファイル
▶ C言語ファイル
▶ 最適化

　全般的に見て，アプリケーション・コードは通常，若干の修正と再コンパイルを行うことで移植が可能であるのに対し，ハードウェア制御，タスク管理，例外ハンドラなど，低レベルのコードには大幅な変更と再コンパイルが必要です．

18.2 システムの特性

　ARM7ベースのシステムとCortex-M3ベースのシステムでは，システムの特性が多くの点で異なりま

す（例：メモリ・マップ，割り込み，MPU，システム制御，そのほか操作モード）．

18.2.1 メモリ・マップ

異なるマイクロコントローラ間でプログラムを移植する際，もっとも修正が必要な対象はメモリ・マップの差異です．ARM7ではメモリおよびペリフェラルは，ほとんどのアドレスへ配置することができます．これに対しCortex-M3プロセッサには定義されたメモリ・マップがあります．メモリ・アドレスの差異は通常，コンパイルとリンクを行う段階で解決します．ペリフェラル・コードのポーティングは，ペリフェラル用のプログラマ・モデルがまったく異なるため，さらに時間がかかる作業となります．その場合，デバイス・ドライバのコードを完全に書き換える必要が出てきます．

多くのARM7製品はメモリのリマップ機能を搭載しているため，起動後にベクタ・テーブルをSRAMへリマップできます．Cortex-M3では，ベクタ・テーブルはNVICレジスタを使って再配置できるので，メモリをリマッピングする必要はありません．したがって，多くのCortex-M3製品ではメモリのリマップ機能は利用できなくなっています．

ARM7でのビッグ・エンディアンのサポートはCortex-M3でのサポートとは異なっています．プログラム・ファイルは新しいビッグ・エンディアン・システムへ再コンパイルができますが，ハードコード化されたロックアップ・テーブルはポーティング・プロセス中に変換する必要があります．

ARM720TおよびARM9など最近のARMプロセッサのいくつかでは，0xFFFF0000にベクタ・テーブルの配置を可能にするハイ・ベクタと呼ばれる機能を利用することができます．この機能はWindows CEをサポートするためのものであり，Cortex-M3では使用できません．

18.2.2 割り込み

次の対象は割り込みコントローラを使用するときの差異です．割り込み許可/禁止などの割り込みコントローラを制御するプログラム・コードは変更しなければなりません．加えて，さまざまな割り込みに対して割り込みの優先度レベルやベクタ・テーブル・アドレスを設定する場合には，新しくプログラムする必要があります．

割り込みリターンの方法も変わります．アセンブラ・コードで割り込みリターンを変更するか，割り込みリターンにC言語が使用されている場合は，コンパイラ指示文を調整する必要があります．

CPSRを変更することによる従来の方法で行う割り込みの許可/禁止は，割り込みマスク・レジスタを設定する方法へ置き換えなければなりません．

Cortex-M3では，一部のレジスタはスタッキング/アンスタッキングの仕組みにより自動で保存されます．したがって，ソフトウェアによるスタック操作は少なくするか削除することができます．ただしFIQハンドラの場合，これまでのARMコアにはFIQ (R8-R12) 用の個別レジスタが備えられています．FIQはこれらのレジスタをスタック内へ転送しなくても利用できます．しかしCortex-M3では（R12を除く）これらのレジスタが自動的にスタックされないため，FIQハンドラがCortex-M3に移植されると，ハンドラで使われるレジスタを変更するかスタッキング処置のどちらかを行う必要が出てきます．

ネストされた割り込み処理を行うコードは削除可能です．Cortex-M3では，NVICにネストされた割り込み処理が内蔵されています．

エラー処理にも違いがあります．Cortex-M3はさまざまなフォールト・ステータス・レジスタを備え

ているので，フォールトの原因を突き止めることができます．さらに，新しいフォールト・タイプがCortex-M3に定義されています（例：スタッキング/アンスタッキング・フォールト，メモリ管理フォールト，およびハード・フォールト）．したがってフォールト・ハンドラを書き換える必要があります．

18.2.3 MPU

　MPUのプログラミング・モデルは，新しいプログラム・コードの設定が必要なもう一つのシステム・ブロックです．ARM7TDMI/ARM7TDMI-Sベースのマイクロコントローラ製品はMPUを備えていないので，アプリケーション・コードをCortex-M3へ移行することには何の問題もありません．しかしARM720Tベースの製品はメモリ管理ユニット（MMU）を備えており，Cortex-M3のMPUとは異なる機能をもちます．MMUを使う必要があるアプリケーションの場合（仮想メモリ・システムで），Cortex-M3への移植はできません．

18.2.4 システム制御

　システム制御は，アプリケーションを移植する際に検討が必要なもう一つの重要な分野です．Cortex-M3にはスリープ・モードに入る命令が含まれています．さらに，Cortex-M3製品内部にあるシステム制御はARM7の製品のものとはまったく異なっている場合があります．したがって，システム管理機能を伴うファンクション・コードを書き換える必要があります．

18.2.5 動作モード

　ARM7には七つの動作モードがあります．Cortex-M3ではこれらを例外で区別するように変更しました（**表18.1**）．

表18.1　ARM7TDMIからCortex-M3への例外および動作のマッピング

ARM7での例外および動作	Cortex-M3における対応モードおよび例外
スーパバイザ（デフォルト）	特権，スレッド
スーパバイザ（ソフトウェア割り込み）	特権，SVC
FIQ	特権，割り込み
IRQ	特権，割り込み
アボート（プリフィッチ）	特権，バス・フォールト例外
アボート（データ）	特権，バス・フォールト例外
未定義	特権，用法フォールト例外
システム	特権，スレッド
ユーザ	ユーザ・アクセス（非特権），スレッド

　ARM7におけるFIQをCortex-M3では通常のIRQとして移植できます．なぜなら，Cortex-M3では，特定の割り込みの優先度を最高レベルに設定することができるからです．したがって，ARM7のFIQと同様に，ほかの例外を横取りすることができるということです．しかし，ARM7でバンクされたFIQレジスタとCortex-M3のスタック・レジスタは異なるため，FIQハンドラで使用されているレジスタを変換するか，ハンドラで使用されているレジスタをスタックへ手動で保存しなければなりません．

18.3 アセンブリ言語ファイル

アセンブリ言語ファイルの移植は，ファイルがARM状態かThumb状態かによって異なります．

18.3.1 Thumb状態

ファイルがThumb状態の場合は比較的簡単です．たいていの場合，ファイルは問題なく再利用できます．しかし，ARM7におけるいくつかのThumb命令はCortex-M3ではサポートされていません．

- ARM状態に切り替わろうとする全コード
- SWIはSVCに置き換えられる（用法モデルも同じく変更されるので注意）

最後に，プログラムのスタック操作が完全降下型でのみスタックへアクセスしていることを確認してください．一般的でありませんが，異なるスタック操作（例：完全上昇型）をARM7TDMIにおいて実装することが可能だからです．

18.3.2 ARM状態

ARMコードにとってこの状態はより複雑なものであり，シナリオがいくつか存在します．

- ベクタ・テーブル：ARM7において，ベクタ・テーブルは0x0番地からスタートし，分岐命令により構成されている．Cortex-M3では，ベクタ・テーブルはスタック・ポインタの初期値とリセット・ベクタ・アドレスを備えており，例外ハンドラのアドレスが続く．これらの違いにより，ベクタ・テーブルを完全に書き替える必要がある
- レジスタの初期化：ARM7では，異なるモードに対して異なるレジスタを初期化する必要がしばしばある．たとえば，バンクされたスタック・ポインタ（R13），リンク・レジスタ（R14），保存されたプログラム・ステータス・レジスタ（SPSR）がARM7には存在する．Cortex-M3はプログラマーズ・モデルが異なるため，レジスタの初期化コードは変更が必要．実際にCortex-M3にあるレジスタの

Column　FIQとNMI

多くの技術者は，ARM7のFIQはCortex-M3のNMIへ直接マッピングされると期待しているでしょう．一部のアプリケーションでは可能ですが，FIQとNMIには多くの違いがあるため，FIQのようにNMIを利用してアプリケーションを移植する際には特別な注意が必要です．

まず，ARM7ではNMIを禁止できませんが，FIQはFビットをCPSRにセッティングすることで禁止できます．したがって，Cortex-M3では起動時にNMIハンドラを正常に動作させることが可能である一方，ARM7ではリセット時にFIQが禁止されます．

次に，Cortex-M3ではNMIハンドラにおいてSVCを使用できませんが，ARM7ではFIQハンドラにおいてSWIを使うことができます．ARM7でFIQハンドラを実行する際，ほかの例外が発生することがあります（ただしFIQが機能している場合にはIビットが自動で設定されるので，IRQは除外する）．しかしCortex-M3では，NMIハンドラ内部のフォールト例外によりプロセッサにロックアップ状態が起きる可能性があります．

初期化コードは，プロセッサを異なるモードへ切り替える必要がないため，かなりシンプルなものになっている

- モード切り替えおよび状態切り替えのコード：Cortex-M3における動作モードの定義はARM7のものと異なっているため，モード切り替えのコードは削除する必要がある．同じことがARM状態/Thumb状態の切り替えコードにもいえる
- 割り込み許可および禁止：ARM7において，CPSRのIビットをクリアまたは設定することで割り込みを許可/禁止することができる．Cortex-M3では，PRIMASKやFAULTMASKなどの割り込みマスク・レジスタをクリアまたはセットすることで行うことができる．さらにCortex-M3にはFIQ入力がないので，Fビットがない
- コプロセッサ・アクセス：Cortex-M3ではコプロセッサはサポートされていない．そのため，この種の操作は移植できない
- 割り込みハンドラおよび割り込みリターン：ARM7において，割り込みハンドラの最初の命令はベクタ・テーブルにあり，通常は実際の割り込みハンドラに分岐する分岐命令が入れられている．Cortex-M3では，もはやこのステップは必要ない．ARM7では割り込みリターンに対して，プログラム・カウンタの調整手順が必要となる．Cortex-M3では正確に処理されたプログラム・カウンタがスタックに保存され，EXC_RETURNをプログラム・カウンタへロードすることで割り込みリターンがトリガされる．Cortex-M3では，MOVSやSUBSなどの命令を割り込みリターンとして使用する必要はない．これらの違いにより，割り込みハンドラおよび割り込みリターン・コードは移植の際に修正する必要がある
- ネストされた割り込みのサポート・コード：ARM7において，ネストされた割り込みを必要とする場合，通常IRQハンドラでプロセッサをシステム・モードへ切り替え，割り込みをふたたび許可しなければならない．Cortex-M3ではこの手順は必要とされない
- FIQハンドラ：FIQハンドラが移植される場合，R8-R11のコンテンツをスタック・メモリへセーブするという余分な追加ステップが必要となる場合がある．ARM7ではR8-R12はバンク化されているため，FIQハンドラはこれらのレジスタをスタックにプッシュする手順を省くことができる．しかしCortex-M3では，R0-R3およびR12はスタックへ自動的に保存されるが，R8〜R11は保存されない
- ソフトウェア割り込み(SWI)ハンドラ：SWIはSVCに置き換えられる．ただしSWIハンドラをSVCへ移植する際には，SWI命令に対して受け渡しパラメータを引用するコードを更新する必要がある．呼び出されたSVC命令のアドレスは，スタックに保存されたPCの値から取得できる．これは，SWI命令を呼び出した際のプログラム・カウンタのアドレスをリンク・レジスタから求めるARM7とは異なる
- SWAP命令(SWP)：Cortex-M3にはSWAP命令はない．セマフォにSWAP命令を利用している場合は，排他アクセスの命令で置き換えて代用する．これにより，セマフォ・コードの書き換えが必要になる．この命令が単にデータ転送に使用されている場合，この命令を複数のメモリ・アクセス命令へ置き換えることが可能
- CPSR，SPSRへのアクセス：ARM7のCPSRは，Cortex-M3ではxPSRに置き換えられる．また，Cortex-M3ではSPSRは削除されている．アプリケーションが現在のプロセッサ・フラッグ(CPSR)にアクセスすることが必要な場合は，プログラムのコードはAPSRへの読み込みアクセスに置き換

えることができる．例外ハンドラが例外に入る前のPSRにアクセスしたい場合は，スタック・メモリからこの値を求めることができる．これは，xPSRの値は，割り込みが受付けられた際に，自動的にスタックに保存されるためである．したがって，Cortex-M3では，SPSRを必要としていない

▶ 条件付き実行：ARM7では，条件付き実行は多くのARM命令でサポートされているが，一方ほとんどのThumb-2命令には命令コード内に条件フィールドがない．これらのコードをCortex-M3へ移植する際，場合によってはIF-THEN命令ブロックを使うことができる．あるいは条件付き実行コードを生成するため，分岐を挿入する必要が出てくる．IT命令ブロックで条件付き実行コードを置き換える場合における潜在的な課題の一つは，コード・サイズが増大し，結果として一部プログラムにおいてロード/ストア操作が命令のアクセス範囲を超えてしまうというような，まれな問題を引き起こすことがあるということである

▶ 現在のプログラム・カウンタ値を使った計算をともなうコードでのプログラム・カウンタ値の活用：ARM7でARM命令のコードを実行中に，命令を実行中に読み出したPCの値は，命令のアドレス+8である．これは，ARM7の3段パイプラインとPCを読み込んだ実行の段階では，すでにプログラム・カウンタが2回，一度に4バイト分だけ値がインクリメントされるためである．PCの値を扱うコードをCortex-M3に移植する際は，Thumb命令のコードが実行されるため，プログラム・カウンタにオフセットされる値は4だけとなる

▶ R13値の活用：ARM7では，スタック・ポインタR13は32ビットである．Cortex-M3プロセッサでは，スタック・ポインタの最下位2ビットが常にゼロに定まっている．したがって，R13がデータ・レジスタとして使用されるという稀な状況では，最下位2ビットが失われるためプログラム・コードを変更しなければならない

　ARMプログラム・コードの残りの部分は，Thumb/Thumb-2命令でコンパイルを試みることができますが，さらに修正が必要となります．たとえば，ARM7のいくつかのプリインデックスとポスト・インデックス・メモリ・アクセスは，Cortex-M3では対応していないため，複数の命令でコードを作り直さなくてはなりません．長い分岐範囲，もしくは大きなイミディエート・データをもついくつかのコードは，Thumb命令のコードとしてコンパイルすることができないので，手作業でThumb-2のコードに変更することが必要です．

18.4　Cプログラム・ファイル

　Cプログラム・ファイルのポーティングはアセンブリ・ファイルの移植と比べてはるかに簡単です．たいていの場合，CプログラムのアプリケーションはCortex-M3へ再コンパイルできます．しかし，修正する必要がでてくる部分がまだいくつかあります．

▶ インライン・アセンブラ：一部のCプログラム・コードには修正が必要なインライン・アセンブリ・コードが含まれている．このコードはキーワード__asmを経由して簡単に配置することができる．RVDS/RVCT 3.0以降を使用する場合は，組み込みアセンブラへ変更する

▶ 割り込みハンドラ：Cプログラムでは，ARM7で機能する割り込みハンドラを生成するのに__irqを使用できる．保存されたレジスタや割り込みリターンのような，ARM7とCortex-M3での割り込み動作の違いがあるので，使っている開発ツールによっては，キーワード__irqを削除する必要が出て

くる（しかしRVDS 3.0およびRVCT 3.0では，Cortex-M3に対するサポートが__irqに加えられており，また__irqコマンドの使用は明確なため推奨されている）

18.5　プリコンパイルされたオブジェクト・ファイル

　ほとんどのCコンパイラは，さまざまな関数ライブラリやスタートアップ・コードに関するプリコンパイルされたオブジェクト・ファイルを提供します．これら（従来のARMコア向けスタートアップ・コードなど）のいくつかは，動作モードやステータスが異なるためCortex-M3では使用できません．これらの多くのソース・コードは，Thumb-2コードを使ってコンパイルをし直すことで利用できます．詳細はツール・メーカの仕様書を参照してください．

18.6　最適化

　Cortex-M3で機能するプログラムを作成した後，パフォーマンスを改善し，メモリ使用量を少なくするため，さらに改良が可能になる場合があります．それには多くの項目の調査が必要です．

- Thumb-2命令の使用：たとえば16ビットThumb命令で，あるレジスタから別のレジスタにデータが転送され，その後そこでデータの処理作業が行われる場合，この作業を一つのThumb-2命令に置き換えることが可能．これは動作に必要なクロック・サイクル数を削減することになる
- ビット-バンド：ペリフェラルがビット-バンド領域に配置されている場合，制御レジスタ・ビットへのアクセスはビット-バンド・エイリアスを経由してビットへアクセスすることで非常に単純化される
- 乗算と除算：値を表示するために10進に変換するようなルーチンは，除算の操作が必要．Cortex-M3では除算命令を使用して，この操作を変更できる．大きなデータの乗算を行うため，Cortex-M3では，UMULL，SMULL，MLA，MLS，UMLAL，およびSMLALのような乗算命令を使用することで，複雑なコードを減らすことができる
- イミディエート・データ：Thumb命令でコーディングできない一部のイミディエート・データは，Thumb-2命令を使って生成することができる
- 分岐：Thumb命令でコーディングできないほど距離が長い（通常は複数の分岐命令とルーチンを利用して実現している）分岐は，Thumb-2命令でコーディングすることができる
- ブール・データ：複数のブール（0か1のどちらか）データは，単一バイト/ハーフ・ワード/ワードにパックして，ビッド-バンド領域のメモリ空間に保存することができる．これらのブール・データには，ビット-バンド・エイリアスを経由してアクセスすることができる
- ビット・フィールド処理：Cortex-M3は，UBFX，SBFX，BFI，BFCとRBITを含む複数のビット・フィールド処理用の命令を提供している．これにより，ペリフェラルのプログラミング，データ・パケットの形成または抽出，およびシリアル通信を行うなどの，多くのプログラム・コードを非常にシンプルにすることができる
- IT命令ブロック：いくつかの短い分岐はIT命令ブロックによって置き換えることができる．これによって，分岐の実行中にパイプラインがフラッシュされて，クロック・サイクルを浪費することを

回避することができる
- ARM状態/Thumb状態の切り替え：ARMを使ったソフトウェアの開発者は場合により，コードをさまざまなファイルに分けることがある．これにより，一部のファイルをARMコードへコンパイルし，ほかのファイルはThumbコードへコンパイルすることができる．これは，実行速度がクリティカルでなく，コード密度を改善する必要がある場合によく行われる．Thumb-2命令をもつCortex-M3では，このような作業は不要．またいくつかの状態を切り替えるためのオーバヘッドが取り除かれるため，生成されるコードは短縮し，オーバヘッドを減らして，プログラム・ファイルの数を少なくすることができる

第19章
GNUツール・チェーンを使用してCortex-M3開発を始める

Starting Cortex-M3 Development Using the GNU Tool Chain

この章では以下の項目を紹介します．
- 背景
- GNUツール・チェーンの入手
- 開発フロー
- 例題
- 特殊レジスタへのアクセス
- サポートされない命令の使用
- GNU Cコンパイラでのインライン・アセンブラ

19.1　背景

　多くの技術者がGNUツール・チェーンをARM製品の開発に使うので，ARM向け開発ツールのほとんどがGNUツール・チェーンにもとづいています．GNUツール・チェーンはCortex-M3をサポートしており，今ではCodeSourcery（www.codesourcery.com）からフリーで入手することができます．主なGNU Cコンパイラ開発環境は近い将来，Cortex-M3のサポートを取り入れる予定です．

　本章では，GUNツール・チェーンを使ったもっとも基本的なステップだけを紹介します．ツール・チェーンの使用に関する詳細は本書では取り扱っていないので，インターネットで入手してください．

　GNUアセンブラ（ASはGNUツール・チェーンに入っいる）のシンタックスは，ARMのアセンブラとインクルード宣言，コンパイラのディレクティブ（指示子），コメントなどが多少異なります．したがって，ARM RealView開発ツール向けのアセンブラのコードをGNUツール・チェーンで使用する前に変更が必要となります．

19.2　GUNツール・チェーンの入手

　GNUツール・チェーンのコンパイル・バージョンは，www.codesourcery.com/gnu_toolchains/arm/からダウンロードでき，数々のバイナリ・ビルドを入手可能です．もっとも簡単に使うには，ター

ゲット・プラットホームとして特定の組み込みOSではなく，EABI[注1]を使ったものを選択します．ツール・チェーンはWindowsやLinuxなどさまざまな開発プラットホームに利用できます．本章で紹介する例は，どちらのバージョンでも機能します．

19.3 開発フロー

ARMツールと同様に，GNUツール・チェーンはコンパイラ，アセンブラ，およびリンカを搭載しています．このツールによりCとアセンブリ言語の両方のソース・コードを含んだプロジェクトが可能になります（図19.1）．

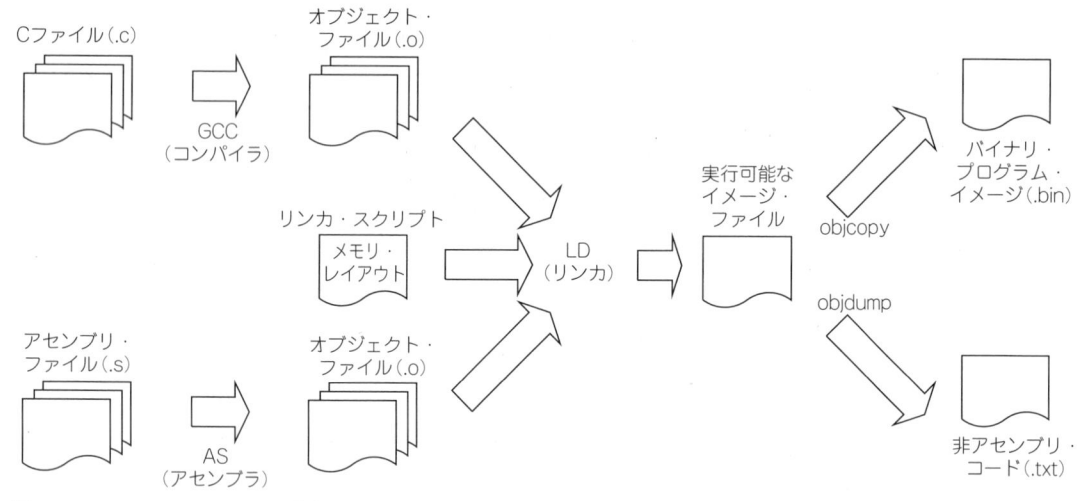

図19.1 GNUツール・チェーンに基づく開発フロー例

ツール・チェーンには，異なるアプリケーション環境（Symbian，Linux，EABIなど）に適したバージョンがあります．ツール・チェーンのターゲット・オプションに応じて，プログラムのファイル名には通常接頭文字が一つあります．たとえば，EABI環境を利用している場合，GCCコマンドは**arm-xxxx-eabi-gcc**となります．以下に紹介する例では，表19.1にあるCodeSourcery GNU ARMツール・チェーンのコマンドを使用します．

表19.1 CodeSourceryツール・チェーンのコマンド名

機　能	コマンド（EABIバージョン）
アセンブラ	arm-none-eabi-as
Cコンパイラ	arm-none-eabi-gcc
リンカ	arm-none-eabi-ld
バイナリ・イメージ・ジェネレータ	arm-none-eabi-objcopy
逆アセンブラ	arm-none-eabi-objdump

ほかのメーカが提供するツール・チェーンのコマンド名とはどう違うのか注目されたい

注1：ARMアーキテクチャ向けEmbedded Application Binary Interface（EABI）－実行ファイル，さまざまな開発ツール・セットで使うことができるように，この仕様に準拠しなければならない．

開発フローにおいてリンカ・スクリプトはオプションですが，メモリ・マップがより複雑になる場合には必要になることがあります．

19.4 例題

GNUツール・チェーンを使った例をいくつか紹介します．

19.4.1 例題1：最初のプログラム

まず，第10章で10＋9＋8＋…＋1の計算を行った簡単なアセンブリ・プログラムから始めてみます．

```
========== example1.s ==========
/* define constants */
        .equ      STACK_TOP, 0x20000800
        .text
        .global _start
        .code 16
        .syntax unified
        /* .thumbfunc */
        /* .thumbfunc is only needed with CodeSourcery GNU tool chain
         prior to 2006Q3-26*/
_start:
        .word STACK_TOP, start
        .type start, function
        /* Start of main program */
start:
        movs   r0, #10
        movs   r1, #0
        /* Calculate 10+9+8...+1 */
loop:
        adds   r1, r0
        subs   r0, #1
        bne    loop
        /* Result is now in R1 */
deadloop:
        b      deadloop
        .end
========== end of file ==========
```

- **.word** ディレクティブは，ここでスタック・ポインタの開始値を0x20000800に，リセット・ベクタをスタートに定義するのに役立つ
- **.text** は，アセンブルが必要なプログラム領域であることを意味する定義済みのディレクティブである
- **.global** は，必要な場合には_startラベルをほかのオブジェクト・ファイルと共有することを可能にしている
- **.code 16** は，Thumbのプログラム・コードを意味している
- **.syntax unified** は統合アセンブリ言語の構文が使われていることを示している
- **_start** は，プログラム領域の始点であることを示すラベル
- **start** は，リセット・ハンドラを示す個別ラベル
- **.type start，function** は，シンボル**start**が関数であることを宣言している．これはベクタ・テーブルにあるすべての例外ベクタに必要．これがないと，アセンブラはベクタのLSBを0にセットしてしまう
- **.end** は，このプログラム・ファイルの終わりを意味している

　ARMアセンブラと違って，GNUアセンブラのラベルにはコロン（:）が続きます．コメントは/*と*/の引用符で囲まれ，ディレクティブの前にはピリオド（.）が置かれます．

　リセット・ベクタ（start）は，Thumbコード（.code 16）の関数（.type start function）として定義されます．この理由は，Thumb状態で起動することを示すために，リセット・ベクタのLSBが強制的に1になることにあります．これが行われないとプロセッサはARMモードで起動し始め，ハード・フォールトを引き起こします．このファイルをアセンブルするために，下記のコマンドの中で**as**を使用します．

```
$> arm-none-eabi-as -mcpu=cortex-m3 -mthumb example1.s -o example1.o
```

　これはオブジェクト・ファイルexample1.oを作成しています．オプションの**-mcpu**や**-mthumb**は使われる命令セットを定義します．リンクは下記のように**ld**で行うことができます．

```
$> arm-none-eabi-ld -Ttext 0x0 -o example1.out example1.o
```

　続いて，バイナリ・ファイルは次のとおり，オブジェクトのコピー（**objcopy**）を使って作成されます．

```
$> arm-none-eabi-objcopy -Obinary example1.out example1.bin
```

　オブジェクトのダンプ（**objdump**）を使って逆アセンブルしたコードをリストにしたファイルを作成することで，出力を分析することができます．

```
$> arm-none-eabi-objdump -S example1.out > example1.list
```

　これは以下のようになります．

```
example1.out:     file format elf32-littlearm
Disassembly of section .text:

00000000 <_start>:
   0:   0800            lsrs    r0, r0, #32
   2:   2000            movs    r0, #0
   4:   0009            lsls    r1, r1, #0
```

```
         ...
00000008 <start>:
   8:   200a           movs r0, #10
   a:   2100           movs r1, #0
0000000c <loop>:
   c:   1809           adds r1, r1, r0
   e:   3801           subs r0, #1
  10:   d1fc           bne.n c <loop>

00000012 <deadloop>:
  12:   e7fe           b.n 12 <deadloop>
```

19.4.2　例題2：複数ファイルのリンク

先に述べたように，複数のオブジェクト・ファイルを作成し，それらを互いにリンクすることができます．ここでは二つのアセンブリ・ファイル例，example2a.s と example2b.s を紹介します．example2a.s はベクタ・テーブルのみを含み，example2b.s はプログラム・コードを含んでいます．一つのファイルから別のファイルへアドレスを受け渡す際には **.global** を使用します．

```
========== example2a.s ==========
/* define constants */

        .equ       STACK_TOP, 0x20000800
        .global vectors_table
        .global start
        .global nmi_handler
        .code 16
        .syntax unified

vectors_table:
        .word STACK_TOP, start, nmi_handler, 0x00000000
        .end
========== end of file ==========

========== example2b.s ==========
/* Main program */
        .text
        .global _start
        .global start
        .global nmi_handler
```

```
        .code 16
        .syntax unified
        .type start, function
        .type nmi_handler, function
_start:
        /* Start of main program */
start:
        movs    r0, #10
        movs    r1, #0
        /* Calculate 10+9+8...+1 */
loop:
        adds    r1, r0
        subs    r0, #1
        bne     loop
        /* Result is now in R1 */
deadloop:
        b       deadloop
        /* Dummy NMI handler for illustration */
nmi_handler:
        bx      lr
        .end
========= end of file =========
```

実行イメージを作成するには，次のステップを行います．

① example2a.sをアセンブルする

```
$> arm-none-eabi-as -mcpu=cortex-m3 -mthumb example2a.s -o example2a.o
```

② example2b.sをアセンブルする

```
$> arm-none-eabi-as -mcpu=cortex-m3 -mthumb example2b.s -o example2b.o
```

③ オブジェクト・ファイルを一つのイメージへリンクする．コマンド・ラインでのオブジェクト・ファイルの順序は，最終実行イメージにあるオブジェクトの順序に影響を与えるので要注意

```
$> arm-none-eabi-ld -Ttext 0x0 -o example2.out example2a.o example2b.o
```

④ 続いてバイナリ・ファイルの生成が可能になる

```
$> arm-none-eabi-objcopy -Obinary example2.out example2.bin
```

⑤ 前の例と同様に，イメージが正しくアセンブルされているかを確認するために，逆アセンブルしたファイルを生成する

```
$> arm-none-eabi-objdump -S example2.out > example2.list
```

ファイル数が多いときは，UNIXの **makefile** を使ってコンパイル処理を簡略化することが可能です．個々の開発セットには，コンパイル処理を簡単に行える機能がすでに内蔵されている場合があります．

19.4.3 例題3：単純な"Hello World"プログラム

少し規模を広げるため，"Hello World"プログラムに挑戦してみます（注：ここではUARTの初期化を省略している．この例題を試すには，独自のUARTの初期化コードを追加する必要がある．C言語でのUARTの初期化例は第20章で扱う）．

```
========== example3a.s ==========
/* define constants */
        .equ      STACK_TOP, 0x20000800
        .global vectors_table
        .global _start
        .code 16
        .syntax unified
vectors_table:
        .word STACK_TOP, _start
        .end
========== end of file ==========

========== example3b.s ==========
        .text
        .global _start
        .code 16
        .syntax unified
        .type _start, function
_start:
        /* Start of main program */
        movs      r0, #0
        movs      r1, #0
        movs      r2, #0
        movs      r3, #0
        movs      r4, #0
        movs      r5, #0

        ldr       r0,_hello
        bl        puts
        movs      r0, #0x4
        bl        putc
deadloop:
        b         deadloop
```

```
hello:
        .ascii   "Hello\n"
        .byte    0
        .align
puts:  /* Subroutine to send string to UART */
       /* Input r0 = starting address of string */
       /* The string should be null terminated */
       push {r0, r1, lr} /* Save registers */
       mov  r1, r0       /* Copy address to R1, because */
                         /* R0 will be used as input for */
                         /* putc */
putsloop:
       ldrb.w r0,[r1],#1  /* Read one character and increment address */
       cbz    r0, putsloopexit /* if character is null, goto end */
       bl     putc
       b      putsloop
putsloopexit:
       pop    {r0, r1, pc} /* return */

.equ   UART0_DATA, 0x4000C000
.equ   UART0_FLAG, 0x4000C018

putc: /* Subroutine to send a character via UART */
      /* Input R0 = character to send */
      push {r1, r2, r3, lr} /* Save registers */
      LDR   r1,=UART0_FLAG
putcwaitloop:
      ldr   r2,[r1]        /* Get status flag */
      tst.w r2, #0x20      /* Check transmit buffer full flag bit */
      bne   putcwaitloop   /* If busy then loop */
      ldr   r1,=UART0_DATA /* otherwise output data to transmit buffer */
      str   r0, [r1]
      pop   {r1, r2, r3, pc} /* Return */
      .end
========== end of file ==========
```
　この例では，.asciiと.byteを使って転送される空の文字列を作成しました．文字列を定義した後，続く命令が正しい位置で始まるかを保証するために.alignを使用しました．これを行わないと，アセンブ

ラは続く命令をアラインド（整列）されていない位置へ配置します．

プログラムをコンパイルするには，以下のステップを利用してバイナリ・イメージを作成し，その後出力を逆アセンブルします．

```
$> arm-none-eabi-as -mcpu=cortex-m3 -mthumb example3a.s -o example3a.o
$> arm-none-eabi-as -mcpu=cortex-m3 -mthumb example3b.s -o example3b.o
$> arm-none-eabi-ld -Ttext 0x0 -o example3.out example3a.o example3b.o
$> arm-none-eabi-objcopy -Obinary example3.out example3.bin
$> arm-none-eabi-objdump -S example3.out > example3.list
```

19.4.4　例題4：RAMのデータ

私たちは頻繁にSRAMへデータ・ストアを行います．次の簡単な例で，必要となるセットアップを紹介します．

```
========== example4.s ==========
      .equ      STACK_TOP, 0x20000800
      .text
      .global _start
      .code 16
      .syntax unified
_start:
      .word STACK_TOP, start
      .type start, function
      /* Start of main program */
start:
      movs   r0, #10
      movs   r1, #0
      /* Calculate 10+9+8...+1 */
loop:
      adds   r1, r0
      subs   r0, #1
      bne    loop
      /* Result is now in R1 */
      ldr    r0,=Result
      str    r1,[r0]
deadloop:
      b      deadloop
/* Data region */
      .data
Result:
```

```
        .word 0
        .end
========= end of file =========
```

このプログラムでは，データ領域を作成するのに.dataディレクティブを使用しています．この領域内では，.wordディレクティブを使ってResultとラベルを付けた空間を予約します．プログラム・コードは定義されたラベルResultを利用して，この空間へその後アクセスすることができます．

このプログラムをリンクするには，リンカにRAMの場所を伝える必要があります．これは，データ・セグメントを必要とされる位置へ配置する，-Tdataオプションを使って行うことができます．

```
$> arm-none-eabi-as -mcpu_cortex-m3 -mthumb example4.s -o example4.o
$> arm-none-eabi-ld -Ttext 0x0 -Tdata 0x20000000 -o example4.out
   example4.o
$> arm-none-eabi-objcopy -Obinary -R .data example4.out example4.bin
$> arm-none-eabi-objdump -S example4.out > example4.list
```

この例のobjcopyを実行する際に-R .dataのオプションが使用されていることにも注意してください．これにより，データ・メモリの領域がバイナリの出力ファイルに含まれることを防ぎます．

19.4.5 例題5：Cのみでアセンブリ・ファイルなし

GNUツール・チェーンの主なコンポーネントの一つにCコンパイラがあります．ここで扱う例題では，リセット・ベクタやスタック・ポインタの初期値をも含むすべての実行ファイルをCを使ってコーディングします．さらに，リンカ・スクリプトが所定の位置へ配置するために必要です．最初に，Cプログラム・ファイルを見ていきます．

```c
========= example5.c =========
#define STACK_TOP 0x20000800
#define NVIC_CCR ((volatile unsigned long *)(0xE000ED14))
// Declare functions
void myputs(char *string1);
void myputc(char mychar);
int main(void);
void nmi_handler(void);
void hardfault_handler(void);
// Define the vector table
__attribute__ ((section("vectors")))
void (* const VectorArray[])(void) = {
  STACK_TOP,
  main,
  nmi_handler,
  hardfault_handler
```

```c
    };

// Start of main program
int main(void)
{
const char *helloworld[]="Hello world\n";
*NVIC_CCR = *NVIC_CCR | 0x200; /* Set STKALIGN in NVIC */
myputs(*helloworld);
while(1);
return(0);
}

// Functions
void myputs(char *string1)
{
char mychar;
int j;
j_0;
do {
  mychar _ string1[j];
  if (mychar!_0) {
    myputc(mychar);
    j++;
    }
  } while (mychar != 0);
return;
}
void myputc(char mychar)
{
#define UART0_DATA ((volatile unsigned long *)(0x4000C000))
#define UART0_FLAG ((volatile unsigned long *)(0x4000C018))

// Wait until busy flag is clear
while ((*UART0_FLAG & 0x20) != 0);
// Output character to UART
*UART0_DATA _ mychar;
return;
}
```

```
//Dummy handlers
void nmi_handler(void)
{
  return;
}
void hardfault_handler(void)
{
  return;
}
```
========== end of file ==========

ベクタ・テーブルは，コードの中で__attribute__を使用して定義されます．このファイルはベクタ・テーブルがどこにあるかは示しません．それはリンカ・スクリプトの役割だからです．簡単なリンカ・スクリプトは以下にあるsimple.ldのようになります．

========== simple.ld ==========
```
/* MEMORY command : Define allowed memory regions   */
/* This part define various memory regions that the */
/* linker is allowed to put data into. This is an   */
/* optional feature, but useful because the linker can */
/* warn you when your program is too big to fit.    */
MEMORY
  {
  /* ROM is a readable (r), executable region (x)   */
  rom (rx) : ORIGIN = 0, LENGTH = 2M

  /* RAM is a readable (r), writable (w) and        */
  /* executable region (x)                          */
  ram (rwx)  : ORIGIN = 0x20000000, LENGTH = 4M
  }

/* SECTION command : Define mapping of input sections */
/* into output sections.                              */
SECTIONS
  {
  . = 0x0; /* From 0x00000000 */
  .text : {
    *(vectors) /* Vector table */
    *(.text) /* Program code */
```

```
    *(.rodata) /* Read only data */
  }
  . = 0x20000000; /* From 0x20000000 */
  .data : {
    *(.data) /* Data memory */
  }
  .bss : {
    *(.bss) /* Zero-filled run time allocate data memory */
  }
}
========== end of file ==========
```

コンパイルの段階で，メモリ・マップの情報はコンパイラに渡されます．

```
$> arm-none-eabi-gcc -mcpu_cortex-m3 -mthumb example5.c -nostartfiles
 -T simple.ld -o example5.o
```

また，リンカ・スクリプトを使って出力オブジェクト・ファイルをふたたびリンクすることができます．

```
$> arm-none-eabi-ld -T simple.ld -o example5.out example5.o
```

この場合，ソース・ファイルは一つしかありません．したがって，リンクを省くことができます．最後に，バイナリおよび逆アセンブル・ファイルを生成できます．

```
$> arm-none-eabi-objcopy -Obinary example5.out example5.bin
$> arm-none-eabi-objdump -S example5.out > example5.list
```

この例では，**-nostartfiles**というコンパイラ・オプションを使用しました．これは，Cコンパイラがスタートアップ・ライブラリ関数を実行可能イメージへ挿入するのを防ぎます．これを行う理由の一つは，プログラム・イメージのサイズを縮小するためです．しかし，このオプションを使う最大の理由は，GUNツール・チェーンのスタートアップ・ライブラリ・コードが，これを配布するサプライヤによって左右されるからです．一部には，Cortex-M3に適していないものがあります．これらはARM7など（ThumbコードではなくARMコードを使用する）これまでのARMプロセッサ向けにコンパイルされている可能性があります．

しかしほとんどの場合，アプリケーションおよび使用されているライブラリによっては，スタートアップ・ライブラリを使ってデータ領域（たとえば，アプリケーションを実行する前にゼロへ初期化する必要があるデータの領域）のイニシャライズなどの初期化プロセスを行う必要が出てきます．次に，このセットアップの簡単な例を紹介します．

19.4.6 例題6：Cのみで，標準的なCのスタートアップ・コードを備える

通常，標準的なCライブラリのスタートアップ・コードは，Cプログラムがコンパイルされる際に，自動的に出力に含まれます．これで，ランタイム・ライブラリの正しい初期化が確実に行われます．Cライブラリのスタートアップ・コードはGNUツール・チェーンにより提供されます．しかし，セットアップはツール・チェーンのプロバイダが違えば異なります．以下に挙げる例は，CodeSourcery GNU ARM

ツール・チェーンのバージョン2006q3-26に基づいています。このバージョンに関しては，CodeSourceryのサポートとコンタクトを取り，正しいスタートアップ・コードのオブジェクト・ファイルであるarmv7m-crt0.oを入手する必要があります。なぜなら，このバージョンは，Thumbコードではなく ARMコードでコンパイル済みの間違ったスタートアップ・コードを与えてくるからです。この問題は2006q3-27以降のバージョンでは修正されています。異なるメーカのGNUツール・チェーンのバージョンには，異なるスタートアップ・コードの実装や異なるファイル名をもつ可能性があります。ツール・チェーンの仕様書を確認し，スタートアップ・コードの定義に対する最適な方法を決定してください。

Cのソース・コードをコンパイルする前に，**例題5**にあるCプログラムにいくつかの小さい修正を行う必要があります。デフォルトにより，スタートアップ・コードarmv7m-crt0はすでにベクタ・テーブルを備えており，それぞれ**_nmi_isr**や**_fault_isr**のように定義されたNMIハンドラおよびハード・フォールト・ハンドラ名が付けられています。そのため，ベクタ・テーブルをCコードから削除し，NMIやハード・フォールト・ハンドラをリネームしなければなりません。

```c
========== example6.c ==========
// Declare functions
void myputs(char *string1);
void myputc(char mychar);
int main(void);
void _nmi_isr(void);
void _fault_isr(void);

// Start of main program
int main(void)
{
const char *helloworld[]_{"Hello world\n"};

myputs(*helloworld);
while(1);
return(0);
}

// Functions
void myputs(char *string1)
{
char mychar;
int j=0;
do {
  mychar = string1[j];
  if (mychar!=0) {
```

```
      myputc(mychar);
      j++;
      }
   } while (mychar != 0);

return;
}

void myputc(char mychar)
{
#define UART0_DATA ((volatile unsigned long *)(0x4000C000))
#define UART0_FLAG ((volatile unsigned long *)(0x4000C018))

// Wait until busy flag is clear
while ((*UART0_FLAG & 0x20) != 0);
// Output character to UART
*UART0_DATA = mychar;
return;
}

//Dummy handlers
void _nmi_isr(void)
{
   return;
}
void _fault_isr(void)
{
   return;
}
========== end of file ==========
```

多数のリンカ・スクリプトがCodeSourceryの実装にすでに含まれています．これは，codesoucery/sourceryg++/arm-none-eabi/libのディレクトリに配置されます．以下の例ではファイル lm3s8xx-rom.ld が使用されています．このリンカ・スクリプトはLuminary Micro社LM3S8XXシリーズのデバイスをサポートしています．

カレント・ディレクトリとは別に，Cのプログラム・コードを配置する際には，**lib**というライブラリのサブディレクトリもカレント・ディレクトリに生成されます．これによりライブラリの検索パスの設定が簡単になります．スタートアップ・コードのオブジェクト・ファイル armv7m-crt0.o や要求されるリンカ・スクリプトはこのlibディレクトリにコピーされ，以下の例で見られるように，**-L lib**オプ

ションによりディレクトリlibはライブラリ検索パスとして定義されます.

これでCプログラムのコンパイルが可能になります.

```
$> arm-none-eabi-gcc -mcpu_cortex-m3 -mthumb example6.c -L lib -T
   lm3s8xx-rom.ld -o example6.out
```

これにより出力オブジェクト・ファイルがexample6.outとして生成しリンクされます.オブジェクト・ファイルは一つしかないので,バイナリ・ファイルを直接生成できます.

```
$> arm-none-eabi-objcopy -Obinary example6.out example6.bin
```

逆アセンブリ・コードの生成を前の例と同様に行います.

```
$> arm-none-eabi-objdump -S example6.out > example6.list
```

19.5　特殊レジスタへのアクセス

　CodeSourcery GNU ARMツール・チェーンは,特殊レジスタへのアクセスをサポートしています.特殊レジスタの名前は,以下の例のように小文字で入力しなければなりません.

```
        msr     control, r1
        mrs     r1, control
        msr     apsr, R1
        mrs     r0, psr
```

19.6　サポートされない命令の使用

　別のGNU ARMツール・チェーンを使用する場合,使用中のGNUアセンブラが必要としたアセンブリ命令をサポートしていない場合が発生するかもしれません.この場合,.wordを使用するバイナリ・データの形式で命令を引き続き挿入することができます.例を次に示します.

```
.equ    DW_MSR_CONTROL_R0, 0x8814F380
        ...
        MOV     R0, #0x1
.word   DW_MSR_CONTROL_R0  /* This set the processor in user mode */
        ...
```

19.7　GNU Cコンパイラでのインライン・アセンブラ

　ARM Cコンパイラの場合と同様に,GNU Cコンパイラはインライン・アセンブラをサポートしていますが,構文は若干異なっています.

```
        __asm ("     inst1  op1, op2... \n"
               "     inst2  op1, op2... \n"
                ...
```

```
                 "    inst    op1, op2... \n"
                 : output_operands        /* optional */
                 : input_operands         /* optional */
                 : clobbered_register_list /* optional */
                 );
```
たとえば，スリープ・モードに入る簡単なコードは以下のようになります．
```
void Sleep(void)
{ // Enter sleep mode using Wait-For-Interrupt
  __asm (
    "WFI\n"
    );
}
```
アセンブラ・コードが入力変数や出力変数を必要とする場合，たとえば，ある変数を5で割るときには，以下のようにコードを書きます．
```
unsigned int DataIn, DataOut; /* variables for input and output */
...
__asm   ("mov    r0, %0\n"
         "mov    r3, #5\n"
         "udiv   r0, r0, r3\n"
         "mov    %1, r0\n"
         : "=r" (DataOut) : "r" (DataIn) : "cc", "r3" );
```

このコードでは，入力パラメータは**DataIn**（第一パラメータの**%0**）というCの変数になります．また，コードは**DataOut**（第二パラメータの**%1**）という別のC変数へ結果を返します．レジスタ**r3**をインライン・アセンブラによるコードをマニュアルで書き換えて条件フラグ**cc**を変更します．その結果，上記のレジスタ・リストのように表示されることになります．

インライン・アセンブラに関するさらなる例は，インターネット上のGNUツール・チェーンの資料**GCC-Inline-Assembly-HOWTO**を参照してください．

第20章 KEIL RealView マイクロコントローラ開発キットで開発を始める

Getting Started with the KEIL RealView Microcontroller Development Kit

この章では以下の項目を紹介します．
- 概要
- μVision を使ってみる
- UART 経由で "Hello World" メッセージを出力する
- ソフトウェアのテスト
- デバッガを使う
- 命令セット・シミュレータ
- ベクタ・テーブルの修正
- 割り込みを使ったストップウォッチの例

20.1 概要

　Cortex-M3 の開発ではさまざまな市販の開発プラットホームを利用できます．一般的な選択肢の一つは KEIL RealView マイクロコントローラ開発キット（RealView MDK）です．この RealView MDK にはさまざまなコンポーネントが含まれています．
- μVision
- 統合開発環境（IDE；Integrated Development Environment）
- デバッガ
- シミュレータ
- ARM 社 RealView コンパイル・ツール
  ① C/C++ コンパイラ
  ② アセンブラ
  ③ リンカ
- RTX リアルタイム・カーネル
- マイクロコントローラ用スタートアップ・コードの詳細
- Flash プログラミングのアルゴリズム

▶ プログラム例

RealView MDK を使って Cortex-M3 を習得する場合，Cortex-M3 のハードウェアは必要ありません．μVision 環境には，開発ボードを必要としない簡単なプログラムのテストができる命令セット・シミュレータが含まれています．

RealView MDK は，次のようなほかのツール・チェーンと併せて使用できます．

▶ GNU ARM コンパイラ
▶ ARM 開発セット（ADS）

KEIL ツール用無料評価版 CD-ROM は KEIL の Web サイト（www.keil.com）からダウンロード可能です．このバージョンは Luminary Micro 社 Stellaris 評価キット[注1]（www.luminarymicro.com）も含まれています．

20.2　μVision を使ってみる

RealView MDK には多くの例題が提供されていますが，Luminary Micro 社の製品向けの例もいくつか含まれています．これらの例題は，すぐに使える充実したデバイス・ドライバ・ライブラリを提供し，与えられた例題を修正して，簡単にアプリケーション開発をスタートできます．また，一からプロジェクト開発を行うことも可能です．以下の例でその方法を紹介します．なお本章の例題は，v3.03 β および Luminary Micro 社の LM3S811 デバイスに基づいています．

RealView MDK のインストールが終わると，プログラム・メニューから μVision を起動できます．インストール後，μVision は，これまでの ARM プロセッサ用のデフォルトのプロジェクトが始まります．現在のプロジェクトを閉じ，プルダウン・メニューから **New Project** を選択して，新しいプロジェクトを開始できます（図 20.1）．

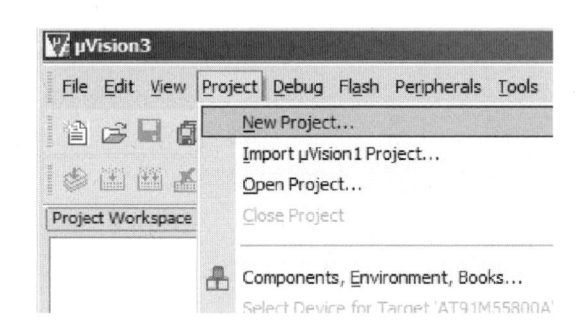

図 20.1
プログラム・メニューから
New Project を選択する

CortexM3 という新しいプロジェクト・ディレクトリがここに作成されています（図 20.2）．

ここで，このプロジェクト用のターゲット・デバイスを選択する必要があります．この例では LM3S811 が選択されています（図 20.3）．

その後，デフォルト・スタートアップ・コードを使用するかどうかをソフトウェアが聞いてきます．ここでは **Yes** を選択します（図 20.4）．

注1：Stellaris は Luminary Micro 社の登録商標．Luminary Micro 社は 2009 年 5 月に Texas Instruments 社に買収され，事業を継続している．

20.2 μVisionを使ってみる

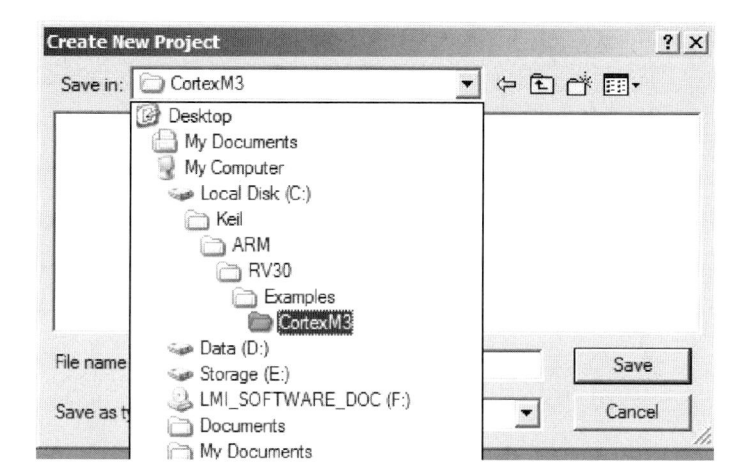

図20.2
プロジェクト・ディレクトリ
CortexM3を選択する

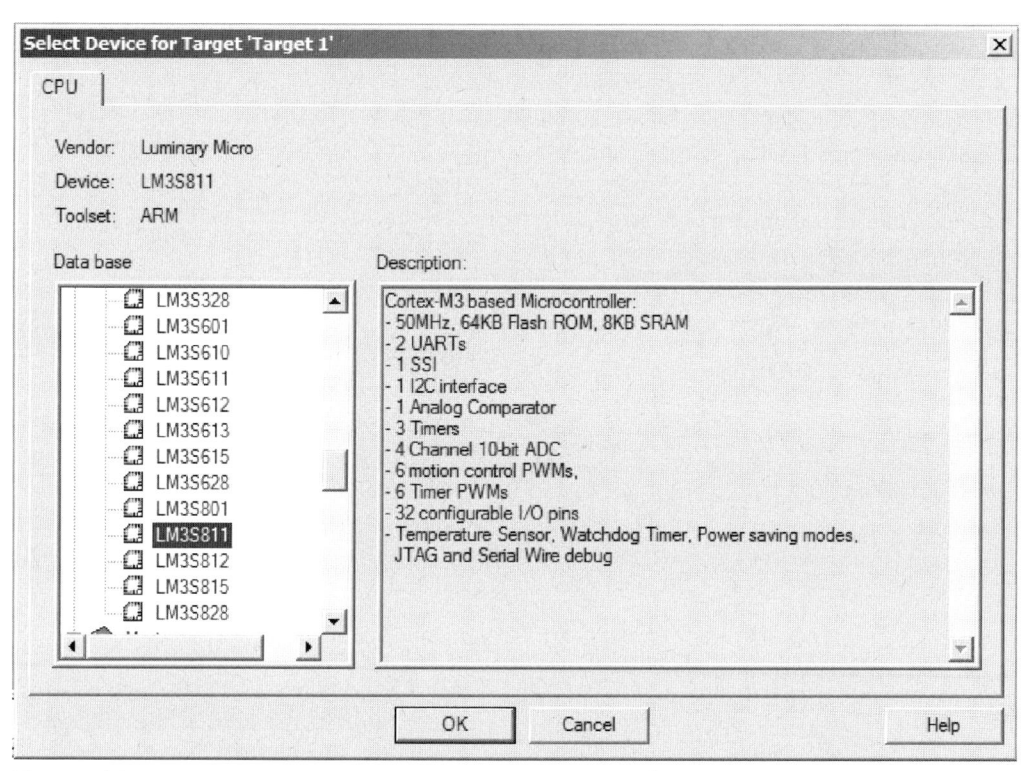

図20.3　デバイスLM3S811を選択する

図20.4
デフォルト・スタートアップ・
コードを使用すると選択する

Startup.s という一つのファイルだけが入っている Hello と呼ばれるプロジェクトができました（図20.5）．

メイン・プログラムが含まれた新しい C プログラム・ファイルを作成することができます（図20.6）．

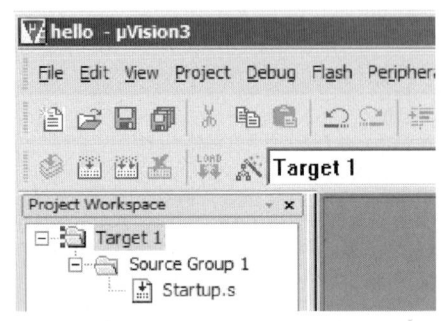

図20.5 デフォルト・スタートアップ・コードで作成されたプロジェクト

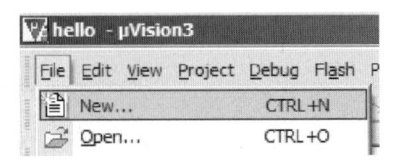

図20.6 新しい C プログラム・ファイルを作成する

テキスト・ファイルが作成され，hello.c として保存されます（図20.7）．

ここで **Source Group 1** を右クリックし，このファイルをプロジェクトへ追加する必要があります（図20.8 を参照）．

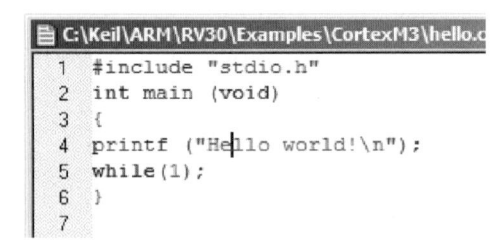

図20.7 例題 Hello World C

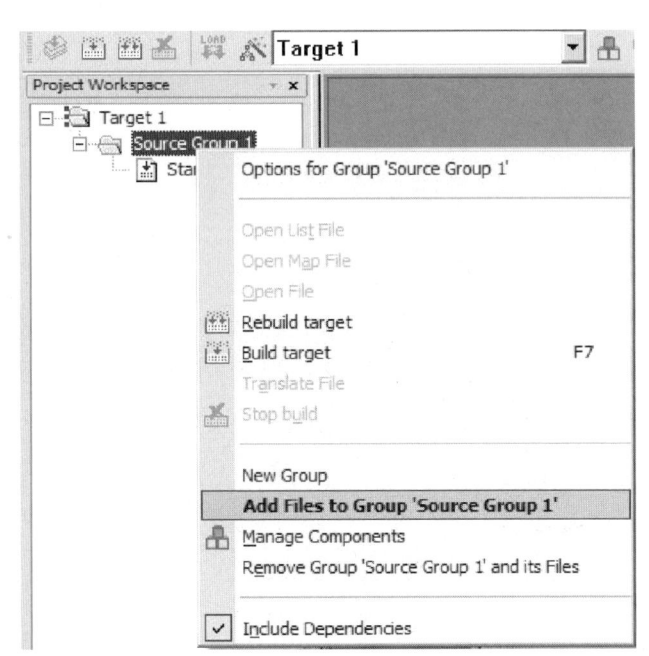

図20.8 例題 Hello World C をプロジェクトへ追加する

作成した hello.c を選択し，続いて追加ファイルのウィンドウを閉じます．いま，プロジェクトには二つのファイルが含まれています（図20.9）．

図20.9
例題Hello World C追加後のプロジェクト・ウィンドウ

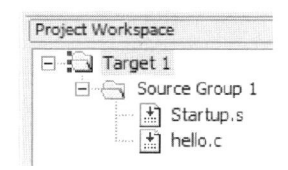

　プログラム・コードのエントリ・ポイントを定義するため，リンカ設定もセットする必要があります．これは，**--entry Reset_Handler**をMisc Controlsボックスに追加することで行えます（図20.10）．このオプションはプログラムのスターティング・ポイントの定義を行います．**Reset_Handler**は`Startup.s`にある命令アドレスです．

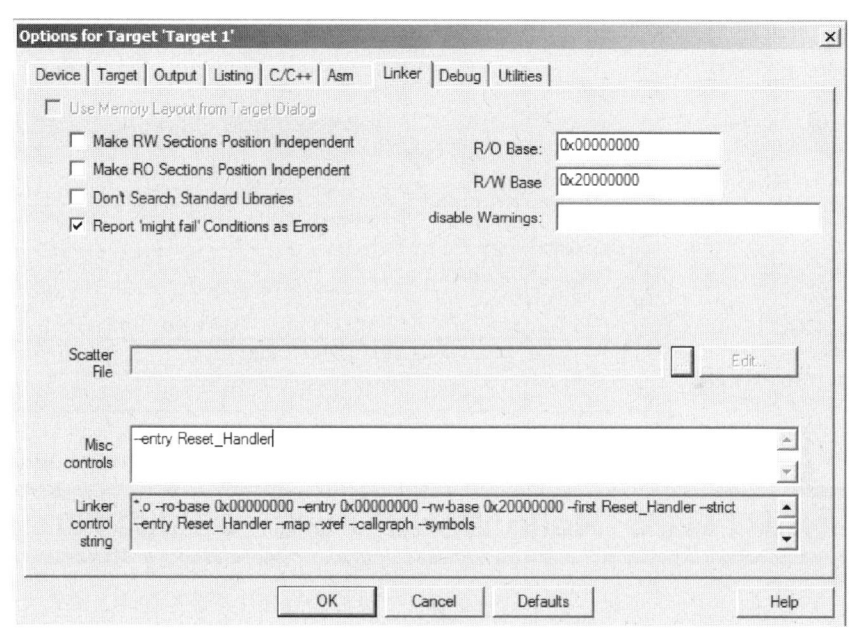

図20.10　プロジェクトのエントリ・ポイントを定義する

　これより，プログラムのコンパイルが可能です．Target 1を右クリックし，**Build target**を選択します（図20.11）．

> **Column　ターゲットおよびファイル・グループのリネーム**
>
> 　ターゲット名Target 1およびファイル・グループ名Source Group 1をリネームし，わかりやすくすることができます．
>
> 　プロジェクト・ワークスペースの**Target 1**と**Source Group 1**をクリックすると，名前の編集が可能です．

出力ウィンドウで，コンパイルが成功したということを確認できるはずです（図20.12）．

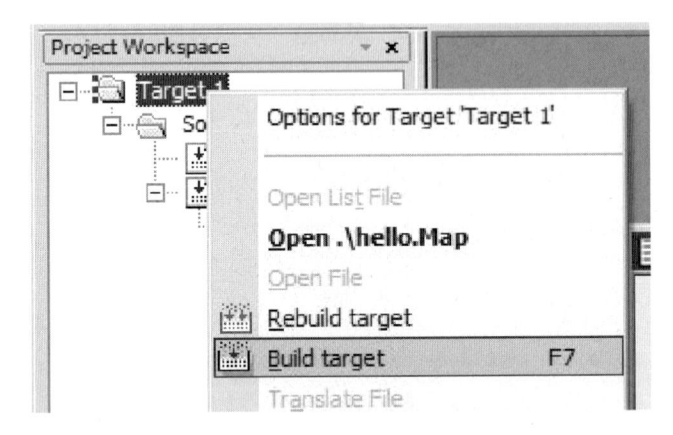

図20.11 コンパイルの開始

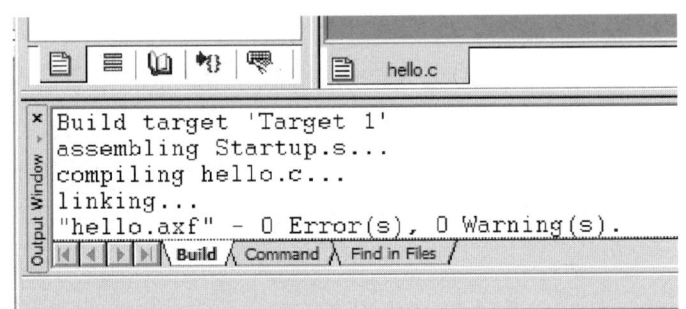

図20.12 出力ウィンドウのコンパイル結果

20.3　UART経由で"Hello World"メッセージを出力する

　作成したプログラム・コードでは，標準的なCライブラリのprintf関数を使用しました．Cライブラリは実際使っているハードウェアを識別しないので，チップのUARTなど実際のハードウェアを使うテキスト・メッセージの出力を行いたい場合には追加のコードが必要です．

　本書のはじめの部分で述べたように，実際のハードウェアに対して行うアウトプットの実装は**リターゲット**と呼ばれます．テキスト出力を作成するほか，リターゲット・コードにはエラー操作やプログラム終了のための関数も含まれています．ここの例ではテキスト出力のリターゲットを扱います．

　以下のコードでは，メッセージ"Hello world"がLM3S811デバイスのUART 0へ出力されます．使用されるターゲット・システムはLuminary Micro社LM3S811評価ボードです．ボードはクロック源が水晶発振子の6MHzのもので，簡単なセットアップ処理でクロック周波数を50MHzに設定することが可能な内部PLL（Phase Locked Loop）モジュールも備えています．ボードレートの設定は115200で，Windows PC上で動作するハイパーターミナル（HyperTerminal）へ出力を行います．

　printfメッセージをリターゲットするには，**fputc**関数を実装する必要があります．以下のコードには，UART制御を実行する**sendchar**関数という**fputc**関数が作成されています．

```
========== hello.c ===========
#include "stdio.h"
#define CR      0x0D        // Carriage return
#define LF      0x0A        // Linefeed

void Uart0Init(void);
void SetClockFreq(void);
int sendchar(int ch);

// Comment out the following line to use 6MHz clock
#define CLOCK50MHZ
// Register addresses
#define SYSCTRL_RCC   ((volatile unsigned long *)(0x400FE060))
#define SYSCTRL_RIS   ((volatile unsigned long *)(0x400FE050))
#define SYSCTRL_RCGC1 ((volatile unsigned long *)(0x400FE104))
#define SYSCTRL_RCGC2 ((volatile unsigned long *)(0x400FE108))
#define GPIOPA_AFSEL  ((volatile unsigned long *)(0x40004420))

#define UART0_DATA ((volatile unsigned long *)(0x4000C000))
#define UART0_FLAG ((volatile unsigned long *)(0x4000C018))
#define UART0_IBRD ((volatile unsigned long *)(0x4000C024))
#define UART0_FBRD ((volatile unsigned long *)(0x4000C028))
#define UART0_LCRH ((volatile unsigned long *)(0x4000C02C))
#define UART0_CTRL ((volatile unsigned long *)(0x4000C030))
#define UART0_RIS  ((volatile unsigned long *)(0x4000C03C))

int main (void)
{
SetClockFreq(); // Setup clock setting (50MHz/6MHz)
Uart0Init();    // Initialize Uart0

printf ("Hello world!\n");
while (1);
}

void SetClockFreq(void)
{
#ifdef       CLOCK50MHZ
```

```c
    // Set BYPASS, clear USRSYSDIV and SYSDIV
    *SYSCTRL_RCC = (*SYSCTRL_RCC & 0xF83FFFFF) | 0x800 ;
    // Clr OSCSRC, PWRDN and OEN
    *SYSCTRL_RCC = (*SYSCTRL_RCC & 0xFFFFCFCF);
    // Change SYSDIV, set USRSYSDIV and Crystal value
    *SYSCTRL_RCC = (*SYSCTRL_RCC & 0xF87FFC3F) | 0x01C002C0;
    // Wait until PLLLRIS is set
    while ((*SYSCTRL_RIS & 0x40)==0); // wait until PLLLRIS is set
    // Clear bypass
    *SYSCTRL_RCC = (*SYSCTRL_RCC & 0xFFFFF7FF) ;
#else
    // Set BYPASS, clear USRSYSDIV and SYSDIV
    *SYSCTRL_RCC = (*SYSCTRL_RCC & 0xF83FFFFF) | 0x800 ;
#endif
    return;
}

void Uart0Init(void)
{
    *SYSCTRL_RCGC1 = *SYSCTRL_RCGC1 | 0x0003; // Enable UART0 & UART1
                                              // clock
    *SYSCTRL_RCGC2 = *SYSCTRL_RCGC2 | 0x0001; // Enable PORTA clock

    *UART0_CTRL = 0; // Disable UART
#ifdef CLOCK50MHZ
    *UART0_IBRD = 27; // Program baud rate for 50MHz clock
    *UART0_FBRD = 9;
#else
    *UART0_IBRD = 3; // Program baud rate for 6MHz clock
    *UART0_FBRD = 17;
#endif
    *UART0_LCRH = 0x60; // 8 bit, no parity
    *UART0_CTRL = 0x301; // Enable TX and RX, and UART enable
    *GPIOPA_AFSEL = *GPIOPA_AFSEL | 0x3; // Use GPIO pins as UART0

    return;
}
```

```
/* Output a character to UART0 (used by printf function to output
data) */
int sendchar (int ch) {
  if (ch == '\n') {
   while ((*UART0_FLAG & 0x8));  // Wait if it is busy
   *UART0_DATA = CR;              // output extra CR to get correct
  }                               // display on HyperTerminal
  while ((*UART0_FLAG & 0x8));    // Wait if it is busy
  return (*UART0_DATA = ch);      // output data
}
/* Retargetting code for text output */
int fputc(int ch, FILE *f) {
return (sendchar(ch));
}
========== end of file ==========
```

SetupClockFreq ルーチンは，システム・クロックを50MHzに設定します．このセットアップ処理はデバイスに依存します．CLOCK50MHzのコンパイラ・ディレクティブが設定されていない場合には，サブルーチンを利用してクロック周波数を6MHzに設定することも可能です．

UARTの初期化はサブルーチン **Uart0Init** 内で行われます．設定処理にはボーレート・ジェネレータの設定も含まれていて，115200のボーレートが提供されます．UARTをパリティなしの8ビット，ストップ・ビット1に設定します．またUARTピンはGPIOポートAに共有されているため，GPIOポートを代替機能に切り替えます．UARTおよびGPIOへアクセスする前に，これらのブロック用クロックのスイッチを入れなければなりません．これはSYSCTRL_RCGC1およびSYSCTRL_RCGC2を書き込むことで完了します．

リターゲットのためのコードは **fputc** により実行されます．fputcは文字出力のために事前に定義された関数の名前です．この関数は，UARTへ文字を出力するために **sendchar** 関数を呼び出します．

sendchar 関数は，改行を検出すると，特別なキャリッジ・リターン・キャラクタを出力します．これは，ハイパーターミナルに，文字列を正しく出力するために必要です．この処理を行わなかった場合は，次の行のための新しい文字列が，前の行の文字列に上書きしてしまうでしょう．

hello.cのプログラムにリターゲットのためのコードをインクルードするように変更し，プログラムをもう一度コンパイルします．

20.4 ソフトウェアのテスト

　Luminary Micro社のLM3S811評価ボードを持っていれば，例のようにフラッシュ・メモリにコンパイルしたプログラムをダウンロードし，ハイパーターミナルから"Hello world"のメッセージを表示させることができます．

　この評価ボードのドライバがセットアップされているのを前提に，以下の手順によって，ダウンロードとプログラムのテストを行えます．

　まず，フラッシュ・メモリのダウンロード・オプションを設定します．図20.13で示したように，プルダウン・メニューからアクセスできます．

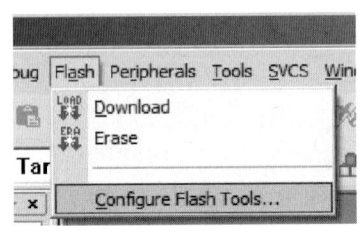

図20.13　フラッシュ・メモリ・プログラミング・コンフィギュレーションの設定

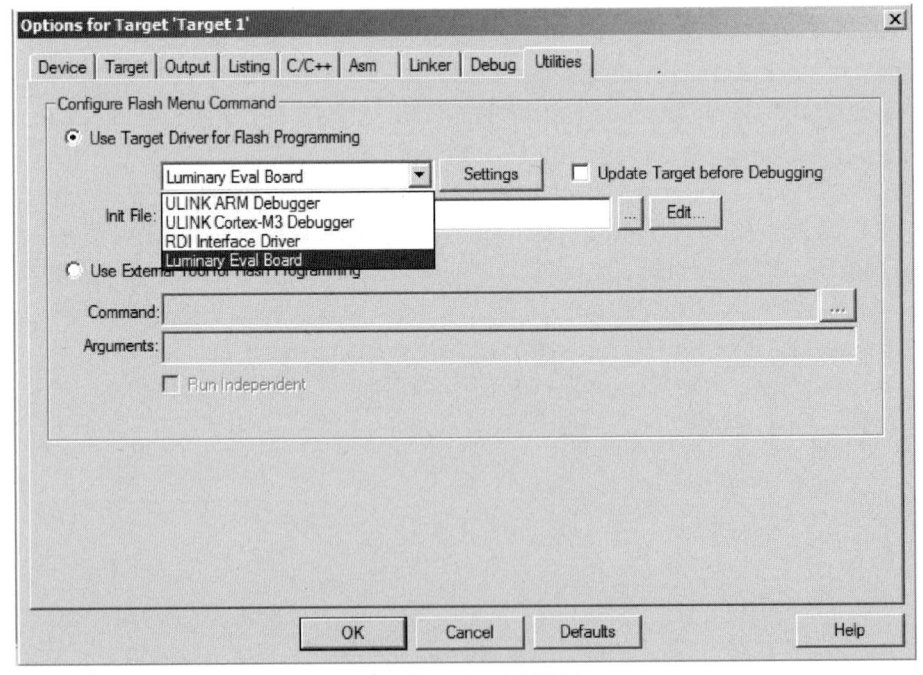

図20.14　フラッシュ・メモリ・プログラミング・ドライバを選択する

このメニューで，ダウンロード・ターゲットに **Luminary Evaluation Board** を選びます（図 20.14）．

プルダウン・メニューの **Download** を選択すると，プログラムをチップ上のフラッシュ・メモリへダウンロードできます（図 20.15）．

図 20.16 に示したように，ダウンロードの完了を意味するメッセージが表示されます．

注：ハイパーターミナルで稼動しているボードがある場合は，ハイパーターミナルを終了し USB ケーブルを PC から外す．そしてフラッシュ・メモリのプログラミングを行う前に USB ケーブルをふたたび接続する．

プログラミングが完了した後，ハイパーターミナルを起動し，Virtual COM ポート・ドライバ（USB接続）を使ってボードへ接続できます．また，マイクロコントローラで稼動しているプログラムからテキスト表示が得られます（図 20.17）．

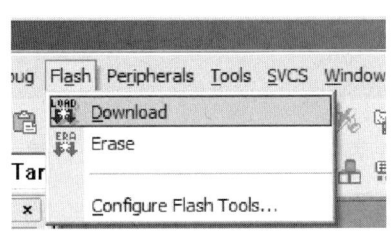

図 20.15　ダウンロード作業の開始

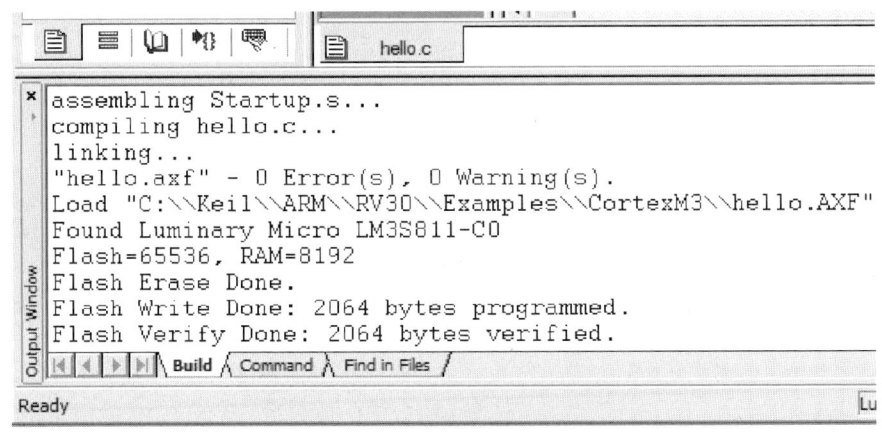

図 20.16　出力ウィンドウに表示されるダウンロード作業のレポート

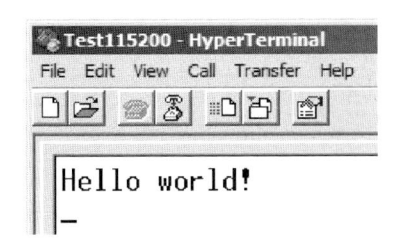

図 20.17
ハイパーターミナル・コンソールから出力される Hello World 例

20.5 デバッガを使う

μVisionにあるデバッガ機能を利用して，アプリケーションのデバッグを行うためにLuminary評価ボードに接続できます．プロジェクトのTarget 1を右クリックしOptionsを選択するとデバッグ・オプションにアクセスできます．ここで「デバッグにLuminary Eval Boardを使用する」を選択します（図20.18）．

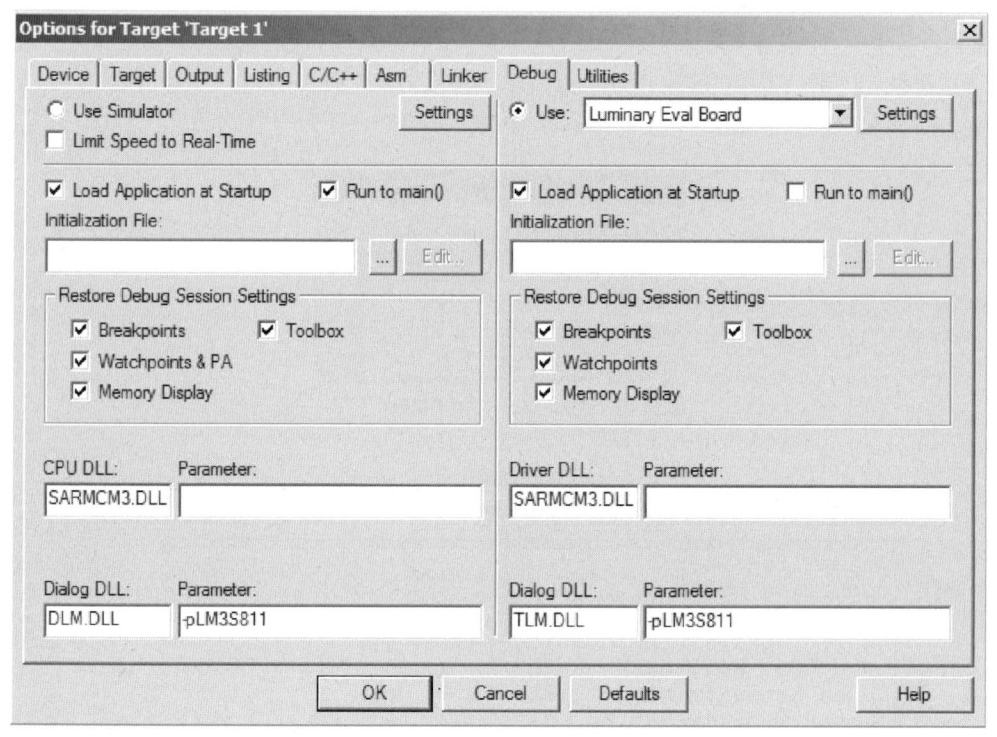

図20.18　μVisionデバッガでLuminary評価ボードを使用する設定

これより，デバッグ・セッションをプルダウン・メニューから開始できます（図20.19）．注意：ハイパーターミナルで稼動しているボードがすでにある場合は，ハイパーターミナルを終了し，PCからのUSBケーブル接続を切断し，デバッグ・セッションを行う前に再接続する．

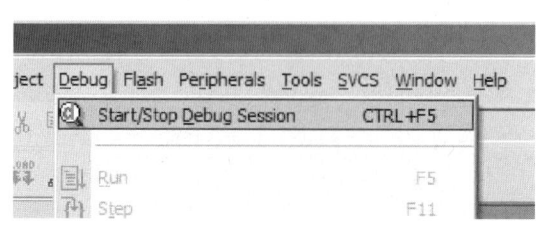

図20.19　μVisionでデバッグ・セッションを開始する

デバッガが起動すると，レジスタ・コンテンツを表示するレジスタ・ビューがIDEより提供されます．また，逆アセンブル・コードのウィンドウで現在の命令アドレスを確認することもできます．図20.20では，コアが**Reset_Handler**でホールトされていることを確認できます．

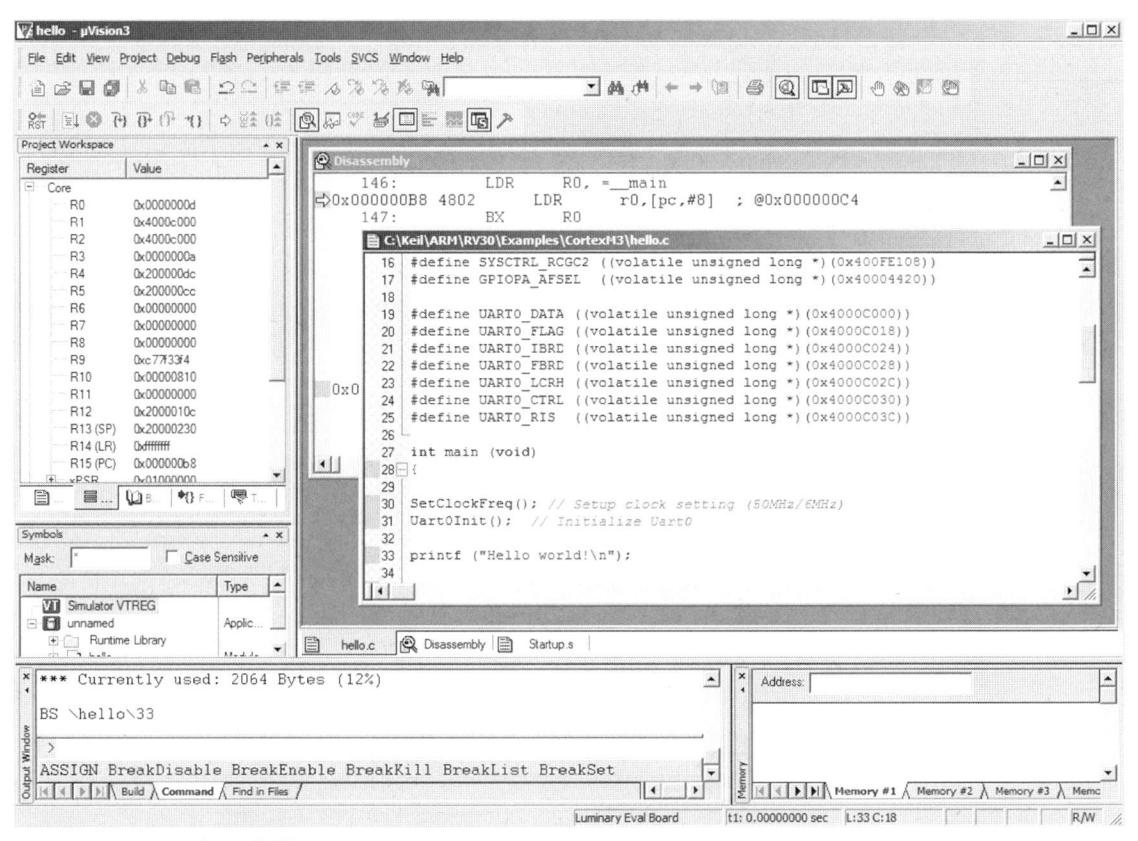

図20.20 μVisionのデバッグ環境

テストのため，ブレークポイントはメイン・プログラムの開始時にプログラム実行を停止するよう設定します．これはプログラム・コード・ウィンドウを右クリックし，**Insert/Remove Breakpoint**を選択することで実現します（図20.21）．注意：デバッグ・オプションの**Run to main( )**機能を使用して，プログラム実行をメインの開始時に停止させることも可能．

その後ツール・バーの**Run**ボタンを使ってプログラム実行を始めることができます（図20.22）．

プログラム実行が開始され，メイン・プログラムの始まりで停止します（図20.23）．

さらにツール・バーのステップ制御を利用して，アプリケーションのテストすることや，レジスタ・ウィンドウを使った結果の分析を行うことができます．

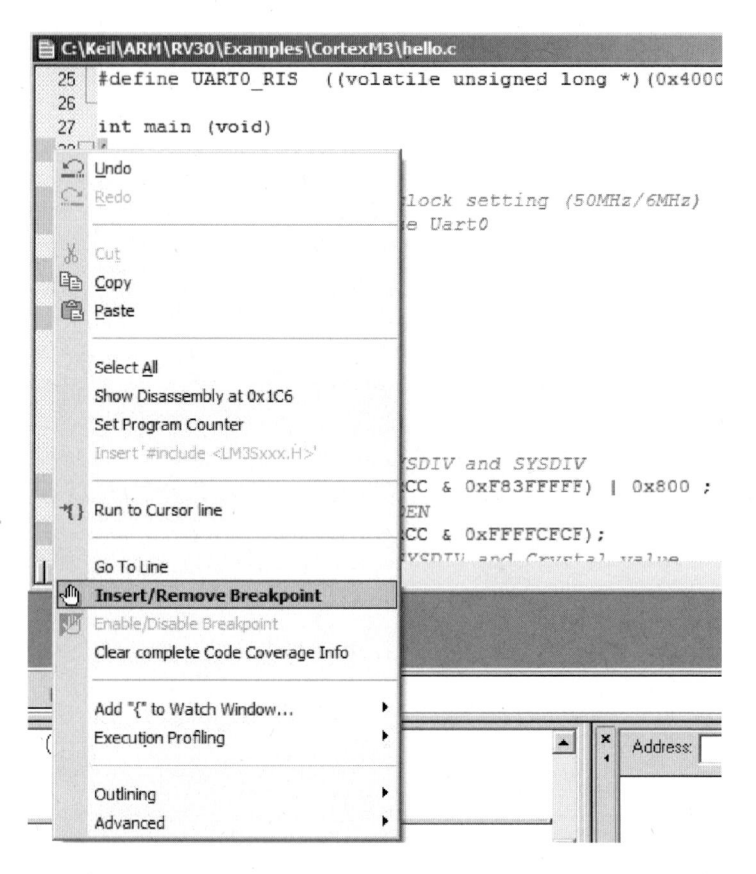

第 20 章　KEIL RealView マイクロコントローラ開発キットで開発を始める

図 20.21
ブレークポイントの挿入/削除

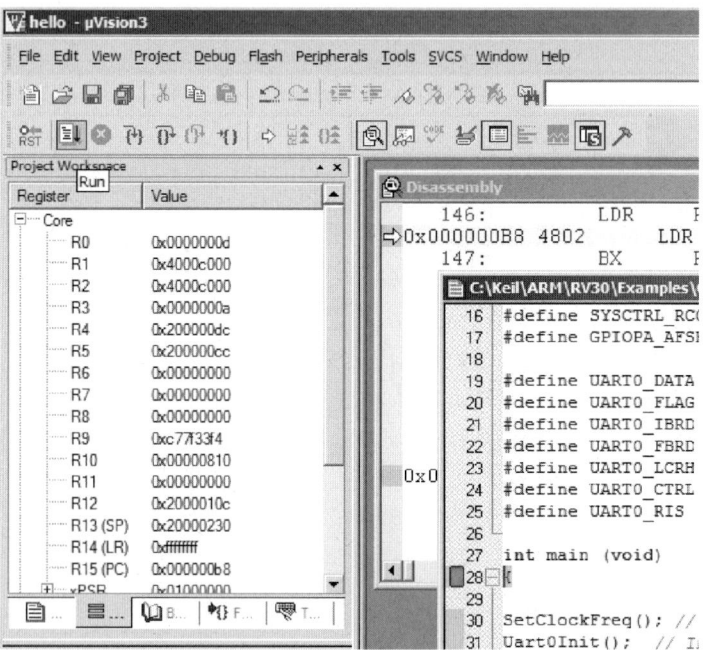

図 20.22
RUN ボタンを利用してプログラム実行を開始する

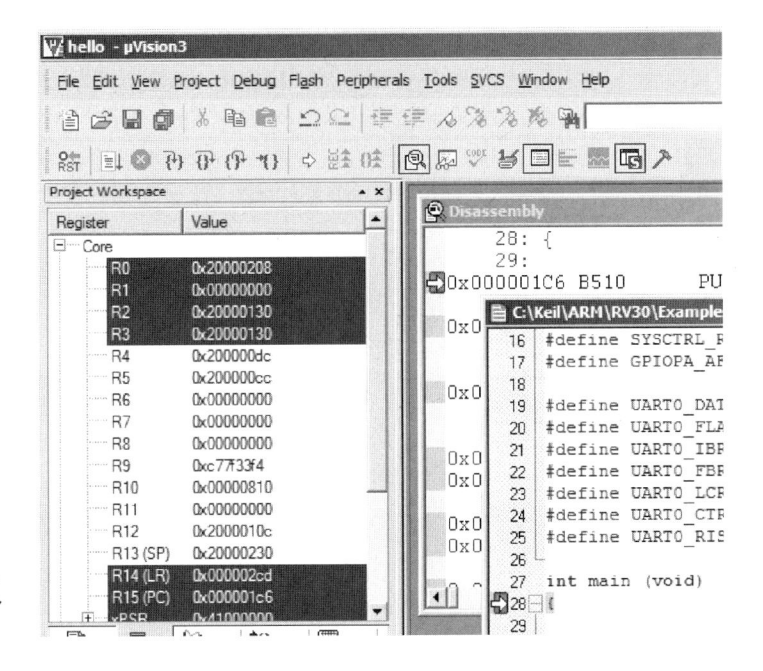

図20.23 ブレークポイントがヒットした際にメイン開始時でホールトされるプログラム実行

20.6 命令セット・シミュレータ

μVision IDEは，アプリケーションのデバッグに使用できる命令セット・シミュレータも搭載しています．操作はハードウェアと一緒にデバッガを使用する場合と同様で，Cortex-M3の習得に役立つツールです．命令セット・シミュレータを使用するには，プロジェクタのデバッグ・オプションを **Use Simulator** に変更します（図20.24）．シミュレータはハードウェアのペリフェラルの挙動をすべて模擬できるわけではなく，UARTインターフェース・コードが正しくシミュレートされない可能性があります．

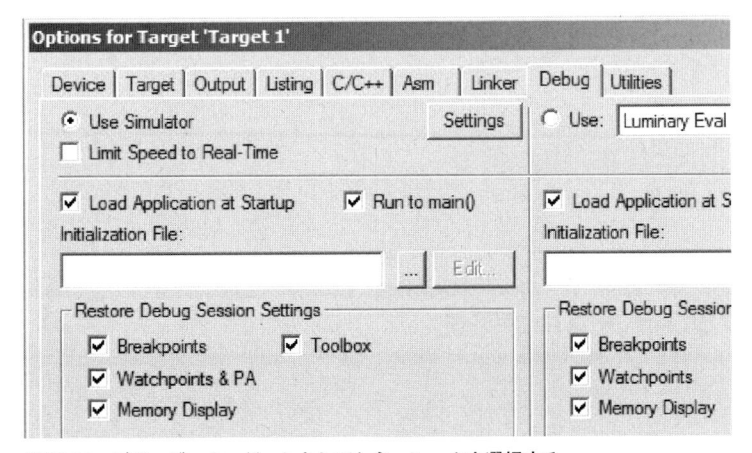

図20.24 デバッグ・ターゲットとしてシミュレータを選択する

第20章　KEIL RealView マイクロコントローラ開発キットで開発を始める

　デバッグにシミュレータを使用する場合，シミュレーションのメモリ設定を調整する必要が出てきます．これはデバッグ・セッションを開始後，**Memory Map** オプションによりアクセスできます（図20.25）．

　たとえば，UARTのメモリ/アドレス範囲をメモリ/マップへ追加しなければならない場合が出てきます（図20.26を参照）．これを行わずにUARTへアクセスすると，シミュレーション中にアボート例外が発生します．

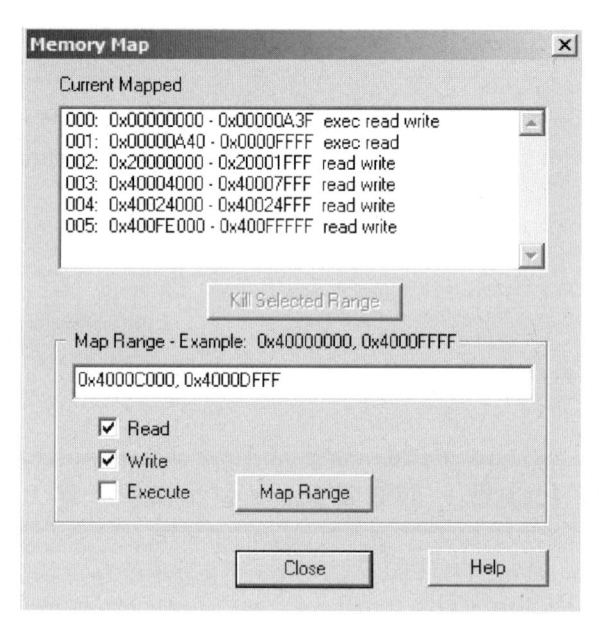

図20.26　UARTのメモリをシミュレータのメモリ設定へ追加する

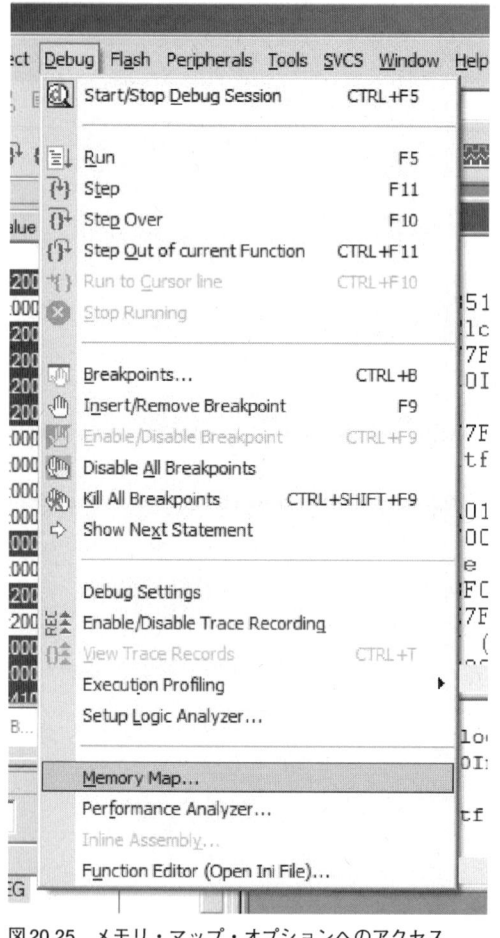

図20.25　メモリ・マップ・オプションへのアクセス

20.7　ベクタ・テーブルの修正

　前の例題では，`Startup.s`ファイルの内部にベクタ・テーブルが定義されています．これは，ツールの準備を自動で行う標準的なスタートアップ・コードです．このファイルはベクタ・テーブル，デフォルト・リセット・ハンドラ，デフォルトNMIハンドラ，デフォルト・ハード・フォールト・ハンド

ラ，およびデフォルト割り込みハンドラが含まれています．これらの例外ハンドラは，アプリケーションに応じてカスタマイズまたは修正する必要があります．たとえば，ペリフェラルによる割り込みがアプリケーションで要求された場合には，作成した割り込み処理ルーチン（ISR）を割り込みがトリガされた際に実行できるように，ベクタ・テーブルを変更する必要があります．

デフォルトの例外ハンドラは，Startup.s内部にアセンブリ・コード形式で存在します．しかし，例外ハンドラはC言語，またはアセンブリ言語でプログラムした別のファイルで実装することもできます．このような場合には，割り込みハンドラのアドレス・ラベルが別のファイルで定義されたものであることを示すために，アセンブラの内部でIMPORTコマンドを必要とします．次項では，このコマンドがどのように使用されるかを説明するほか，簡単なCの例外ハンドラも例示します．

20.8 割り込みを使ったストップウォッチの例

この例にはSysTickや割り込み（UART0）などの例外の使用法も含まれます．開発されるストップウォッチは，図20.27で説明しているように，三つの状態をとります．

前の例に基づき，ストップウォッチはUARTインターフェースを使うPCで制御されます．サンプル・コードを単純化するため，動作速度を50MHzにします．

時間の計測は，100Hzでプロセッサに割り込むSysTickにより行われます．SysTickは50MHzのコア・クロック周波数により動作しています．SysTick例外ハンドラが実行されるたびに，ストップウォッチが動作していると，これがカウンタ変数TickCounterのインクリメントを行います．

UARTを経由したテキストの表示が比較的遅いので，ストップウォッチの制御は例外ハンドラ内で行われ，またテキストやストップウォッチの値の表示はメインで実行されます（スレッド・レベル）．簡単なソフトウェア・ステート・マシンはストップウォッチの開始，停止およびクリアの制御に使われます．このステート・マシンは，UARTハンドラを通して制御され，1文字を受信するたびにトリガされます．

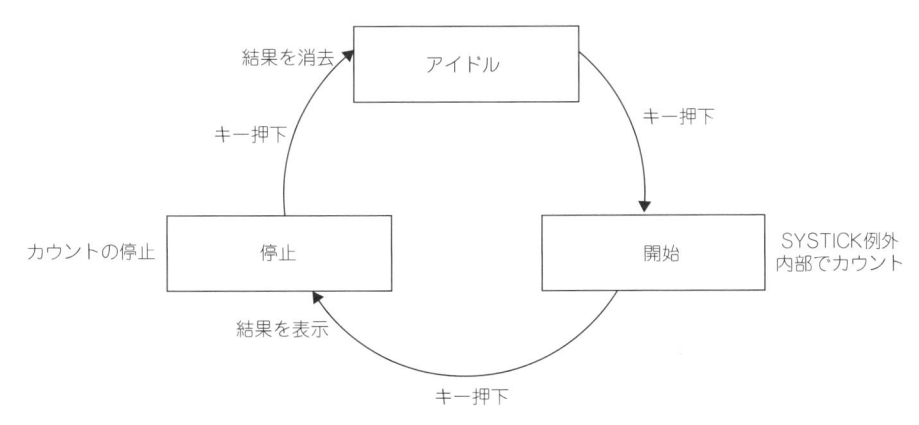

図20.27 ストップウォッチ用ステート・マシンの設計図

"Hello World"の例で使用したのと同じ手順を利用して，新プロジェクトstopwatchをスタートします．hello.cを作成する代わりにstopwatch.cというCプログラム・ファイルが追加されます．

```c
========== stopwatch.c ==========
#include "stdio.h"
#define CR      0x0D        // Carriage return
#define LF      0x0A        // Linefeed

void Uart0Init(void);
void SysTickInit(void);
void SetClockFreq(void);
void DisplayTime(void);
void PrintValue(int value);
int  sendchar(int ch);
int  getkey(void);
void Uart0Handler(void);
void SysTickHandler(void);

// Register addresses
#define SYSCTRL_RCC    ((volatile unsigned long *)(0x400FE060))
#define SYSCTRL_RIS    ((volatile unsigned long *)(0x400FE050))
#define SYSCTRL_RCGC1  ((volatile unsigned long *)(0x400FE104))
#define SYSCTRL_RCGC2  ((volatile unsigned long *)(0x400FE108))
#define GPIOPA_AFSEL   ((volatile unsigned long *)(0x40004420))
#define UART0_DATA     ((volatile unsigned long *)(0x4000C000))
#define UART0_FLAG     ((volatile unsigned long *)(0x4000C018))
#define UART0_IBRD     ((volatile unsigned long *)(0x4000C024))
#define UART0_FBRD     ((volatile unsigned long *)(0x4000C028))
#define UART0_LCRH     ((volatile unsigned long *)(0x4000C02C))
#define UART0_CTRL     ((volatile unsigned long *)(0x4000C030))
#define UART0_IM       ((volatile unsigned long *)(0x4000C038))
#define UART0_RIS      ((volatile unsigned long *)(0x4000C03C))
#define UART0_ICR      ((volatile unsigned long *)(0x4000C044))

#define NVIC_IRQ_EN0 ((volatile unsigned long *)(0xE000E100))

// Global variables
volatile int            CurrState;    // State machine
volatile unsigned long  TickCounter;  // Stop watch value
volatile int            KeyReceived;  // Indicate user pressed a key
volatile int            userinput ;   // Key pressed by user
```

20.8 割り込みを使ったストップウォッチの例

```c
#define IDLE_STATE 0            // Definition of state machine
#define RUN_STATE  1
#define STOP_STATE 2

int main (void)
{
int CurrStateLocal; // local variable
// Initialize global variable
CurrState = 0;
KeyReceived = 0;
// Initialization of hardware
SetClockFreq(); // Setup clock setting (50MHz)
Uart0Init();    // Initialize Uart0
SysTickInit();  // Initialize Systick

printf ("Stop Watch\n");
while (1) {
  CurrStateLocal = CurrState;   // Make a local copy because the
  // value could change by UART handler at any time.
  switch (CurrStateLocal) {
    case (IDLE_STATE):
      printf ("\nPress any key to start\n");
      break;
    case (RUN_STATE):
      printf ("\nPress any key to stop\n");
      break;
    case (STOP_STATE):
      printf ("\nPress any key to clear\n");
      break;
    default:
      CurrState = IDLE_STATE;
      break;
    } // end of switch
    while (KeyReceived == 0) {
      if (CurrState==RUN_STATE){
        DisplayTime();
        }
      }; // Wait for user input
```

```
      if (CurrStateLocal==STOP_STATE) {
        TickCounter=0;
        DisplayTime(); // Display to indicate result is cleared
        }
      else if (CurrStateLocal==RUN_STATE) {
        DisplayTime(); // Display result
        }
    if (KeyReceived!=0) KeyReceived=0;
  }; // end of while loop
} // end of main

void SetClockFreq(void)
{
// Set BYPASS, clear USRSYSDIV and SYSDIV
*SYSCTRL_RCC = (*SYSCTRL_RCC & 0xF83FFFFF) | 0x800 ;
// Clr OSCSRC, PWRDN and OEN
*SYSCTRL_RCC = (*SYSCTRL_RCC & 0xFFFFCFCF);
// Change SYSDIV, set USRSYSDIV and Crystal value
*SYSCTRL_RCC = (*SYSCTRL_RCC & 0xF87FFC3F) | 0x01C002C0;
// Wait until PLLLRIS is set
while ((*SYSCTRL_RIS & 0x40)==0); // wait until PLLLRIS is set
// Clear bypass
*SYSCTRL_RCC = (*SYSCTRL_RCC & 0xFFFFF7FF) ;
return;
}
// UART0 initialization
void Uart0Init(void)
{

*SYSCTRL_RCGC1 = *SYSCTRL_RCGC1 | 0x0003; // Enable UART0 & UART1
                  clock
*SYSCTRL_RCGC2 = *SYSCTRL_RCGC2 | 0x0001; // Enable PORTA clock

*UART0_CTRL = 0;      // Disable UART
*UART0_IBRD = 27;     // Program baud rate for 50MHz clock
*UART0_FBRD = 9;
*UART0_LCRH = 0x60;   // 8 bit, no parity
*UART0_CTRL = 0x301;  // Enable TX and RX, and UART enable
```

```c
  *UART0_IM = 0x10;       // Enable UART interrupt for receive data
  *GPIOPA_AFSEL = *GPIOPA_AFSEL | 0x3; // Use GPIO pins as UART0
  *NVIC_IRQ_EN0 = (0x1<<5); // Enable UART interrupt at NVIC

  return;
}
// SYSTICK initialization
void SysTickInit(void)
{
#define NVIC_STCSR    ((volatile unsigned long *)(0xE000E010))
#define NVIC_RELOAD   ((volatile unsigned long *)(0xE000E014))
#define NVIC_CURRVAL  ((volatile unsigned long *)(0xE000E018))
#define NVIC_CALVAL   ((volatile unsigned long *)(0xE000E01C))

  *NVIC_STCSR = 0;        // Disable SYSTICK
  *NVIC_RELOAD = 499999;  // Reload value for 100Hz with 50MHz clock
  *NVIC_CURRVAL = 0;      // Clear current value
  *NVIC_STCSR = 0x7;      // Enable SYSTICK with interrupt, core clock
  return;
}
// SYSTICK exception handler
void SysTickHandler(void)
{
  if (CurrState==RUN_STATE) {
    TickCounter++;
    }
  return;
}
// UART0 RX interrupt handler
void Uart0Handler(void)
{
  userinput = getkey();
  // Indicate a key has been received
  KeyReceived++;
  // De-assert UART interrupt
  *UART0_ICR = 0x10;
  // Switch state
  switch (CurrState) {
```

```c
    case (IDLE_STATE):
      CurrState = RUN_STATE;
      break;
    case (RUN_STATE):
      CurrState = STOP_STATE;
      break;
    case (STOP_STATE):
      CurrState = IDLE_STATE;
      break;
    default:
      CurrState = IDLE_STATE;
      break;
  } // end of switch
return;
}
// Display the time value
void DisplayTime(void)
{
unsigned long TickCounterCopy;
unsigned long TmpValue;

sendchar(CR);
TickCounterCopy = TickCounter; // Make a local copy because the
// value could change by SYSTICK handler at any time.
TmpValue        = TickCounterCopy / 6000; // Minutes
PrintValue(TmpValue);
TickCounterCopy = TickCounterCopy - (TmpValue * 6000);
TmpValue        = TickCounterCopy / 100; // Seconds
sendchar(':');
PrintValue(TmpValue);
TmpValue        = TickCounterCopy - (TmpValue * 100);
sendchar(':');
PrintValue(TmpValue); // mini-seconds
sendchar(' ');
sendchar(' ');
return;
}
// Display decimal value
```

```
void PrintValue(int value)
{
printf ("%d", value);
return;
}
// Output a character to UART0 (used by printf function to output data)
int sendchar (int ch) {
  if (ch == '\n') {
    //while ((*UART0_FLAG & 0x8)); // Wait if it is busy
    while ((*UART0_FLAG & 0x20)); // Wait if TXFIFO is full
    *UART0_DATA = CR; // output extra CR to get correct
  }                                // display on hyperterminal
  //while ((*UART0_FLAG & 0x8)); // Wait if it is busy
  while ((*UART0_FLAG & 0x20)); // Wait if TXFIFO is full
  return (*UART0_DATA = ch); // output data
}
// Get user input
int getkey (void) { // Read character from Serial Port
  while (*UART0_FLAG & 0x10); // Wait if RX FIFO empty
  return (*UART0_DATA);
}
// Retarget text output
int fputc(int ch, FILE *f) {
  return (sendchar(ch));
}
========== end of file ===========
```

　UARTの初期化は，UARTインターフェースを通して文字が受信されたときに割り込みを許可するように少し変更されています．UARTの割り込み要求を許可するには，割り込みがNVICの場合と同様にUARTの割り込みマスク・レジスタで許可されていなければなりません．SysTickでは設定を行う場合，SysTick制御およびステータス・レジスタにおける例外制御のみプログラムされることが必要です．

　さらに，UARTやSysTickハンドラ，表示機能やSysTickの初期設定を含む別機能が多数追加されています．ペリフェラルの設計に基づき，例外/割り込みハンドラは例外/割り込み要求をクリアする必要があります．この場合，UARTハンドラは割り込みクリア・レジスタ(UART0_ICR)を使用してUART割り込み要求をクリアします．スタートアップ・コードStartup.sも例外ハンドラをセットアップするため修正されます(図20.28)．

　ハンドラがCプログラム・ファイルにあるので，そのアドレス・ラベルが異なるファイルからのものであることをアセンブラが認識できるようにするためにIMPORTコマンドが必要になります．

第20章 KEIL RealView マイクロコントローラ開発キットで開発を始める

　プログラムがコンパイルされ，評価ボードへダウンロードが行われた後，ハイパーターミナルが稼動するPCへ接続することでテストができます．図20.29はその結果を示しています．

図20.28
IMPORTおよびDCDコマンドを使いベクタ・テーブルへSysTickHandlerおよびUart0Handlerを追加する

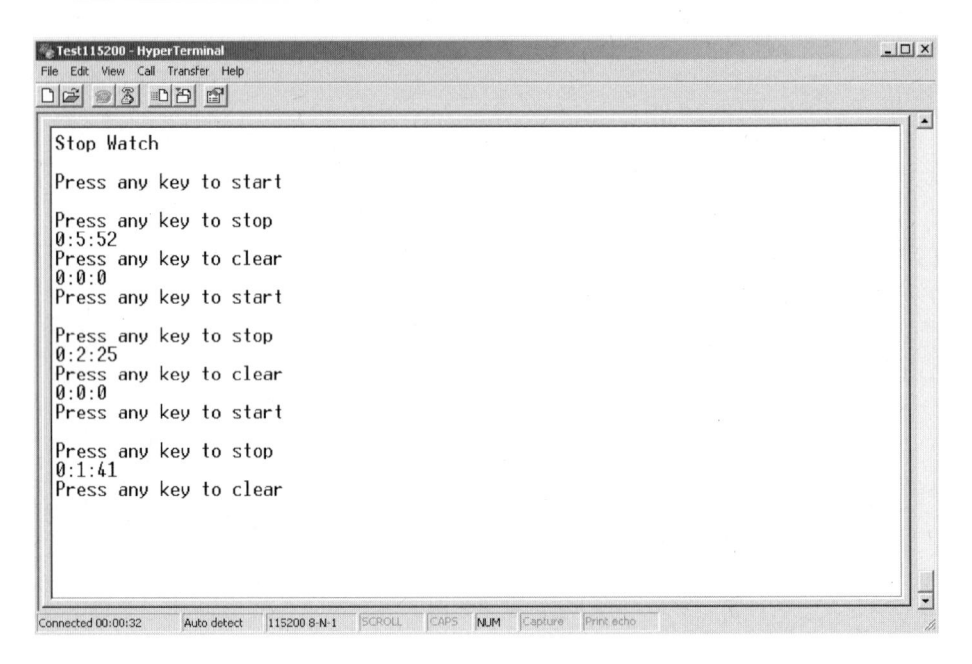

図20.29
ハイパーターミナルのコンソールにおけるストップウォッチ例の出力

　注：テスト・ボードがLuminary Micro社の評価ボードで，またUARTの通信にVirtual COM Portが使用されている場合，Virtual COM Portのデバイス・ドライバに問題があるため，例題は正しく動作しない（ハイパーターミナルでのキー入力はボードへ送信されない）．この場合，RealView MDKのインストールを行わずにデバイス・ドライバだけを使って，異なるPC上でプログラムのテストを行う必要がある．

付録 A

Cortex-M3命令セット要約

この内容はARM Limitedの許可の下でCortex-M3 Technical Reference Manualから複製したものです. 命令に付けられたプラス符号(+)の印は(APSR)フラグが更新されることを示します.

A.1 対応している16ビットThumb命令セット

表A.1 対応している16ビット命令セット

アセンブラ	操作
ADC `<Rd>, <Rm>`+	レジスタの値とCフラグをレジスタの値に加算 Rd = Rd + Rm + C
ADD `<Rd>, <Rn>, #<immed_3>`+	3ビットのイミディエート値をレジスタに加算 Rd = Rn + immed_3
ADD `<Rd>,   #<immed_8>`+	8ビットのイミディエート値をレジスタに加算 Rd = Rd + immed_8
ADD `<Rd>, <Rn>, <Rm>`+	下位レジスタの値を下位レジスタの値に加算 Rd = Rn + Rm
ADD `<Rd>, <Rm>`	上位レジスタの値を下位または上位レジスタの値に加算 Rd = Rd + Rm
ADD `<Rd>, PC, #<immed_8>`*4	PCアドレス + 4×(8ビットのイミディエート値)でレジスタに加算 Rd = PC + 4*immed_8
ADD `<Rd>, SP, #<immed_8>`*4	SPアドレス + 4×(8ビットのイミディエート値)でレジスタに加算 Rd = SP + 4*immed_8
ADD SP, `#<immed_7>`*4	4×(7ビットのイミディエート値)をSPに加算 SP = SP + 4*immed_7
AND `<Rd>, <Rm>`+	レジスタの値をビット単位にAND(論理積) Rd = Rd AND Rm
ASR `<Rd>, <Rm>, #<immed_5>`+	イミディエートの数値により算術右シフト Rd = Rm >> immed_5
ASR `<Rd>, <Rs>`+	レジスタの数値により算術右シフト Rd = Rd >> Rs
B`<cond>` `<target_address_8>`	条件付き分岐 if `<cond>` then PC = (PC+4) + (SignExtend(target_address_8) * 2)
B `<target_address_11>`	無条件分岐 PC = (PC+4) + (SignExtend(target_address_11) * 2)
BIC `<Rd>, <Rm>`+	ビット・クリア Rd = Rd AND (NOT Rm)

表A.1 対応している16ビット命令セット（つづき）

アセンブラ	操作
BKPT <immed_8>	ソフトウェア・ブレイクポイント
BL <target_address11>	リンク付き分岐
BLX <Rm>	リンク付き分岐と状態遷移（Rm［ビット0］は1にする）
BX <Rm>	分岐と状態遷移（Rm［ビット0］は1にする）
CBNZ <Rn>, <label>	比較して非0で分岐（前方分岐のみ）
CBZ <Rn>, <label>	比較して0で分岐（前方分岐のみ）
CMN <Rn>, <Rm>+	レジスタの値の2の補数（負数，negation）を別のレジスタの値と比較（Rn - (-Rm)）を計算しフラグを更新
CMP <Rn>, #<immed_8>+	レジスタの値と8ビットのイミディエート値との比較
CMP <Rn>, <Rm>+	レジスタと比較
CMP <Rn>, <Rm>+	上位レジスタとを下位または上位レジスタと比較
CPSIE <iまたはf> CPSID <iまたはf>	プロセッサ状態の変更 CPSIEはPRIMASK（i）またはFAULTMASK（f）をクリアすることで割り込みを有効にする CPSIDはPRIMASK（i）またはFAULTMASK（f）をセットすることで割り込みを無効にする
CPY <Rd>, <Rm>	上位レジスタまたは下位レジスタの値を別の上位レジスタまたは下位レジスタにコピー
EOR <Rd>, <Rm>+	レジスタ値のビット単位でExclusive OR（排他的論理和）
IT <cond> IT<x> <cond> IT<x><y> <cond> IT<x><y><z> <cond>	IF-THEN条件付のブロックを作る命令 条件<cond>に基いて，この命令に続く一つから四つの命令を条件付で実行
LDMIA <Rn>!, <registers>	ロード・マルチプル・インクリメント・アフターは，Rnにより指定したアドレスから，複数ワードをレジスタにロード
LDR <Rd>, [<Rn>, #<immed_5>*4]	ベース・レジスタのアドレス＋5ビットのイミディエートをオフセットしたメモリから，ワードをロード
LDR <Rd>, [<Rn>, <Rm>]	ベース・レジスタのアドレス＋レジスタのオフセットのメモリから，ワードをロード
LDR <Rd>, [PC, #<immed_8>*4]	PCアドレス＋8ビットのイミディエートをオフセットしたメモリから，ワードをロード
LDR <Rd>, [SP, #<immed_8>*4]	SPアドレス＋8ビットのイミディエートをオフセットしたメモリから，ワードをロード
LDRB <Rd>, [<Rn>, #<immed_5>]	ベース・レジスタのアドレス＋5ビットのイミディエートをオフセットしたメモリから，バイト［7:0］をレジスタにロード
LDRB <Rd>, [<Rn>, <Rm>]	ベース・レジスタのアドレス＋レジスタオフセットのメモリから，バイト［7:0］をレジスタにロード
LDRH <Rd>, [<Rn>, #<immed_5>*2]	ベース・レジスタのアドレス＋5ビットのイミディエートをオフセットしたメモリから，ハーフ・ワード［15:0］をレジスタにロード
LDRH <Rd>, [<Rn>, <Rm>]	ベース・レジスタのアドレス＋レジスタ・オフセットのメモリから，ハーフ・ワード［15:0］をレジスタにロード
LDRSB <Rd>, [<Rn>, <Rm>]	ベース・レジスタのアドレス＋レジスタ・オフセットのメモリから，バイト［7:0］をレジスタに符号付でロード
LDRSH <Rd>, [<Rn>, <Rm>]	ベース・レジスタのアドレス＋レジスタ・オフセットのメモリから，ハーフ・ワード［15:0］をレジスタに符号付でロード
LSL <Rd>, <Rm>, #<immed_5>+	イミディエート値により論理左シフト Rd = Rm << immed_5
LSL <Rd>, <Rs>+	レジスタの値により論理左シフト Rd = Rd << Rs
LSR <Rd>, <Rm>, #<immed_5>+	イミディエート値により論理右シフト Rd = Rm >> immed_5

表A.1 対応している16ビット命令セット（つづき）

アセンブラ	操作
LSR `<Rd>, <Rs>`+	レジスタの値により論理右シフト Rd = Rd >> Rs
MOV `<Rd>, #<immed_8>`+	8ビットのイミディエート値をレジスタに移動
MOV `<Rd>, <Rn>`+	下位レジスタの値を下位レジスタに移動
MOV `<Rd>, <Rm>`	上位または下位レジスタの値を上位または下位レジスタに移動
MUL `<Rd>, <Rm>`+	レジスタの値を乗算 Rd = Rd * Rm
MVN `<Rd>, <Rm>`+	レジスタの値の否定（1の補数，complement）をレジスタに移動 Rd = NOT(Rm)
NEG `<Rd>, <Rm>`+	レジスタの値を負（2の補数，negateive）にしてレジスタへ保存 Rd = 0 -Rm
NOP	無操作
ORR `<Rd>, <Rm>`+	レジスタ値のビット単位でOR（論理和） Rd = Rd OR Rm
POP `<registers>`	スタックから複数のレジスタをポップ
POP `<registers, PC>`	スタックから複数のレジスタおよびPCをポップ
PUSH `<registers>`	複数のレジスタをスタックへプッシュ
PUSH `<registers, LR>`	複数のレジスタおよびLRをスタックへプッシュ
REV `<Rd>, <Rn>`	ワードの中でバイト順を反転して，レジスタへコピー Rd = {Rn[7:0], Rn[15:8], Rn[23:16], Rn[31:24]}
REV16 `<Rd>, <Rn>`	二つのハーフ・ワードの中でそれぞれバイト順を反転して，レジスタへコピー： Rd = {Rn[23:16], Rn[31:24], Rn[7:0], Rn[15:8]}
REVSH `<Rd>, <Rn>`	下位ハーフ・ワード[15:0]の中でバイト順を反転，符号拡張した値をレジスタへコピー Rd = SignExtend ({ Rn[7:0], Rn[15:8]})
ROR `<Rd>, <Rs>`+	レジスタで指定した値だけ右ローテート
SBC `<Rd>, <Rm>`+	レジスタの値からレジスタの値とボロー（~C）をレジスタの値から減算 Rd = Rd - Rm - NOT(C)
SEV	イベント送信
STMIA `<Rn>!, <registers>`	連続したメモリ・アドレスに，複数のレジスタをワード単位でストア
STR `<Rd>, [<Rn>, #<immed_5>*4]`	レジスタのアドレス + 5ビットのイミディエートのオフセットへ，レジスタの値をワードでストア
STR `<Rd>, [<Rn>, <Rm>]`	ベース・レジスタ + レジスタ・オフセットのアドレスへ，レジスタの値をワードでストア
STR `<Rd>, [SP, #<immed_8>*4]`	SPアドレス + 8ビットのイミディエートのオフセットへ，レジスタの値をワードでストア
STRB `<Rd>, [<Rn>, #<immed_5>]`	レジスタのアドレス + 5ビットのイミディエート値のオフセットへ，レジスタの値をバイト[7:0]でストア
STRB `<Rd>, [<Rn>, <Rm>]`	レジスタのアドレス + レジスタ・オフセットのアドレスへ，レジスタの値をバイト[7:0]でストア
STRH `<Rd>, [<Rn>, #<immed_5>*2]`	レジスタのアドレス + 5ビットのイミディエートのオフセットへ，レジスタ値をハーフワード[15:0]でストア
STRH `<Rd>, [<Rn>, <Rm>]`	レジスタのアドレス + レジスタ・オフセットへ，レジスタの値をハーフワード[15:0]でストア
SUB `<Rd>, <Rn>, #<immed_3>`+	3ビットのイミディエート値をレジスタから減算 Rd = Rn - immed_3
SUB `<Rd>, #<immed_8>`+	8ビットのイミディエート値をレジスタから減算 Rd = Rd - immed_8
SUB `<Rd>, <Rn>, <Rm>`+	レジスタの値を減算 Rd = Rn - Rm

表A.1 対応している16ビット命令セット（つづき）

アセンブラ	操作
SUB SP, #<immed_7>*4	4×（7ビットのイミディエート値）をSPから減算 SP = SP - immed_7 * 4
SVC <immed_8>	8ビットのイミディエート値の呼び出しコードにより，オペレーティング・システムのサービスを呼び出し（スーパーバイザ・コール）
SXTB <Rd>, <Rm>	レジスタからバイト［7：0］を抽出し，レジスタへ移動して，32ビットに符号拡張
SXTH <Rd>, <Rm>	レジスタからハーフ・ワード［15：0］を抽出し，レジスタへ移動して，32ビットに符号拡張
TST <Rn>, <Rm>+	別のレジスタの値と論理積を実行して，レジスタのセットされているビットをテスト Rn AND Rm
UXTB <Rd>, <Rm>+	レジスタからバイト［7：0］を抽出し，レジスタへ移動して，32ビットにゼロ拡張する
UXTH <Rd>, <Rm>+	レジスタからハーフ・ワード［15：0］を抽出し，レジスタへ移動して，32ビットにゼロ拡張する
WFE	イベント待ち
WFI	割り込み待ち

A.2 対応している32ビットThumb-2命令セット

{S}の表記がある命令は，末尾にSを付けた場合のみ（APSR）フラグを更新します．命令に付けられたプラス符号（+）の印は（APSR）フラグが更新されることを示します．

注意事項：共通に要求される範囲の値をイミディエート・データとして対応するために，表A.2の中でmodify_constantと表記されている多数のThumb-2命令は，イミディエート・データ符号化の仕組みを利用しています．符号化の仕組みは*ARM Architecture Application Level Reference Manual*のA5.2節「Immediate Constants.」に記載されています．

表A.2 対応している32ビット命令セット

アセンブラ	操作
ADC{S}.W <Rd>, <Rn>, #<modify_constant(immed_12)>	レジスタの値に12ビット・イミディエート値とCフラグを加算 Rd = Rd + midify_constant(immed_12) + C
ADC{S}.W <Rd>, <Rn>, <Rm> {, <shift>}	レジスタの値にシフトしたレジスタの値とCフラグを加算 Rd = Rn + (Rm<<shift) + C
ADD{S}.W <Rd>, <Rn>, #<modify_constant(immed_12)>	レジスタの値に12ビット・イミディエート値を加算 Rd = Rd + midify_constant(immed_12)
ADD{S}.W <Rd>, <Rn>, <Rm> {, <shift>}	レジスタの値にシフトしたレジスタの値を加算 Rd = Rn + (Rm<<shift)
ADDW.W <Rd>, <Rn>, #<immed_12>	レジスタの値と12ビット・イミディエート値を加算
AND{S}.W <Rd>, <Rn>, #<modify_constant(immed_12)>	レジスタの値とイミディエート値のビット単位のAND（論理積）
AND{S}.W <Rd>, <Rn>, <Rm> {, <shift>}	レジスタの値とレジスタをシフトした値のビットごとのAND（論理積）
ASR{S}.W <Rd>, <Rn>, <Rm>	レジスタの数値により算術右シフト
B.W	無条件分岐

A.2 対応している32ビットThumb-2命令セット

表A.2 対応している32ビット命令セット（つづき）

アセンブラ	操　作
B{cond}.W <lable>	条件分岐
BFC.W <Rd>, #<lsb>, #<width>	ビット・フィールドをクリア
BFI.W <Rd>, <Rn>, #<lsb>, #<width>	ビット・フィールドを一つのレジスタの値から別のレジスタの値に挿入
BIC{S}.W <Rd>, <Rn>, #<modify_constant(immed_12)>	レジスタの値と12ビット・イミディエート値の否定（1の補数）とをビット単位のAND（論理積）
BIC{S}.W <Rd>, <Rn>, <Rm> {, <shift>}	レジスタの値とシフトされたレジスタの値の否定（1の補数）とをビット単位のAND（論理積）
BL <lable>	リンク付き分岐
CLZ.W <Rd>, <Rn>	レジスタの値に含まれる先行ゼロの数を返す
CLREX.W	排他アクセス・モニタのステータスをクリア
CMN.W <Rn>, #<modify_constant(immed_12)>+	レジスタの値と12ビット・イミディエート値の2の補数を比較
CMN.W <Rn>, <Rm> {, <shift>}+	レジスタの値とシフトされたレジスタの値の2の補数とを比較
CMP.W <Rn>, #<modify_constant(immed_12)>+	レジスタの値と12ビット・イミディエートを比較
CMP.W <Rn>, <Rm> {, <shift>}+	レジスタの値とシフトされたレジスタの値を比較
DMB	データ・メモリ・バリア
DSB	データ同期化バリア
EOR{S}.W <Rd>, <Rn>, #<modify_constant(immed_12)>	レジスタの値と12ビット・イミディエート値をExclusive OR（排他的論理和）
EOR{S}.W <Rd>, <Rn>, <Rm> {, <shift>}	レジスタの値とシフトしたレジスタの値をExclusive OR（排他的論理和）
ISB	命令同期化バリア
LDM{IA|DB}.W <Rn>{!}, <registers>	ポスト・インクリメント（IA）またはプリデクリメント（DB）で，メモリから複数のレジスタへ複数のワード・データをロード
LDR.W <Rxf>, [<Rn>, #<offset_12>]	ベース・レジスタのアドレス+12ビット・イミディエート値のオフセットのメモリからワード・データをロード
LDR.W <Rxf>, [<Rn>], #+/-<offset_8>	ポスト・インデックスで，ベース・レジスタのアドレスに8ビット・イミディエート値をオフセットしたメモリからワードをロード
LDR.W <Rxf>, [<Rn>, #+/-<offset_8>]!	プレインデックスで，ベース・レジスタのアドレスから8ビット・イミディエート値をオフセットしたメモリからワード・データをロード
LDR.W <Rxf>, [<Rn>, <Rm> {, LSL #<shift>}]	ベース・レジスタのアドレスから（0～3の範囲で）左にシフトしたレジスタの値をオフセットしたメモリからワードデータをロード
LDR.W <Rxf>, [PC, #+/-<offset_12>]	PCアドレスに12ビット・イミディエート値をオフセットしたメモリからワード・データをロード
LDR.W PC, [<Rn>, #<offset_12>]	ベース・レジスタのアドレス+12ビット・イミディエート値をオフセットしたメモリから分岐先をロードして，分岐
LDR.W PC, [<Rn>], #+/-<offset_8>	ポスト・インデックスで，ベース・レジスタのアドレスを8ビット・イミディエート値をオフセットしたメモリからPCへワードをロード（分岐）
LDR.W PC, [<Rn>, #+/-<offset_8>]!	プレインデックスでベース・レジスタのアドレスに8ビット・イミディエート値をオフセットしたメモリからPCへワードをロード（分岐）
LDR.W PC, [<Rn>, <Rm> {, LSL #<shift>}]	ベース・レジスタのアドレスに（0～3の範囲で）シフトしたレジスタの値をオフセットとしたメモリから分岐先をロードして，分岐
LDR.W PC, [PC, #+/-<offset_12>]	PCアドレスに12ビット・イミディエート値をオフセットしたメモリから分岐先をロードして，分岐
LDRB.W <Rxf>, [<Rn>, #<offset_12>]	ベース・レジスタのアドレス+12ビット・イミディエート値のオフセットしたメモリからバイト[7:0]をロード
LDRB.W <Rxf>, [<Rn>], #+/-<offset_8>	ポスト・インデックスでベース・レジスタのアドレスを8ビット・イミディエート値でオフセットしたメモリからバイト[7:0]をロード

表A.2 対応している32ビット命令セット（つづき）

アセンブラ	操作
LDRB.W <Rxf>, [<Rn>, #+/-<offset_8>]!	プレインデックスでベース・レジスタのアドレスに8ビットのイミディエート値のオフセットしたメモリからバイト[7:0]をロード
LDRB.W <Rxf>, [<Rn>, <Rm> {, LSL #<shift>}]	ベース・レジスタのアドレスから（0〜3の範囲で）左シフトしたレジスタの値をオフセットしたメモリからバイト・データ[7:0]をロード
LDRB.W <Rxf>, [PC, #+/-<offset_12>]	PCアドレスに12ビット・イミディエート値をオフセットしたメモリからバイト・データをロード
LDRD.W <Rxf1>, <Rxf2>, [<Rn>, #+/-<offset_8>*4] {!}	プレインデックスでベース・レジスタのアドレスに8ビット・イミディエート値×4をオフセットしたメモリからダブル・ワード・データをロード
LDRD.W <Rxf1>, <Rxf2>, [<Rn>], #+/-<offset_8>*4	ポスト・インデックスでベース・レジスタのアドレスに8ビット・イミディエート値×4をオフセットしたメモリからダブル・ワード・データをロード
LDREX.W <Rxf>, [<Rn>{, #+/-<offset_8>*4}]	ベース・レジスタのアドレスに8ビット・イミディエート値をオフセットしたメモリからワード・データを排他的レジスタ・ロード
LDREXB.W <Rxf>, [<Rn>]	レジスタのアドレスからバイトを排他的レジスタ・ロード
LDREXH.W <Rxf>, [<Rn>]	レジスタのアドレスからハーフ・ワード・データ[15:0]を排他的レジスタ・ロード
LDRH.W <Rxf>, [<Rn>, #<offset_12>]	ベース・レジスタのアドレス+12ビット・イミディエート値をオフセットしたメモリからハーフ・ワード・データ[15:0]をロード
LDRH.W <Rxf>, [<Rn>], #+/-<offset_8>	ポスト・インデックスでベース・レジスタのアドレスに8ビット・イミディエート値をオフセットしたメモリからハーフ・ワード・データ[15:0]をロード
LDRH.W <Rxf>, [<Rn>, #+/-<offset_8>]!	プレインデックスで，ベース・レジスタのアドレスに8ビット・イミディエート値をオフセットしたメモリからハーフ・ワード・データ[15:0]をロード
LDRH.W <Rxf>, [<Rn>, <Rm> {, LSL #<shift>}]	ベース・レジスタのアドレスから（0〜3の範囲で）左シフトしたレジスタの値をオフセットしたメモリからハーフ・ワード・データ[15:0]をロード
LDRH.W <Rxf>, [PC, #+/-<offset_12>}]	PCのアドレスに12ビット・イミディエート値をオフセットしたメモリからハーフ・ワード・データ[15:0]をロード
LDRSB.W <Rxf>, [<Rn>, #<offset_12>]	ベース・レジスタのアドレス+12ビット・イミディエート値をオフセットしたメモリから符号付きバイト[7:0]をロードしレジスタへコピー
LDRSB.W <Rxf>, [<Rn>], #+/-<offset_8>	ポスト・インデックスでベース・レジスタのアドレスに8ビット・イミディエート値をオフセットしたメモリから符号付きバイト[7:0]をロード
LDRSB.W <Rxf>, [<Rn>, #+/-<offset_8>]!	プリインデックスでベース・レジスタのアドレスに8ビット・イミディエート値をオフセットしたメモリから符号付きバイト[7:0]をロード
LDRSB.W <Rxf>, [<Rn>, <Rm> {, LSL #<shift>}]	ベース・レジスタのアドレスから（0〜3の範囲で）シフトしたレジスタの値をオフセットしたメモリから符号付きバイト[7:0]をロード
LDRSB.W <Rxf>, [PC, #+/-<offset_12>]	PCのアドレスに12ビット・イミディエート値をオフセットしたメモリから符号付きバイト[7:0]をロード
LDRSH.W <Rxf>, [<Rn>, #<offset_12>]	ベース・レジスタのアドレス+12ビット・イミディエート値をオフセットしたメモリからハーフ・ワード・データ[15:0]をロードし，符号拡張してレジスタにコピー
LDRSH.W <Rxf>, [<Rn>], #+/-<offset_8>	ポスト・インデックスでベース・レジスタのアドレスに8ビット・イミディエート値をオフセットしたメモリから符号付きハーフ・ワード・データ[15:0]をロード
LDRSH.W <Rxf>, [<Rn>, #+/-<offset_8>]!	プリインデックスで，ベース・レジスタのアドレスに8ビット・イミディエート値をオフセットしたメモリから符号付きハーフ・ワード・データ[15:0]をロード
LDRSH.W <Rxf>, [<Rn>, <Rm> {, LSL #<shift>}]	ベース・レジスタのアドレスから（0〜3の範囲で）左シフトしたレジスタ値をオフセットしたメモリから符号付きハーフ・ワード・データ[15:0]をロード
LDRSH.W <Rxf>, [PC, #+/-<offset_12>]	PCのアドレスに12ビット・イミディエート値をオフセットしたメモリから符号付きハーフ・ワード・データ[15:0]をロード

表A.2 対応している32ビット命令セット（つづき）

アセンブラ	操作
LDRT.W <Rxf>, [<Rn>, #<offset_8>]	非特権レジスタ・ロード．特権状態で実行中に，ベース・レジスタ＋イミディエート値のオフセットのアドレスからユーザ・アクセスのレベルでワードをロード
LDRBT.W <Rxf>, [<Rn>, #<offset_8>]	非特権レジスタ・ロード バイト．特権状態で実行中に，ベース・レジスタ＋イミディエート値のオフセットのアドレスからユーザ・アクセスのレベルでバイトをロード
LDRHT.W <Rxf>, [<Rn>, #<offset_8>]	非特権レジスタ・ロード ハーフ・ワード．特権状態で実行中に，ベース・レジスタ＋イミディエート値のオフセットのアドレスからユーザ・アクセスのレベルでハーフ・ワードをロード
LSL{S}.W <Rd>, <Rn>, <Rm>	レジスタの数値によりレジスタ値を論理左シフト
LSR{S}.W <Rd>, <Rn>, <Rm>	レジスタの数値によりレジスタ値を論理右シフト
MLA.W <Rd>, <Rn>, <Rm>, <Racc>	積和演算．二つの符号付または符号なしレジスタ値を乗算し，下位32ビットの値をレジスタに加算 Rd = (Rn*Rm) +Racc
MLS.W <Rd>, <Rn>, <Rm>, <Racc>	積減算．二つの符号付まはた符号なしレジスタ値を乗算し，下位32ビットの値をレジスタから減算 Rd = Racc - (Rn*Rm)
MOV{S}.W <Rd>, #<modify_constant(immed_12)>	12ビット・イミディエート値をレジスタに移動 Rd = modify_constant(immed_12)
MOV{S}.W <Rd>, <Rm>{, <shift>}	シフトしたレジスタの値をレジスタに移動
MOVT.W <Rd>, #<immed_16>	16ビット・イミディエート値をレジスタの上位ハーフ・ワード[31：16]に移動．下位ハーフ・ワードは影響を受けない
MOVW.W <Rd>, #<immed_16>	16ビット・イミディエート値をレジスタの下位ハーフ・ワード[15：0]に移動し，上位ハーフ・ワード[31：16]をクリア
MRS <Rd>, <sreg>	特殊レジスタから読込みレジスタに移動
MSR <sreg>, <Rn>	レジスタの値を特殊レジスタへ移動
MUL.W <Rd>, <Rn>, <Rm>	二つの符号付きまたは符号なしレジスタ値を乗算 Rd = Rm*Rn
NOP.W	無操作
ORN{S}.W <Rd>, <Rn>, #<modify_constant(immed_12)>	レジスタの値と12ビット・イミディエート値の1の補数（NOT）とをOR（論理和） Rd = Rn OR (NOT(modify_constant(immed12)))
ORN{S}.W <Rd>, <Rn>, <Rm>{, <shift>}	レジスタの値とシフトしたレジスタの値の1の補数（NOT）のOR（論理和） Rd = Rn OR (NOT(Rm<<shift))
ORR{S}.W <Rd>, <Rn>, #<modify_constant(immed_12)>	レジスタの値と12ビット・イミディエート値をビット単位でOR（論理和）
ORR{S}.W <Rd>, <Rn>, <Rm>{, <shift>}	レジスタの値とシフトしたレジスタの値をビット単位でOR（論理和）
POP.W <registers>	スタックから複数のレジスタをポップ
POP.W <registers, PC>	スタックから複数のレジスタとPCをポップ
PUSH.W <registers>	複数のレジスタをスタックの中へプッシュ
PUSH.W <registers, LR>	複数のレジスタとLRをスタックの中へプッシュ
RBIT.W <Rd>, <Rm>	ビットの順序を反転
REV.W <Rd>, <Rm>	ワードの中のバイト順を反転
REV16.W <Rd>, <Rm>	各ハーフ・ワード中のバイト順をそれぞれ反転
REVSH.W <Rd>, <Rm>	下位ハーフ・ワードのバイト順を反転して，符号拡張
ROR{S}.W <Rd>, <Rn>, <Rm>	レジスタ内の数値により右ローテート
RSB{S}.W <Rd>, <Rn>, #<modify_constant(immed_12)>	逆減算．12ビット・イミディエート値からレジスタの値を減算 Rd = modify_constant(immed_12) - Rn

表A.2 対応している32ビット命令セット（つづき）

アセンブラ	操 作
RSB{S}.W <Rd>, <Rn>, <Rm>{, <shift>}	逆減算．シフトしたレジスタの値からレジスタの値を減算 Rd = (Rm<<shift) - Rn
RRX{S}.W <Rd>, <Rm>	拡張付き右ローテート
SBC{S}.W <Rd>, <Rn>, #<modify_constant(immed_12)>	12ビット・イミディエート値とボロー (~C) をレジスタの値からを減算 Rd = Rn - modify_constant(immed_12) - NOT(C)
SBC{S}.W <Rd>, <Rn>, <Rm>{, <shift>}	シフトしたレジスタの値とボロー (~C) をレジスタの値から減算 Rd = Rn - shift(Rn) - NOT(C)
SBFX.W <Rd>, <Rn>, #<lsb>, #<width>	ビット・フィールドの符号拡張．選択されたビットをレジスタにコピーし，32ビットに符号拡張
SDIV.W <Rd>, <Rn>, <Rm>	符号付除算 Rd = Rn/Rm
SEV	イベント送信
SMLAL.W <RdLo>, <RdHi>, <Rn>, <Rm>	符号付きワードを乗算して，符号拡張された値を一対のレジスタ値に累算 {RdHi, RdLo} = (Rn*Rm) + {RdHi, RdLo}
SMULL.W <RdLo>, <RdHi>, <Rn>, <Rm>	二つの符号付きレジスタの値を乗算 {RdHi, RdLo} = (Rn*Rm)
SSAT.W <Rd>, #<imm>, <Rn>{, <shift>}	符号付飽和．シフトしたレジスタの値を，イミディエート値で指定したビットの位置で符号付きで飽和させ，飽和している場合はQフラグを更新する
STM{IA|DB}.W <Rn>{!}, <registers>	ポスト・インクリメントまたはプリデクリメントで複数のレジスタのワードを連続したメモリの場所へストア
STR.W <Rxf>, [<Rn>, #<offset_12>]	ベース・レジスタのアドレス+12ビット・イミディエート値のオフセットにワードをストア
STR.W <Rxf>, [<Rn>], #+/-<offset_8>	ベース・レジスタのアドレスへ，レジスタのワードをストアし，ベース・レジスタに対して8ビット・イミディエートのオフセットを加えて更新（ポスト・インデックス形式）
STR.W <Rxf>, [<Rn>, #+/-<offset_8>]!	プリインデックス形式で，ベース・レジスタのアドレスに8ビット・イミディエートのオフセットのメモリへ，レジスタの値をワードでストア
STR.W <Rxf>, [<Rn>, <Rm> {, LSL #<shift>}]	ベース・レジスタのアドレスに（0〜3の範囲で）左シフトしたレジスタの値のオフセットのメモリへ，レジスタのワードでストア
STRB.W <Rxf>, [<Rn>, #<offset_12>]	ベース・レジスタのアドレス+12ビット・イミディエート値でオフセットしたメモリへ，レジスタの値をバイトでストア
STRB.W <Rxf>, [<Rn>], #+/-<offset_8>	ポスト・インデックスで，レジスタのアドレスを8ビット・イミディエート値でオフセットして，レジスタのバイト[7:0]をストア
STRB.W <Rxf>, [<Rn>, #+/-<offset_8>]!	プリインデックスで，レジスタのアドレスを8ビット・イミディエート値でオフセットして，レジスタのバイト[7:0]をストア
STRB.W <Rxf>, [<Rn>, <Rm> {, LSL #<shift>}]	ベース・レジスタのアドレスに（0〜3の範囲で）左シフトしたレジスタの値でオフセットしたメモリへ，レジスタのバイト[7:0]をストア
STRD.W <Rxf1>, <Rxf2>, [<Rn>, #+/-<offset_8>*4] {!}	（プレインデックスで）ベース・レジスタのアドレスに+/-イミディエート値をオフセットしたメモリへ，ダブル・ワードをストア
STRD.W <Rxf1>, <Rxf2>, [<Rn>], #+/-<offset_8>*4	ポスト・インデックスでベース・レジスタのアドレス+/-イミディエート値をオフセットしたメモリへダブル・ワードをストア
STREX.W <Rxf>, [<Rn> {, #<offset_8>*4}]	排他レジスタ・ストアは，ベース・レジスタの値とイミディエート値のオフセットからアドレスを計算し，実行中のプロセッサがアドレス指定されたメモリに対する排他アクセスを持っている場合，ワードをレジスタからメモリにストア
STREXB.W <Rxf>, [<Rn>]	排他レジスタ・ストア・バイトは，ベース・レジスタの値からアドレスを導出し，実行中のプロセッサがアドレス指定されたメモリに対する排他アクセスを持っている場合，バイトをレジスタからメモリにストア

表A.2 対応している32ビット命令セット（つづき）

アセンブラ	操 作
STREXH.W <Rxf>, [<Rn>]	排他レジスタ・ストア・ハーフ・ワードは，ベース・レジスタの値からアドレスを導出し，実行中のプロセッサがアドレス指定されたメモリに対する排他アクセスを持っている場合，ハーフ・ワードをレジスタからメモリにストア
STRH.W <Rxf>, [<Rn>, #<offset_12>]	ベース・レジスタのアドレス+12ビット・イミディエート値でオフセットしたメモリへ，レジスタの値をハーフ・ワードでストア
STRH.W <Rxf>, [<Rn>], #+/-<offset_8>	ポスト・インデックスで，ベース・レジスタのアドレスを8ビット・イミディエート値でオフセットしてハーフ・ワード[15：0]をストア
STRH.W <Rxf>, [<Rn>, #+/-<offset_8>]!	プレインデックスで，ベース・レジスタのアドレスに8ビット・イミディエート値でオフセットしてハーフ・ワード[15：0]をストア
STRH.W <Rxf>, [<Rn>, <Rm> {, LSL #<shift>}]	ベース・レジスタのアドレスに（0〜3の範囲で）左シフトしたレジスタの値でオフセットしたアドレスにレジスタのハーフ・ワード[15：0]をストア
STRT.W <Rxf>, [<Rn>, #<offset_8>]	非特権レジスタ・ストア・ワード．特権状態で実行中に，ベース・レジスタのアドレス+8ビット・イミディエートをオフセットしたメモリへ，レジスタの値をユーザ・アクセスのレベルでワードでストア
STRBT.W <Rxf>, [<Rn>, #<offset_8>]	非特権レジスタ・ストア・バイト．特権状態で実行中に，ベース・レジスタのアドレス+8ビット・イミディエートをオフセットしたメモリへ，レジスタの値をユーザ・アクセスのレベルでバイトでストア
STRHT.W <Rxf>, [<Rn>, #<offset_8>]	非特権レジスタ・ストア・ハーフ・ワード．特権状態で実行中に，ベース・レジスタのアドレス+8ビット・イミディエートをオフセットしたメモリへ，レジスタの値をユーザ・アクセスのレベルでハーフ・ワードでストア
SUB{S}.W <Rd>, <Rn>, #<modify_constant(immed_12)>	12ビット・イミディエート値をレジスタから減算 Rd = Rd - modify_constant(immed_12)
SUB{S}.W <Rd>, <Rn>, <Rm>{, <shift>}	シフトしたレジスタの値をレジスタから減算 Rd = Rn - (Rm<<shift)
SUBW.W <Rd>, <Rn>, #<immed_12>	12ビット・イミディエート値をレジスタから減算 Rd = Rd - immed_12
SXTB.W <Rd>, <Rm>{, <rotation>}	バイトを32ビットに符号拡張 Rd = sign_extend(byte(rotate_right(Rm)))，ローテートは0〜3バイト
SXTH.W <Rd>, <Rm>{, <rotation>}	ハーフ・ワードを32ビットに符号拡張 Rd = sign_extend(hword(rotate_right(Rm)))，ローテートは0〜3バイト
TBB.W [<Rn>, <Rm>]	バイトでテーブル分岐
TBH.W [<Rn>, <Rm>, LSL #1]	ハーフ・ワードでテーブル分岐
TEQ.W <Rn>, #<modify_constant(immed_12)>+	レジスタと12ビット・イミディエート値の等価テスト．レジスタの値と12ビット・イミディエートで排他的論理和： Rn Exculcive-OR modify_constant(immed_12)
TEQ.W <Rn>, <Rm> {, <shift>}+	レジスタとシフトしたレジスタの値との等価テスト．レジスタとシフトしたレジスタの値で排他的論理和
TST.W <Rn>, #<modify_constant(immed_12)>+	レジスタの値と12ビット・イミディエートとの論理積を実行し，レジスタのセットされているビットをテスト： Rn AND modify_constant(immed_12)
TST.W <Rn>, <Rm> {, <shift>}+	レジスタの値とシフトしたレジスタの値との論理積を実行し，レジスタのセットされているビットをテスト
UBFX.W <Rd>, <Rn>, #<lsb>, #<width>	レジスタの値のビット・フィールドをレジスタにコピーし，32ビットにゼロ拡張する
UDIV.W <Rd>, <Rn>, <Rm>	符号なし除算 Rd = Rn/Rm
UMLAL.W <RdLo>, <RdHi>, <Rn>, <Rm>	二つの符号なしレジスタ値を乗算として，一対のレジスタ値に累算 {RdHi, RdLo} = (Rn*Rm) + {RdHi, RdLo}

表A.2 対応している32ビット命令セット（つづき）

アセンブラ	操作
UMULL.W <RdLo>, <RdHi>, <Rn>, <Rm>	二つの符号なしレジスタの値を乗算 {RdHi, RdLo} = (Rn*Rm)
USAT.W <Rd>, #<imm>, <Rn>{, <shift>}	シフトしたレジスタの値を，イミディエート値で指定したビットの位置で符号なし飽和
UXTB.W <Rd>, <Rm>{, <rotation>}	符号なしバイトから32ビットへ符号なし拡張 Rd = unsign_extend(byte(rotate_right(Rm)))，ローテートは0～3バイト
UXTH.W <Rd>, <Rm>{, <rotation>}	符号なしハーフ・ワードから32ビットへ符号なし拡張 Rd = unsign_extend(hword(rotate_right(Rm)))，ローテートは0～3バイト
WFE.W	イベント待ち
WFI.W	割り込み待ち

付録 B

16-Bit Thumb Instructions and Architecture Versions

16ビットThumb命令セットとアーキテクチャのバージョン

　大部分の16ビットThumb命令はv4T（ARM7TDMI）アーキテクチャで利用できます．しかし，v5，v6とv7アーキテクチャでは表B.1に挙げた多数の命令が追加されています．

表B.1　最近のARMアーキテクチャのバージョンの種類と対応する16ビット命令の変化

命　令	v4T	v5	v6	Cortex-M3（v7-M）
BKPT	N	Y	Y	Y
BLX	N	Y	Y	BLX<reg>だけ
CBZ，CBNZ	N	N	N	Y
CPS	N	N	Y	CPSIE<i/f>，CPSID<i/f>
CPY	N	N	Y	Y
NOP	N	N	N	Y
IT	N	N	N	Y
REV（複数の形式）	N	N	Y	REV，REV16，REVSH
SEV	N	N	N	Y
SETEND	N	N	Y	N
SWI	Y	Y	Y	SVCに変更
SXTB，SXTH	N	N	Y	Y
UXTB，UXTH	N	N	Y	Y
WFE，WFI	N	N	N	Y

付録C Cortex-M3 Exceptions Quick Reference

Cortex-M3の例外 クイック・リファレンス

C.1 例外の種類と許可

表C.1 Cortex-M3の例外の種類と優先度の構成に関する概要

例外の種類	名前	優先度(レベルのアドレス)	許可
1	リセット	-3	常に
2	NMI(ノンマスカブル割り込み)	-2	常に
3	ハード・フォールト	-1	常に
4	メモリ管理	設定可能 (0xE000ED18)	NVIC SHCSR (0xE000ED24) ビット[16]
5	バス・フォールト	設定可能 (0xE000ED19)	NVIC SHCSR (0xE000ED24) ビット[17]
6	用法フォールト	設定可能 (0xE000ED1A)	NVIC SHCSR (0xE000ED24) ビット[18]
7〜10	—	—	—
11	SVCall (スーパバイザ・コール)	設定可能 (0xE000ED1F)	常に
12	デバッグ・モニタ	設定可能 (0xE000ED20)	NVIC DEMCR (0xE000EDFC) ビット[16]
13	—	—	—
14	PendSV	設定可能 (0xE000ED22)	常に
15	SysTick	設定可能 (0xE000ED23)	SYSTICK CTRLSTAT (0xE000E010)
16〜255	IRQ (外部割り込み)	設定可能 (0xE000E400)	NVIC SETEN (0xE000E100)

C.2 例外によりスタックに保存される内容

表C.2 例外のスタック・フレーム

アドレス	データ	プッシュされる順番	アドレス	データ	プッシュされる順番
更新前のSP (N) →	(以前にプッシュされたデータ)	—	($N-16$)	R12	7
			($N-20$)	R3	6
($N-4$)	PSR	2	($N-24$)	R2	5
($N-8$)	PC	1	($N-28$)	R1	4
($N-12$)	LR	8	更新後のSP ($N-32$) →	R0	3

注意事項:ダブル・ワードのスタック・アライメントの機能を使用し,SPがダブル・ワードにアラインしていない際に例外が発生した場合は,スタック・フレームのトップが((更新前のSP-4) AND 0xFFFFFFF8)から始まり,残りの部分は1ワード分下にずれる

NVIC Registers Quick Reference

付録 D

NVIC レジスタ・クイック・リファレンス

表 D.1　割り込み制御タイプ・レジスタ (Interrupt Controller Type Register)（0xE000E004）

ビット	名前	タイプ	リセット値	説明
4：0	INTLINESUM	R	—	32ごとの割り込み入力の数 0 = 1〜32 1 = 33〜64 …

表 D.2　SysTick 制御およびステータス・レジスタ (SysTick Control and Status Register)（0xE000E010）

ビット	名前	タイプ	リセット値	説明
16	COUNTFLAG	R	0	最後の読み出しの後にタイマが0になった場合，1を返す．読み出された場合と現在のカウンタ値がクリアされた場合は，このビットがクリアされる
2	CLKSOURCE	R/W	0	0 = 外部参照クロック（STCLK） 1 = コア・クロックを利用
1	TICKINT	R/W	0	1 = SysTick タイマが0に到達した際に，SysTick 割り込みの発生を許可する 0 = 割り込みを発生させない
0	ENABLE	R/W	0	SysTick タイマを有効にする

表 D.3　SysTick リロード値レジスタ (SysTick Reload Value Register)（0xE000E014）

ビット	名前	タイプ	リセット値	説明
23：0	RELOAD	R/W	0	カウンタが0に到達したときのリロード値

表 D.4　SysTick 現在値レジスタ (SysTick Current Value Register)（0xE000E018）

ビット	名前	タイプ	リセット値	説明
23：0	CURRENT	R/Wc	0	読み込みはタイマの現在の値を返す． このレジスタの書き込みはカウンタを0にクリアする．レジスタをクリアすると，SysTick 制御およびステータス・レジスタの COUNTFLAG がクリアされる

表 D.5　SysTick 較正値レジスタ (SysTick Calibration Value Register)（0xE000E01C）

ビット	名前	タイプ	リセット値	説明
31	NOREF	R	—	1 = 外部参照クロックなし（STCLK が提供されていない） 0 = 外部参照クロを利用できる
30	SKEW	R	—	1 = 較正値が正確に10msではない 0 = 較正値は正確

表 D.5 SysTick 較正値レジスタ（SysTick Calibration Value Register）（0xE000E01C）（つづき）

ビット	名前	タイプ	リセット値	説明
23：0	TENMS	R/W	0	10ms のための較正値．SoC の設計者はこの値を Cortex-M3 の入力信号を通して提供する必要がある． この値として 0 が読めた場合は，較正値が利用できないことを意味する

表 D.6 外部割り込みイネーブル・セット・レジスタ（External Interrupt SETEN Registers）（0xE000E100 〜 0xE000E11C）

アドレス	名前	タイプ	リセット値	説明
0xE000E100	SETENA0	R/W	0	外部割り込み #0 〜 31 の許可 ビット [0] は割り込み #0 に対応 ビット [1] は割り込み #1 に対応 … ビット [31] は割り込み #31 に対応
0xE000E104	SETENA1	R/W	0	外部割り込み #32 〜 63 の許可
…	−	−	−	−

表 D.7 外部割り込みイネーブル・クリア・レジスタ（External Interrupt CLREN Registers）（0xE000E180 〜 0xE000E19C）

アドレス	名前	タイプ	リセット値	説明
0xE000E180	CLRENA0	R/W	0	外部割り込み #0 〜 31 の許可をクリア ビット [0] は割り込み #0 に対応 ビット [1] は割り込み #1 に対応 … ビット [31] は割り込み #31 に対応
0xE000E184	CLRENA1	R/W	0	外部割り込み #32 〜 63 の許可をクリア
…	−	−	−	−

表 D.8 外部割り込み保留セット・レジスタ（External Interrupt SETPEND Registers）（0xE000E200 〜 0xE000E21C）

アドレス	名前	タイプ	リセット値	説明
0xE000E200	SETPEND0	R/W	0	外部割り込み #0 〜 31 の保留 ビット [0] は割り込み #0 に対応 ビット [1] は割り込み #1 に対応 … ビット [31] は割り込み #31 に対応
0xE000E204	SETPEND1	R/W	0	外部割り込み #32 〜 63 の保留
…	−	−	−	−

表 D.9 外部割り込み保留クリア・レジスタ（External Interrupt CLRPEND Registers）（0xE000E280 〜 0xE000E29C）

アドレス	名前	タイプ	リセット値	説明
0xE000E280	CLRPEND0	R/W	0	外部割り込み #0 〜 31 の保留をクリア ビット [0] は割り込み #0 に対応 ビット [1] は割り込み #1 に対応 … ビット [31] は割り込み #31 に対応
0xE000E284	CLRPEND1	R/W	0	外部割り込み #32 〜 63 の保留をクリア
…	−	−	−	−

表D.10 外部割り込みアクティブ・ビット・レジスタ(External Interrupt ACTIVE Registers)(0xE000E300 〜 0xE000E31C)

アドレス	名前	タイプ	リセット値	説明
0xE000E300	ACTIVE0	R	0	外部割り込み #0〜31のアクティブ状態 ビット[0]は割り込み#0に対応 ビット[1]は割り込み#1に対応 … ビット[31]は割り込み#31に対応
0xE000E304	ACTIVE1	R	0	外部割り込み #32〜63のアクティブ状態
…	−	−	−	−

表D.11 外部割り込み優先度レジスタ(External Interrupt Priority-Level Register)(0xE000E400 〜 0xE000E4EF; バイト・アドレスで表記)

アドレス	名前	タイプ	リセット値	説明
0xE000E400	PRI_0	R/W	0	外部割り込み#0の優先度
0xE000E401	PRI_1	R/W	0	外部割り込み#1の優先度
…	−	−	−	−
0xE000E41F	PRI_31	R/W	0	外部割り込み#31の優先度
…				

表D.12 CPUIDベース・レジスタ(CPU ID Base Register)(アドレス 0xE000ED00)

ビット	名前	タイプ	リセット値	説明
31：24	IMPLEMENTER	R	0x41	実装者コード．ARMは0x41
23：20	VARIANT	R	0x0/0x1/0x2	実装定義のバリアント番号
19：16	CONSTANT	R	0xF	定数
15：4	PARTNO	R	0xC23	部品番号
3：0	REVISION	R	0x0/0x1	リビジョン・コード

表D.13 割り込み制御ステータス・レジスタ(Interrupt Control and State Register)(0xE000ED04)

ビット	名前	タイプ	リセット値	説明
31	NMIPENDSET	R/W	0	NMIを保留
28	PENDSVSET	R/W	0	1を書き込むとシステム・コール(PendSV)を保留する．読んだ値は保留状態を示す
27	PENDSVCLR	W	0	1を書き込むとPendSVの保留状態をクリアする
26	PENDSTSET	R/W	0	1を書き込むとSysTick例外を保留する．読んだ値は保留状態を示す
25	PENDSTCLR	W	0	1を書き込むとSysTickの保留状態をクリアする
23	ISRPREEMPT	R	0	(デバッグ用に)保留中の割り込みが次のステップでアクティブになることを示す
22	ISRPENDING	R	0	外部割込み保留中(NMIとシステム例外などのフォールトは除外する)
21：12	VECTPENDING	R	0	保留中のISR番号
11	RETTOBASE	R	0	プロセッサが例外ハンドラを実行中に，ほかの例外が保留されておらず，割り込みから戻る際にはスレッド・レベルに戻れる場合は1にセットされる
9：0	VETACTIVE	R	0	現在実行中の割り込みサービス・ルーチンの番号

表D.14 ベクタ・テーブル オフセット・レジスタ（Vector Table Offset Register）（アドレス 0xE000ED08）

ビット	名前	タイプ	リセット値	説明
29	TBLBASE	R/W	0	テーブル・ベースはコード（0）またはRAM（1）のいずれかに存在する
28：7	TBLOFF	R/W	0	コード領域またはRAM領域上のテーブル・オフセット値

表D.15 アプリケーション割り込みおよびリセット制御レジスタ（Application Interrupt and Reset Control Register）（アドレス 0xE000ED0C）

ビット	名前	タイプ	リセット値	説明
31：16	VECTKEY	R/W	-	アクセス・キー．このレジスタに書き込みを行うには，このフィールドに0x05FAを書き込むことが必要．それ以外の場合は，書き込みが無視される．また読み出した場合の戻り値は0xFA05である
15	ENDIANESS	R	-	データのエンディアン形式を示す．1はビッグ・エンディアン（BE8），0はリトル・エンディアン．リセットの直後だけ変更可能．
10：8	PRIGROUP	R/W	0	割り込み優先度グループ
2	SYSRESETREQ	W	-	チップ制御ロジックにリセットの発生を要求する
1	VETCLRACTIVE	W	-	例外のすべてのアクティブ状態をクリアする．一般的にデバッグまたはOSがシステム・エラーからシステムを復帰するために使用する（リセットはより安全）
0	VECTRESET	W	-	Cortex-M3を（デバッグ・ロジックを除いて）リセットするが，プロセッサの外にある回路はリセットしない

表D.16 システム制御レジスタ（System Control Register）（0xE000ED10）

ビット	名前	タイプ	リセット値	説明
4	SEVONPEND	R/W	0	保留中のイベント送信．割り込みの優先度が現在のレベルより高いかによらず，新しい割り込みが保留された場合は，WFEからウェークアップする
3	予約	-	-	
2	SLEEPDEEP	R/W	0	スリープ・モードに入る際に，SLEEPDEEPを有効にする信号を出力する
1	SEEPONEXIT	R/W	0	SleepOnExit（退出時にスリープ移行）機能を有効にする
0	予約	-	-	

表D.17 構成制御レジスタ（Configuration Control Register）（0xE000ED14）

ビット	名前	タイプ	リセット値	説明
9	STKALIGH	R/W	0または1	例外スタックの開始をダブルワード・アラインしたアドレスに強制する[注1]．Cortex-M3リビジョン1ではデフォルトが0，リビジョン2ではデフォルトが1
8	BFHFNMIGN	R/W	0	ハード・フォールトとNMIハンドラの処理中のデータ・バス・フォールトを無視する
7：5	予約	-	-	予約
4	DIV_0_TRP	R/W	0	0による除算でのトラップ
3	UNALIGN_TRP	R/W	0	アンアラインド・アクセス用のトラップ
2	予約	-	-	予約
1	USERSETMPEND	R/W	0	1に設定されている場合は，ユーザ・コードがソフトウェア・トリガ割り込みレジスタに書き込みを行うことを許可する

表 D.17 構成制御レジスタ (Configuration Control Register)(0xE000ED14)(つづき)

ビット	名前	タイプ	リセット値	説明
0	NONBASETHRDENA	R/W	0	ベース以外のスレッドへの復帰を許可する．1に設定されている場合は，例外ハンドラは戻り値の制御によって，ハンドラ・モードのどのレベルからでもスレッド・モードに移行することが許可される

注1：Cortex-M3のビジョン0はこの機能をもたない．リビジョン1から利用できる．

表 D.18 システム・ハンドラ優先度レジスタ (System Exceptions Priority-Level Register)
　　　　(0xE000ED18～0xE000ED23；バイト・アドレスで表記)

アドレス	名前	タイプ	リセット値	説明
0xE000ED18	PRI_4	R/W	0	メモリ管理フォールトの優先度
0xE000ED19	PRI_5	R/W	0	バス・フォールトの優先度
0xE000ED1A	PRI_6	R/W	0	用法フォールトの優先度
0xE000ED1B	—	—	—	—
0xE000ED1C	—	—	—	—
0xE000ED1D	—	—	—	—
0xE000ED1E	—	—	—	—
0xE000ED1F	PRI_11	R/W	0	SVCallの優先度
0xE000ED20	PRI_12	R/W	0	デバッグ・モニタの優先度
0xE000ED21	—	—	—	—
0xE000ED22	PRI_14	R/W	0	PendSVの優先度
0xE000ED23	PRI_15	R/W	0	SysTickの優先度

表 D.19 システム・ハンドラ制御および状態レジスタ (System Handler Control and State Register)(0xE000ED24)

ビット	名前	タイプ	リセット値	説明
18	USGFAULTENA	R/W	0	用法フォールト・ハンドラを許可する
17	BUSFAULTENA	R/W	0	バス・フォールト・ハンドラを許可する
16	MEMFAULTENA	R/W	0	メモリ管理フォールトを許可する
15	SVCALLPENDED	R/W	0	SVCの保留．SVCallが開始されたが，優先度のより高い例外に置き換えられている
14	BUSFAULTPENDED	R/W	0	バス・フォールトの保留．バス・フォールトは開始されたが，優先度のより高い例外に置き換えられている
13	MEMFAULTPENDED	R/W	0	メモリ管理フォールトの保留．メモリ管理フォールトは開始されたが，優先度のより高い例外に置き換えられている
12	USGFAULTPENDED	R/W	0	用法フォールトの保留．用法フォールトは開始されたが，優先度のより高い例外に置き換えられている
11	SYSTICKACT	R/W	0	SysTick例外がアクティブならば，1として読み出される
10	PENDSVACT	R/W	0	PenSV例外がアクティブならば，1として読み出される
8	MONITORACT	R/W	0	デバッグ・モニタ例外がアクティブならば，1として読み出される
7	SVCALLACT	R/W	0	SVCall例外がアクティブならば，1として読み出される
3	USGFAULTACT	R/W	0	用法フォールト例外がアクティブならば，1として読み出される
1	BUSFAULTACT	R/W	0	バス・フォールト例外がアクティブならば，1として読み出される
0	MEMFAULTACT	R/W	0	メモリ管理フォールト例外がアクティブならば，1として読み出される

注意事項：ビット12（USGFAULTPENDED）はCortex-M3のリビジョン0では利用できない．

表D.20 メモリ管理フォールト・ステータス・レジスタ（Memory Management Fault Status Register）（0xE000ED28；バイト・サイ

ビット	名前	タイプ	リセット値	説明
7	MMARVALID	R/Wc	0	メモリ管理アドレス・レジスタ（MMAR）が有効であることを示す
6：5	-	-	-	-
4	MSTKERR	R/Wc	0	スタッキングのエラー
3	MUNSTKERR	R/Wc	0	アンスタッキングのエラー
2	-	-	-	-
1	DACCVIOL	R/Wc	0	データ・アクセス違反
0	IACCVIOL	R/Wc	0	命令アクセス違反

表D.21 バス・フォールト・ステータス・レジスタ（Bus Fault Status Register）（0xE000ED29；バイト・サイズ）

ビット	名前	タイプ	リセット値	説明
7	BFARVALID	R/Wc	0	バス・フォールト・アドレス・レジスタ（BFAR）が有効であることを示す
6：5	-	-	-	-
4	STKERR	R/Wc	0	スタッキング・エラー
3	UNSTKERR	R/Wc	0	アンスタッキング・エラー
2	IMPREISERR	R/Wc	0	不正確なデータ・バス・アクセス違反
1	PRECISERR	R/Wc	0	正確なデータ・バス・アクセス違反
0	IBUSERR	R/Wc	0	命令バス・アクセス違反

表D.22 用法フォールト・ステータス・レジスタ（Usage Fault Status Register）（0xE000ED2A；ハーフ・ワード・サイズ）

ビット	名前	タイプ	リセット値	説明
9	DIVBYZERO	R/Wc	0	0による除算が行われたことを示す（DIV_0_TRPを1に設定した場合だけ利用できる）
8	UNALIGNED	R/Wc	0	アンアラインド・アクセスが行われたことを示す（UNALIGN_TRPを1に設定した場合だけ利用できる）
7：4	-	-	-	-
3	NOCP	R/Wc	0	コプロセッサ命令の実行を試みた
2	INVPC	R/Wc	0	例外のEXC_RERTURN番号に不正な値で実行を試みた
1	INVSTATE	R/Wc	0	（ARM状態などの）無効な状態への切り替えを試みた
0	UNDEFINSTR	R/Wc	0	未定義命令の実行を試みた

表D.23 ハード・フォールト・ステータス・レジスタ（Hard Fault Status Register）（0xE000ED2C）

ビット	名前	タイプ	リセット値	説明
31	DEBUGEVT	R/Wc	0	デバッグ・イベントによりハード・フォールトがトリガされていることを示す
30	FORCED	R/Wc	0	バス・フォールト/メモリ管理フォールト/用法フォールトによりハード・フォールトが起きていることを示す
29：2	-	-	-	-
1	INVSTATE	R/Wc	0	ベクタ・フェッチの失敗によりハード・フォールトが引き起こされたことを示す
0	-	-	-	-

表 D.24 デバッグ・フォールト・ステータス・レジスタ（Debug Fault Status Register）（0xE000ED30）

ビット	名前	タイプ	リセット値	説明
4	EXTERNAL	R/Wc	0	EDBGRQ 信号がアサートされた
3	VCATCH	R/Wc	0	ベクタ・フェッチが発生した
2	DWTTRAP	R/Wc	0	DWT が一致した
1	BKPT	R/Wc	0	BKPT 命令が実行された
0	HALTED	R/Wc	0	NVIC によりホールトが要求された

表 D.25 メモリ管理フォールト・アドレス・レジスタ（Memory Manage Fault Address Register MMAR）（0xE000ED34）

ビット	名前	タイプ	リセット値	説明
31：0	MMAR	R	−	メモリ管理フォールトを引き起こしたアドレス

表 D.26 バス・フォールト アドレス・レジスタ（Bus Fault Address Register BFAR）（0xE000ED38）

ビット	名前	タイプ	リセット値	説明
31：0	BFAR	R	−	バス・フォールトを引き起こしたアドレス

表 D.27 補助フォールト・ステータス・レジスタ（Auxiliary Fault Status Register）（0xE000ED3C）

ビット	名前	タイプ	リセット値	説明
31：0	ベンダが制御	R/Wc	−	ベンダが実装時に定義（オプション）

表 D.28 MPU タイプ・レジスタ（MPU Type Register）（0xE000ED90）

ビット	名前	タイプ	リセット値	説明
23：16	IREGION	R	0	命令領域の数．ARM v7-M アーキテクチャは統合型 MPU のため，常に 0 になる
15：8	DREGION	R	0 または 8	この MPU が対応する領域の数
0	SEPARATE	R	0	MPU は常に統合型のため，常に 0 になる

表 D.29 MPU 制御レジスタ（MPU Control Register）（0xE000ED94）

ビット	名前	タイプ	リセット値	説明
2	PRIVDEFENA	R/W	0	特権アクセスのためにデフォルトのメモリ・マップを許可する
1	HFNMIENA	R/W	0	1 に設定されている場合は，ハード・フォールト・ハンドラと NMI ハンドラの間も MPU が有効になる．0 に設定されている場合は，ハード・フォールトと NMI は MPU が無効となる
0	ENABLE	R/W	0	1 に設定すると MPU が許可される

表 D.30 MPU 領域番号レジスタ（MPU Region Number Register）（0xE000ED98）

ビット	名前	タイプ	リセット値	説明
7：0	REGION	R/W	−	設定を行う領域を選択する

表D.31 MPU領域ベース・アドレス・レジスタ(MPU Region Base Address Register)(0xE000ED9C)

ビット	名前	タイプ	リセット値	説明
31:N	ADDR	R/W	−	領域のベース・アドレス.Nは領域の大きさに依存する
4	VALID	R/W	−	1に設定した場合,ビット[3:0]のREGIONの定義がこの設定に使用され,それ以外の場合は,MPU領域番号レジスタ(MPU Region Number register)を使用して領域を選択する
3:0	REGION	R/W	−	VALIDが1の場合はこのフィールドによりMPU領域番号レジスタ(MPU Region Number register)を無視する.VALIDが0の場合はこのフィールドは無視される

表D.32 MPU領域属性およびサイズ・レジスタ(MPU Region Attribute and Size Register)(0xE000EDA0)

ビット	名前	タイプ	リセット値	説明
31:29	予約	−	−	−
28	XN	R/W	−	命令アクセス禁止(1=禁止)
27	予約	−	−	−
26:24	AP	R/W	−	データ・アクセス許可フィールド
23:22	予約	−	−	−
21:19	TEX	R/W	−	タイプ拡張フィールド
18	S	R/W	−	共有可
17	C	R/W	−	キャッシュ化
16	B	R/W	−	バッファ化
15:8	SRD	R/W	−	サブ領域禁止
7:6	予約	−	−	−
5:1	REGION SIZE	R/W	−	MPU保護領域サイズ
0	SZENABLE	R/W	−	領域許可

表D.33 MPUエイリアス・レジスタ(MPU Alias Registers)(0xE000EDA4-0xE0000EDB8)

アドレス	名前	説明
0xE000EDA4	D9Cのエイリアス	MPU領域ベース・アドレス・レジスタ(MPU Region Base Address Register)のMPUエイリアス1
0xE000EDA8	DA0のエイリアス	MPU領域属性およびサイズ・レジスタ(MPU Region Base Attribute and Size Register)のMPUエイリアス1
0xE000EDAC	D9Cのエイリアス	MPU領域ベース・アドレス・レジスタ(MPU Region Base Address Register)のMPUエイリアス2
0xE000EDB0	DA0のエイリアス	MPU領域属性およびサイズ・レジスタ(MPU Region Base Attribute and Size Register)のMPUエイリアス2
0xE000EDB4	D9Cのエイリアス	MPU領域ベース・アドレス・レジスタ(MPU Region Base Address Register)のMPUエイリアス3
0xE000EDB8	DA0のエイリアス	MPU領域属性およびサイズ・レジスタ(MPU Region Base Attribute and Size Register)のMPUエイリアス3

表D.34 デバッグ・ホールト制御およびステータス・レジスタ(Debug Halting Control and Status Register)(0xE000EDF0)

ビット	名前	タイプ	リセット値	説明
31:16	KEY	W	−	デバッグ・キー.このレジスタに書き込むときは,必ず0xA05Fを書き込む必要がある.それ以外の場合は,書き込みが無視される
25	S_RESET_ST	R	−	コアがリセットされた,またはリセット中であることを示す.このビットは読み出し時にクリアされる
24	S_RETIRE_ST	R	−	最後に読み出された後で,命令が完了したことを示す.このビットは読み出し時にクリアされる

表 D.34　デバッグ・ホールト制御およびステータス・レジスタ（Debug Halting Control and Status Register）（0xE000EDF0）（つづき）

ビット	名前	タイプ	リセット値	説明
19	S_LOCKUP	R	−	このビットが1の場合は，コアはロック・アップ状態
18	S_SLEEP	R	−	このビットが1の場合は，コアはスリープ・モード
17	S_HALT	R	−	このビットが1の場合は，コアはホールトしている
16	S_REGRDY	R	−	レジスタの読み出し/書き込み操作が完了した
15：6	予約	−	−	予約
5	C_SNAPSTALL	R/W	−	ストールしたメモリ・アクセスを解除するために使用する
4	予約	−	−	予約
3	C_MASKINTS	R/W	−	ステップ実行時に割り込みをマスクする．プロセッサをホールトさせている場合にだけ変更可能
2	C_STEP	R/W	−	プロセッサをシングル・ステップする．C_DEBUGENが1に設定されている場合だけ有効
1	C_HALT	R/W	−	プロセッサ・コアをホールトする．C_DEBUGENが1に設定されている場合だけ有効
0	C_DEBUGEN	R/W	−	ホールト・モード・デバックを許可する

表 D.35　デバッグ・コア・レジスタ・セレクタ・レジスタ（Debug Core Register Selector Register）（0xE000EDF4）

ビット	名前	タイプ	リセット値	説明
16	REGWnR	W	−	データ転送の方向： 書き込み = 1，読み出し = 0
15：5	予約	−	−	
4：0	REGSEL	W	−	アクセスするレジスタ： 00000 = R0 00001 = R1 … 01111 = R15 10000 = xPSR/フラグ 10001 = MSP（メイン・スタック・ポインタ） 10010 = PSP（プロセス・スタック・ポインタ） 10100 = 特殊レジスタ： ［31：24］Control ［23：16］FAULTMASK ［15：8］BASEPRI ［7：0］PRIMASK そのほかの値は予約

表 D.36　デバッグ・コア・レジスタ・データ・レジスタ（Debug Core Register Data Register）（0xE000EDF8）

ビット	名前	タイプ	リセット値	説明
31：0	Data	R/W	−	データ・レジスタは選択したレジスタの読み出しの結果または書き込みデータを保持する

表 D.37　デバッグ例外およびモニタ制御レジスタ（Debug Exception and Monitor Control Register）（0xE000EDFC）

ビット	名前	タイプ	リセット値	説明
24	TRACENA	R/W	0	トレース・システムを許可する．DWT, ETM, ITMとTPIUを使用するためには，このビットを1に設定することが必要
23：20	予約	−	−	予約
19	MON_REQ	R/W	0	ハードウェアによるデバッグ・イベントの代わりに，手動で保留要求したことをデバッグ・モニタに示す

表 D.37 デバッグ例外およびモニタ制御レジスタ (Debug Exception and Monitor Control Register) (0xE000EDFC) (つづき)

ビット	名前	タイプ	リセット値	説明
18	MON_STEP	R/W	0	プロセッサをシングル・ステップする．MON_ENが1に設定されている場合にだけ有効
17	MON_PEND	R/W	0	モニタ例外要求を保留します．優先度で許可されればコアはモニタ例外に入る
16	MON_EN	R/W	0	デバッグ・モニタ例外を許可する
15：11	予約	−	−	予約
10	VC_HARDER	R/W	0	ハード・フォールトでのデバッグ・トラップ
9	VC_INTERR	R/W	0	割り込み/例外サービス・エラーでのデバッグ・トラップ
8	VC_BUSERR	R/W	0	バス・フォールトでのデバッグ・トラップ
7	VC_STATERR	R/W	0	用法フォールト状態エラーでのデバッグ・トラップ
6	VC_CHKERR	R/W	0	用法フォールト・イネーブル・チェック・エラー（アンアラインド，0による除算など）でのデバッグ・トラップ
5	VC_NONCPERR	R/W	0	存在しないコプロセッサへの用法フォールトでのデバッグ・トラップ
4	VC_MMERR	R/W	0	メモリ管理フォールトでのデバッグ・トラップ
3：1	予約	−	−	予約
0	VC_CORERESET	R/W	0	コア・リセットでのデバッグ・トラップ

表 D.38 ソフトウェア トリガ割り込みレジスタ (Software Trigger Interrupt Register) (0xE000EF00)

ビット	名前	タイプ	リセット値	説明
8：0	INTID	W	−	書き込んだ割り込み番号の割り込み保留ビットを1に設定する

表 D.39 NVIC ペリフェラル ID レジスタ (NVIC Peripheral ID Registers) (0xE000EFD0 〜 0xE000EFFC)

アドレス	名前	タイプ	リセット値	説明
0xE000EFD0	PERIPHID4	R	0x04	ペリフェラルIDレジスタ
0xE000EFD4	PERIPHID5	R	0x00	ペリフェラルIDレジスタ
0xE000EFD8	PERIPHID6	R	0x00	ペリフェラルIDレジスタ
0xE000EFDC	PERIPHID7	R	0x00	ペリフェラルIDレジスタ
0xE000EFE0	PERIPHID0	R	0x00	ペリフェラルIDレジスタ
0xE000EFE4	PERIPHID1	R	0xB0	ペリフェラルIDレジスタ
0xE000EFE8	PERIPHID2	R	0x0B/0x1B/0x2B	ペリフェラルIDレジスタ
0xE000EFEC	PERIPHID3	R	0x00	ペリフェラルIDレジスタ
0xE000EFF0	PCELLID0	R	0x0D	コンポーネントIDレジスタ
0xE000EFF4	PCELLID1	R	0xE0	コンポーネントIDレジスタ
0xE000EFF8	PCELLID2	R	0x05	コンポーネントIDレジスタ
0xE000EFFC	PCELLID3	R	0xB1	コンポーネントIDレジスタ

注意事項：PERIPHID2の値は，Cortex-M3リビジョン0では0x0B，Cortex-M3リビジョン1では0x1B，Cortex-M3リビジョン2では0x2Bになる．

付録 E

Cortex-M3 Troubleshooting Guide

Cortex-M3 トラブル・シューティング・ガイド

E.1 概要

　Cortex-M3 を使用するときの課題の一つは，プログラムが正しく動かないときに，問題の場所を見つけることです．Cortex-M3 プロセッサは問題の解決に役に立つ複数のフォールト・ステータス・レジスタ（**表 E.1**）を提供しています．

表 E.1　Cortex-M3 のフォールト・ステータス・レジスタ

アドレス	レジスタ	完全な名前	サイズ
0xE000ED28	MMSR	メモリ管理フォールト・ステータス・レジスタ (MemManage Fault Status register)	バイト
0xE000ED29	BFSR	バス・フォールト・ステータス・レジスタ (Bus Fault Status register)	バイト
0xE000ED2A	UFSR	用法フォールト・ステータス・レジスタ (Usage Fault Status register)	ハーフ・ワード
0xE000ED2C	HFSR	ハード・フォールト・ステータス・レジスタ (Hard Fault Status register)	ワード
0xE000ED30	DFSR	デバッグ・フォールト・ステータス・レジスタ (Debug Fault Status register)	ワード
0xE000ED3C	AFSR	補助フォールト・ステータス・レジスタ (Auxiliary Fault Status register)	ワード

　MMSR，BFSR と UFSR レジスタはワード転送命令を使用し，1 度にまとめてアクセスできます．この三つのフォールト・ステータス・レジスタを合わせたものは，構成可能なフォールト・ステータス・レジスタ CFSR（Configurable Fault Status Register）と呼ばれます．

　ほかの重要な情報はスタックに保存されたプログラム・カウンタ PC（Program Counter）です．これはメモリのアドレス [SP + 24] に配置されます．Cortex-M3 には二つのスタック・ポインタがあるため，フォールト・ハンドラは，スタックに保存された PC を求める前に，どちらのスタック・ポインタが使用されたのかを判定する必要があります．

　加えて，バス・フォールトとメモリ管理フォールトのために，フォールトが発生したアドレスを判定することができます．これは，メモリ管理フォールト・アドレス・レジスタ MMAR（MemManage (Memory Management) Fault Address Register）とバス・フォールト・アドレス・レジスタ BFAR

(Bus Fault Address Register)にアクセスすることにより実現できます（図E.1）．

```
          ビット31        16 15    8 7     0
0xE000ED3C [          AFSR                  ]

0xE000ED30 [          DFSR                  ]

0xE000ED2C [          HFSR                  ]

0xE000ED28 [   UFSR      ][  BFSR  ][  MFSR ]
```

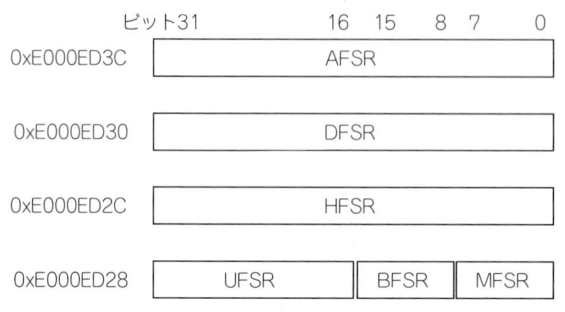

図E.1　フォールト・ステータス・レジスタへのアクセス

　二つのレジスタの内容は，メモリ管理フォールト・ステータス・レジスタ（MMSR）のMMAVALIDビットまたは，バス・フォールト・ステータス・レジスタ（BFSR）のBFARVALIDビットがセットされている場合にだけ有効です．MMARとBFARは物理的に同じレジスタのため，片方だけしか有効になりません（表E.2）．

表E.2　Cortex-M3のフォールト・アドレス・レジスタ

アドレス	レジスタ	完全な名前	サイズ
0XE000ED34	MMAR	メモリ管理フォールト・アドレス・レジスタ （MemManage Fault Address register）	ワード
0XE000ED38	BFAR	バス・フォールト・アドレス・レジスタ （Bus Fault Address register）	ワード

　最終的に，フォールト・ハンドラに入る際のリンク・レジスタLR（Link Register）の値は，フォールトの発生に関係するヒントを提供します．無効なEXC_RETURN値によりフォールトが発生した場合には，フォールト・ハンドラに入るときのLRの値はフォールトが生じる前の値を示します．フォールト・ハンドラは障害のあるLRの値を通知することができます．またソフトウェアのプログラマは，この情報を利用して，なぜLRが不正な戻り値になったのかを最終的に確認できます．

E.2　フォールト・ハンドラの開発

　多くの場合，開発作業のためのフォールト・ハンドラと実際に動作させるシステムとでは異なります．ソフトウェアの開発のためのフォールト・ハンドラは，エラー・タイプの報告に焦点を合わせることが必要です．それに対し，実際に動作させるシステムのためのフォールト・ハンドラは，システムの復旧作業に焦点を合わせたものになるでしょう．システムの復旧作業は，設計の種類と要求に大きく依存しているので，ここでは，フォールトの報告だけを取り扱います．
　複雑なソフトウェアでは，フォールト・ハンドラの内部で結果を出力する代わりに，レジスタの内容をメモリ・ブロックに複製し，さらにPendSVを使用してフォールトの詳細を後から報告することができます．これにより，フォールト・ハンドラの内部で表示もしくは出力ルーチンを呼び出すことによって潜在的にロックアップを引き起こすことを回避します．単純なアプリケーションではこのような恐れ

はまずないので，フォールトの詳細をフォールト・ハンドラ・ルーチンから直接に出力させることができます．

E.2.1 フォールト・ステータス・レジスタの通知

フォールト・ハンドラの非常に基本的な段階は，以下のフォールト・ステータス・レジスタの値を通知することです．

- UFSR
- BFSR
- MMSR
- HFSR
- DFSR
- AFSR（オプション）

E.2.2 スタックされたPCの通知

本書の中のSVCの例と同様の手順でスタックに保存されたPCを取得することができます（図E.2）．

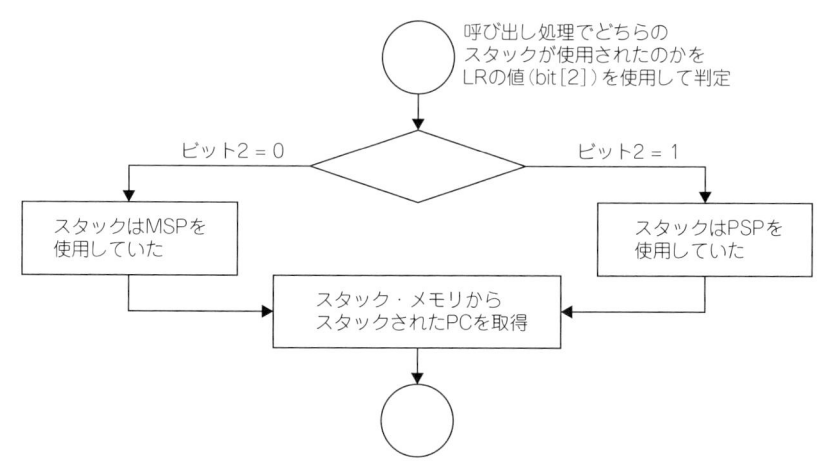

図E.2 スタック・メモリにからスタックに保存されたPCの値を取得する

この処理は以下のアセンブリ言語で実行することができます．

```
    TST    LR, #0x4      ; Test EXC_RETRUN number in LR bit 2
    ITTEE  EQ            ; if zero (equal) then
    MRSEQ  R0, MSP       ; Main Stack was used, put MSP in R0
    LDREQ  R0, [R0, #24] ; Get stacked PC from stack.
    MRSNE  R0, PSP       ; else, Process Stack was used, put PSP in R0
    LDRNE  R0, [R0, #24] ; Get stacked PC from stack.
```

これにより，作成した逆アセンブリ・コードのリストから問題の場所の特定を容易にしデバッグを助けます．

E.2.2　フォールト・アドレス・レジスタの読み出し

　フォールト・アドレス・レジスタは，MMARVALIDまたはBFARVALIDがクリアされた後に消去することができます．フォールト・アドレス・レジスタに正しくアクセスするには，以下の手順を必ず使う必要があります．

1. BFAR/MMARを読み出す
2. BFARVALID/MMARVALIDを読み出す．もしこれが0の場合は，BFAR/MMARを読み出した値を必ず廃棄する
3. BFARVALID/MMARVALIDをクリアする

　VALIDビットを先に読み出す手順でなく，この手順を行う理由は，VALIDビットを読み出した後に，ほかの優先度の高いフォールト・ハンドラの横取りにより，フォールト・ハンドラが保留され，以下に示すように誤ったフォールトを通知する手順となることがあるからです．

1. BFARVALID/MMARVALIDを読み出す
2. VALIDビットをセットし，BFAR/MMARを読み出しに行く
3. 実行中のフォールト・ハンドラを優先度の高い例外が横取りし，別のフォールトが発生し，別のフォールト・ハンドラの実行を引き起こす
4. 優先度の高いフォールト・ハンドラがBFARVALID/MMARVALIDビットをクリアすることにより，BFAR/MMARが消去される
5. この後に元のフォールト・ハンドラに戻り，BFAR/MMARを読み出す．しかし，現在の内容は無効なので，無効なフォールト・アドレスの通知を返すこととなる

　したがって，確実にアドレス・レジスタの内容を有効にするために，フォールト・アドレス・レジスタを読み出した後にBFARVALID/MMARVALIDを読み出すことが重要です．

E.2.4　フォールト・ステータス・ビットのクリア

　フォールトの通知が完了した後に，次のフォールト・ハンドラが前のフォールトによって混乱することなく実行されるように，FSRのフォールト・ステータス・ビットを必ずクリアしなくてはなりません．なお，もしVALIDビットをクリアしなかった場合は，フォールト・アドレス・レジスタは，次のフォールトのための更新がされません．

E.2.5　その他

　多くの場合，LRの内容をフォールト・ハンドラの始まりで保存することが必要です．しかし，スタック・エラーによりフォールトが生じている場合に，LRをスタックにプッシュすることは事態をさらに悪化させます．そこで，必ず値があらかじめ保存されることがわかっているレジスタR0～R3とR12の一つにどの関数の呼びしを実行する前にもLRをコピーしておきます．

E.3　C言語によるスタックされたレジスタの値およびフォールト・ステータス・レジスタの報告

　ほとんどのCortex-M3開発者は製品開発にC言語を使用します．しかし，C言語ではスタック・ポイ

E.3 C言語によるスタックされたレジスタの値およびフォールト・ステータス・レジスタの報告

ンタの値を取得できないので，スタック・フレーム（スタックに保存されたレジスタの値）の場所を見つけ，直接アクセスすることが困難です．C言語で書いたフォールト・ハンドラの中でスタック・フレームの内容を報告するには，スタックを指し示す値を得るために短いアセンブリ言語コードが必要です．そして，その値をパラメータとしてフォールトを報告する関数へ渡します．この仕組みは第11章のSVC例（"C言語でSVCを使う"）とまったく同じです．次の例は，RealView開発ツール（RVDS）およびKEIL RealViewマイクロコントローラ開発キット（ReadView-MDK）と連動可能な組込みアセンブラを使用します．

プログラムの最初の部分はアセンブリ言語のラッパです．ベクタ・テーブルのハード・フォールトのエントリにはこのラッパ・コードの開始アドレスが必要です．ラッパ・コードは正しいスタック・ポインタの値をR0へコピーし，さらに値をC言語関数へパラメータとして渡します．

```
// hard fault handler wrapper in assembly
// it extract the location of stack frame and pass it
// to handler in C as pointer.
__asm void hard_fault_handler_asm(void)
{
IMPORT hard_fault_handler_c
TST    LR, #4
ITE    EQ
MRSEQ  R0, MSP
MRSNE  R0, PSP
B      hard_fault_handler_c
}
```

ハンドラの次の部分はC言語で書かれています．ここでは，スタックされたレジスタ・コンテンツやフォールト・ステータス・レジスタはどのようにアクセスされることができるのかを説明します．

```
// hard fault handler in C,
// with stack frame location as input parameter
void hard_fault_handler_c(unsigned int * hardfault_args)
{
unsigned int stacked_r0;
unsigned int stacked_r1;
unsigned int stacked_r2;
unsigned int stacked_r3;
unsigned int stacked_r12;
unsigned int stacked_lr;
unsigned int stacked_pc;
unsigned int stacked_psr;

stacked_r0 = ((unsigned long) hardfault_args[0]);
```

```
  stacked_r1  = ((unsigned long) hardfault_args[1]);
  stacked_r2  = ((unsigned long) hardfault_args[2]);
  stacked_r3  = ((unsigned long) hardfault_args[3]);

  stacked_r12 = ((unsigned long) hardfault_args[4]);
  stacked_lr  = ((unsigned long) hardfault_args[5]);
  stacked_pc  = ((unsigned long) hardfault_args[6]);
  stacked_psr = ((unsigned long) hardfault_args[7]);

  printf ("[Hard fault handler]\n");
  printf ("R0  = %x\n", stacked_r0);
  printf ("R1  = %x\n", stacked_r1);
  printf ("R2  = %x\n", stacked_r2);
  printf ("R3  = %x\n", stacked_r3);
  printf ("R12 = %x\n", stacked_r12);
  printf ("LR  = %x\n", stacked_lr);
  printf ("PC  = %x\n", stacked_pc);
  printf ("PSR = %x\n", stacked_psr);
  printf ("BFAR = %x\n", (*((volatile unsigned long *)(0xE000ED38))));
  printf ("CFSR = %x\n", (*((volatile unsigned long *)(0xE000ED28))));
  printf ("HFSR = %x\n", (*((volatile unsigned long *)(0xE000ED2C))));
  printf ("DFSR = %x\n", (*((volatile unsigned long *)(0xE000ED30))));
  printf ("AFSR = %x\n", (*((volatile unsigned long *)(0xE000ED3C))));

  exit(0); // terminate

  return;
}
```

このハンドラは，スタック・ポインタが(たとえばスタック・オーバフローにより)無効なメモリ領域を示している場合，正常に機能しません．これは，ほとんどの場合スタックはC言語関数で必要とされるので，すべてのC言語コードに影響を与えます．

E.4 フォールトの原因を理解する

必要とする情報を得た後に，問題の原因を確定することができます．**表E.3～表E.7**に，いくつかの共通のフォールトが生じる原因を記載します．

表E.3 メモリ管理フォールト・ステータス・レジスタ

ビット	考えられる原因
MSTKERR	(例外の始まりの) スタッキングの実行中にエラーが発生した： 1) スタック・ポインタが破損している 2) スタックのサイズが大きくなり過ぎてMPUにより定義されていない，または設定で許可されていない領域に到達した
MUNSTKERR	(例外の終了で) アンスタッキングの実行中にエラーが発生した．スタッキング中にエラーがなく，アンスタッキング中にエラーが発生するのは以下の場合である 1. 例外の実行中にスタック・ポインタを破損した 2. MPUの設定が例外ハンドラにより変更された
DACCVIOL	メモリ・アクセス保護による異常はMPUの設定によって定義される．たとえば，ユーザ・アプリケーションが特権専用領域にアクセスを試みた場合である
IACCVIOL	1. メモリ・アクセス保護による異常はMPUの設定によって定義される．たとえば，ユーザ・アプリケーションが特権専用領域にアクセスを試みた場合である．スタックされたPCがコードの配置が可能な領域でなければ問題が発生する 2. 実行できない領域への分岐 3. 無効な例外復帰コード 4. 例外ベクタ・テーブルの中の無効なエントリ．たとえば，従来のARMコアのように実行イメージをメモリに入れていた．または，ベクタ・テーブルが設定される前に例外が発生した 5. 例外処理中にスタックしたPCを破損した

表E.4 バス・フォールト・ステータス・レジスタ

ビット	考えられる原因
STKERR	(例外の始まりの) スタッキングの実行中にエラーが発生した： 1. スタック・ポインタが破損した 2. スタックのサイズが大きくなり過ぎてMPUにより定義されていないか設定で許可されていない領域に到達した 3. PSPを初期化せずに使用した
UNSTKERR	(例外の終了で) アンスタッキングの実行中にエラーが発生した．スタッキング中にエラーがなく，アンスタッキング中にエラーが発生するのは，スタック・ポインタが例外の中で破損した場合である
IMPERISERR	データ・アクセス中のバス・エラー．デバイスが初期化されていない場合，ユーザ・モードの中で特権専用デバイス・アクセスをした場合，または，特殊なデバイスに対して誤ったサイズで転送した場合に発生する
PRECIAERR	データ・アクセス中のバス・エラー．フォールト・アドレスがBFARに示される．バス・エラーは，デバイスが初期化されていない場合，ユーザ・モードの中で特権専用デバイスにアクセスした場合，または特殊なデバイスに対して誤ったサイズで転送した場合発生する
IBUSERR	1. メモリ・アクセス保護による異常はMPUの設定によって定義される．たとえば，ユーザ・アプリケーションが特権専用領域にアクセスを試みた場合である．スタックされたPCがコードの配置が可能な領域でなければ問題が発生する 2. 実行できない領域への分岐 3. 無効な例外復帰コード 4. 例外ベクタ・テーブルの中の無効なエントリ．たとえば，従来のARMコアの実行イメージをメモリに入れていた．または，ベクタ・テーブルが設定される前に例外が発生した 5. スタックしたPCに例外処理中に異常が発生した

表E.5 用法フォールト・ステータス・レジスタ

ビット	考えられる原因
DIVBYZERO	0による除算が実行され，なおかつDIV_0_TRPに1が設定されている．スタックされているPCの値からフォールトを引き起こしたコードを見つけることができる
UNALIGNED	アンアラインド・アクセスが試みられ，UNALIGN_TRPが1に設定されている．スタックされているPCの値からフォールトを引き起こしたコードを見つけることができる
NOCP	コプロセッサ命令の実行が試みられた．スタックされているPCの値からフォールトを引き起こしたコードを見つけることができる

表 E.5 用法フォールト・ステータス・レジスタ（つづき）

ビット	考えられる原因
INVPC	1. 例外からの復帰中にEXC_RETURN番号に無効な値が入れられている 　例： 　● スレッドへの復帰にEXC_RETURN = 0xFFFFFFF1 　● ハンドラへの復帰にEXC_RETURN = 0xFFFFFFF9 　問題を調査するために，現在のLRの値は，例外からの復帰に失敗した際のLRの値が提供される 2. 無効な例外のアクティブ状態 　例： 　● 現在の例外のための例外アクティブ・ビットがすでにクリアされている状態での例外からの復帰．VECTCLRACTIVEを使用しているか，NVICのSHCSR中の例外アクティブ・ステータスをクリアしていることが原因として考えられる 　● 一つ以上の例外アクティブ・ビットがアクティブのまま，例外からスレッドへ復帰する 3. スタックの破損が，スタックされるIPSRに異常を発生させる 　INVPCフォールトのために，スタックされたPCは，main/横取りされたプログラムを割り込んだ例外をフォールトしている場所を指している 　問題の発生する原因を調査するには，ITMの例外トレース機能を利用することがもっとも効果的である 4. 現在の命令のためのICI/ITビットが無効である 　これは，複数ロード/ストア命令が割り込みを受け，割り込みハンドラの実行中に，スタックされたPCが変更された場合に発生する． 　割り込みからの復帰が行われる際に，ゼロ以外のICIビットが適用され，命令がICIビットを使用しない． 　いくつかの問題は，スタックされたPSRの破損により発生する
INVSTATE	1. 分岐先アドレスをPCにロードする際にLSB（最下位ビット）がゼロである． 　スタックされたPCは分岐先を示す 2. ベクタ・テーブルのベクタ・アドレスのLSB（最下位ビット）がゼロである． 　スタックされたPCは例外ハンドラの始まりを示す 3. 例外処理中に，コアを例外の割り込みコードから復帰させるため，ARM状態へ切り替えたため，スタックされたPSRが破損した
UNDEFINSTR	1. Cortex-M3が対応していない命令を使用した 2. メモリ内容の異常/破損 3. ARMのオブジェクト・コードをリンクした実行イメージをロードした．コンパイラの設定を確認のこと 4. 命令のアラインに問題がある．たとえば，GNUツール・チェーンを使用し，.asciiの後の.alignを省いてしまった場合に，続く命令が（ハーフ・ワードアドレスの代わりに奇数アドレスからスタートする）アンアラインになる

表 E.6 ハード・フォールト・ステータス・レジスタ

ビット	考えられる原因
DEBUGEVF	デバッグ・イベントによりフォールトが引き起こされる． 1. ブレークポイント/ウォッチポイントのイベント 2. ハード・フォールト・ハンドラを実行中に，モニタ・ハンドラを許可しない(MON_EN=0)で，ホールト・デバッグを許可しない(C_DEBUG=0)でBKPTを実行した場合，ハード・フォールト・ハンドラの実行を引き起こす．一部のCコンパイラがデフォルトでBKPTを使用するセミホスティング・コードをインクルードすることによる
FORCED	1. SVC/モニタの中，または同じか，より高い優先度をもつ別のハンドラの中でSVC/BKPTの実行を試みた 2. フォールトが発生したが，対応するハンドラが許可されていないか，別の例外が同じか，より高い優先度で実行中か，例外のマスクが設定されているため，開始することができない
VECTBL	以下の要因により，ベクタのフェッチに失敗が引き起こされる場合がある 1. ベクタをフェッチする際のバス・フォールト 2. 無効なベクタ・テーブル・オフセットの設定

表 E.7 デバッグ・フォールト・ステータス・レジスタ

ビット	考えられる原因
EXTERNAL	DEBGRQ信号がアサートされた
VCATCH	ベクタ・キャッチ・イベントが発生した
DWTTRAP	DWTウォッチポイント・イベントが発生した
BKPT	1. ブレークポイント命令が実行された 2. FPBユニットがブレークポイント・イベントを発生させた．場合によっては，セミホスティング・デバッグによるセットアップより，C言語のスタートアップ・コードの一部として，BKPT命令が挿入される．実際のアプリケーション用のコードからこのコードを必ず削除することが必要である．詳細については，利用するコンパイラのドキュメントを参照
HALTED	NVICの中でホールトが要求された

E.5 ほかに起こりえる問題

複数のほかに起こりえる問題は表E.8です．

表 E.8 ほかに起こり得る問題

状況	考えられる原因
プログラムが実行されない	ベクタ・テーブルの設定作業に誤りがある． ● 無効なメモリの位置に配置されている ● (ハード・フォールト・ハンドを含む) ベクタのLSB (最下位ビット) が1に設定されていない ● (従来のベクタ・テーブルに入れるARMプロセッサのように) ベクタ・テーブルの中で分岐命令を使用している 逆アセンブラ・コードのリストを作り，ベクタ・テーブルの設定が正しく行われていることを確認すること
何命令か後にプログラムが壊れる	エンディアンの設定が間違っている，スタック・ポインタの設定が間違っている (ベクタ・テーブルを確認する)，または，従来のARMプロセッサ (Thumbコードの代わりにARMコード) のためのCオブジェクト・ライブラリを使用していることが原因として考えられる．Cオブジェクト・ライブラリのコードはC言語のスタートアップ・ルーチンの一部となるため障害の原因となる．ThumbまたはThumb-2ライブラリ・ファイルが確実に使用されるように，コンパイラとリンカのオプションを確認すること

INDEX

■記号
- -nostartfiles ··289
- μVision ··296

■A
- AAPCS ··································150, 161, 196
- ADK ··113
- Advanced High-Perfarmance Bus ·············107
- Advanced Microcontroller Bus Architecture ·······107
- Advanced Peripheral Bus ·························107
- AFSR ··132
- AHB ·······················96, 107, 113, 200
- AHB to APB ··108
- AHB-AP ···109, 256
- AHBアクセス・ポート ······························109
- AHBエラー応答 ······································127
- AHBからAPBへのブリッジ ·······················113
- AHBバス・マトリクス ································113
- AHBペリフェラル ·······································89
- ALIGN命令 ··200
- AMBA ··107, 236
- AMBA開発キット ····································113
- AP ···237
- APB ·································89, 107, 111
- APB-AP ···238
- APBバス ···109
- API ··132, 185
- APSR ··············43, 57, 72, 80, 319, 322
- ARM v7-Mアーキテクチャ ·························209
- ARM7でのビッグ・エンディアンのサポート ·········270
- ARMアーキテクチャ・プロシージャ・コール規約 ·······161
- ARM状態（32ビット命令） ·························22
- ATB ·························109, 112, 238, 250, 252
- ATB funnel ····································238, 250
- ATBストリーム・マージ機能 ······················250
- ATBファンネル ·······························238, 250

■B
- BASEPRI ······················27, 30, 43, 44, 45
- BASEPRI特殊レジスタ ····························142
- BASEPRIレジスタ ··································228
- BFAR ··127, 343

- BFSR ··127, 343
- Breakpoint ···60

■C
- CFSR ··343
- CLRENレジスタ ······································178
- CLRPEND ··139
- CONTROL ·······························27, 43, 45
- CoreSightアーキテクチャ ····················35, 238
- CoreSightデバッグ・アーキテクチャ ··············236
- CoreSightの概要 ·····································236
- Cortex-M3 ·································25, 28, 29,
  35, 36, 39, 46, 48, 63, 67, 76, 79, 105,
  107, 108, 109, 110, 115, 116, 145, 146,
  159, 175, 200, 205, 224, 227, 229, 233,
  235, 237, 249, 250, 254, 258, 261, 264,
  266, 268, 319, 331, 343
- COUNTFLAG ···224
- CPI ···251
- CPUコア ··107, 108
- CYCCNT ···251

■D
- DAP ·····················35, 109, 111, 236, 237
- D-Codeバス ··110
- DCRDR ···245
- DCRSR ···245, 246
- debug monitor exception ························240
- DEMCR ··································250, 252, 254
- DFSR ···245, 345
- DHCSR ·······························241, 245, 246
- DMB ···77, 172
- DP ···35, 237
- DSB ···77, 178
- DWT ·······················36, 109, 250, 252, 254
- Dコード ···31

■E
- EABI ···278
- EPSR ··43
- ETM ·························35, 109, 253, 254
- EXC_RETURN値 ····································154

F

- FAULTMASK ····· 27, 43, 44, 45, 141, 203, 234
- FD ·· 51
- FIQ ·· 34
- FPB ··························· 36, 109, 245, 256
- FSR ··· 131

H

- halt ·· 240
- HFSR ··· 131

I

- I-Codeバス ··· 110
- IDE ·· 162
- IF-THEN ·· 59
- IF-THEN(IT) ··· 156
- Insert/Remove Breakpoint ························· 307
- IPSR ··························· 43, 150, 151, 200
- IRQ ·· 48, 137
- ISB ·· 77
- ISR ·· 30, 194
- ITM ··························· 36, 109, 164, 252
- ITMでのソフトウェア・トレース ···················· 252
- ITMとDWTでのハードウェア・トレース ········ 253
- IT命令ブロック ··· 201
- Iコード ··· 31

J

- JTAG-DPデバッグ・インターフェース・モジュール ···· 263

K

- KEIL RealViewマイクロコントローラ開発キット ········ 295

L

- LDM/STM ·· 201
- LR ····························· 42, 71, 154, 344
- LRの値 ·· 344
- LSU ·· 251

M

- MCU ·· 17
- Memory Map ·· 310
- MFSR ·· 129
- MMAR ··· 129, 343
- MPU ············ 32, 91, 108, 128, 137, 205, 271
- MPU違反 ·· 156
- MPU制御レジスタ ······································ 206
- MPUタイプ・レジスタ ································· 206
- MPUのレジスタ ··· 210
- MPU領域 ··· 205
- MPU領域番号レジスタ ······························· 207
- MPU領域ベース・アドレス・レジスタ ·············· 208
- MPU領域ベース属性およびサイズ・レジスタ ········ 208
- MPUレジスタ ··· 206
- MRS/MSR ·· 41
- MRS命令 ·· 43, 52, 66
- MSP ························· 27, 40, 41, 52, 149, 151
- MSR命令 ··· 52, 66
- MSTKERR ··· 156
- MUNSTKERR ································· 157, 349

N

- NMI ·························· 37, 48, 137, 201, 272
- NMIベクタ ··· 185
- NVIC ······ 29, 34, 37, 137, 178, 246, 258, 333
- NVICアプリケーション割り込みおよびリセット制御レジスタ
  ·· 233
- NVIC構成制御レジスタ ······························ 196
- NVICシステム制御レジスタ ························ 227
- NVICデバッグ・ホールト制御およびステータス・レジスタ
  ·· 241
- NVIC割り込みレジスタへのアクセス ··············· 179

P

- PC ·· 42, 151
- PCの値 ·· 274
- PendSV ··································· 132, 133, 195
- PendSV例外 ··· 133
- PMU ·· 265
- PPB ··· 111, 249
- PRIMASK ········ 27, 43, 44, 45, 141, 171, 203
- PRIMASKs ·· 44
- PRIMASKレジスタ ····································· 141
- PSP ··························· 27, 40, 41, 149, 151
- PSR ·· 43, 44, 149
- PSRs ··· 27

Q

- Qフラグ ·· 72, 78

R

- R13 ··· 40, 41
- R13（スタック・ポインタ） ····························· 26
- R13/SP ··· 41
- R14 ··· 27, 42
- R15 ··· 27, 42
- Receive Event ·· 229
- ROMテーブル ···································· 258, 259

RXEV	229

S

SCS	89
SETENレジスタ	178
SETPEND	139
SEVONPEND	228
SLEEPDEEP信号	227
SLEEPING信号	227
SLEEPONEXIT	228, 229
SoC	30
SP	41
SP_main	40, 42
SP_process	40, 42
STIR	146, 181
STKERR	156, 349
SVC	132, 133, 186, 189, 190, 191, 203
SVCサービス	200
SVCハンドラ	197
SVC例外	132
SW-DP	35, 109
SWI	133
SWJ-DP	35, 109, 264
SWV	164, 253, 254
SYSRESETREQビット	233
SysTick	224, 311
SysTickカウンタ	224
SysTick現在値レジスタ	147, 224
SysTick較正値レジスタ	147
SysTick較正レジスタ	224
SysTick制御およびステータス・レジスタ	147, 223
SysTickタイマ	146, 147, 148, 223, 225
SysTickリロード（RELOAD）値レジスタ	223
SysTickリロード値レジスタ	147
SysTick例外	146, 224, 226
SysTick例外ハンドラ	311

T

TBB/TBH	173
Thumb-2	22
Thumb-2命令	18
Thumb状態（16ビット命令）	22
Thumb命令	18
TPA	250
TPIU	35, 109, 164, 238, 250, 254, 255
Transmit Event	229
TRCENA	250, 252, 255
TXEV	229

U

UAL	57
UBFX	173
UFSR	130, 343
UNSTKERR	157, 349
Usage fault	48

V

VECTRESET制御ビット	233

W

Wait-For-Events	227
Wait-For-Interrupt	227
WIC	35, 265

X

xPSR	44, 196

あ・ア行

アクセス・ポート	237
アクティブ・ビット・レジスタ	138
アセンブリとC言語間のインターフェース	161
後着	153
アドバンスト・トレース・バス	109, 112, 238, 250
アドバンスト・ペリフェラル・バス	111
アプリケーション・プログラム・インターフェース	132
アプリケーション・プログラム・ステータス・レジスタ	72
アプリケーション・プロセッサ	18
アプリケーションPSR	43
アプリケーション割り込みおよびリセット制御レジスタ	247, 336
アプリケーション割り込みとリセット制御レジスタ	121
アンアラインド・データ・アクセス	23
アンアラインド・データ・アクセス・サポート	37
アンアラインド・メモリ・アクセス	129
アンアラインド転送	87, 200
アンスタッキング	152, 189
アンスタッキング・エラー	126, 157
イネーブル・クリア・レジスタ	138
イネーブル・セット・レジスタ	138
イベント・コミュニケーション信号	230
インターフェース	112
インライン・アセンブラ	160, 191, 274, 292, 293
ウェイクアップ割り込みコントローラ	35, 265
エイリアス・レジスタ・アドレス	213

エンベデッド・トレース・マクロセル............35, 109

か・カ行

外部IRQ..34
外部クロック..146
外部参照クロック....................................224
外部専用ペリフェラル・バス......................111
外部ベクタ割り込み..................................23
下位レジスタ...39
組み込みアセンブラ................................160
組み込みアセンブリ言語..........................161
クロック・サイクル・カウンタ...................251
計装トレース...164
計装トレース・マクロセル...........36, 109, 252
計装トレース・モジュール........................164
更新..154
構成可能なフォールト・ステータス・レジスタ.........343
構成レジスタ...142
コンテキスト・スイッチ............................195
コンテキスト・スイッチング..............133, 134
コンフィギュレーション設定レジスタ.........181

さ・サ行

サブ優先度....................................119, 120
サブ優先度レベル............................119, 140
サブ領域.........................207, 208, 217
システム・オン・チップ.............................30
システム・ティック・タイマ.....................148
システム・ハンドラ制御およびステータス・レジスタ....130
システム・フォールト処理..........................34
システム制御空間....................................89
システム制御レジスタ....................227, 336
システム例外.....................34, 116, 146, 178
実行PSR..43
従来のThumb命令の文法.........................57
出力関数..186
上位レジスタ..39
シリアル・ワイヤ...................................238
シリアル・ワイヤ・インターフェース........253
シリアル・ワイヤ・デバッグ・プロトコル....255
シリアル・ワイヤ・デバッグ・ポート.........109
シリアル・ワイヤ・ビューア..............164, 254
シリアル・ワイヤJTAGデバッグ・ポート....109, 263
スタッキング..................149, 150, 153, 156
スタッキング・エラー......................126, 156
スタック・フレーム................................150
スタック・ポインタ.........40, 41, 151, 196, 200
スタック・メモリ操作...............................49
ストロングリ・オーダ.............................210
スリープ..230
スリープ・モード..........35, 37, 227, 230, 231
スレッド許可ビット.................................197
正確なバス・フォールト..........................128
制御レジスタ..............................27, 43, 46
セマフォ..172
セマフォ操作..170
セマフォの操作.....................................172
セミホスティング............................164, 246
セルフ・リセット制御.............................233
専用ペリフェラル・バス...................31, 249
ソフトウェア・トリガ割り込みレジスタ...146, 181
ソフトウェア割り込み.......................146, 181

た・タ行

タイム・スタンプ...................................253
ダブル・ワード・スタック・アライメント...150, 196
ダブル・ワード・スタック・アライメント機能.........264
単一命令複数データ(SIMD；Single Instruction Multi data)命令....18
ディープ・スリープ・モード......................35
データ・アボート...................................126
データ・ウォッチポイント&トレース・ユニット....36
データ・ウォッチポイントおよびトレース...250
データ・メモリ・バリア命令...................172
データ同期バリア命令............................178
テーブル分岐.................................173, 186
テーブル分岐命令..................................173
テール・チェーン............................153, 189
デバッグ・アクセス・ポート....35, 109, 111, 236
デバッグ・コア・レジスタ・セレクタ・レジスタ
....245, 341
デバッグ・コア・レジスタ・データ・レジスタ...245, 341
デバッグ・コンポーネント..................36, 108
デバッグ・ハードウェア...........................35
デバッグ・フォールト・ステータス・レジスタ
....245, 339, 351
デバッグ・ポート............................35, 237
デバッグ・ホールト制御およびステータス・レジスタ
....241, 247, 340
デバッグ・モニタ例外............................240
デバッグ・モニタ例外ハンドラ..................36

デバッグ例外およびモニタ制御レジスタ
　　　　　　　　　　　……242, 250, 254, 341
デルタ・タイム・スタンプ・パケット…………253
統一アセンブラ言語………………………………57
統合開発環境……………………………………162
特殊レジスタ………………………27, 28, 79, 138
特殊レジスタ・アクセス命令……………………41
特殊レジスタへのアクセス……………………292
特権モード………………………………80, 137, 171
トレース・イネーブル・レジスタ……………252
トレース・イネーブルビット…………………250
トレース・ポート・アナライザ…………164, 250
トレース・ポート・インターフェース・ユニット
　　　　　　　　　　……35, 109, 164, 238, 250

な・ナ行

内部クロック……………………………………146
ネスト型ベクタ割り込みコントローラ…29, 137
ネストした割り込みサポート……………………34
ネスト対応ベクタ割り込みコントローラ………37
ノンマスカブル割り込み……………………37, 137

は・ハ行

ハード・フォールト………………126, 202, 203
ハード・フォールト・ステータス・レジスタ
　　　　　　　　　　……131, 157, 338, 350
ハード・フォールト・ベクタ…………………185
ハーバード・アーキテクチャ……………………25
ハーフ・ワード境界………………………………58
排他アクセス………………………87, 101, 170, 172
バイト不変ビッグ・エンディアン……………103
パイプライン……………………………………274
バス・フォールト………………………………126
バス・フォールト・アドレス・レジスタ…127, 343
バス・フォールト・ステータス・レジスタ
　　　　　　　　　　　……127, 128, 349
バス・フォールト・ハンドラ…………………156
バス・マトリクス………………………………113
バックグラウンド領域……………………206, 217
ビッグ・エンディアン………………………82, 103
ビッグ・エンディアン・メモリ・システム……26
ビッグ・エンディアン・モード…………………37
ビット・フィールド………………………………44
ビット・フィールド・インサート命令………216
ビット-バンド…………………87, 108, 172, 275

ビット-バンド・エイリアス
　　　　　　　　　　……89, 92, 95, 98, 172, 275
ビット-バンド操作…………………………………37
ビット-バンドの特性……………………………172
ビット-バンド領域………………………………92
ビット-バンドを利用したセマフォ……………172
非ベース・レベルからのスレッド許可………197
フォールト・ステータス・レジスタ…………131
フォールト・ハンドラ…………………………203
フォールト・ハンドラ例外……………………178
フォールトの処理方法…………………………131
フォールト例外……………………………42, 126
複数ロード/ストア命令………………………201
符号付き飽和結果…………………………………78
符号なしビット・フィールドの抽出…………173
不正確なバス・フォールト……………………128
フラグ………………………………………………72
フラッシュ・パッチ&ブレークポイント・ユニット……36
フラッシュ・パッチ操作…………………………38
フリーラン・クロック…………………………224
プリインデックス・アドレッシング・モード……84
プリフェッチ・アボート………………………126
フルディセンディング・スタック…………41, 51
ブレークポイント…………………………………35
ブレークポイント・ユニット…………………256
プログラム・カウンタ……………………………27
プログラム・カウンタPC………………………343
プログラム・カウンタ値………………………274
プログラム・ステータス・レジスタ………27, 43
プロセス・スタック……………………………149
プロセス・スタック・ポインタ……………27, 40
分岐とリンク命令…………………………………71
ベース以外のスレッドへの復帰を許可………337
ベクタ・テーブル……………………………49, 53, 128,
　　151, 176, 178, 185, 270, 272, 310
ベクタ・テーブル・オフセット・レジスタ……122, 138
ベクタ・テーブルの再配置……………………144
ベクタ・フェッチ………………………………131
ベクタのフェッチ…………………………151, 157
飽和演算……………………………………………77
飽和命令……………………………………78, 79
ホールト…………………………………………240
ホールト・モードのデバッグ…………………243
補助フォールト・ステータス・レジスタ……339

保留クリア・レジスタ･････････････････138
保留されたシステム・コール･･････････133
保留セット・レジスタ･･･････････････138

ま・マ行

マイクロコントローラ ････････････････15
マルチプロセッサ・コミュニケーション・インターフェース
　･････････････････････････････････････229
密結合メモリ(TCM)･･････････････････20
命令あたりのサイクル数･････････････251
命令トレース ････････････････････････26
メイン・スタック･･････････････････149
メイン・スタック・ポインタ･･･････27, 40, 52
メモリ・アクセス許可･･･････････････91
メモリ・マップ ･･････30, 76, 87, 90, 91, 110, 270
メモリ管理アドレス・レジスタ･･････････129
メモリ管理フォールト･･････････128, 143, 211
メモリ管理フォールト・アドレス・レジスタ ･････339, 343
メモリ管理フォールト・ステータス・レジスタ
　･･･････････････････128, 156, 338, 349
メモリ管理ユニット(MMU)･･････････18
メモリ保護ユニット･･････････････32, 205
メモリ保護ユニット(MPU)･････････20
モニタ例外･･････････････････････････245

ゆ・ユ行

ユーザ・モード ･･････････････････137, 197
優先順位の設定･････････････････････177
優先度グループ･･････････119, 120, 121, 140, 185
優先度構成レジスタ･････････････････177
優先度レベル･････････116, 117, 121, 138
優先度レベル・レジスタ･････････････140
用法フォールト･･･････62, 129, 130, 142, 157
用法フォールト・ステータス・レジスタ
　･･･････････････130, 157, 338, 349, 350
横取り優先度･･････････････････119, 120
横取り優先度レベル･･････････････119, 140

【ら・ラ行】

リセット･･･････････････････････････131
リセット・シーケンス･････････････････53
リセット・ベクタ･･････････････185, 280

リセット制御･････････････････････247
リターゲット･････････････165, 300, 303
リテラル・プール ･････････････････255
リトル・エンディアン ･･･････････････82
リトル・エンディアン・メモリ・システム ･･････25
リンク・レジスタ･･････････27, 42, 71, 344
例外･････････････････････････････271
例外処理･････････････････････････152
例外タイプ ･･･････････････････115, 116
例外の種類 ･･･････････････････････331
例外のスタック ･･･････････････････331
例外の出口･･･････････････････････124
例外の戻り値･････････････････････154
例外ハンドラ ･････････････････180, 181
例外復帰･････････････････････151, 154
レジスタ更新･････････････････････151
ロード/ストア・ユニット ･･････････251
ロード/ストア操作･･････････････92, 274
ロード/ストア命令･････････････････156
ロックアップ･･････････････････127, 344
ロックアップ状況･･････････････････201

わ・ワ行

ワード不変(invariant)ビッグ・エンディアン･････103
割り込みPSR ･････････････････････43
割り込みアクティブ・ステータス・レジスタ･････141
割り込み処理ルーチン ･･････････････30
割り込み制御/ステータス・レジスタ･･････137
割り込み制御ステータス・レジスタ･････115
割り込み制御タイプ・レジスタ ･････145
割り込み制御と状態レジスタ ･･･････143
割り込み復帰･････････････････････151
割り込み復帰命令 ･････････････････152
割り込み保留クリア･･･････････････139
割り込み保留セット ･･･････････････139
割り込みマスク ･･･････････････････29
割り込みマスク・レジスタ ･･････27, 43, 44, 181
割り込み待ち時間 ･･････････････････37
割り込みリターン ･････････････････273
割り込みレイテンシ ･･･････････････155

訳者略歴

宇賀神　孝（うがじん　たかし）

1967年　明治大学工学部電気工学科卒業
　同年　東芝オーディオ工業(株)技術部門
1970年　アルプス電気(株)　研究開発部門を経て,
1975年　アンドールシステムサポート(株)入社
　　　　エンベデッドソリューションズ事業部　本部長
同社ARM認定トレーニングセンター，JTAGソリューションセンターを統括
(社)組込みシステム技術協会　理事，(社)エレクトロニクス実装学会　会員
職業訓練指導員（電気通信）
中学でラジオ，高校でアマチュア無線（ex JA1HZM），大学でオーディオに目覚めた．実社会ではトランジスタ・ラジオの設計を手始めに，コンピュータ周辺端末，プログラム・タイマの研究開発などを経て，現在に至る．マイコン創世期にはi8080プロセッサに，最近はARM Cortex-M3に熱中．

長尾　和則（ながお　かずのり）

1989年　東北工業大学卒業
1989年　菱洋エレクトロ(株)入社
　　　　同社にて三菱半導体の8/16ビット・マイコンの製品およびICEなどの技術を担当．
1995年　三星電子ジャパン(株)［現 日本サムスン(株)］入社
　　　　三星電子の8/16/32（ARM7コア）ビット・マイコンおよびAlpha CPUのマーケティングと技術を担当
2002年　ユニバースエレクトロン(株)［現 アロー・ユーイーシー・ジャパン(株)］入社
　　　　NIC・NASおよび画像系IC等の技術担当
　　　　2008年4月よりLuminary Micro社製品の技術担当
大学卒業後，一貫してマイコンとマイコン開発ツール関連の業務に携わってきた．

- ●本書記載の社名，製品名について ── 本書に記載されている社名および製品名は，一般に開発メーカーの登録商標または商標です．なお，本文中では ™，®，© の各表示を明記していません．
- ●本書掲載記事の利用についてのご注意 ── 本書掲載記事は著作権法により保護され，また産業財産権が確立されている場合があります．したがって，記事として掲載された技術情報をもとに製品化をするには，著作権者および産業財産権者の許可が必要です．また，掲載された技術情報を利用することにより発生した損害などに関して，CQ出版社および著作権者ならびに産業財産権者は責任を負いかねますのでご了承ください．
- ●本書に関するご質問について ── 文章，数式などの記述上の不明点についてのご質問は，必ず往復はがきか返信用封筒を同封した封書でお願いいたします．ご質問は著者に回送し直接回答していただきますので，多少時間がかかります．また，本書の記載範囲を越えるご質問には応じられませんので，ご了承ください．
- ●本書の複製等について ── 本書のコピー，スキャン，デジタル化等の無断複製は著作権法上での例外を除き禁じられています．本書を代行業者等の第三者に依頼してスキャンやデジタル化することは，たとえ個人や家庭内の利用でも認められておりません．

JCOPY〈出版者著作権管理機構委託出版物〉
本書の全部または一部を無断で複写複製(コピー)することは，著作権法上での例外を除き，禁じられています．本書からの複製を希望される場合は，出版者著作権管理機構(TEL：03-5244-5088)にご連絡ください．

ARM Cortex-M3 システム開発ガイド
最新アーキテクチャの理解からソフトウェア開発までを詳解

2009年6月15日 初版発行
2022年12月1日 第6版発行

This edition of The Definitive Guide to the ARM Cortex-M3 by Joseph Yiu is published by arrangement with ELSEVIER INC of 200 Wheeler Road, 6th floor, Burlington, MA 01803, USA

Copyright © 2007 The Definitive Guide to the ARM Cortex-M3
by Joseph Yiu Copyright © 2007 by Elsevier Inc.
Copyright © 2009 by CQ Publishing Co., Ltd.
Copyright © 2009 by Takashi Ugajin, Kazunori Nagao

Japanese translation rights arranged with Elsevier Inc. through Japan UNI Agency, Inc., Tokyo
日本語翻訳権はCQ出版株式会社が所有します．

ISBN978-4-7898-3649-4
定価はカバーに表示してあります
乱丁，落丁本はお取り替えします

著 者　Joseph Yiu
訳 者　宇賀神 孝
　　　　長尾 和則
発行人　櫻田 洋一
発行所　CQ出版株式会社
　　　　〒112-8619 東京都文京区千石4-29-14
　　　　電 話　03-5395-2123（編集）
　　　　　　　03-5395-2141（販売）

編集担当者　山形 孝雄
DTP　クニメディア（株）
印刷・製本　三共グラフィック（株）
Printed in Japan

冒険ふしぎ美術館

ミケランジェロの封印をとけ!

トーマス・ブレツィナ 著
ローレンス・サーティン 絵
越前敏弥・生方頼子 訳

Museum of Adventures
Who Can Open Michelangelo's Seven Seals?

英治出版

登場人物

ミケランジェロ・ブオナロッティ
1475年3月6日生まれ。生涯を通して、彫刻家、画家、建築家として有名だった。しかし、だれにでも心を開いていたわけではなく、彼には大きな秘密があった。その秘密がなんなのか、きみにもわかるだろう——それには、この本の中の、7つの封印をすべて解かなくてはならない。

パブロ
10月22日、2枚の古い絵にはさまれた空っぽの段ボール箱で生まれた。絵の具とキャンバスが大好きで、足の先を使って絵を描くのが得意。チョコレートにも目がない。きみを冒険の世界へ連れていってくれる案内犬だ。

トナテッリさん
〈冒険ふしぎ美術館〉の館長で、パブロの飼い主。この美術館をはじめたのは、トナテッリさんのひいおじいさんで、世界じゅうのびっくりするものやふしぎなものが展示してある。食いしんぼうで最近ちょっと太り気味。

メデューサ
〈冒険ふしぎ美術館〉をのっとろうとしている謎の女。青緑色のエリマキトカゲみたいなマントをかぶり、黄緑色のマニキュアをしている。ミケランジェロの秘密の部屋と7つの封印の秘密を探りだそうとしている。

ラルフとツィターナ
メデューサの仲間。ラルフは体じゅう筋肉だらけで金属の棒をふりまわす怪力男。ツィターナの細長い顔はウツボにそっくりだ。

ドナテッラ
石切り場にいる青い目をしたふしぎな子。歯が何本もかけている。

フードの男
ミケランジェロの秘密をかぎまわる怪しい男。こげ茶色の修道士の服を着て、顔はフードでおおわれている。そして、いつもミケランジェロの悪口を言っている。

4　秘密の部屋 —————————— 7
2　メデューサって、何者？ —————— 10
3　封印 ————————————— 14
4　鼻の事件 ———————————— 21
5　毒だらけの秘密 ————————— 25
6　封印の秘密 ——————————— 29
7　フードをかぶった男 ——————— 36
8　ミケランジェロ、行かないで！ —— 45
9　石切り場へ ——————————— 49
10　暴走する大理石 ————————— 53
11　死の鳥が鳴いている ——————— 59
12　金色の小道をたどれ ——————— 63
13　石からつくりあげる ——————— 66
14　ダヴィデ像 ——————————— 72
15　モーセに角が！ ————————— 77
16　ミケランジェロ、気をつけて！ —— 82
17　パブロのお手がら ———————— 87
18　たねあかし ——————————— 90
19　ミケランジェロの名作 —————— 92
20　最後の審判 ——————————— 100
21　秘密の部屋には何がある？ ———— 102
22　金色の空のように ———————— 105

この本に出てくる作品 ———————— 112
ミケランジェロ・ブオナロッティの年表 — 113
訳者あとがき ————————————— 114
《冒険ふしぎ美術館》入場チケット —— 116

もくじ

MUSEUM
OF
ADVENTURES

Who Can Open Michelangelo's Seven Seals?

By Thomas Brezina

© Prestel Verlag, Munich, Berlin, London, New York 2006

Japanese translation rights arranged
with Prestel Verlag, München
through Tutttle-Mori Agency, Inc., Tokyo

1 秘密の部屋

　ときどき、足が勝手に動いてるんじゃないかって感じることがあるよね。まったく行くつもりのなかった場所へ連れていかれるんだ。でも、そこに着くと、思いもよらない冒険ができる。きょうもそうだ。足が、はばの広い階段の前へきみを連れてきた。階段の上には、緑色の木の扉がついた、背の高いりっぱな入口がある。扉は厚い金属の板とがんじょうなねじで補強されていて、まるで「おれさまが閉まってるときは、だれも入るなよ！」と言っているみたいだ。
　扉の向こうでイヌがほえている。ひどく興奮しているらしい。
　きみは3階建ての古い建物の前にいる。堂々とそびえ立つ丸い屋根の建物だ。何体かのがっしりとした体つきの竜の彫刻が、屋根のふちから身を乗りだして、前方に広がる町並をこわい顔でまっすぐにらんでいる。
　イヌはまだ激しくほえている。その声は、石の床とむきだしの壁に囲まれた広い部屋からひびいてくるようだ。あんな大声を出すのは、マスチフ犬とセントバーナード犬の混血だろうか。地獄の番犬の血もまじっているかもしれない。
　上のほうで、小さな **ザクッ** という音がした。だれかがつま先を砂利にこすりつけたような音だ。細かい砂がパラパラと落ちてきて、それからもう一度、**ザクッ**。止まったかと思うと、すぐにまた聞こえる。
　ほら、またかすかに、**ザクッ**。
　屋根の上で何が起こっているんだろう。

うわっ！　信じられない！

　きょう、おかしなことをするのは、足だけじゃなかった。目も、きみをからかっているにちがいない。そうとしか考えられないよ。だって、屋根にのった竜の彫刻のうちのひとつが、体を前にかたむけようとしているんだから。つばさはいまにも飛びたちそうにひろがり、口は大きく開いている。黒っぽいのどの奥がまる見えだ。こんなこと、ありえない。竜は石でできているから、動けるわけがないんだ。それなのに、さっきとようすがちがう。いまにもおそいかかってきて、きみを食べてしまいそうな感じだ。

うそだ！　ぜったいにありえない！

　そばで、しわがれた声がした。「だれかがあの部屋を見つけたんだね」
　女の人がきみのすぐとなりに立って、屋根を見あげていた。どこから来たんだろう。体があまりに細くて、影もほとんどできないくらいだ。きらきら光る青緑色のマントのえりがひろがっていて、エリマキトカゲみたいに見える。香水のにおいがした。ハッと息を飲みそうになるほどの、あまいバラのかおりだ。女の人はゆっくりときみのほうを向いた。
「秘密の部屋だよ！」
　ひすい色に光るまつげのはえた、ふちの黒いふたつの大きな目が、まっすぐきみを見つめる。
「だれかがミケランジェロの7つの封印を解いたんだ」
　秘密でも打ちあけるような言い方だ。
　この人、何を知っているんだろう。

ミケランジェロの7つの封印って、いったい何？

するどいつめに黄緑色のマニキュアをした長い指が、建物をさしている。

「わざわい が……とんでもない災難が……起こるかもしれない。でも、この美術館の館長なら、それを防げるだろうよ——本人が秘密の部屋にいたなら話は別だけどね！」

緑色の扉の古びた鍵がカチリと鳴って、ガチャガチャと音を立てた。扉が開くと、イヌが飛びだしてきた。ほえていた声のわりに、体は小さい。イヌは勢いよく階段をかけおりて、きみに飛びついた。胸の高さまでしか届かなかったけど。

きっと絵の具の上でも歩いたんだろう。イヌの前足は赤と黄色に、後ろ足は緑と紫に染まっている。

建物の入口に、男の人があらわれた。扉の枠が体でほとんどふさがれている。

「こら、パブロ。静かに！　おすわり！　よし、こっちへおいで！」男の人はイヌに向かって言った。

パブロと呼ばれたイヌは、となりのふしぎな女の人にもあいさつするんだろうか。ところが、さっき女の人が立っていたところには、だれもいなくなっていた。じゃあ、屋根の上の竜の彫刻は？　いまはつばさをたたんで鼻先を空へ向け、聞き分けのいい猟犬みたいにじっとかがんでいる。風に流される雲が、大きなの形に見えてきた。

2　メデューサって、何者？

　パブロは息を吸いこみ、それから大きなくしゃみをした。
　落ちつきなく鼻をくんくんさせて、ついさっきまで謎の女の人が立っていた場所のにおいをかいだ。飼い主の男の人が、すり切れた靴でゆっくりと階段をおりてきて、丸いおなかの上にコーデュロイのズボンをつりあげた太いサスペンダーをパチンと鳴らす。男の人はきみにほほ笑んでから、パブロの首輪へ手をのばした。そのとき、きみと同じように、あまいバラのかおりに気づいたんだろう。ふしぎそうな顔をしたので、左右のもじゃもじゃの眉毛がくっついて、灰色のブラシみたいに見えた。
　男の人はゆっくりと体を起こして、通りをながめた。
　「メデューサだな」と、つぶやく。その名前でいやなことを思いだしたらしい。男の人はきみのほうを向いてたずねた。「女の人を見なかったかい？　顔やつめが緑色の女の人を」
　そう、あの女のことだ。
　「うん、見たけど……」
　きみがまた屋根をじっと見ていることに気づいた男の人は、2、3歩さがって上を見た。

　　　　　　　　竜は

　　　　　　空の下で

　　　　　　そのまま

　　　　じっと動かない

パブロがきみの足に体を押しつけながら、用心するようにうなった。グルルという音が胸からこみあげ、口から興奮した声が飛びだす。地獄の番犬も逃げだしそうな大声でほえはじめた。

　こんど聞こえてきたザクッという音は、大きな剣でひと突きしたみたいに、するどくていやな感じだった。

　彫刻の竜がおそろしい顔でつばさをひろげ、細長い舌をムチのようにふり動かしている。乱暴であらっぽそうな竜は、ほえたりうなったりするパブロに向かって身を乗りだした。

　パブロはキャンと大声をあげて、きみの後ろにかくれ、きみの足のあいだから不安そうに上を見た。

　男の人がきみの腕をつかむ。建物の入口のほうへきみを引っぱっていきながら、パブロに向かって、ついてこいとすばやく命令した。でも、命令する必要はなかったようだ。パブロは身をかがめ、きみの前を走っていく。

　入口に屋根がついていて助かった。小さな石のかたまりが、雨みたいにたくさん落ちてきたからだ。この竜は伝説に出てくる怪物とはちがって、火は吐かない。そのかわりに、石を吐いている。

　石のかたまりは、歩道にあたってボロボロとくだけ、あちこちへバラバラに散らばった。

「中に入るんだ。早く！」男の人はきみを建物の中へ押しこんで、力強く扉を閉める。その音が、いまきみの立っている、石柱の並ぶ玄関ホールにひびいた。

「こわがらなくていいよ。痛めつけたりしないから」男の人はやさしく言いながら、たて長の高い窓の下に置いてあった重そうな木のいすを引きよせた。

「わたしの名前はトナテッリ。この美術館の館長だ」

トナテッリさんが息を切らしながら、ドサッと腰かけると、その重みでいすがきしんだ。

パブロがもうひとつのいすに前足をかけて、きみも同じようにすわれとさそっている。窓から外が見えるように、だきあげてもらいたいのだろう。

「メデューサは、秘密の部屋と7つの封印のことで、何か言ってたかい？」トナテッリさんがたずねた。

「うん、言ってたよ」

トナテッリさんは、ふっくらとしたおなかを両手でなでた。

「わたしもうわさは聞いたことがあるが、あんなのはつくり話だ。つくり話に決まっている。ほんとうのわけがない」

美術館の外では、石の雨がもうやんでいた。

「ここで見たものについては、だれにもしゃべっちゃだめだぞ」トナテッリさんはきみに言い聞かせた。「お客さんが来なくなってしまうからな。そんなことは願いさげだ」

トナテッリさんはうなり声をあげて立ちあがり、ふらつきながら歩いていった。パブロが追いかけようとして、きみの腕からもがき出たけれど、2、3歩進むと立ち止まり、前足で床をトントンたたいた。きみにもついてきてもらいたいらしい。

トナテッリさんは一度もふり返らずに、長い廊下をさっさと歩いていき、背の高い木の扉の前をいくつか通りすぎた。どの扉も開いていて、大小さまざまな展示室の中が見える。

ある展示室には、レオナルド・ダ・ヴィンチが描いた世界一有名な絵〈モナ・リザ〉がかかっていた。あ、モナ・リザが手をふっている！

壁が赤い布地でおおわれた別の展示室では、まじめな顔つきの男の人たちが、金色の額の中からこっちを見ていた。右から2番目がミケランジェロだ。
　トナテッリさんは、見かけは太りすぎのクマに似ているのに、カモシカみたいな速さで階段をのぼり、2階へ、そして3階へ行った。向かった先は、床から天井までの高さの棚にぐるりと囲まれた円形の部屋だ。トナテッリさんはあっちこっちを向きながら何かを探し、それから"パンパンパン"と手を3回たたいた。
　「ミケランジェロ」と、呼びかける。逃げたオウムでも呼びよせようとしているみたいな口ぶりだ。
　ところが、バサバサと舞いおりてきたのは、はでな色の鳥ではなく、1冊の本だった。正確には、バサバサとおりてきたんじゃなくて、手前にかたむいて、いちばん上の棚から落ちてきたんだけど。
　トナテッリさんはサッカーのゴールキーパーみたいに、その本を受けとめた。

「さがって！　近づいちゃだめだ！」きみとパブロに注意する。

木彫りの板がななめについた台が近くにあった。トナテッリさんはその上に本をそっと置くと、深呼吸をして、表紙をめくった。するとたちまち、石を打ちつける道具の音が、せまい部屋じゅうにひびきわたった。白い大理石の細かいかけらが、本の中から飛び散る。まるで深い海から浮かびあがるように、黄ばんで波打っているページのあいだから何かがあらわれた。

3　封印

「このことは秘密にしておいてくれよ」トナテッリさんが言った。

本の真ん中から出てきたものは、卵みたいだった。ずいぶん大きくて、恐竜の卵ぐらいだ。からは透明で、青っぽい霧が中でうずまいている。

「この美術館は、わたしのひいじいさんが建てたんだ。ひいじいさんは、ふしぎな体験がたくさんできる美術館をつくりたかったらしい。だから、世界じゅうから、びっくりするものやふしぎなものを集めた。この部屋にある本もその一部なんだよ」トナテッリさんは卵の形をした霧のかたまりをもどかしそうに見つめながら、「ミケランジェロ！」と何度もくり返した。

そのとき、卵がいきなり破裂して、霧はあたりに散って消えた。

あれはだれだろう。あそこに立っているのはだれ？

息子よ、学校へ行って勉学にはげみ、ちゃんとした仕事につきなさい。高貴なブオナロッティ家の名誉を守るためにな。おい、聞いているのか、ミケランジェロ。

作文や算数ができたって、ぼくにとっては意味がないんです。ぼくは彫刻が大好きなんです！お父さん、ぼくは芸術家になりたいんですよ！ほかの仕事はしたくありません！

　トナテッリさんがページをめくりながら言った。「ブオナロッティ氏にとっては、芸術家なんて靴を直すくらいの仕事でしかなかったんだ。でも、ミケランジェロはもう、彫刻の道へ進もうと心に決めていた」

　ミケランジェロ・ブオナロッティという名前だったんだな。いまはみんな、ただミケランジェロとだけ呼んでるけど。

　トナテッリさんは、ごくふつうの本をながめるみたいに、ページをパラパラとめくった。新しいページを開くと、またさっきみたいに霧がただよい出てきて、中から人の姿があらわれた。

> ほう、きみはミケランジェロというのか。
> わたしの彫刻学校の生徒だな。
> きみのファウヌスの像は、
> なかなかいいできだ。
> しかし、ファウヌスは年寄りだから、
> ふつうは歯が全部
> そろってはいないものだぞ。

> おっしゃるとおりです、
> ロレンツォ・デ・メディチさま。

　　ミケランジェロ少年は、すぐにファウヌス像の口の部分にのみをあてた。木づちで2、3回たたくと、並んだ歯の一か所に、黒っぽいくぼみができた。

> これでいかがでしょうか。

> これからは、わたしの家に住むがよい。
> 国でもっともすぐれた芸術家たちが、
> きみを指導してくれるだろう。
> 金に不自由することもなくなるぞ。

うす青い霧がふたたび本から立ちのぼり、ミケランジェロ少年とロレンツォ・デ・メディチを包みこんだ。やがて、ふたりの姿はすっかり見えなくなった。
　トナテッリさんはいらだたしそうに鼻を鳴らした。大きな鼻の穴から鼻毛がたくさんのびている。ぶつぶつひとりごとを言いながら、すぐにまたページをめくりはじめた。「封印、封印、封印。どこかで読んだことがあるんだが」
　トナテッリさんが手を止めたページには、見出しだけが書かれていた。

ミケランジェロの封印

　ほかには何も書かれていない。黄ばんだページは、黒光りするカビでよごれている。本の中から立ちのぼってきたのは、こんどは霧じゃなくて、白くて細かい粉だった。天井からつりさがっている、ガラスのしずくみたいな形をした緑色のランプの光に照らされて、粉は輝きながらふわふわと舞っている。びんの中から魔法使いが出てくるように、とつぜん、ふたりの男の人が粉の中からあらわれた。

> ミケランジェロって男は、まるでパン屋だな
> 頭のてっぺんからつま先まで、粉まみれだ
> かぶってるのは小麦粉じゃなくて
> 大理石の粉だがね。
> 背中には石のかけらがびっしりついてるし、
> 家の中も大理石の破片や粉でいっぱいだ

> 絵を描くなんて、
> 女や弱虫のすることさ！

ミケランジェロをパン屋にたとえているのはだれかな？　このページを光にすかしてみれば、答えがわかるよ。

ミケランジェロは、舞っている粉を両手であおいで、もうひとりの男の人の顔にかけた。その人は、古い写真のようにだんだん色がうすくなり、やがて姿を消した。粉けむりも消えると、こんどは大きな岩山が見えた。巨大なケーキを分けるみたいに、石が切りだされている。表面は土や泥や灰色の小石でおおわれているけれど、中は輝くように真っ白だった。

　きみとパブロとトナテッリさんはまばたきをして、半分閉じた目でそれを見た。白い大理石に反射する光がすごくまぶしかったからだ。大人の男の人の背たけくらいある四角い石のかたまりが、丸太の上をすべるように、いくつも谷へ引きおろされてくる。少しずつ、少しずつ。ミケランジェロは、でこぼこした背の高い大理石のかたまりの前に立っていた。そのまわりには、肩はばの広い男たちがいる。大きな手に握られた道具が、おもちゃみたいに見えた。

ミケランジェロは馬をなだめるように、大理石をやさしくなでた。
「すばらしい！」そう言って、石に見とれている。
　ふたりの男が地面につばを吐いた。ミケランジェロも同じことをした。
　パブロがびっくりして、茶色いほうの耳をピクピクさせた。
　トナテッリさんが小声で言った。「ミケランジェロは、ほんとうはとてもぎょうぎがよかったんだよ。えらい人たちと暮らしていたときに身につけたんだ。だけど、石切り場では、石工たちと長い時間いっしょにいたから、みんなと同じようにふるまっていたのさ」
「すぐもどってきますか、ミケランジェロのだんな」石工のひとりが、手の甲で鼻をこすりながらきいた。
　ミケランジェロはぼんやりとうなずいた。もうすでに、その石で彫る像のことを考えていたようだ。首を左右にかしげながら、目を細めて眉を寄せているので、おでこにくっきりとしわが見える。
「どうしてあんな変な顔をしてるんだ」いちばん背の低い石工が仲間にたずねた。ミケランジェロはその問いを聞きつけた。
　大理石から目をはなさず、じれったそうに言った。「像は石の中にある。あとはそれを外へ出してやるだけでいいんだ。わたしには、その像がもう見えている」
　石工たちはにやにや笑いながら、ひじでおたがいの胸をつつき合った。
　ミケランジェロは、大理石のひとつの面にざっくりと彫られているしるしを、そっと手でなでた。

「だんなのしるしがついた石は、だれにもさわらせやしませんよ。しっかり封印しておきます」いちばん体の大きな石工が、ミケランジェロを安心させるように言った。肩がたくましくて、重い車も持ちあげられそうな男だ。

トナテッリさんはパタンと本を閉じた。

「これはちがう。7つの封印のことじゃない」

きみがいままで見ていた光景は——石切り場も、石工たちとミケランジェロも——もう消えていた。

最後の大理石のちりが、ちらちら光りながら空気中にとけていく。

トナテッリさんはまた本を開いて、もう一度試そうとした。

小さな声で文字を読んでいく。「ミケランジェロ・ブオナロッティは……イタリアのカプレーゼ村で……1475年3月6日の月曜日……午前2時から5時のあいだに生まれる……星座は、うお座。父親は村長で……兄弟は4人……母親が産後に体をこわしたため、乳母にあずけられて育てられた。乳母は石工の妻だった……のちにミケランジェロは〝わたしは養母の乳といっしょに、木づちとのみを使う技も吸収した〟と言っている」

7つの封印のことは何も書かれていない。

そのとき、本の背表紙のほうから、くぐもった悲鳴が聞こえた。

「いたいっ！ うわぁぁぁぁあっ！」

4　鼻の事件

　トナテッリさんは手をふるわせながらページをめくった。あるページまで来ると、紙がカサッという音を立ててひとりでに折れ曲がり、そこに小さな教会ができあがった。でこぼこしたしっくいの壁に、絵がじかに描かれている。強力なスポットライトに照らされているようにあざやかな色だけど、実際には、教会の中の明かりは灯油ランプがふたつか3つあるだけだ。

　ここにもミケランジェロがいた。まだ若いけれど、出っぱりぎみの耳と骨ばったおでこを見れば、本人だとすぐわかる。ミケランジェロはいすにすわって、ひざに画板をのせ、赤いチョークで絵を描いている。同じ年ごろの少年がもうひとり、となりで手を動かしている。顔を画板に近づけて、落ちつきのない描き方だ。少年が顔をあげ、おどろいたような表情をした。

でも、ミケランジェロの生涯が書かれた本のこの章で、どうして悲鳴が聞こえたんだろう。
　白髪頭の男の人があらわれて、ふたりの少年の後ろから絵をのぞきこんだ。男の人は、ミケランジェロの絵はほめたけど、もうひとりの少年にはこう言っている。「ピエトロ・トリジアーノ、おまえは大物にはなれんな」
　ピエトロの口のはしが引きつった。口ごたえをしたいけど、こらえているらしい。
　ミケランジェロは線を1本ずつ、自信たっぷりに描きつづけている。
　「線画や油絵を学んでいるんだよ」そう言ったトナテッリさんも、さっきの悲鳴の正体を知りたがっているみたいだ。
　ピエトロは不きげんそうに顔をあげた。うまく描けなくて腹を立てているらしく、チョークを床に投げて、足でふみつけた。ミケランジェロは知らん顔をしている。ピエトロは首をのばし、むっつりとした顔で、できかかっているミケランジェロの絵を見た。「先生たちに、おべっかばかり使いやがって。泥の中をはいまわって、あいつらの靴をなめるのも平気なんだろ」ばかにするように言うと、手を毛虫みたいに動かしながら、いやみっぽい顔をしてみせた。
　「うるさいな。あっちへ行けよ！」ミケランジェロは絵を描く手を止めずに、とげとげしく言った。
　「おれに指図なんかするな！」ピエトロはどなり、急に立ちあがった。ひざにのっていた画板が音を立てて床に落ちる。
　「じゃまだよ。もっと向こうへ行ってくれ」ミケランジェロは落ちつきはらって言った。
　ピエトロは、こぶしをにぎりしめてパンチをくり出した。

「けんかがしたいんなら、外に出て、そのへんの悪ガキどもとやってこいよ」ミケランジェロはあざ笑った。顔をあげて、意地悪そうににやにやしている。「それとも、自分の絵をなぐって消すつもりなのか？　チョークじゃうまく描けないみたいだからな」

とうとうピエトロはこぶしをふりあげ、ミケランジェロの顔に力いっぱいたたきつけた。ボキッというおそろしい音がした。

ミケランジェロはさけび声をあげた。鼻をつかみながら、泣きそうな声を出し、目を白黒させて、片側によろけた。引きしまった体が、教会の石の床にどさりとたおれる。だけど、ピエトロの顔は勝ちほこった感じじゃない。先生がやってきて、どなりはじめたからだ。先生は気を失ったミケランジェロのそばにひざまずき、助けを呼んだ。

その光景がとけるように消えて、新しい場面があらわれた。ミケランジェロが木の担架で運ばれていく。まるで死んでいるように見える。

ピエトロは町を追いだされた。

こうしたことが起こっているのを、トナテッリさんはほとんど息を止めて見守っていた。

パブロがいたわるように小さく鳴き、鼻でそっとつつく。トナテッリさんはズボンのポケットからすばやく紙袋を引きぬき、チョコレート・キャンディーをいくつか取りだした。

3つは自分の口の中へほうりこんだ。そのあと、パブロに向かってひとつ投げた。パブロは上下の歯でうまくキャッチする。もちろん、きみもひとつもらった。

「だれのせいでミケランジェロの鼻の骨が折れたのかはわかったがね」トナテッリさんは、じれったそうに言った。「秘密の部屋と7つの封印のことは、やっぱり何もわからない」

トナテッリさんは裏表紙を上にして、残念そうに本を閉じた。

一瞬、小さな図書室は静まりかえった。パブロが小声で鳴いて、後ろ足でぴょんぴょんはねた。このふしぎな本を見たいんだろうか。

そのとき、大きなつばさがはばたくような音がした。

本の裏表紙が勝手に開いて、くすんだ黄色の羊皮紙が何枚か、小鳥みたいにパタパタと舞いあがった。きっと本にはさまっていたんだろう。紙は静かに宙をただよい、ゆっくりと床へ落ちていく。プロペラのように横にまわるのもあれば、水車のようにたてにまわるのもある。

パブロが1枚を口で受けとめたけれど、すぐにはなした。苦い味でもしたみたいに、せきこんでつばを吐いた。前足で口もとをぬぐいつづける。

いま、きみの足もとには大昔の紙切れが落ちている。

その1枚1枚に、何か黒くて固い染みのようなものが、3つずつついている。

5 毒だらけの秘密

　パブロは、気をつけろと言っているみたいなうなり声をあげながら、あとずさりをした。いやな味を追いだそうとでもするように、ずっと舌を口から出したままだ。
　「この枚数は偶然じゃないな」トナテッリさんはつぶやいて、小さな紙切れを用心深くつま先でつついた。まるで、かみつかれるとでも思っているみたいだ。
　パブロはもっと大きな声でうなった。
　「ここで待っててくれ」トナテッリさんは急いで部屋を出ていき、すぐにもどってきた。長いピンセットと、へこんだ段ボール箱を持っている。
　かがんで紙を拾おうとすると、ひどくいやなボキボキという音がした。トナテッリさんは痛そうに顔をゆがめて、ピンセットと箱を落とし、腰に手を押しあてた。
　「痛くてたまらないよ」食いしばった歯のあいだから、泣きごとをもらす。前かがみになって、よろよろしながら廊下を歩きだしたけれど、そのとたんふり向いてきみに声をかけた。
　「紙を拾って、持ってきてくれ！」
　トナテッリさんはなぜピンセットを持ってきたんだろう。
　「手ではぜったいさわるなよ」廊下から注意してくる。
　まるで毒でも塗ってあるみたいな言い方だ。トナテッリさんは苦しそうに階段をおりていく。1歩進むごとにうめき声をあげている。

紙切れには大切な意味があるかもしれないよ。どうしてかわかる？

「わたしの事務室へ来てくれ！　パブロが案内してくれる」トナテッリさんが階段の下からさけんだ。

つぎに聞こえたのは、いかりの声だった。「きょうは休館だ！　出ていけ！」

玄関ホールに、トナテッリさんの会いたくないだれかがいるらしい。それは、さっき彫刻が本物の竜になったときに、きみが会った女の人だった。今回は、相手をおどすために顔のまわりのひだをひろげた、けんか腰のエリマキトカゲみたいだ。オレンジ色に染めた髪がまっすぐにさがり、長くて曲がった羽飾りのついた卵形の小さな帽子が頭のてっぺんにのっている。手にはワニ皮のバッグ。ワニの頭がついたままというのが、なんだかぞっとする。ワニは、バッグの留め具になっている太い金属の輪をかんでいた。

トナテッリさんは、片方のひざをついて体をななめに支えながら、女の人を見あげた。でも、女の人はトナテッリさんを無視し、つんとした鼻を、虫の触角みたいにホールのあちこちへ向けている。その招かれざる客の後ろに、ふたつの小さな人影があらわれた。はじめは子どもに見えたけれど、実は大人だった。もっと年上の男の人と女の人だ。

そっちの女の人の細長い顔を見ていると、魚のウツボを思いだした。男の人は筋肉のたっぷりついた体つきだ。両手で持っている金属の棒を、まるでクリップみたいにかるがると上下に曲げている。

「出ていけ、メデューサ！」トナテッリさんはどなり、めいわくな客を追いかえそうとした。

仲間のふたりが、メデューサを守るように立ちはだかる。筋肉男は金属の棒でトナテッリさんをおどし、ウツボ女はハ虫類っぽいとがった歯をむき出しにした。人間の口にはめったに見られない歯だ。
　メデューサは出ていかず、トナテッリさんのすり切れた靴の前で、ワニの頭を持ちあげてバッグの中身をあけた。すると砂や小さな石のかけらが落ちてきた。
　「何をぐずぐずしてるのさ。彫刻が屋根から落ちてきたり、銅像が台座からおりてきたりするのを待ってるわけ？　あんたがそのでかい尻を動かすころには、とっくにわざわいが起こってるんじゃないかい？」
　メデューサは、つばでも吐いているようなしゃべり方をする。
　パブロがトナテッリさんを助けにきた。ウツボ女に負けじと歯をむき出しにしてトナテッリさんの前に立ち、激しくうなる。
　メデューサも、ほかのふたりも、びくともしない。
　メデューサがつづける。「ここには毒だらけの秘密がしまってある。この町の住民にわざわいがふりかかったら、あんたのせいだよ。この美術館にこっそりためこんでるものは、そもそもあんたみたいなのろまの老いぼれが持ってちゃいけないんだ」
　メデューサは、まるでトナテッリさんからひどいにおいがするみたいに、うんざりと顔をしかめた。
　トナテッリさんは石の柱につかまって、体を支えている。

「いますぐ出ていけ！」トナテッリさんはあえぎながら言った。
　何も聞こえなかったかのように、メデューサは仲間ふたりに命じた。
「ラルフとツィターナ！　廊下の奥にある緑の扉だよ！　ミケランジェロの肖像画をじっと見るんだ。そいつは魔法の絵で、あんたたちをミケランジェロの時代に連れてってくれる。あたしは秘密の部屋と７つの封印のことを、ひとつ残らず知りたいんだ」
　パブロが毛を逆立てた。

ガルルルルル！　　ものすごいうなり声だ。
３人をずたずたに引きさいてやりたいらしい。

　だけど、だれもこわがらなかった。かわいそうなパブロはラルフに思いきり蹴られて、なめらかな石の床の向こう側へ飛ばされた。びっくりしてキャンと鳴き、廊下のすみっこに背中から落ちる。
「だれかがこのばかげた事態を終わらせなきゃならないんだよ！」メデューサが、つんとすまして言った。そして、心を決めたようにマントのえりを引っぱりあげ、もったいぶった歩き方でトナテッリさんの横を通りすぎた。

6　封印の秘密

「待て。見てろよ、年寄り魔女め！」トナテッリさんがあえぎながら、うめくように言う。

　トナテッリさんは、ついてくるようにときみに手で合図し、玄関ホールの奥の暗いすみにある小さな扉の前まで、足を引きずりながら歩いていった。

　「扉を閉めるんだ！」落ちつかないようすで言い、大きな木の机の後ろにある革張りのいすに、ぎこちなく腰をおろした。そこはトナテッリさんの小さな事務室だった。床には本や書類がうずたかく積まれている。棚の上はさらに高い山になっていて、棚はその重みで前にかたむいている。いまにも山がくずれて、きみの上に落ちてきそうだ。

　トナテッリさんは横のほうへかがみこみ、壁についている小さな扉をあけた。扉の向こうには、スイッチやレバーが並んでいた。スイッチもレバーの取っ手も、小さな悪魔の顔みたいだ。

　トナテッリさんは両手を使って、スイッチや取っ手をすべて正しい位置に合わせた。とつぜん、美術館じゅうにするどい音が鳴りひびく。キキキーッ。ゴゴゴーッ。たくさんある古い棚の扉をいっせいに閉めているような音だ。鳴りつづけるドラムみたいに聞こえる。

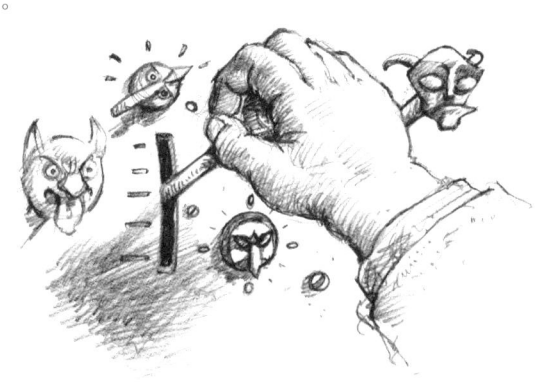

29

「やつらを閉じこめたぞ。身動きはできまい」トナテッリさんは満足そうにせきばらいをして言った。「あのメデューサって女は、黄金を生みだす魔法を研究しているなどと言っている。これまで、ありとあらゆる種類の魔法の本を手に入れてきた。ずっと前からこの美術館にも目をつけているし、ここの秘密を少し知っているのもたしかだ。しかし、わたしはぜったい、あいつに美術館を売ったりしないぞ」
　パブロが小さく鳴いた。気持ちを落ちつかせたいのか、きみになでてもらいたがっている。
　「紙切れだ。さっきの紙切れを見てみよう！」トナテッリさんは箱をつかむと、中の何枚かの羊皮紙を机の上にふり落とした。

この本の最初についている封筒に、羊皮紙みたいな紙が入っている。
取りだして、見てごらん！

　パブロは水にぬれたときみたいに、体をずっとふるわせている。くしゃみをしたり、つばを吐いたりもしている。それを見て、トナテッリさんが顔をくもらせた。
　「何かにおうらしいな。この紙には、よくないものがついていそうだ」トナテッリさんはすごく痛そうに、ゆっくり立ちあがった。まるまるとした指で、1枚の紙をさす。
　「ほら……見るんだ。これが何かわかるだろう？」
　トナテッリさんはまず、ピンセットでその紙をつまみあげた。そして、あらゆる角度からじっくりとながめたり、卓上スタンドの電球のまぶしい光にかざしたりしている。

この羊皮紙に描かれている絵って、クイズみたいだと思わない？
　ファウヌスの顔に関係があるのは、歯、手の指、足の指の3つのうち、ひとつだけだ。でも、この黒い染みはなんなんだろう？
　トナテッリさんの顔が輝いた。「封ろうだ。昔の人が手紙なんかに封印をするときに使ったものだよ。7枚の紙に、たくさん封印がされているんだ。正しい封印を見つけろ、ということにちがいない」
　トナテッリさんが足の指の絵の下についている封ろうにさわろうとすると、パブロが飛びあがって、トナテッリさんの手首をくわえた。強くかんだわけじゃない。ご主人を止めたかっただけみたいだ。
　「毒が塗ってあるのか！」トナテッリさんはさけんだ。問いかけるようにパブロを見おろす。パブロは心配そうに、いすのまわりをぴょんぴょんはねまわっている。
　「おまえは鼻がきくんだな。毒のにおいがわかったなんて」トナテッリさんは、正しい絵の下にある封ろうのほうへ指を動かした。
　パブロは首をかしげて、しっぽをふっている。その黒い封ろうにさわっても平気だ、とトナテッリさんに伝えているらしい。
　「おかしな封ろうだな」トナテッリさんはひとりごとを言った。
　そして、その羊皮紙をきみに手渡した。
　「どういうことだと思う？」

つまみあげたのは、何が描かれている紙かな？

1枚目の紙を手にとって、正しい絵の下についている封ろうに指をあててごらん。そのまま、ゆっくり10まで数えるんだ。封ろうがあたたまったら、答えが合っているかどうかわかるよ。

　これからも、このロープと封ろうが出てくるたびに、順番に紙をぬき出そう。そこには、本の中で見たばかりのものが描いてある。正しい答えの下の封ろうに指をあてて、10秒待つんだ。浮かんできたマークは、全部紙に書きとめておくこと。

　トナテッリさんは、きみの持っていた紙をつかみとって、そこにあらわれているマークをじっくりと見た。それから、ほかの封ろうがついている部分を、熱い電球に近づけた。封ろうが透明になって、がいこつのマークがあらわれる。でも、それはほんのつかの間のことで、すぐに封ろうに火がついて青い炎があがり、羊皮紙に焼け穴ができた。トナテッリさんが半分水の入った水差しに紙をつっこむと、火はシュッという音を立てて消えた。水の上には黒い斑点が浮かび、こげくさいにおいがせまい部屋に立ちこめる。
　さあ、これで何が起こるかがわかった。

「なんとしても正しい封ろうを見つけるんだ。そうすれば、下にかくれているマークがわかる。しかし、電球にかざして調べるのはあまりにも危険だ。マークが燃えだすかもしれない」トナテッリさんは机の上にあったメモ用紙に、最初のマークを書きとめた。「正しいマークを集めれば、秘密の部屋へ行きつくだろう」そう言って、指で机を小さくたたいた。

「7つの封印がされた秘密の部屋のうわさは、昔からあったんだ。そこにはミケランジェロの秘密がかくされていると言われている。もしかすると、屋根の上の竜と関係があるかもしれないな。調べてみなくては」

トナテッリさんは考えこみながら、おなかをトントンとたたいた。「石にとらえられたものが息をふき返す」と、つぶやく。それから、その意味をきみに説明した。「わたしのじいさんが、石像の中に閉じこめられた人々の話をよくしてくれた。石像が生きているように見えるのは、そのせいだそうだ。ミケランジェロの作品も、やっぱり生きているように見える」

トナテッリさんは、残りの羊皮紙をパブロに向かって差しだした。「さあ、パブロ、どれが正しい封ろうで、どれが毒なんだ？」

パブロはふらふらと、あとずさりをした。やがて足の力がぬけたように、横向きにたおれた。

そのまま、まったく動かない。

「パブロ？」トナテッリさんは体じゅうをふるわせた。あらあらしく息を飲み、涙をこらえている。「ああ、パブロ！」

パブロのわき腹がかすかに動いた。

まだ息をしている。生きているんだ。でも、ひどく具合が悪いにちがいない。

「毒だ！」トナテッリさんは机に両手をついて立ちあがった。「さっき、パブロは羊皮紙を1枚くわえてしまったんだ」

たいへんだ。パブロはどうすれば助かるんだろう。

「魔法の展示室へ行ってくれ！　ミケランジェロの肖像画を見つけるんだ。肖像画の目をじっとのぞきこめば、時間のうずにのって、ミケランジェロのもとへたどり着くことができる！」トナテッリさんは、壁にうめこまれた小さな棚の前でかがみこみ、すべてのレバーやスイッチをもとの位置にもどそうとした。

バチバチバチッと、火花が散った。トナテッリさんはくぐもったさけび声をあげて、後ろへよろめき、革張りのいすの上に尻もちをついた。クッションの空気がぬけて、ブシューッという音がもれた。青くまぶしい光がスイッチやレバーのあいだでパチパチと輝き、光るクモの巣みたいに棚を包みこんでいる。パブロの片耳がピクッと動いた。まだ生きているのはたしかだ。

「展示室の魔法がきかなくなってしまった」うめくように言ったあと、トナテッリさんは、ほかにこわれた部屋や機械がいくつあるか数えはじめた。そして、急に「おおっ！」とさけび声をあげた。何か大事なことを思いついたにちがいない。「聞いてくれ！」

きみに話しかけながら、トナテッリさんは引き出しをつぎつぎあけて、中身をまるごと机の上に出した。書類、ハンカチ、くだけた板チョコ、古くなった新聞、クリップ、ぼろぼろのファイル。あっというまに、トナテッリさんの前に大きな山ができあがる。

ようやく探し物が見つかったらしい。それは何枚もの古い絵だった。

なんの絵だろうか。昔の町の絵？　絵のほかに、現代の絵はがきも何枚かある。
「ほら。ローマだ！」トナテッリさんは、黄ばんだ紙に描かれた絵のとなりにあった、色あせた絵はがきを手にとった。小さな町という感じがする。「500年前のローマはこうだったんだよ。ミケランジェロがいたころだ。ミケランジェロは何度かローマに住んだことがあって、教皇のために仕事をしていたんだ」
　トナテッリさんは絵をきみに持たせた。「イーゼルはまだこわれていない。屋根裏のアトリエにある。さあ、行こう！　その絵をイーゼルに置いて、アトリエにある筆で、表面にうずまきを描くようになぞるんだ。魔法のイーゼルがきみをそのころのローマへ連れていってくれる。ミケランジェロを探してくれ。毒のことをたずねるんだ。何か教えてくれるかもしれない」

7 フードをかぶった男

　時間が速くすぎるほど、きみの足も速くなる。もともと、きみがこの美術館へ来ることになったのは、足のせいだったものね。それにしても、いまは何もかも、信じられないことばかりだ。
　開いた緑色の扉の向こうにある展示室へ目を向けた。有名な芸術家の肖像画が並んでいる部屋だ。メデューサの助手ふたりの足が絵からつき出ていて、激しくもがいている。まるで絵の中の男の人が、ふたりをいっぺんに飲みこもうとしているみたいだ。
　メデューサ本人は、両開きの扉のあいだにはさまれていた。さけんだり、ののしったりしながら扉からぬけ出そうとじたばたしている。でも、扉はワニのあごみたいに、ますますしっかりとつかまえたので、メデューサは自由になることができない。

「ここから助けだしてくれたら、お金持ちにしてあげるよ、ぼうや」メデューサはあまったるい声で、きみをそそのかそうとした。

　きみがだまって通りすぎると、メデューサはうんざりするほどやさしい表情をぞっとするしかめつらに変えて、後ろからさけんだ。「おまえの体が、いぼだらけになればいい。手の届かないところが、かゆくなってしまえ」

　アトリエは建物の3階のはしのほうにあった。壁はななめになっていて、床から天井までのあいだがすべてガラスでできていた。雨に打たれるせいで色がくすんでいる。その壁に、さまざまな大きさの額が立てかけてあった。部屋じゅうで絵の具と接着剤のにおいがし、しめったセメントの、つんとくるにおいも宙をただよっている。部屋の真ん中にイーゼルがひとつある。きみはローマの絵をそこに置いた。絵筆を1本手にとって、うずまきを描くように動かすと……

　とつぜん、スケートボードの上に立っているような気分になった。まるで靴の底から車輪がはえてきたようだ。目の前にのびているイーゼルに吸いこまれていく。まっすぐに立っていられない。あちらから、こちらから曲げられる風にして、メデューサの仕事場のほうへ飛ばされる。うわっ、ぶつかる、と思ったけど、何もあたらなかった。それどころか、のびてきた！

メデューサの仲間 ふたりはミケランジェロを見つけることができなかった。どうしてかな？

37

きみは、ねじれ曲がったトンネルを通って、絵の中へどんどん深く入っていった。絵の具のにおいに包まれる。それがいつのまにか、こやしと屋外トイレと泥水がまざったような悪臭に変わる。中身を何年も捨てていない、台所用のごみ箱の中にいるみたいだ。
　きみは後ろ向きにたおれて、尻もちをついたまますべりつづけ、最後は固い地面にぶつかって止まった。背の高い、白く輝く大理石に足があたる。やった、タイムトラベルに成功したんだ！
　ここは昔のローマだ。牛がこわれそうな木の荷車をガタゴトと引いているんだから、まちがいない。

　目の前の大理石のかたまりは、たくさんあるうちのひとつだった。あたり一面に石があり、まるで大理石の森に舞いおりたみたいだ。どこを見ても、でこぼこのままで加工されていない、人の背たけくらいの四角い石がある。いくつあるんだろうか。1、2、3、4、5、6、7、8、9、10、11……20……30……40……50……60……70……80……いや、100個あるかもしれない！
　若い女の人が、くだものと野菜のつまったかごをふたつ持って通りかかった。ひとりごとを言っている。
「ミケランジェロさんは、いつになったら教皇ユリウス2世のお墓をつくるのかしら。この石を彫って像にしてくれれば、ここも少しは広くなるのに」
　その女の人の後ろを、そまつなズボンとすり切れた上着を身につけた男の人が、重そうな袋を引きずって歩いていた。

「その石で、人と同じ大きさの像を40体つくるらしいぞ。だけど、ミケランジェロは、何か月も前からここに石を集めているのに、まだ彫りはじめていないんだ！」

こげ茶色の修道士の服を着た男が、ふたつの大理石のあいだに体を押しこむようにして立っていた。顔は大きなフードのかげにかくれている。細長い手も、はばの広いそでで見えない。

「あいつは悪党だぞ、あのミケランジェロってやつは」

男は変な声で言った。声をごまかそうとしているらしい。

おやおや、おもしろくなってきた。現代では、ミケランジェロはすごく尊敬されているのに。

さっきの男女ふたりは、お金持ちの家の召使いだろう。ふたりは立ち止まると、手にしていたものを置き、フードで顔をかくした男をうさんくさそうに見た。

「気をつけろ。ミケランジェロには注意しろ。あいつは悪者の仲間だ。自分の心と同じくらい真っ暗な秘密の部屋に、何かをかくしている」

フード男は警告した。

「どういうことだ？」召使いの男がたずねた。

「ミケランジェロとかかわったことがあるのか？」
この口ぶりでは、どうせミケランジェロの悪口しか言わないんだろう。
「うわさはいろいろ聞いてるわ」女の人は思わせぶりに手をひらひらとさせた。

つくった彫刻が
気に入らなかったら、
たたきこわしてしまうそうだ。

チーズが大好物
なんですって。
特にトスカーナ地方の
マルツォリーノ・チーズが
好きらしいわ。

持ち物は全部
紙に書きだしていて、
自分のことにはほとんど
金を使わないんだ。

見た目は野蛮そうだな。
顔が大きくて、
黒い髪はぼさぼさだ。
手はずいぶん大きい。

いつも、仕事をたくさん
引き受けすぎちゃうそうよ。
全部を終わらせるなんて、
できっこないんじゃないかしら。

王子さまや王女さまたちと
すごすのが好きみたい。
それに、教皇さまとも。

ろうそくをのせた紙の
帽子をかぶってるんだ。
そうすれば夜も仕事が
できるからって。

弟さんや、年をとったお父さんのことを
気にかけていて、家にお金を送ってるそうよ。

「自分のことを、
「かかし」って呼んでるの。
自分の顔が好きじゃないんですって」

「ほんとうに
強情っぱりだって話だ。
ひどくがんこらしい」

　フードをかぶった男はわかったと言うように、小さくせきばらいをした。
　「気の毒なことだ。ミケランジェロが秘密の部屋に何をかくしているか、おまえたちが知ってさえいたら！」
　「えっ？　何がかくされてるって？」ふたりの召使いはフード男に近づいた。もっと話が聞きたいらしい。でも、男はあとずさりをして、はなれていろと手ぶりで示した。
　声をひそめて、男はつづける。「あいつが彫った像は、まるで生きてるみたいだろ？」

「だからミケランジェロさんは有名人なのよ。みんながあの人のうわさをしてるわ。レオナルド・ダ・ヴィンチやラファエロとおんなじ！」召使いの女は自分の知識をじまんするように言った。

「もし、やつが生きてる人間を石に変えることができるとしたらどうする？」

「そんなこと、できっこない」召使いの男が言った。「……それとも、できるのか？」

「ミケランジェロが7つの封印で秘密の部屋を守っているのには、理由があってな」

フード男は立ち去ろうとして背中を向けた。ところが、召使いの女が服をつかんで引きもどした。男はおこって女の手をふりほどいた。

「どこにあるの、その秘密の部屋っていうのは？」女が小声でたずねる。

フード男はただ肩をすくめた。

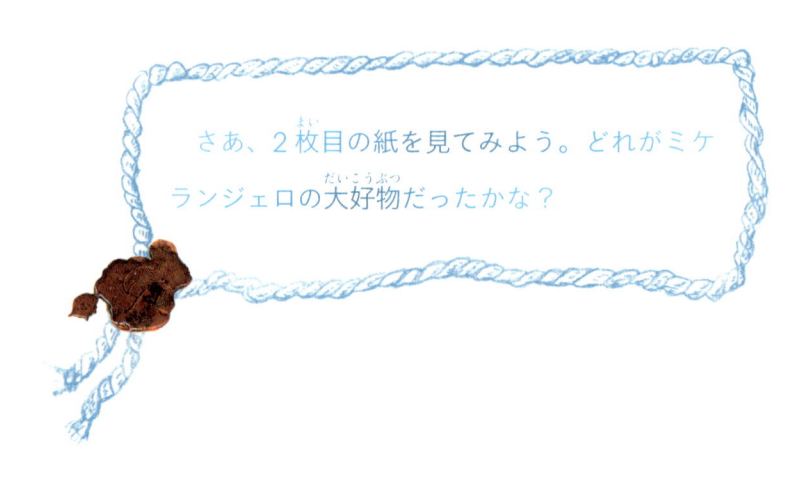

「自分がそこへ引っぱりこまれれば、何もかもわかるだろう」おどすように言う。

ふたりの召使いはもっと知りたがって話をつづけようとしたけれど、そこへ1頭の馬がかけ足で向かってきた。

さあ、2枚目の紙を見てみよう。どれがミケランジェロの大好物だったかな？

8 ミケランジェロ、行かないで！

　全速力で走っていくその馬には、男の人がのっていた。思いっきり体を前にかたむけて、肩からはおった長いマントをなびかせながら、片手で馬を急がせている。召使いの男は首をのばして、女はつま先立ちになって、馬がどこへ向かっているのかを見ようとした。
　短いズボンをはいて、鉾槍を持った衛兵たちが、大理石の山の向こうにそびえ立つ館からおおぜい出てきた。その中のひとりが、馬で去っていく男の人に向かって、おどすようにこぶしをふりまわしている。
　「なにごとだ？　あの馬にのっていたのはだれだ？」フード男がきびしい口調でたずねた。
　衛兵はフード男の正体を知っているようだ。ずいぶん大物らしい。すぐにかけ寄ってきて、質問に答えた。
　「ミケランジェロです。逃げだしました。教皇がやっぱり墓はいらないとお考えになったので、ひどくおこったんです。フィレンツェへ行く、二度と教皇のためになんか仕事をしないと言っています。でも、われわれが追いかけて、かならずつかまえますよ」
　ミケランジェロがおこる気持ちもわかるな。
　あの大理石を切りだして運ぶのに、何か月もかかったはずだ。あの石は、ひとつひとつが小さい象くらいの重さがある。
　召使いの女が、かごからりんごを出して、かじりついた。

「ミケランジェロさんも、いつもご主人にめぐまれてるわけじゃないのね」
「どういうことだ？」召使いの男はそうたずねて、女の手からりんごをうばい、がつがつと何口かで食べきった。
「ピエロ・デ・メディチは、雪で像をつくるようにたのんだことがあるそうよ。雪人形をね。やとい主に何かしろと言われたら、芸術家はそれをしなくちゃいけないの。お金をもらって館に住みつづけたいならね」
女はくすりと笑った。ミケランジェロのような有名人でさえ自分の主人にはさからえないのを、おもしろがっているらしい。
でも、ミケランジェロがローマから出ていったのなら、フィレンツェへ探しにいかなきゃいけない。パブロを早く助けてやらなくちゃ。だけど、どうやったらフィレンツェへ行けるんだろう。ここから200キロ以上もはなれていて、馬か馬車にのるしかないっていうのに。
それに、トナテッリさんの美術館へはどうやってもどるんだ？
フード男が体をかがめて、こぶしくらいの大きさの大理石を拾いあげた。四角いかたまりからくずれ落ちたかけらだろう。
男の顔はきみのほうを向いている。フードの暗いかげから、するどく鼻を鳴らす音が聞こえた。
なんだかあぶないぞ。フード男は、きみの見かけが気に入らないみたいだ。そりゃそうだろう。きみはまだ現代の服を着ている。500年前のローマでは、宇宙人に見えるにちがいない。
フード男は片手をあげて、いかりのさけび声をあげながら、拾った石をきみに投げつけた。

受けとめるんだ！

よし！　ごつごつした石を、両手でつかむ。

すると、骨ばった指がきみをさした。

「スパイだ！　悪者だ！　悪魔の使いだ！」フード男がさけぶ。

ふたりの召使いがこっちを見た。まるで、きみに馬のひづめとぎらぎら光る目があるみたいな顔つきだ。男の召使いが大声で呼びかけると、衛兵たちが鉾槍を高くかかげて館から走りでてきた。

　逃げろ！　ぐずぐずしてるひまはない！

後ろでシュルルッという音がした。トンネルがまた口をあけていて、せんたく機のドラムみたいにぐるぐるまわっている。1歩中へふみこむだけでよかった。きみはうずに足をとられた。トンネルは筒になってのび、ねじを巻くように地面にめりこんでいく。

ヒュ———ンとすべっていくうちに、お尻の下の空気が熱で赤くなっている気がした。やがて、がまんできないくらい熱くなった。まるでオーブンの中にいるみたいだ。そのとき、トンネルのはしに着いた。

きみは明るい部屋の固い床へ落ちていく。

うわぁぁぁぁぁぁぁぁぁぁぁぁぁ

「きゃっ！」「なにごと？」

あああああっ！ ぼわわわわんっ！

トナテッリさんには、どうしてミケランジェロがローマを出発するとわかったのかな？

着地は思ったほど痛くなかった。トナテッリさんのおかげだ。きみはトナテッリさんのやわらかくてふっくらしたおなかにのっていた。きみがぶつかったせいで、トナテッリさんは床にひっくり返っている。手には昔のローマの絵がある。まるで絵の中からきみをふり落とそうとしていたみたいに、高くかかげている。押しつぶされたトナテッリさんは、息を切らしながら言った。

「わたしが食いしんぼうでよかったな。このおなかがきみを救ったんだ」

さあ、立ちあがるのを手伝わなくちゃ。トナテッリさんは、まだ体をななめにしている。それほど背中が痛いんだろう。

「着くのが遅すぎたんだな。ミケランジェロはもうローマをはなれるところだった」トナテッリさんは残念そうに言った。「新しい作戦を考えなくては」

> ちょっと待って！ ストップ！
> 先に進む前に、もうひとつ封印を解くことができるよ。
> 3枚目の紙を見ながら、召使いの女の話を思いだそう。

9 石切り場へ

　大理石のかたまりは、まだきみの手の中にある。あらく切りだされただけなので、きれいにみがいた大理石とちがって、なめらかでもぴかぴかでもない。

　トナテッリさんはその石に気づいて、手を差しだした。パブロがするみたいに、くんくんとにおいをかいでいる。

　「ミケランジェロが選んだ大理石のかけらだな」トナテッリさんが言う。「ということは、この石がミケランジェロのもとへ連れていってくれるぞ」

　どうやって？

　1本の杖が壁に立てかけてあった。先っぽに、ライオンの頭の形をした銀の彫刻がついている。その杖で体を支えながら、トナテッリさんはアトリエを出た。歩きながら話をつづける。

　「さっきこわれてしまったもののいくつかは、またちゃんと動くようになったんだ」メデューサのはさまっている扉のところまで来ると、番犬がどろぼうにほえるような勢いで、口ぎたないことばが聞こえてきた。

　「扉をあけなさいよ、デブのがんこじじい！　こんなことして、ただじゃすまないよ。その腰の痛みよりもずっとつらい目にあわせてやる」

トナテッリさんは、この招かれざる客を相手にしなかった。
「あの扉、どんどんきつくなるだろう。とてもじゃないが、わたしはあんなところに入れない」あいているほうの手で、おなかをなでた。「びんに押しこまれたコルクみたいに、動けなくなってしまうからな」
玄関ホールに着くと、トナテッリさんは立ち止まって、並んでいる石柱を杖の先で示した。
「柱にさわるんだ！」
えっ？　なぜそんなことをするの？
トナテッリさんがじれったそうに杖を動かし、早くしろとせき立てる。きみは両手をのばして、石柱のなめらかな表面を順番になでていった。柱は赤と緑と白の大理石でできていて、全体に黒っぽいすじが入っている。
あれ？　柱をさわるとどれも冷たく感じたけど、トナテッリさんの事務室にいちばん近い1本だけは、あたたかい。
トナテッリさんは喜んだ。
「気づいたな！」得意そうに杖を床に打ちつけた。「きみにはちがいがわかった。これで、本物の大理石の柱とにせものを区別できるだろう。本物の大理石は、さわるといつでも冷たく感じるんだ。もし柱が木でできていて、大理石に見せるためにペンキを塗ってあるだけだったら、あたたかく感じる」
トナテッリさんはそこで、きみが大急ぎでミケランジェロを探さなくてはならないことを思いだした。「飛びこめ！」
えっ？　どういうこと？

「飛びこむんだよ！」トナテッリさんが強く言う。きみが困った顔をすると、トナテッリさんは自分に腹を立てた。「ああ、なんてまぬけなんだ、わたしは！」と、ひとりごとを言って、にせの大理石の柱に近づいた。柱を見あげたあと、足を引きずりながらまわりを歩き、何かを探している。「まずは柱をどけないとな。開閉装置はどこだったか」

それから、きみのほうを向いた。「シエナの石切り場へ行ってもらわなきゃならない。いや、シエナじゃなくてルッカだ。ちがう、モンテプルチアーノか。それともカッラーラだったかな。地名がこのあたりのどこかに出てるはずなんだが。見つけられるかい？　わたしは最近目が悪くなってしまってね」

正しい地名は柱に示されているよ。
その文字は、たてか横かななめに並んでいる。

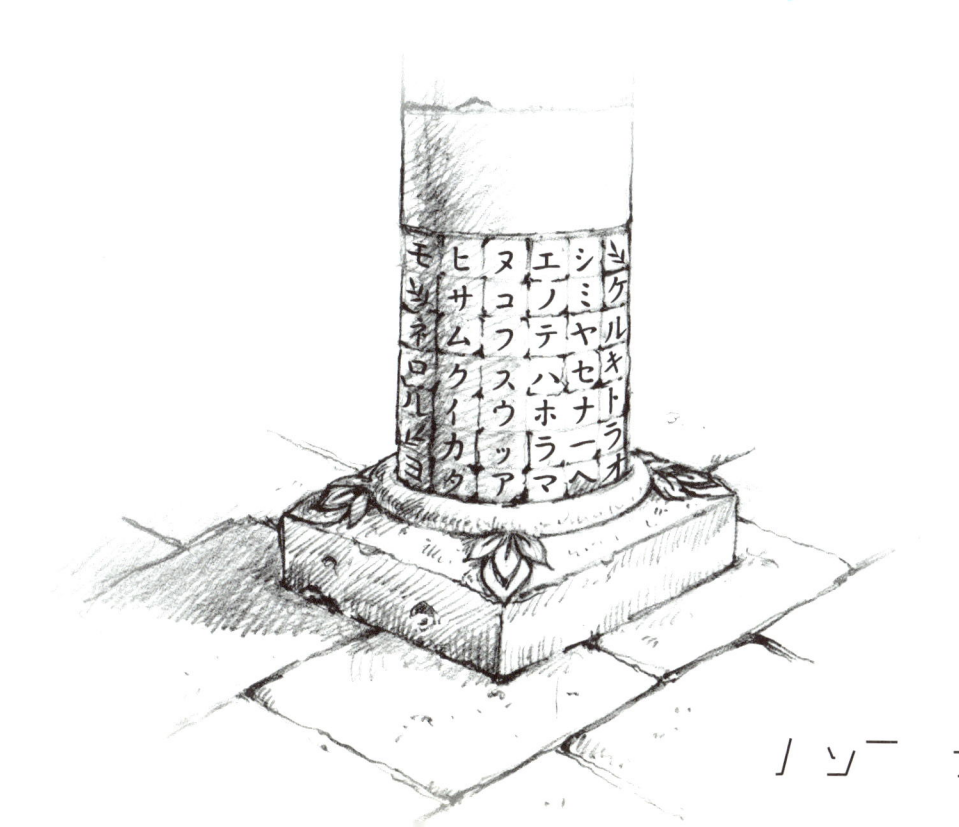

「文字を押してくれ。ひとつずつ順番にな」

石のボタンはこすれ合ってギシギシと音を立てた。柱の中へボタンを押しこむのはむずかしい。

え————いっ、と力を入れないと動かない。

でも、がんばったかいがあった。この美術館には、まだびっくりするしかけがあったんだ。天井からキキ——ッという音が聞こえ、つづいてガタガタ、ゴトゴトという音がした。重いくさりでつりあげられるみたいに柱がのぼっていき、床に丸い穴があらわれた。

「石を投げこむんだ！」トナテッリさんが緊張した顔で言う。

穴の下に小川でもあるのかな？

投げた石は どんどん落ちていって……コツンと何かにぶつかった。

きみは穴のふちから身を乗りだした。下から光がさしている。明るい日の光だ。この下には、小川や地下室じゃなくて、別の世界があるんだろうか。

「飛びこめ！　だいじょうぶだ、けがなんてしないから！」

トナテッリさんは頭がおかしくなったにちがいない。うしろから強く押してきたので、きみは穴の中へどんどん落ちていった。

上のほうでパブロがほえているのが聞こえる。

もう元気になったのかな。それとも、まだ助けがいるんだろうか。

10 暴走する大理石

　天使が地上におりるときって、こんな感じなんだろうな。

　真下へと深くのびるトンネルをぬけて、足に明るい日の光があたったとたん、落ちるスピードがゆるんだ。最後の数メートルは、広い石切り場全体を見おろしながら、ゆっくりとおりていく。大理石が岩山から切りだされていくようすは、ゲームで使うサイコロを巨人たちがつくっているみたいだった。

　すごいや！　ほんとうにすごい！　500年も前の、爆薬も空気ドリルもなかった時代に、こんなことがおこなわれていたなんて。

　これほど大きな石を、どうやって山から切りだしたんだろう。人間の2倍か3倍の大きさの石もあるのに。

　石切り場には、おびただしい数の木づちを打つ音や、のみで石をけずる音や、人々のさけび声があふれている。信じられない！

　この時代にはまだトラックもないので、大理石は、何本もの丸太をつなぎ合わせてつくったそりで引きおろされる。

　そしていまも、ゴロゴロと音を立てながら、石が坂をおりていた。すりつぶされて細かくくだけた小石が、そりの両側へ飛ばされている。

　9人の男たちが、そりの後ろにつけられたがんじょうなロープをつかんでいた。そりが猛スピードですべり落ちてしまうのを防ごうとしているんだ。

「あんた、いったい、だれ？」

どこから声がしたんだろう？

しまった！　足がまだ地面についていない。

地面から１メートルははなれたままだ。

下には、背の低い男の子が立っていた。まぶしい日ざしを片手でさえぎりながら、きみをまっすぐに見あげている。ふたつのするどい青い目が、粉だらけの白い顔からこちらを見ている。髪の毛にも、手にも、ぼろぼろのシャツにも、すり切れたズボンにも、白い粉が何重にもなってこびりついている。ようやく、きみの足は地面についた。最初は、ゆうれいかと思った。でも、指でわき腹を強くつついてくるゆうれいなんて、いるはずがない。男の子は小さな口をあけて、にやっと笑った。歯が何本も欠けているのが見える。

「ずいぶんいたずらが好きなんだね。そんなふうに、空を飛べるふりをするなんてさ！」

坂の上では、男たちがまだ大理石をおろそうと苦労していた。石の重みできしむロープを、息を切らしながらつかんでいる。木のそりが前にすべり、それから横へずれた。

「はなすな！　もっとしっかりつかめ！」男たちのひとりがさけぶ。

にぶい音を立てて１本のロープが切れた。先っぽが後ろへはね返って、ロープを持っていた男の頭にあたる。男はうめき声をあげて地面にたおれた。

そのとき、丸太をつないでいたロープがすり切れて、そりがこわれた。丸太を車輪のかわりにして、大理石が坂の下めがけてつき進んでくる。きみのそばにいた、大理石の粉のせいでゆうれいみたいに見える男の子は、魔法にかかったようにじっとして、大きな石のかたまりを見ていた。

　よろいをつけた大昔の怪物みたいに、ものすごい勢いで石のかたまりが落ちてきた。そして、カーブしている道のはしにぶつかって、こんどはきみのいるほうへ向かってくる。

　飛びのくんだ！　わきへよけろ！

　足もとの地面が激しくゆれた。黒っぽい土けむりが、嵐雲みたいに舞いあがる。木の破片や、とがった石のかけらや、土のかたまりが、あちこちに飛び散る。

　男の子はこのおそろしい光景を、夢の中にでもいるようにじっと見ていた。大理石が落ちてくる道のど真ん中に立っている。あの子を助けなきゃ。

　腕をつかめ。早く！　早く！　早く！

きみたちは、丘の斜面にしっかり根を張っている茂みに飛びこんだので、下までころがり落ちずにすんだ。
　大理石はズザザザと音を立てて、ほんの少し先をすべっていった。坂をくだり、地面が平らになったところで止まった。
　石切り場全体がしんと静まりかえる。
　がけのほうから、男の人が心配そうに呼びかける声が聞こえた。
「ドナテッラ？　そこにいるのか、ドナテッラ？」
　きみのとなりにいる、ほこりまみれの男の子がせきばらいをして、早口で言った。
「いたずらしてたんじゃなかったんだね。あんた、天使なんだ！　あたしの命を救ってくれた」ほこりで声がかすている。青く輝く目を見開いて、まるでゆうれいを見ているような顔だ。
　そうか、男の子の服を着た女の子だったのか。
「父さんに帰れって言われちゃう。あたし、ここで石工たちといっしょにいちゃいけないんだ。父さんがだめだって」
　ドナテッラはきみの後ろにかくれた。男たちがぶつぶつと文句を言いながら通りすぎていく。坂の下に落ちた大理石を、川へ通じるもとの道まで引きあげるのは、かなりたいへんな仕事になるだろう。石は船で運ばれることになっている。
　みんなはきみたちに気づいていない。大理石に気をとられている。
　ドナテッラが両手の指をしっかり組み合わせて、きみに感謝のおじぎをした。
「ねえ、ミケランジェロを見かけたことはある？」きみがたずねると、ドナテッラは何度もうなずいた。
「2、3週間前に、ここにいたよ！」
　そんなに前じゃだめなんだ。

「そう言えばほかにもミケランジェロさんのことを質問した人がいたよ！　こんな服を着てた」ドナテッラは興奮してそわそわしながら、フードのついた長い服の絵を空中に描いた。
「顔は見えなかったけど、声がすごくざらついていて、いやな感じだった」
　ドナテッラはけっして臆病なんかじゃないだろうけれど、ぶるぶる体をふるわせた。
「あのフード男が来たときは、石工たちも十字を切って祈ってたんだ」
　だけど、フード男は石切り場で何をしていたんだろう。
　ドナテッラはあたりを見まわして、だれにも聞かれていないのをたしかめた。
「秘密の洞窟の話をしてたよ。そこは、だれも入れないように封印で守られてるんだって」
　ミケランジェロの秘密の部屋のことだ。じゃあ、それは石切り場にあるのか。
「で、いったいどこにあるんだい？」
　ドナテッラははずかしそうにあやまった。場所までは知らないんだ。
「見つけてみせる。あんたがまた空からおりてきたときのために、準備しとくよ。だからもどってきて、あたしを守ってね」
　ここは何も答えないほうがいいだろう。
　少しはなれたところで、ひとりの男が木の幹を引きずって歩いていた。何本かの枝と、枯れて白っぽくなった葉っぱがついている。
「新しい石を切りだすんだよ」ドナテッラが早口で説明した。きみに教えることができて、うれしいらしい。
　ドナテッラは、きみを山の上のほうへ連れていって、作業のようすを見せた。
　まず、岩にできた長いさけ目を探す。それから、のみを使って、さけ目に深いみぞを彫る。オリーブの木でつくったくさびをみぞに打ちこんで、水をかける。

木は水をすってだんだんふくらんで、ものすごく強い力を出す。その力がさけ目全体にかかって、大理石のかたまりを山から押しはなす。

また封印が解けるよ。4枚目の紙を見てごらん。

とつぜん、低い声が、雲の上から聞こえてきた。「見つかったか？」

ドナテッラはきみの腕をはなして、何度か息を飲み、空を見あげた。すっかりおそれおののいている。

「あたしをむかえにきたの？　あんた、死の使いなの？　神さまがあんたをよこしたの？」

ドナテッラに〈冒険ふしぎ美術館〉とか、真下に深くのびたトンネルの話をしても、わかってもらえないだろう。

「もどってくるときは、大理石のかけらを空に向かって投げるといい！」トナテッリさんの声がする。

美術館へ帰ったほうがよさそうだ。石切り場へは、あとでまた来ればいい。きみは小さな石を拾って投げた。空に向かっ

11 死の鳥が鳴いている

　いい知らせだ！
　見えない力がきみを丸い穴から引っぱりあげて、玄関ホールの石の床に落としてくれた。気がつくときみはパブロの前にしゃがんでいて、ざらざらした舌でほっぺたを何度もなめられていた。
　パブロはきみに飛びついて、押したおすと、おなかの上にのってうれしそうにしっぽをふった。まるで何か月も会っていなかったみたいなはしゃぎぶりだ。
　「毒のききめが切れたんだ」トナテッリさんは、ほっとため息をついて教えてくれた。それから自分も力をつけようと、チョコレート・キャンディーをいくつか飲みこんだ。パブロもすぐにキャンディーをねだって、すっかり元気になったところを見せようとした。
　つぎに、悪い知らせ！
　「メデューサが扉からぬけ出した。仲間ふたりも逃げたよ」トナテッリさんはチェックのハンカチでおでこの汗をぬぐった。「まだ美術館の中にいるにちがいないが、どこにも姿が見えないんだ」
　羊皮紙はまだ3枚残っている。あと3つの封印を解かなきゃいけない。石切り場の秘密の部屋をなんとしても見つけなくては。
　まだ足を引きずりながら、トナテッリさんは建物から出て、けんめいに階段をおりた。かわいそうに！　その場で体をCの字みたいにかがめて、屋根のはしの竜の彫刻をじっと見ている。
　きみとパブロも屋根の上を見た。

灰色の像は知らん顔をしたまま、どれも動かない。
　強い風が広場をふきぬける。頭上では、黒い雲が空を流れていく。まだ午後の早い時間なのに、暗くなりかけている。
　フクロウの石像が屋根のそれぞれの角にとまっている。4羽、5羽、いや、たぶんもっと多くのフクロウたちが、いっせいに頭を後ろへそらした。なんだか頭が体にくっついていないみたいだ。とつぜん頭をくるりとまわし、くちばしを開くと、みんなで声を合わせて鳴いた。
　ホー！　ホー！　オホー！
　美術館の開いた扉から、メデューサがひらりと出てきた。マントがひろがって、まるで強い風に体が持ちあげられているように見える。メデューサはのけぞって笑いだした。ガラスが割れたみたいな声だ。
　メデューサはゆっくり階段をおりながら、フクロウと同じくらい丸くて大きな目で、きみたちをにらんだ。その肌は気味が悪いほど黄色っぽくて、緑色のふきでものがちらちらと見える。
「ばかだね、トナテッリ！」
　どうして、あんなふうに笑っているんだろう。
「死の鳥が鳴いてるのが聞こえるだろ。あれは、もうすぐだれかが死ぬってことなんだよ。だれが死ぬんだろうね。あんたかい？　あんたかい？　それとも、こいつかい？」メデューサは骨ばった人さし指をトナテッリさんに、それからきみに向け、最後にパブロを指さした。
　トナテッリさんは、いつもは自信たっぷりなんだけど、このときばかりは手で胸を強く押さえて、あえぎながら言った。「そんなことを言うな、メデューサ！」

メデューサは相手にしない。それどころか、くるりと背を向けた。マントのすそがひるがえって、きみの顔にあたった。
「竜は生きてる！」かん高いさけび声が、美術館の上をふく風のごうごうという音にも負けずひびいた。
メデューサの言うとおりだ！
入口についている屋根の上で、ふたつの灰色のつばさがだんだんひろがっていく。
つばさは、美術館のはしからはしまで届くんじゃないかというほど大きくひろがった。竜は口をあけて、2列のとがった歯をむき出しにしている。
そしてこんどはさけび声をあげた。そのするどい声を聞いて、パブロがきみの腕の中に飛びこむ。すると勇気がもどってきたらしく、竜のほうへ向かって激しくほえはじめた。体じゅうが、ぶるぶるふるえていたけど。
竜は屋根から飛びたった。黒っぽい巨大な影が、きみたちのほうへ向かってくる。
きみはどうにか逃げた。でも、トナテッリさんはそんなに速くは動けない。
急に本物になった石の竜が、トナテッリさんにぶつかる。メデューサはトナテッリさんの近くに立っていたけれど、動かなかった。ただ体をひょいと横にかたむけただけだ。その頭のすぐ上を、竜は飛んでいった。
つばさの音は、樹齢1000年のナラの木が強風で葉をゆらす音よりも大きかった。竜は上昇気流を利用し、向きの変わる風にのってジグザグに空高くのぼっていく。そして、ガラス張りの大きなビルのかげにかくれて見えなくなった。

メデューサは、ようすがすっかり変わっていた。何かが起こるのをおそれるような顔で、竜が飛んでいったほうを見ている。
　「町に死がもたらされる。あんたのせいだよ、トナテッリ！」
　トナテッリさんは痛みに顔をゆがめながら、やっとのことで立ちあがった。
　「あんたの美術館は、闇の帝国への入口なんだ。あんたみたいなのろまが持ってられるようなものじゃないのさ」
　パブロが道を横切って走ってきて、顔が青くなるまでがんばってほえた。美術館の屋根に向かって声を張りあげている。屋根の上では、フクロウの像がいつもと同じ姿勢でじっとしていた。
　そのとき、メデューサがおかしなことをした。後ろに向かって親指をあげたんだ。まるでだれかに、「すべて異常なし」と知らせているみたいだ。
　でも、だれに？
　なぜ美術館のほうへ合図をしたんだろう。
　メデューサはとがめるような顔をしながら、指で耳の穴をふさいだ。
　「そのイヌをだまらせなさいよ！」おこった声で言う。それから、あごをつんとつき出して、ずんずんと歩いていった。
　そう言えば、ふたりの仲間、ラルフとツィターナはどこにいるんだろう。
　トナテッリさんは杖をふりまわしながら、メデューサに投げつけることばを考えているらしい。
　ほかにいいのを思いつかなかったんだろう。こうさけんだ。

　「おまえなんか、くさったキュウリだ！」

42 金色の小道をたどれ

　嵐が美術館をおそった。重たい雨つぶがアスファルトに落ちはじめ、変な形の大きな染みがいくつもできていく。きみとトナテッリさんは美術館の中へと急いだ。パブロはまだほえつづけているけど、そうやって世界記録でもつくろうとしているのかな。階段まで走っていって、のぼろうとしたところで、きみのそばへもどってきて、前足でトントンと床をたたいた。

　パブロは何を伝えようとしているんだろう。

　トナテッリさんは指先でおなかを軽くたたきながら、考えこんでいる。

「秘密の部屋について、ほんとうのことを教えてくれるのはミケランジェロ本人だけだ。なんとしても、きみに話を聞きにいってもらいたい」

　事務室に入ったトナテッリさんは、いろいろなものを片っぱしからさわっていった。しばらくのあいだ聞こえてきたのは「だめだ。まだ動かない。修理が必要だ。こわれている」といったことばだけだった。合いまには「信じられない！」と何度も言っていたけど。

　パブロは階段の1段目にいて、うなり声をあげている。上に何かあるのかな？

トナテッリさんは大きな鍵輪を持ってもどってきた。昔ふうの長い鍵が何本かぶらさがっている。

「あそこへはもう長いあいだ行っていないが、ミケランジェロを見つけるにはこれを使うのがいちばんだ」

どういう意味なのか、まだよくわからない。トナテッリさんはじれったそうに、きみとパブロについてこいという身ぶりをした。裏の階段を通って、きみを草ぼうぼうの庭へ連れだす。雨は気にならないらしい。

トナテッリさんは、まわりを野バラで囲まれた、黒い鉄格子の門に向かっている。鉄格子のあいだから、アシやウキクサのびっしりはえた小さな池が見えた。庭の奥半分がその池になっている。

「正しい鍵を見つけないとな」トナテッリさんは鍵をひとつひとつ持ちあげた。どの鍵も、すごく変わっている。いかにも古い門や扉用という感じだ。いままでに見たことのない形だった。

「ミケランジェロのところへ行くための鍵はどれだ？」

トナテッリさんが鍵を門にさしこんでまわすと、ギーギーという音がした。

何年も油をさしていない古びた錠がカチリと動いて、かんぬきを横へ押しだした。

門の扉のちょうつがいが悲鳴のような音を立てた。

クラスでいちばんへたな子の歌よりも、やかましくて調子っぱずれな音だ。

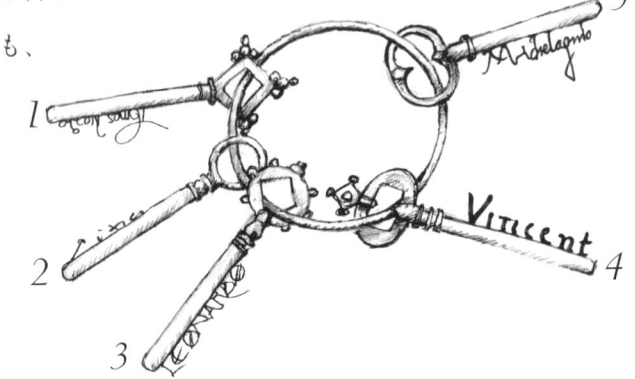

ミケランジェロのところへ行くための鍵はどれかな？（116ページにある〈冒険ふしぎ美術館〉の入場チケットを見てみよう。）

扉をあけて中の庭を見たら、耳ざわりな音のこともすぐに忘れてしまった。門の向こうに、ねじ曲がった木はもうはえていない。池も消えていた。かわりに、金色の光を浴びた広くて平らな土地が見える。
　「ミケランジェロは世界一の彫刻家だ」トナテッリさんは、心から尊敬している口ぶりで言った。きみを手まねきする。「この金色の小道をたどっていけば、有名な作品がいろいろ見られるぞ」
　トナテッリさんがそう言うと、砂の地面から輝く敷石がどんどん飛びだしてきて、曲がりくねった小道ができた。道はきみの足もとから地平線の向こうまでつづいている。
　「道ぞいにずっと歩いていくんだ。パブロにもついてきてもらおう。ミケランジェロに話しかけることができるのは１回だけだぞ。きみの話を聞いて質問に答えてもらえるよう、時を選ばなくてはならない。仕事に熱中してるときには、ぜったいに声をかけてはだめだ」
　まだ雨がふっているけど、門の向こうからあたたかい風がふいてきた。パブロは足を金色の小道に用心深くのせた。いまにも道がへこんでくずれてしまうんじゃないかと思っているみたいだ。きみはこの見知らぬ土地を、１歩１歩ゆっくりと進んでいった。ふり向くと、アーチ型の門が見えた。トナテッリさんが、雨にぬれた濃い緑色の庭に立っている。トナテッリさんは門の扉を注意深く閉めた。鍵がカチリとかかった。

13 石からつくりあげる

道の左側で、砂がつむじ風につかまったみたいに、うずを巻いている。

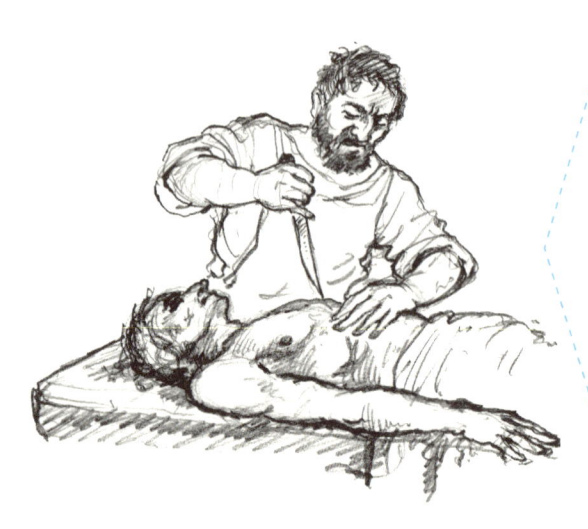

ミケランジェロは人間の体に興味をそそられていた。病院の地下室で死体を解剖する許可をもらい、筋肉や腱をひとつ残らず調べて、それらがおたがいにどう働きあっているかを研究した。まわりのにおいがあまりにもひどくて、しばらく飲み食いもできなくなることも多かったらしい。けれども、ミケランジェロはがまんした。人体の秘密をどうしても知りたかったからだ。

この浮き彫りは若いころの作品のひとつ。人々が強い決意を胸にして戦っている。ミケランジェロはこの彫刻をとても気に入っていたらしく、アトリエの壁にいつも飾っていた。

ミケランジェロは20歳のとき、眠っているキューピッドの像をつくった。その像を古代ギリシャの彫刻として売ろうと考え、古く見せるためにしばらく地中にうめておいた。ある枢機卿（キリスト教の高い役職にある人）が、ほんとうに2000年前のギリシャでつくられたものだと信じて、その像を買った。その後、たくらみはばれてしまったが、ミケランジェロは運よく、とがめられることも、牢屋に入れられることもなかった。それどころか、人々は、ミケランジェロがそれほど本物に見える像をつくったことに感心したという。

枢機卿はミケランジェロの腕前に感心し、酒の神バッカスの像をつくるようにとたのんだ。ところが像が完成したとき、枢機卿はひどく腹を立てた。なぜなら、バッカスがまるで……

バッカスの像は、どんなふうに見えたのかな？

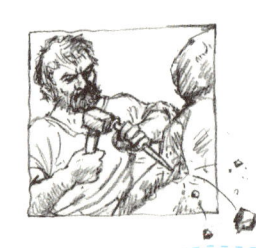

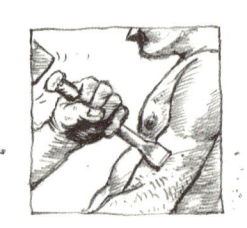

ミケランジェロはさまざま
な道具を用いた。先のとがったのみで、
大きなかたまりをけずりとる。突起のつい
たのみで固い大理石を彫り、像を形づくる。
しあげには、平らな刃のついたのみを使う。
そして、やすりで石をなめらかにした。

　　　ミケランジェロ
が彫った像には、なめら
かでつやのあるものもあ
れば、のみのあとが残っ
ているものもある。

　　　ミケランジェロはいつも、
ひとつの像はひとつの石から彫っていた。
当時のほかの彫刻家たちのようにいくつ
かの石をつなぎあわせて使うといったこ
とは、けっしてしなかった。

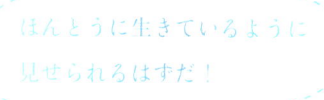

ほんとうに生きているように
見せられるはずだ！

ミケランジェロは、
すべての像を完成させたわけ
ではない。ここではどんなふ
うに石から人の姿をつくり
出すのかを見てみよう。

像を彫っているあいだに、
大理石に黒っぽいすじが入っているのに
気づくと、ミケランジェロはその像をすべて
こわしてしまうこともあった。また、あると
き、人の手を彫ろうとしていたミケランジェ
ロは、大理石に黒い部分を見つけて急に計画
を変えた。手のかわりに、おこった顔の面
をつくって、腕の前に置いたのだ。

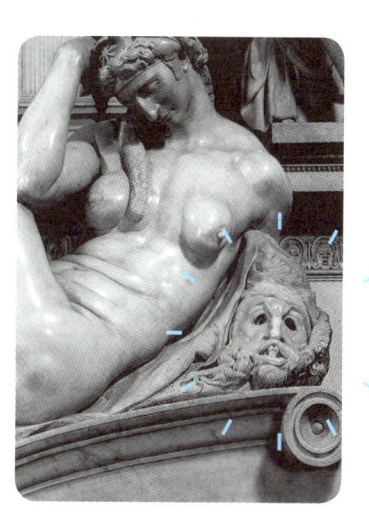

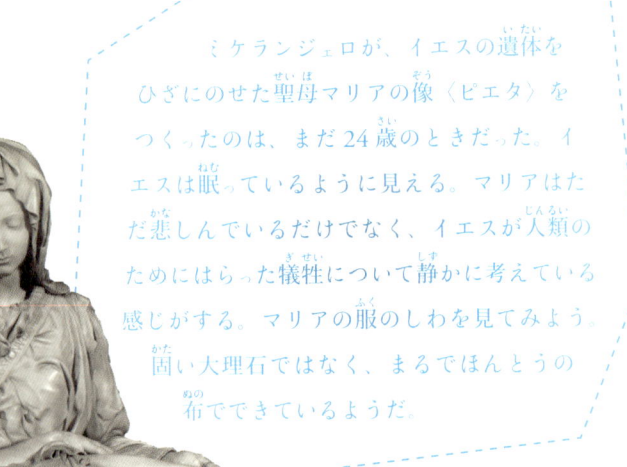

ミケランジェロが、イエスの遺体をひざにのせた聖母マリアの像〈ピエタ〉をつくったのは、まだ24歳のときだった。イエスは眠っているように見える。マリアはただ悲しんでいるだけでなく、イエスが人類のためにはらった犠牲について静かに考えている感じがする。マリアの服のしわを見てみよう。固い大理石ではなく、まるでほんとうの布でできているようだ。

いいことを教えてあげよう。ミケランジェロは、われわれふたりの体の大きさに、ちょっとしたトリックを使ったのだ。もし、われわれが立ちあがって横に並んだら、こんなふうになるはずだ。

なんとすばらしい作品なんだ！

ピサ出身の彫刻家が
つくったといううわさです。

その会話を聞いたミケランジェロは、
夜になるとこっそりもどってきて、
聖母マリアの胸もとに
こんなことばを
彫りこんだ。

ミカエル・アンジェルス・ボナロートゥス・フローレント・ファシエバット──
翻訳すると、こういう意味になる。
「フィレンツェ出身のミケランジェロ・ブオナロッティがこの像をつくった」

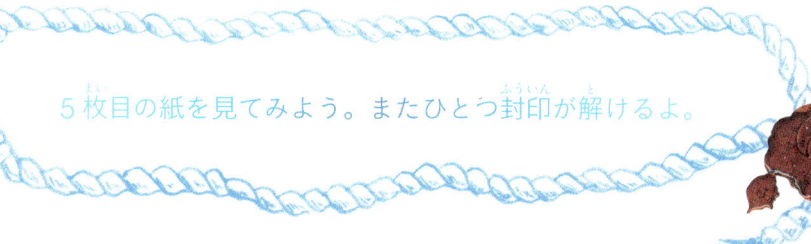

5枚目の紙を見てみよう。またひとつ封印が解けるよ。

14 ダヴィデ像

金色の小道は、とつぜん、町の路地に変わった。敷石は輝きをなくして灰色になっている。黄色っぽい灰色や、うすいピンクや、緑がかった白のしっくいの壁の家がくっつき合っている。片側に小さな店が並んだ橋が、流れのゆっくりした、はばの広い川の上にかかっている。道ばたでメロンを売る商人が大声でさけんでいる。

「フィレンツェでいちばんのメロンだよ！」

きみはいま、ミケランジェロが何年も住んでいた町にいる。もしかしたら、ここで会えるかもしれない。

「30人以上の男たちが5日もかけて、ヴェッキオ宮殿へ運びこんだんだ。」

「あの像は裸らしいぞ。真っ裸だって。ぞっとするね。」

「きょう、やっと見られるんだ。」

「大理石のかたまりが、もう何年もあそこに置きっぱなしだったの。わたしの倍くらいの大きさだったのよ。」

橋の上では、いろいろなものが売られていた。きらきらした服から、お椀や銀のさかずきまで。小さな飾り物もある。
　でも、町の人たちのほとんどは、売り物に興味がなさそうだ。みんな、家が建ちならぶほうへと急いでいる。
　毛がぼさぼさのイヌが、大きな骨をくわえて通りすぎた。パブロは舌なめずりをする。あの骨がほしいんだろう。
　人々は興奮してしゃべっていた。サッカーの大きな試合がはじまる前みたいな、はりつめた雰囲気がただよっている。

人々が歩いていく路地のひとつで、激しい口げんかがはじまった。きっかけは、路地の片側から反対側へとかかっている、ふたつの家をつなぐレンガのアーチだ。重そうな鉄のかなづちを持った男が、はしごにのぼって、アーチをこわそうとしている。

　やせた男が何やらさけびながら、はしごをゆすっている。男は、かっとなって地面に帽子を投げつけると、それを足でふみつけた。

　「ここにあるものは何ひとつこわすな！　ダヴィデ像なんて、どこに置いたっていいじゃないか。そんなもの、おれは見たくない！」

　はしごにのっている男が、手につばをふきかけた。「ミケランジェロのだんなが、像を広場に置きたがっていなさるんだが、あんたとこのアーチがじゃまで、像が通れないんだ。だから、こわさなきゃならない」

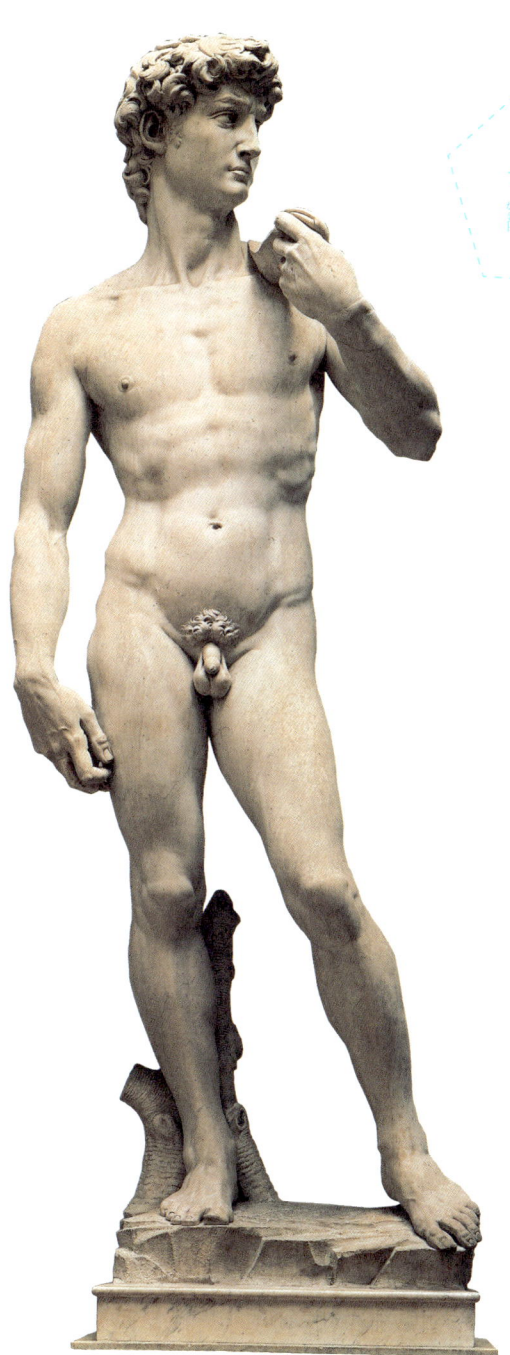

ダヴィデは投石器を肩にかついでいる。顔や体の細かい部分まで観察できる。

ミケランジェロは、皮膚の下の血管までも大理石で表現した。

こういう像って、どのくらいの重さだと思う？ 車1台ぶん？ トラック1台ぶん？ それとも象2頭ぶん？

「だめだ、やめろ、このうすらトンカチ！」
　下にいる男の顔は真っ赤で、いまにも爆発しそうだ。いくらわめいても、はしごの上の男は耳を貸さなかった。かなづちがレンガをたたく音が、もうひびいている。ついにアーチはくずれ落ちた。

パブロがくずれたレンガの上にのって、きみに向かってほえた。ついてきてほしいらしい。
　角を曲がると、もっとたいへんなことになっていた。道があまりに細いところでは、家の一部が取りのぞかれている。さらに先へ行くと、大さわぎが起こっていた。「ブラボー！」とさけぶ、そうぞうしい声と、口ぎたない文句やどなり声とがまじって聞こえてくる。白い大理石の像が、町の人々の頭の上に飛びだして見えた。若者の像だ。少しゆらゆらしながら、前へと動いている。台座が木の枠の上にのっていて、その枠が並んだ丸太の上を進んでいるんだ。
　おおぜいの人がこのダヴィデ像を気に入っているみたいだけど、裸だということにひどく腹を立てている人もいた。
　像を運んでいる男たちは、肩はばが広くてたくましい体をしているけど、それでもとても苦労して動かしている。
　しずみかけている太陽が、くすんだオレンジ色の光を家々の屋根に投げかけている。かぶとをかぶって槍を持った衛兵たちが、人々を押しわけてやってきて、像を守るようにまわりを囲んだ。おこっただれかが、像をこわそうとするかもしれないからだ。
　いまでは、ダヴィデ像は〈モナ・リザ〉と同じくらい世界じゅうに知られている。
　それにしても、ミケランジェロは姿をあらわさなかった。どこへ行けば見つかるんだろう。

15 モーセに角が！

　パブロはどこだ？　なぜそばをはなれたんだろうか。
　何か重いものが、つま先に落ちた。ミケランジェロが近くにいるのかな。そして、かなづちを落としたとか？　足の親指がズキッと痛んで、きみは身をすくめた。
　でも、足もとにころがっていたのは、かなづちじゃなくて骨だった。あまりに大きいので、象の骨かと思ったほどだ。いや、恐竜の骨かも！　パブロがここまで引きずってきたらしく、得意げにその骨を見ている。口から舌を出して、ハァハァと息をしている。この骨を運ぶのは、すごくたいへんだったにちがいない。
　それにしても、どこから持ってきたんだろう。
　何本もの金色の光のすじが、路地に立ちこめるほこりをつらぬいて、長い針のように空までつづいていた。角の向こうからカサカサと音を立てて風がふいてくると、とぎれていた金色の小道がまた姿をあらわした。
　ぎらりと光る目が、通りの先からきみを見ている。たくさんの目だ。太くて低いうなり声が夜の町にひびく。パブロはすぐにきみの足のあいだにかくれ、できるだけ体を小さくしようとした。前足を目にあてている。自分が何も見えなければ、みんなも自分が見えないと思っているらしい。
　これで、骨がだれのものだったのかがわかった。町のイヌたちが団結して、骨を持っていったよそ者をこらしめようとしているんだ。イヌたちは体を低くして、ゆっくりと近づいてくる。

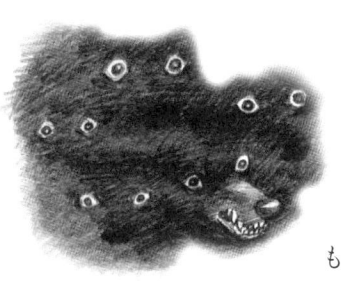

逃げろ！　急ぐんだ！　運がよければ、イヌたちは金色の小道までは追いかけてこないだろう。パブロが先を走った。そのあとを、きみがぴったりついていく。

でも、イヌの群れはこっちへ向かってきた。先頭を走っているのは、毛むくじゃらで黒っぽい、子牛とクマを合わせたような大きなイヌだ。

逃げろ、逃げろ、逃げるんだ！

大声でほえながら、イヌたちは追いかけてきた。距離があっというまに縮まっていく。

フィレンツェの町の建物が色あせて霧になり、金色の小道の光の中にとけて消えた。ほえたてる声が静かになる。イヌたちは見えない壁に向かって飛びはねていた。壁にはね返されて腰から落ち、ふしぎそうな顔をしている。

パブロは、もう安全だと気づいたらしく、ふざけて鼻を鳴らしたような音を立てた。それから、フィレンツェに置いてきた骨のことを思いだして、悲しそうな声をあげる。

小道の先には、何かほかのものが姿をあらわしていた。どっしりとしたビロードの礼服を着たふたりの男の人が、きみの前に立っている。ふたりはうやうやしく頭をさげていた。

「そうか、ユリウス2世の墓はこんなふうになったのか」ひとりが感心したように言った。

ユリウス2世？　40体の像で飾られた墓をほしがったという教皇だ。だけど、急に気を変えたから、ミケランジェロがおこってローマを出ていったんだ。どうやら墓はできあがったようだけど、最初の計画よりはずいぶん小さくなったらしい。

そのとき、こげ茶色をした修道士の服が目に入った。まるで、わざわいを知らせる影みたいだ。
　こんども、フードの中は暗くて見えない。この人、ほんとに顔があるのかな？
　フード男は、2階建ての建物くらいの高さがある墓を見て感心しているふたりのとなりに立った。だぶだぶのそでをあげて、真ん中の大きな像を指さす。「悪魔のようじゃないかね？」男はたずねた。「そうだ」としか答えさせないような口ぶりだ。
　ふたりの紳士のうちのひとりがフード男を疑わしげに見て、体を後ろにそらした。あまり近づきたくないと思ったらしい。
　「これは、十戒が書かれた板をかかえるモーセの像だ」ひとりが言った。
　「この顔を見ると、わたしはミケランジェロを思いだすよ。ミケランジェロは、ここに自分のすがたをいつまでも残しておきたいと思ったんだろう」もうひとりがつけ加えた。
　長いそでにかくれていたこぶしが、おどしつけるように高くあがった。
　「像の頭に角がはえているのが見えないのか？　ミケランジェロはモーセを地獄の使者としてあらわしたんだ！」
　それを聞くと、ふたりはばかにするように笑った。
　「それはミケランジェロのせいじゃない。聖書を翻訳するとき、多くの人が同じまちがいをしてきたんだ。聖書には、モーセが十戒の書かれた2枚の石板を持ってシナイ山からおりてきたとき、その頭から光がさしていたと書いてあった。でも、まちがえて〝その頭には角がはえていた〟と翻訳されてしまった。だからこそ、ミケランジェロもモーセをこんなふうに彫ったんだ」

フード男は、いらだたしそうに鼻を鳴らしながら背を向けた。まるで床に足をつけていないみたいに、服のすそをスーッと引きずって歩いていく。

　ふたりの紳士はその姿を見ながら、首を横にふった。そして墓のほうへ向きなおった。

　フード男がゆっくりと遠くへ姿を消したころ、ひとりがこう言うのが聞こえた。

「ミケランジェロのように才能があって成功している人は、多くの者からねたましく思われるんだな。偉大な芸術家の悪口を言うなんて、おろかなことだ」

16　ミケランジェロ、気をつけて！

　きみは金色の小道の終点に着いた。どっちを見ても、きらきらと輝く広い平地がつづいている。パブロはくるりとまわって、小さく鳴いた。どこへ行こうかと、たずねているのかな。

　光る砂の中で、サクサクッという小さな音がした。地面が海水みたいに波打った。パブロが心配そうに耳をそばだてる。円を描くように飛びはねながら、何がやってくるかと待っている。

　巨大な噴水みたいに、いきなり地面から壁がいくつもつき出した。砂があたりに飛び散る。だけど、壁の内側の、うすい色と濃い色の大理石でできた床の上には、1粒も落ちなかった。

ふたつの壁が直角をつくった。それから3番目の壁が出てきて、きみを内側へ囲いこんだ。4番目の壁がパブロを外へ押しだし、それから丸い天井がすべるように動いて上をふさいだ。

　きみは、床から天井まで大理石がはめこまれた広間にひとりで立っていた。両脇の壁ぎわにある石の墓の上に、人の像がそれぞれ寝そべっている。どちらも男と女の像だ。大理石の色はさまざまで、濃い灰色が柱とアーチを目立たせ、白が壁を明るく見せている。像そのものは黄色っぽい砂色に輝いている。ここはとても静かだ。像でさえ、ぼうっとしているみたいだ。考えごとにふけったり、反省したり、夢を見たり。ここは地下にある納骨堂なんだろうか。

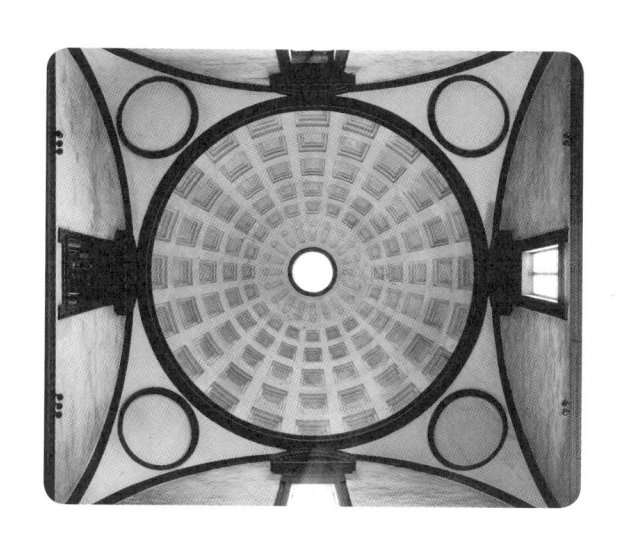

　窓と支柱と丸い飾りのついた手のこんだ丸天井が、頭のずっと上にある。見あげると、まるで万華鏡をのぞいているみたいな感じだ。

四角い枠のついた、どっしりとした木の扉が開いて、男の人が入ってきた。モーセの像にそっくりだ。この人がミケランジェロ？
　その後ろの、半分開いた扉の向こうに、フード男が姿をあらわした。
「なんと美しい礼拝堂だ！」ほれぼれしているように言ったけど、なんだかわざとらしい、うそっぽい感じがする。
　もうひとりの男の人は——たぶんミケランジェロだ——ふり向かずにうなずいた。だれと話しているのか、わかっていないんだ。
「メディチ家の礼拝堂だ。何人かがここで永遠の眠りについている。設計するのはとても楽しかったよ。彫刻だけじゃない。礼拝堂全体を手がけたんだ」
　きみはミケランジェロのすぐ目の前に立っている。ミケランジェロは気がつくはずだ。それとも、きみが見えないのかな？　ミケランジェロは寝そべっているふたつの像を指さしている。
　これは「たそがれ」と「あけぼの」をあらわす像だ。

こっちは「昼」と「夜」をあらわしている。

フード男がミケランジェロの肩に手をかけた。ミケランジェロはさっとふり向いた。おどろきはしなかったけど、無礼なふるまいにおこったらしい。顔をかくした男を目にすると、背すじをのばした。

「きみはだれだ？」むっとした声でたずねる。

フード男は返事をしなかった。おどすようにつめよったので、ミケランジェロがあとずさりをする。フード男がこう言った。

「わたしはおまえの暗い秘密を知っているんだ。気をつけろ！　おまえはけっして、世界一すばらしい大聖堂の建設にかかわることができない。サン・ピエトロ大聖堂は、おまえの彫刻が古くなってくずれてからもずっと残る。そしてだれもが大聖堂の設計をまずまかされたわたし、建築家ブラマンテの名前をあがめるだろう」

どっちが「昼」で、どっちが「夜」かな？ まだ完成していないように見えるのはどっち？

その名前を聞くと、ミケランジェロはハッとした。
「だから、サン・ピエトロ大聖堂を建てるのに、おまえのアイディアが役立つなんて、ぜったいに思うなよ」フード男はミケランジェロの胸ぐらに両手をあてて、ぐいと押した。
　ミケランジェロは後ろへよろめいた。フード男をつかまえようとしたけれど、男はくるりと背を向けて、外へ出ていった。扉がバタンと閉まり、その音がなめらかな壁にぶつかって、何倍にも大きくひびいた。
　ミケランジェロはこわい顔で立っていた。きみのほうへ目を向けたけど、見えているのはきみの体の向こうにあるものらしい。
　きみはいま、金色の道をたどってタイムトラベルをしているだけだ。だからこの時代の出来事を見ることはできても、このころの人たちと話すことはできない。
　礼拝堂はだんだん色がうすくなり、とうとうまったく見えなくなった。ミケランジェロもいっしょに消えた。
　パブロがかけ寄ってきて、きみの足もとで止まった。
　秘密の部屋は、どうやって見つければいいんだろう。それに、羊皮紙の封ろうに塗られているのは、どんな毒なんだろう。
　そして、ミケランジェロの秘密って、なんなんだろう。

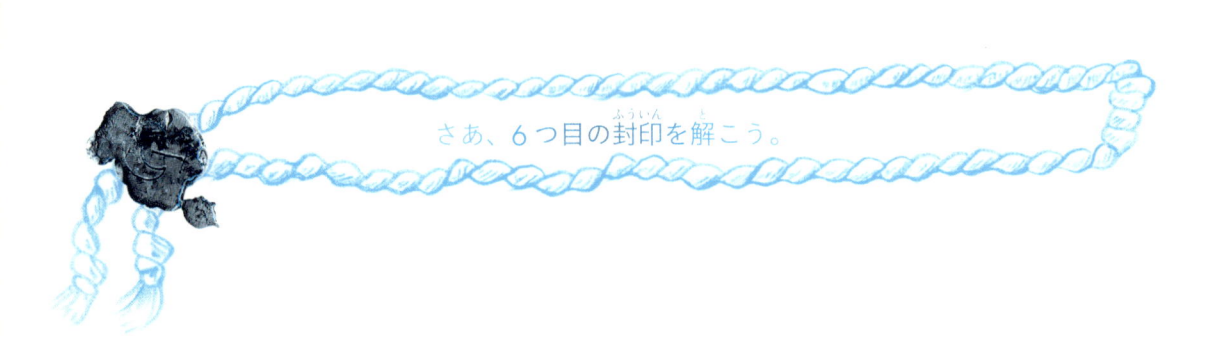

さあ、6つ目の封印を解こう。

17　パブロのお手がら

　急がなくちゃ！
　きみは金色の道を、出発地点まで引きかえした。
　トナテッリさんが鉄格子の門の前で待っていた。雨ですぶぬれになっている。
　トナテッリさんは歯をガチガチと鳴らしながら足を引きずって、きみとパブロといっしょに美術館の中へもどった。パブロは一度元気よく体をふるわせたあと、2階のほうへ首をのばして、耳をそばだてた。
　空にいなずまが走り、窓の前にある木が白く光った。雷が空の上のほうで、大砲みたいに鳴りひびく。でも、パブロは気にしない。頭がおかしくなったようにほえながら、階段を3段ごとにかけあがっていく。
　その後ろ姿を目で追ったトナテッリさんは、痛む腰に両手をあてながら、ふしぎそうに言った。「いつもなら、嵐のあいだはくずかごの中にかくれているんだが」
　考えられるのは、ただひとつ。美術館の2階で、よくないことが起こっているんだ。
　チリリンという、聞きなれない音がした。アルプスの牧場で牛が首につけている鈴みたいな音だ。
　正面玄関のベルの音だった。ベルは扉の横にぶらさがっていて、玄関の外で金属の黒い棒を引きさげると鳴るしくみだ。またベルが鳴り、さらにもう1回鳴った。

トナテッリさんが足を引きずって、扉をあけにいった。目は階段のほうへ向けたままだ。
　パブロの声はだんだん小さくなっていく。どこまで走っていったんだろう。
　入口には、3人のおまわりさんが立っていた。帽子や制服の上着についた雨をふりはらっている。
　いちばん背の高いおまわりさんが、とがったあごをさすった。なんと言えばいいのか、迷っているみたいだ。
「あのう」ゆっくりと言う。「メデューサという人をご存じですか」
　トナテッリさんは熱しすぎた圧力なべみたいに、シューーッと言った。
「メデューサにかかわるのはもうごめんだ！　ほっといてくれ！」
「メデューサさんが警察に来たんですよ。おたくの、その……」
　おまわりさんは体を前後にゆらした。
「竜の彫刻が飛んでいったと言ったんだろ？　なぜそんなことが起こったのか、いま調べようとしているんだ。ミケランジェロの7つの封印と関係があるにちがいない」トナテッリさんは早口で言った。「屋根の上の小さなフクロウも鳴いていたんだ。で、つかまえてくれたのか？」
　おまわりさんたちは、ぽかんとした顔でトナテッリさんを見つめた。
「つかまえるって、何をです？」
「飛んでいった竜の彫刻だよ！」
　とつぜん、メデューサが入口にあらわれた。
　やっぱり雨にぬれている。びしょびしょの髪の毛が、顔にくっついている。
「ほら、聞きました？」メデューサは、ひげをきっちり刈りそろえたおまわりさんに言った。

「この人、頭がおかしいんです。だって、石の彫刻が生きているなんて聞いたことがあります？」

「ない、ない！」3人のおまわりさんはいっせいに首をふった。

「実は、この美術館はくずれかけているんです。彫刻は屋根から落ちただけなんですよ。だれかにぶつかっていたかもしれない。なのに、このまぬけ男は、石の竜が飛ぶなんて、夢みたいなことを考えたがるんです」

メデューサは思いっきりばかにした顔で、トナテッリさんのふっくらしたおなかを見て、鼻をつんと上に向けた。そのとき、まるでメデューサの話を証明するみたいに、何かが階段の上に落ちてこなごなにくだけた。屋根のはしからにらみつけている、いくつもの怪物の彫刻のひとつにちがいない。

「ほら！」メデューサは「だから言ったでしょ！」とでも言うような身ぶりをしながら、目をパチパチさせて、何もかもうんざりという顔をしてみせた。

トナテッリさんは勢いよく鼻を鳴らした。

「わたしを追いはらうためなら、どんなことでもしそうだな。この怪物め！」

そのとき、階段のほうから、かん高いさけび声が聞こえてきた。「ちょっと、はなしなさいよ！」

たちまち、メデューサの顔が石みたいに灰色になり、表情も石みたいに固くなった。パブロが、あらあらしくうなりながら、だれかを引っぱっておりてくる。あのウツボ女だ。

ウツボ女は、何かつかむものを探そうと、腕をふりまわしていた。仲間の男は、ばつが悪そうに、後ろからよろよろとおりてくる。太ももに筋肉がつきすぎていて、がにまた歩きしかできないらしい。筋肉男の首には、スイッチとちっぽけなレバーのついた小さな箱がかかっている。
　なるほど、そういうわけだったのか。

18　たねあかし

　ウツボ女と筋肉男は、階段にぬれた足あとをつけていた。ふたりとも、全身びしょびしょになっている。
「全部ツィターナのせいなんですよ、ボス。こいつは自分が砂糖でできてるとでも思っていやがるんだ。雨にぬれるから中に入るって言いはって。おれはずっと屋根の上にいるつもりだったのに」
「うそばっかり！」ウツボ女が言いかえした。その腕をパブロがくわえていて、まだはなす気はないらしい。
「ラルフが嵐にびくついてたんだ。とんだ弱虫だよ！」
　メデューサの鼻がもっと長くなって、もっととがった気がする。「このふたりには、いままで一度も会ったことがありません」ぶっきらぼうに言って、パチパチとまばたきをした。「人間のくずですよ。いつも他人のことにでしゃばるような連中。それだけです」
　ラルフがかんかんになって、大股でメデューサにせまった。

筋肉男が持っているのは何かな？

「おぼえとけよ、いけすかない魔女め。あんたのよごれ仕事をしてきたのに、知らんぷりをされておれたちがだまってると思うのか？」

メデューサにとって困ったことになったようだ。背の高いおまわりさんの表情がきびしくなった。ほかのふたりのおまわりさんが、メデューサの逃げ道をふさごうと動く。

「説明していただけますかな？」おまわりさんはていねいな口調でたずねた。

メデューサが答える前に、ラルフが話しはじめた。

「おれたちは、リモコンで動く像を屋根の上に置けとこいつに言われたんだ。本物の彫刻と取りかえたのさ」

服がやぶける音がした。パブロがツィターナの上着を大きく引きちぎったんだ。パブロは布切れを吐きだすと、こんどは足首をくわえた。

ツィターナは自由になろうともがきながら、あわれっぽい声で言った。「この美術館を自分のものにしようとしてたんだ、その魔女とやらは。その女が魔法をかけられるんだったら、あたしは巨人になれるだろうよ」

「他人のものをわざとこわしたんですね」おまわりさんが言った。「署までごいっしょ願います。平和を乱し、社会の秩序にさからったわけです。ただではすまされませんよ」

おまわりさんがウツボ女を取りおさえると、パブロは喜んで口をはなした。けがはさせなかったけど、ついに侵入者をつかまえて、得意そうだ。

パトカーが悪者たちを連れていってしまうと、トナテッリさんは扉を閉めて、そこにもたれかかった。外ではまだ雨がピチャピチャとふっているけど、嵐の音は遠くなっていた。

「つまり、秘密の部屋と7つの封印の話は、ただわたしの気をそらすためのものだったのか」なんだか、がっかりしているみたいだ。
　そのとき、玄関ホールでドサッという音がした。
　音が聞こえたのは石柱のほうからだ。
　パブロが、死んだようにたおれていた。

19 ミケランジェロの名作

　パブロを調べると、息をしているのがわかった。呼吸は速くて浅いけど、生きている。まだ望みはあるぞ！
　封ろうについていた毒のせいなのかな。
「500年前には、悪魔のように毒をつくり出す者たちがいたんだ」トナテッリさんは目に涙を浮かべている。「ききめがあらわれたり切れたりする毒があると聞いたこともある。パブロがこうなったみたいにな。だが、それでも最後は……」
　トナテッリさんはくちびるをぎゅっと結んだ。先をつづける気になれないらしい。激しく鼻をすすったあと、息苦しそうな声で言った。「来てくれ。またミケランジェロに会いにいってもらわなきゃならない」
「さっきはすぐ近くまで行ったけど、ミケランジェロにはこっちの姿が見えなかったんだよ」
「こんどはちがう」トナテッリさんは強く言った。眠っている赤ん坊をだくみたいに、気を失ったパブロを腕にかかえて歩き、2階にあがった。そのあいだずっと、

パブロの冷たい鼻にほっぺたをすりつけていた。

　壁が深くくぼんだ広い空間に、巨大な絵がかかっていた。大きな扉の少なくとも２倍はある。それに、何もかも奇妙だ。

　額ぶちがチクタクと鳴っていた。考えられるありとあらゆる大きさの時計がついていて、全部が動いている。ひとつひとつがちがう時間をさしているようだ。

　中の絵は、全体が黒いだけだった。といっても、一面真っ黒というわけではなく、黒い霧がうずを巻いている。

　額の下枠には、白いエナメルの時計みたいなダイヤルが４つついている。

　「これは〈時の絵〉なんだ。４つのダイヤルがあらわす時刻をつなげると、４けたの数字になる。針をセットしてくれ」

　トナテッリさんは、合わせる時間を口にした。どれも１時とか、５時とか、「何時」というぴったりの時刻だ。

　「この数があらわす年でいいはずだ」トナテッリさんは、ようやく満足そうに言った。

何年にセットされたのかな？ 113ページの〈ミケランジェロの年表〉も見てみよう。

すると、太陽が顔を出したときの雲みたいに、黒い霧が消えた。
　でも、顔を出したのは太陽じゃない。絵の一部だった。
　絵はゆっくりと動いている。ビデオの映像を見ているみたいだ。そして場面が変わった。遠くから合唱が聞こえてくる。教会で聞くような、歌詞のない歌だ。この絵はたくさんの部分からできているらしく、別の部分がもう下からあらわれていた。それぞれが物語になっているようだ。
　あたりには、おごそかな静けさがただよっていた。トナテッリさんがパブロの頭をやさしくなでながら、ささやいた。「ミケランジェロの名作だよ」
　でも、ミケランジェロは彫刻家だ。それに、建築家みたいな仕事もしていたんだろう。きみがさっき訪れた礼拝堂の設計をしたんだから。
　「信じられないことだが、ミケランジェロは最初、この仕事を引き受けたがらなかったんだ。いつも自分のことを彫刻家だと思っていたからな。ここにある作品は、まるで彫刻のように描かれている。これはフレスコ画という壁画なんだよ。しめったしっくいに直接色を塗って、ぴったりとくっつけるんだ。別世界への入口みたいに輝いているだろう？」
　額の中に、絵のほかの部分がつぎつぎとあらわれた。
　「教皇は、ローマのシスティナ礼拝堂の天井に、キリストの12人の弟子だけを描かせようと考えていた」トナテッリさんはつづけた。「だが、ミケランジェロはこのすばらしい作品を生みだした。大きさはテニスコートぐらいある。この絵には300人もの人物が描かれているんだよ」
　つぎに見えてきた絵の女の人は、男の人みたいだった。額の中で場面が横に流れていくあいだ、ミケランジェロの描いた赤味がかった筆づかいを見ることができた。ほんとうに男の人の体を描いたみたいだ。トナテッリさんが説明してくれた。

「500年前には、男性の体のほうが好まれていたんだ。聖書にも、神さまは男の人をつくって、そのあばら骨から女の人をつくったと書かれているからね。だから、芸術家は特に男の人の体を表現したがったんだよ」

解かなきゃならない封印は、あとひとつだ。羊皮紙に描かれている絵は、この巨大な作品に関係があるかもしれない。ここには、どんな物語が描かれているんだろう。聖書に出てくる話なんじゃないかな？

この部分には、何の物語が描かれているのかな？

本のカバーをとって、この絵を探してみよう。

神さまが男の人に命を与えている。この男の人はだれ？

ここに描かれているのは、聖書のどんな話かな？

「ミケランジェロは何年もかけてこの絵を描いたんだ。最初は、やりとげられないんじゃないかと思って、ほかの画家に引きついでもらいたがっていたらしい」トナテッリさんはつづけた。「かなりの部分を描き終えていたのに、寒い冬のあいだに、その絵の一部にカビがはえてしまったこともあった。それでも、ミケランジェロは天井画を完成させたんだ」

いまでは〈時の絵〉を通して礼拝堂全体が見えるようになっていた。その一角に足場が組まれている。

「プールにあるいちばん高い飛びこみ台の2倍の高さなんだよ。25メートル以上ある！」

ミケランジェロが足場のてっぺんで絵を描いていた。首を後ろへそらしている。見えるのは真上のせまい一面だけだろう。何人かの助手が横で作業中だ。大きな紙を天井にひろげている。紙には下絵が描かれていて、線にそって小さな穴がたくさんあいている。

助手たちは紙に石炭の粉をこすりつけている。紙をはがせば、しっくいに下絵どおりの小さな黒い点々が残るというわけだ。

「ミケランジェロさん！」トナテッリさんが呼びかけた。

「じゃまをしないでくれ。この絵を描きあげなくてはならないんだ。教皇がお待ちかねだから」ミケランジェロのひげには、はねた絵の具がついていた。

「この天井画が完成したあと、ミケランジェロは、頭の上に持ちあげないと手紙を読めなくなったといううわさだ」トナテッリさんはつぶやいた。

助手が絵の具をまぜた入れ物を持ってきた。

「先生、この部分の大きな絵をたった1日でお描きになったんですね」助手はおどろいている。

けれども、ミケランジェロには聞こえなかったみたいだ。しめったしっくいの上に絵筆を走らせている。筆の毛がしっくいにはりついても、とろうともしない。

トナテッリさんがもう一度声をかけてみた。「ミケランジェロさん、7つの封印がされた秘密の部屋のことなんですが」

ミケランジェロは描くのをやめて、前かがみになった。腰をのばそうとしている。きっとものすごく痛いんだろう。

どうしてトナテッリさんの声が聞こえたのかな。きみのことも見えるんだろうか。

「そこにはよくない秘密がかくされているそうですね。封印の中には、毒の塗られているものもあるとか」トナテッリさんは、ミケランジェロから役に立ちそうな話を聞きだそうとした。

ミケランジェロはむっつりとした顔でつぶやいた。「ブラマンテめ！　この世の終わり、最後の審判の日には、きっとむくいを受けるぞ」

「急げ！」トナテッリさんはダイヤルを指さした。「セットしなおすんだ！」指示された年は1541年だった。

いよいよ最後だ。7つ目の封印を解こう。

20 最後の審判

　パブロがハッとして、目をあけた。ふしぎそうな顔でご主人を見あげて、そのあごをなめた。
　「おお、よくなったのか？」トナテッリさんはパブロをだきしめて、いとおしそうになでた。パブロは何がなんだかわからないらしく、顔をしかめている。
　額の中に新しい絵があらわれた。なんてごちゃごちゃしているんだろう！
　「〈最後の審判〉だ。歴史上いちばん大きなフレスコ画なんだよ」トナテッリさんが言った。商品を売りこむセールスマンみたいな口ぶりだ。もちろん、額ぶちの中ではずっと小さく見えるけど、絵の迫力は変わらない。そうか、ミケランジェロは、最後の審判の日がこんな感じだと考えていたんだ。
　よい生き方をした人たちは、天国に入ることを許される。でも、そうじゃない人たちは、地獄へ連れていかれる。トナテッリさんは、絵の中で、ゴムでできた仮面みたいなものを持っている人を指さした。
　「聖バルトロメオだ。皮をはがれたんだよ。持っているのは自分の生皮だ。よく見てごらん。この顔に見おぼえがないかい？　ミケランジェロはこのフレスコ

画を、システィナ礼拝堂の祭壇の後ろに描いたんだ。当時はおおぜいの人が、裸はけしからんと文句を言った。ミケランジェロが死んだあと、弟子のひとりが、教皇から絵に腰布を描き加えるよう命じられたほどだ」

この皮はだれの顔だと思う？

　トナテッリさんは、もがいているパブロを下におろすと、うめき声をあげながら体を起こした。でも、こんどは腰が痛くてうめいたわけじゃなかった。
「最後の審判か」自分に腹を立てるように、首をふる。「ミケランジェロは最後の審判の日に、悪者がむくいを受けると考えていたんだな」
　そうか、フード男か！　鍵はあの男だ。あいつが知っているにちがいない。
　カッラーラの石切り場にいたんじゃなかったっけ？　ドナテッラがあそこで見かけたはずだ。
「よく聞くんだ！」トナテッリさんはどっしりとした腕をきみの肩にかけた。
「1階に、きみが持ち帰った大理石のかけらがある。お手がらだぞ。あれがあれば、石柱の下の穴を通ってカッラーラにもどれる。落ちていくあいだに、フード男のことを考えるんだ。姿を頭に思い描け。細かいところまで全部をな。それが大事なんだ。きみの心の力が、フード男が石切り場にいる瞬間へ連れていってくれる」

たいしてむずかしいことじゃなさそうだ。いや、むずかしいのかな？　フード男はどんなかっこうをしていたっけ。頭のてっぺんから足の先まで、よく思いださなくちゃ。

「パブロはここに残る。弱ってるからな。こんどはきみひとりでがんばってくれ」トナテッリさんはそう言って、パブロの首輪をしっかりとつかんだ。ちぇっ、残念。たよりになる仲間なのに。

パブロが悲しそうにクゥーンと鳴いた。

フード男はどんなかっこうをしていたかな？
わからなかったら、39ページの絵にもどろう！
足を見ておくと、役に立つかもしれないよ

24　秘密の部屋には何がある？

ドナテッラが両手をふりながら、かけ寄ってきた。こんどもすぐに、きみに気づいたんだ。きょうはまだ、石切り場に来てからあまり時間がたっていないらしい。上着の色はルビーみたいな赤のままだし、すり切れたズボンは黄緑色だ。

「あいつを見たよ！」ドナテッラは目を大きく見開いて言った。

4人のうち、どれがフード男かな？

「3人の男といっしょに来たんだ、黒い服を着て。4人とも、こわい顔をしてたよ」

ドナテッラは血色のいい顔をくいっとあげた。「ついてきて！」

ドナテッラはきみを岩山のがけっぷちへ連れていった。けわしい斜面が、ほとんど直角にくだっている。きみとドナテッラは腹ばいになって、がけの下をのぞいた。

山のふもとに、馬車が2台止まっている。馬は、御者が持っている皮袋からごくごくと水を飲んでいた。ドナテッラの言ったとおりだ。4人の男が石切り場を見あげている。でも、その中にフード男はいない。

ドナテッラはさっき、なんて言っていたっけ？

「きょうはあいつ、いつものかっこうじゃないよ」世界でいちばんあたりまえのことみたいに、ドナテッラは言った。

じゃあ、フード男はフードをかぶっていないんだ！

男たちの声が聞こえてくる。よし、何を話しているのか、ぬすみ聞きができるぞ。

「ここにあるはずです、閣下。中に入れば、ミケランジェロが悪魔の仲間だという証拠が見つかるでしょう。だからあいつは大聖堂の建設に手を貸さないのです。礼拝堂のフレスコ画は、魔王ルシファー自身があいつのかわりに描いたのですぞ」

男たちは疑わしそうな顔をしている。ひとりがくちびるをすぼめて言った。

「その秘密というのはなんだ？ それに、どんな証拠があると？」

「ミケランジェロはその部屋で、生きている像をつくっています。兵士たちを彫っているのですよ。あいつはわれわれのだれよりも年上ですが、いまでも若い石工を３人合わせたよりも強い力で石をたたき切ります」

別の男が言いかえした。「きみは、ミケランジェロがその兵士たちを使ってわれわれの主人をおそうつもりだと言いたいのか？」

「教皇もおそうつもりです！」フード男はピストルをうつみたいに、ことばを吐きだした。

「あたし、その部屋のこと、知ってるよ」ドナテッラはささやいて、飛びあがった。

山に住むヤギのように、ドナテッラは散らばっていた石を飛び越え、細い道を走り、やぶの中をくぐりぬけ、かれ葉のついた長い枝をかき分けて、とうとう灰色の大理石の扉を得意そうに指さした。扉はひとつの石からではなく、ひとつずつうまく積みあげられた多くの石からできている。きみはすぐにピンときた。いくつかの石には、封ろうの下にかくれていたマークがついていたんだ。

秘密の扉の上に紙を置いて、
集めたマークがついている石の上を
塗りつぶしてみよう。

秘密の扉は、本のカバーにのってるよ。

22 金色の空のように

　これはなんだ？　ミケランジェロは、これにどんな意味をこめたんだろう。
　ドナテッラは自分を指さして言った。「IO！　イオだよ！　イタリア語で〝あたし〟って意味なんだ」
　そのとき、大理石の粉で足が白くなった、たくましい男たちも、扉の前にやってきた。きみとドナテッラは、茂みの中でふせてかくれた。
　フード男がえらそうに説明している。
「封印の毒をおそれるな。どんな毒なのかはわかっている。ミケランジェロは、人の気を失わせる紫色の実を使ったんだ。その毒はここにある薬草で消せる。おまえたちは、これをまぜ合わせた茶を飲むだけでいい」ベルトにぶらさげていた袋を持ちあげた。「そうすれば、また元気になる」

フード男がさっき「閣下」と呼んでいた男は、たぶん裁判官なんだろう。積みあげられた石を調べていた。
　「この石をどかせ」裁判官は男たちに命令した。
　「気をつけろ。中にあるものに、目をつぶされるかもしれない。へたをすると死ぬぞ！」
　フード男は両手をあげて、男たちを止めようとした。
　こんどは3人目の男が口をはさんだ。「ミケランジェロを困らせたがるしっと深い連中がいるというが、きみもそのひとりだな」
　「わたしを侮辱するおつもりですか」フード男はそう言って、おこったふりをした。
　悪気がない証拠を見せようと、石の扉のほうを向いて、上着から1枚の羊皮紙を取りだした。羊皮紙にはマークが描かれている。最初の封印の下にかくれていたのと同じ、丸に点が入ったマークだ。そのマークのしるされた石をフード男がつかむと、扉全体がぐらぐらとゆれはじめた。積みあげられた石もふるえている。砂と石の破片が落ちてきた。フード男はすばやく後ろへ飛びのいたので、けがをしなかった。
　「もっと証拠が必要ですか？」フード男はかん高い声で言った。

そのとき、あらあらしいどなり声がひびいた。「それこそが、おまえの腹黒いたくらみの証拠そのものだぞ！」
　「ミケランジェロどの！」裁判官がうやうやしく頭をさげる。
　ミケランジェロがふたりの石工を連れて、扉の前に来ていた。
　「わたしはかかしのような顔をしているかもしれない。歯はガチガチ鳴るし、片方の耳にはチリチリと鳴くコオロギがいて、もう片方の耳にはクモの巣が張っている！」
　まじめな男たちも、ミケランジェロが自分をこんなふうにたとえるのを聞いて、思わずほほ笑んだ。ミケランジェロはつづけた。「しかし、だんじてわたしは悪者の仲間ではない！」
　フード男は足もとにはいつくばって、言い訳をした。
　ミケランジェロはさらにつづける。「ここにつくった部屋にかくしてある秘密をお見せしよう。わたしはこれを敵の手から守ってきた。長いあいだ、このことばかり考えてきたんだ。わたしだけが扉をあけることができる」
　ドナテッラがきみの胸をつつく。そうだ、まちがいない。〝わたし〟だけが扉をあけることができる──〝わたし〟は〝イオ〟だ。鍵は必要ない。石をひとつだけ動かせばいいんだ。
　ミケランジェロは男たちに後ろへさがるようにたのみ、自分がつくった扉のほうを向いた。
　彫刻家として仕事をしてきたおかげで、ミケランジェロは年をとっていても力が強かった。まるでその石が段ボールでできているみたいに、楽々と引っぱった。

どの石を動かせばいいのかな？

107

音もしなければ、ゆれもしない。こんどは扉がくずれる心配もなかった。石工たちが３つの大きな石をどかして、細いすきまをつくった。男たちは体を押しこんで中に入り、ミケランジェロがあとにつづいた。
　フード男はこっそり逃げようとしている。悪だくみは失敗したんだ。ミケランジェロを痛めつけることも、サン・ピエトロ大聖堂の仕事をじゃますることもできなかった。
　そうだ、袋！　フード男が通りすぎるときに、ベルトからうばいとらなくちゃ。
　フード男は、袋をとられてもさからわなかった。
　数分がすぎた。
　洞窟から出てきた男たちは、なかなか口がきけなかった。その顔を見れば、いま目にしたものがどんなにすばらしいものだったのかがわかる。
　「あれがわたしの考えたものだ。あんなふうにしたいんだ。それで金をもらおうとは思っていない」ミケランジェロが説明した。
　裁判官がふかぶかと頭をさげた。「あなたしかいない。偉大な芸術家のあなたしか、あの建物は建てられないでしょう。そうなるべきです。わたしも力を貸しますよ」

ミケランジェロは馬車へもどる男たちについていった。きみとドナテッラに、とうとう洞窟に入るチャンスがめぐってきた。
　　入口からはほとんど光が入ってこなかったけど、中は明るかった。あたたかい金色の光がきみを包んでいる。
　「これって、いったい……？」ドナテッラはおどろいて息を飲んだ。
　　洞窟の壁はほんの少しななめになっていた。あらくしあげられただけで、でこぼこしていて、黒っぽい割れ目もたくさんある。
　　ミケランジェロは洞窟の天井をドーム型に彫ってあった。丸い天井は、きみを守るテントみたいに、頭の上をおおっている。太陽の光がてっぺんからさしこんで、ドームを金色に照らす。
　　天使や聖人たちが、やさしそうに見おろしていた。
　「あんたも感じる？　あの絵が、あたしたちをあたたかく見守ってくれているのを」ドナテッラがささやいた。
　　きみは心が安まり、落ちつき、平和な気持ちになった。時がじっと止まっている気がする。頭をそらすと、見えない手で上に引きあげられるような感じがした。
　　ここから出ていくのは残念だけど、パブロが美術館で待っている。急いで薬草をあげなくちゃ。
　　ドナテッラがさよならのプレゼントに、大理石でできた小さな玉をくれた。

その後、きみはトナテッリさんといっしょに、ミケランジェロについて書かれた本をながめていた。トナテッリさんが開いたページには、みごとな丸天井の建物がのっている。

　トナテッリさんは説明した。「ローマにあるサン・ピエトロ大聖堂のドームだよ。ミケランジェロはほんとうに、自分の計画したとおりにドームをつくることを許されたんだ。きみもいつかローマへ行って、自分の目で見てくるんだな。洞窟の中にあった最初の模型の100倍も大きいんだぞ」

　パブロは薬草のお茶を一気に飲みほした。お椀には1滴も残らなかった。いまは、毒のききめが消えただけじゃなく、前よりずっと元気になっている。

　嵐は通りすぎていた。トナテッリさんは、パブロを近くまで散歩に連れていってほしいときみにたのんだ。自分で連れていくのは、まだむずかしかったからだ。

　「またぜひ遊びにきてくれよ」トナテッリさんは言った。

　パブロは夢中でほえている。

　「近いうちにまた会えたら、わたしもパブロもすごくうれしいよ」

　トナテッリさんは、きみが手に持っている小さな大理石の玉をうらやましそうに見た。おずおずと指をさす。

　「それをここに置いていってはくれないだろうか。できれば美術館に展示したいんだが」

　トナテッリさんは、レオナルド・ダ・ヴィンチの絵筆と、フィンセント・ファン・ゴッホのパレットの話をした。どちらもいまは、トナテッリさんが持っているという。

美術館のどこかで、扉がキーッと音を立てる。扉の向こうで、もう別の冒険がはじまっている……。

絵筆とパレットが
どこから来たか、知ってる？
もしまだ知らないなら、
『ダ・ヴィンチのひみつをさぐれ！』や
『ゴッホの宝をすくいだせ！』で
新しい冒険に出かけよう。

この本に出てくる作品

P13

a
「耳に包帯をした自画像」
フィンセント・ファン・ゴッホ作
1889年
ロンドン、
コートールド美術館

b
「自画像」
アルブレヒト・デューラー作
1500年
ミュンヘン、
アルテ・ピナコテーク

c
「髭を生やした男の頭部（自画像）」
レオナルド・ダ・ヴィンチ作
1510年〜1515年ごろ
トリノ、王立図書館

d
「自画像」
パブロ・ピカソ作
1940年
ケルン、
ルードヴィヒ・コレクション

e
「ミケランジェロ・ブオナロッティ」
ダニエーレ・ヴォルテッラ作
1548〜1553年ごろ
ハールレム、テイラー美術館

f
「モーツァルトの家族（部分）」
ヨハン・ネポームク・デッラ・クローチェ作
1780年〜1781年
ザルツブルグ、モーツァルテウム

P19
ミケランジェロの石工のしるし
1519年ごろ
フィレンツェ、
アカデミア美術館

P66
「ラピタイ族とケンタウロスの闘い」
1492年
大理石、84cm×90.5cm
フィレンツェ、
カーサ・ブオナロッティ美術館

P67
「バッカス」
1496〜1497年
大理石、高さ184cm、
フィレンツェ、
バルジェッロ美術館

P68
キリストの手
「ピエタ」の細部
1499〜1500年
ローマ、
サン・ピエトロ大聖堂

P68
「聖マタイ」
1503年〜1505年ごろ
大理石、高さ271cm
フィレンツェ、
アカデミア美術館

P69
「夜」の細部
1520〜1534年
大理石
フィレンツェ、サン・ロレンツォ教会
（ジュリアーノ・デ・メディチの墓）

P70.71
「ピエタ」と、ミケランジェロの名前が彫られた聖母マリアの胸飾り
1499〜1500年
大理石、高さ174cm
ローマ、サン・ピエトロ大聖堂

P75
「ダヴィデ」の頭部、手、全体
1501〜1504年
大理石、高さ410cm
フィレンツェ、
アカデミア美術館

1501年フィレンツェでダヴィデ像制作の依頼を受ける。

1505年〜ローマにもどる。一五〇六年四月、教皇と仲たがいをしてフィレンツェへ逃げる。

1508年教皇と仲なおりをし、ローマのシスティナ礼拝堂のフレスコ画の制作をはじめる。

1512年システィナ礼拝堂天井画完成。

1522年フィレンツェでメディチ家の墓の制作をはじめる。

1564年2月18日ローマにて死亡。

P80
「ユリウス2世墓碑」
1545年完成
大理石
ローマ、サン・ピエトロ・イン・ヴィンコリ教会

P81
「モーセ」
1513年ころ
大理石、高さ235cm、
ローマ、サン・ピエトロ・イン・ヴィンコリ教会（ユリウス2世墓碑）

P82
メディチ家礼拝堂内部
1520～1534年
フィレンツェ、
サン・ロレンツォ教会

P83
メディチ家礼拝堂のクーポラ
1520～1534年
フィレンツェ、
サン・ロレンツォ教会

P84
「黄昏」「曙」
1520～1534年
大理石
フィレンツェ、サン・ロレンツォ教会
（ロレンツォ・デ・メディチの墓）

P85
「夜」「昼」
1520～1534年
大理石
フィレンツェ、サン・ロレンツォ教会
（ジュリアーノ・デ・メディチの墓）

P95
「クマエの巫女」
システィナ礼拝堂天井画の細部
1508～1512年
ローマ、ヴァチカン美術館

P96
「水の分離」
システィナ礼拝堂天井画の細部
1508～1512年
ローマ、ヴァチカン美術館

P97
「アダムの創造」
システィナ礼拝堂天井画の細部
1508～1512年
ローマ、ヴァチカン美術館

P97
「大洪水」
システィナ礼拝堂天井画の細部
1508～1512年
ローマ、ヴァチカン美術館

P101
「聖バルトロメオと生皮」に描かれた
ミケランジェロの自画像、
「最後の審判」の細部
システィナ礼拝堂
1508～1512年
ローマ、ヴァチカン美術館

表紙
システィナ礼拝堂天井画一部
1508～1512年
13.7m×39m

ミケランジェロ・ブオナロッティの年表

1475年
3月6日
イタリア、トスカーナ地方のカプレーゼで生まれる。

13歳のとき、ロレンツォ・デ・メディチに招かれ、屋敷でいっしょに暮らしながら、芸術家としての教育を受ける。

1496年～1501年、ローマで、貴族や枢機卿のために仕事をする。

訳者　あとがき

　この物語の主人公はきみだ。〈冒険ふしぎ美術館〉の中に入ったきみは、館長のトナテッリさんといっしょに、ミケランジェロの7つの封印について調べはじめる。そこで見つかったのが、それぞれに黒い3つの封ろうがついた7枚の古い紙だ。ところが、その紙をくわえたイヌのパブロが急にたおれてしまった。紙には毒が塗られていたんだ！

　パブロを助けるためには、ミケランジェロに会って毒消しの方法をきかなくてはならない。きみは500年前のイタリアへ、ミケランジェロをさがしに出かける。そして、とちゅうで見聞きしたことをヒントに、7つの封印の謎も解いていく。さあ、冒険のはじまりだ！

　ミケランジェロは、システィナ礼拝堂の天井画やサン・ピエトロ大聖堂のドームなど、絵画や建築でもすばらしい作品を残しているほか、彫刻を心から愛し、1564年に89歳でこの世を去るまで、たくさんの像を彫りつづけた。〈ダヴィデ〉や〈ピエタ〉をはじめとするそれらの作品は、500年以上たった今でも、見る人に深い感動を与えている。

　ミケランジェロと同じ時代にイタリアで活躍した有名な芸術家に、レオナルド・ダ・ヴィンチがいる。そう言えば、この物語の最後に、ダ・ヴィンチの絵筆とゴッホのパレットのことが書いてあったよね。トナテッリさんがどうやってそれを手に入れたのか、知っているかな？　「もちろん！」と答えたきみは、もうこの美術館の常連だね。でも、答えられなくてもだいじょうぶ。〈冒険ふしぎ美術館〉シリーズの『ダ・ヴィンチのひみつをさぐれ！』と『ゴッホの宝をすくいだせ！』（ともに朝日出版社）を読めば、すぐにわかるよ。

著者紹介　トーマス・ブレツィナ　*Thomas Brezina*

　トーマス・ブレツィナの本は、何百万人という子どもたちを夢中にさせてきた。そのためブレツィナは「読書界の笛吹き男」「冒険の王さま」などと呼ばれている。少年少女のためのミステリーや冒険物語のシリーズは、30か国語以上に翻訳されている。

　ブレツィナの生き生きとした表現は、若い読者を夢中にさせている。読者はまるで彼がすぐそばにいて、物語を語っているかのように感じるのだろう。「ぼくは、読者の目を輝かせることができると思った文しか書かないんだ」と、ブレツィナは言っている。

さし絵の作者　ローレンス・サーティン　*Laurence Sartin*

　この本に出てくる小さなかしこいイヌのパブロをはじめ、いろんな登場人物に命をふきこんだ。これまで青少年向けの本のさし絵を数多く手がけている。フランスとドイツに住み、ドイツのアカデミー・レーゲンスブルクで、デッサンとイラストを教えている。

訳者紹介　越前敏弥　*Toshiya Echizen*

　東京大学文学部卒業。文芸翻訳家。『ダ・ヴィンチ・コード』『天使と悪魔』（ダン・ブラウン著、ともに角川書店）をはじめとするベストセラーを多数翻訳。

　子どもたちにもより多くの本を楽しく読んでもらえるようにと、冒険ふしぎ美術館シリーズの前2作『ダ・ヴィンチのひみつをさぐれ！』『ゴッホの宝をすくいだせ！』（朝日出版社）の翻訳を手がけ、本書『ミケランジェロの封印をとけ！』がシリーズの第3作になる。

生方頼子　*Yoriko Ubukata*

　東京音楽大学音楽学部卒業。銀行勤務を経て、翻訳の道へ進む。主な訳書に『サンタクロースはおもちゃはかせ』（マーラ・フレイジー作、文溪堂）、アンドルー・ラング世界童話集第2巻『あかいろの童話集』（共訳、アンドルー・ラング編、西村醇子監修、東京創元社）などがある。

またのご来館を
お待ちしております。

冒険ふしぎ美術館

―冒険ふしぎ美術館―
ミケランジェロの封印をとけ！

2008年6月9日　第1版第1刷発行

著者　トーマス・ブレツィナ（Thomas Brezina）
挿絵　ローレンス・サーティン（Laurence Sartin）
訳者　越前敏弥／生方頼子
発行人　原田英治
発行　英治出版株式会社
〒150-0022
東京都渋谷区恵比寿南1-9-12
ピトレスクビル4F
（電話）03（5773）0193
（FAX）03（5773）0194
（URL）http://www.eijipress.co.jp/

印刷　中央精版印刷株式会社

プロデューサー　大西美穂
デザイン　メタ・マニエラ 清家舞
スタッフ　原田涼子、秋元麻希、高野達成、鬼頭穰、
　　　　　岩田大志、藤竹賢一郎、松本裕平、
　　　　　浅木寛子、佐藤大地、坐間昇

ISBN978-4-86276-026-5 C0098
© Toshiya Echizen & Yoriko Ubukata, 2008
Printed in Japan
本書の無断複写（コピー）は、著作権法上の例外を除き、著作権侵害となります。乱丁・落丁の際は、着払いにてお送りください。お取り替えいたします。

116